数据中心虚拟化

原理与实践

陈默　戚正伟◎编著

清华大学出版社

北京

内 容 简 介

本书系统介绍数据中心虚拟化的演进历程、典型架构，以及计算虚拟化、存储虚拟化、网络虚拟化、超融合技术、容器与云原生及 AI 算力池化等核心技术原理，并结合华为公司数据存储产品线在虚拟化领域的技术积累和相关虚拟化产品，向读者直观地介绍虚拟化技术在工业界的优秀实践，从而帮助读者更深刻地理解数据中心虚拟化技术。

本书可为构建轻量弹性、敏捷高效、安全可靠的新一代数据中心基础设施提供参考和帮助，适合企业和科研院所信息化部门及数据中心的技术人员阅读，也可为高等院校计算机相关专业的师生提供参考。

图书在版编目（CIP）数据

数据中心虚拟化：原理与实践/陈默，戚正伟编著. -- 北京：清华大学出版社，2025. 4. -- ISBN 978-7-302-68716-0

Ⅰ. TP338

中国国家版本馆 CIP 数据核字第 2025DK8948 号

责任编辑：崔　彤
封面设计：李召霞
责任校对：王勤勤
责任印制：曹婉颖

出版发行：清华大学出版社
　　　　网　　　址：https://www.tup.com.cn，https://www.wqxuetang.com
　　　　地　　　址：北京清华大学学研大厦 A 座　　　　邮　　编：100084
　　　　社 总 机：010-83470000　　　　　　　　　　　邮　　购：010-62786544
　　　　投稿与读者服务：010-62776969，c-service@tup.tsinghua.edu.cn
　　　　质量反馈：010-62772015，zhiliang@tup.tsinghua.edu.cn
　　　　课件下载：https://www.tup.com.cn，010-83470236
印 装 者：三河市铭诚印务有限公司
经　　销：全国新华书店
开　　本：186mm×240mm　　印　张：25　　　　　　字　　数：562 千字
版　　次：2025 年 5 月第 1 版　　　　　　　　　　　印　　次：2025 年 5 月第 1 次印刷
印　　数：1～1500
定　　价：89.00 元

产品编号：109651-01

编　委　会

FOREWORD

序　　一

　　数据中心虚拟化技术是 IT 产业的基础性技术，不管是采用云架构的大型数据中心，还是存算分离架构的中型数据中心，或是超融合架构的小型数据中心，都离不开数据中心虚拟化技术。工信部 2021 年发布《"十四五"软件和信息技术服务业发展规划》提出关键的基础软件补短板专项，虚拟化技术作为操作系统之上、应用软件之下的基础中间件，是需要重点发力的方向。

　　一般来说，数据中心虚拟化技术包含计算虚拟化、存储虚拟化和网络虚拟化三个方向。长期以来，数据中心虚拟化技术的引领者是 VMware 和 Nutanix 两家美国企业。VMware 的计算虚拟化软件 vSphere 奠定了其在虚拟化市场的霸主地位，其后推出的 vSAN 和 NSX 软件也是存储和网络虚拟化领域的绝对强者，支撑其每年 130 亿美元的销售规模，和 Oracle 并称为最成功的两大 IT 基础软件公司。Nutanix 是超融合技术的首倡者，它以存储虚拟化软件 AOS 为基础，逐步发展出计算虚拟化软件 AHV 和网络虚拟化软件 Flow，在中小数据中心，以超融合架构牢牢占据统治地位。

　　华为公司是中国虚拟化产业的领军企业，拥有十余年的数据中心虚拟化技术积累，是 Linux 基金会白金会员，也是开源操作系统 openEuler 的首创者。2011 年，华为推出了首款服务器虚拟化软件 FusionCompute；之后结合分布式存储软件 OceanStor OS，于 2018 年推出了 FusionCube 超融合产品，成为中国超融合产业的开创者；2021 年，华为公司再次整合内部资源，推出 DCS（DataCenter Virtualization Solution）数据中心虚拟化解决方案，涵盖计算、存储和网络虚拟化技术，成为国内最有竞争力的数据中心虚拟化解决方案，支持 x86 和 ARM 两种芯片架构，提供虚拟机和容器的双栈平台，既满足了传统虚拟化稳态应用的运行，又适应了敏态应用云原生化的演进。根据 IDC 发布的 2023 年中国数据中心虚拟化软件市场报告，华为以 29.6% 的占比，位居第一。这离不开华为在数据中心虚拟化技术长期的、坚定的投入，以及跨产品组合形成解决方案的能力。

　　今天，数据中心虚拟化技术仍在快速发展中，面向云原生的容器技术发展方兴未艾，AI 技术大潮又接踵而至。未来 70% 的数据中心都是 GPU，那么 GPU 的虚拟化、AI 数据中心的虚拟化技术又将如何发展？ AI 带来的数据资产化，企业从云上重返线下数据中心的理性回归，对数据中心虚拟化技术又有什么新的要求？

　　本书以数据中心面临的行业数字化转型需求和业务挑战为切入点，系统地介绍了数据中心虚拟化架构全景和虚拟化关键技术。在通用虚拟化原理讲解的基础上，以华为 DCS 为例，展示了从技术选型、架构设计、产品组件到实现效果的应用实践。同时，也面向未来，阐述云原生、AI 等新兴技术对于数据中心虚拟化的影响和发展。相信本书不仅能

　　帮助读者更好地理解数据中心虚拟化的技术体系，而且能为虚拟化技术在各行各业的落地提供有益的参考。

　　希望通过本书，能够帮助中国培养和储备更多在虚拟化方向的基础软件人才，毕竟，在未来的国际 IT 市场竞争和商业博弈中，人才是最基本和关键的要素。

华为技术有限公司副总裁、数据存储产品线总裁

2025 年 3 月

FOREWORD
序　二

　　随着互联网的蓬勃发展和云计算等新兴技术的快速普及，数据中心作为信息时代的核心枢纽变得愈发重要。在数字化浪潮的推动下，数据中心不仅是企业运营的重要基石，更是信息存储、处理和传输的关键场所。在数据中心不断云化演进过程中，虚拟化作为一项使能性技术，正日益彰显其不可或缺的作用。

　　数据中心虚拟化技术的兴起源于大型机时代对数据中心资源利用率和灵活性的迫切需求。面对数据量不断增长的趋势，传统的物理服务器架构已无法满足资源动态分配和管理的要求。虚拟化技术通过将物理资源抽象为逻辑资源，"功能不缺失，性能不损失"，实现了对计算、存储和网络等资源的高效利用和灵活调度。回顾虚拟化技术的发展历程，从最初的软件虚拟化逐步走向硬件虚拟化，再到如今的硬件辅助虚拟化，虚拟化技术越来越深入地融入数据中心的运营中，进而实现资源的共享和高效利用。

　　近年来，随着我国互联网技术的不断发展以及相关政策的大力支持，虚拟化技术在我国得到快速发展。《数据中心虚拟化：原理与实践》一书的出版将更有助于培养我国虚拟化人才，有利于构筑健康完善的虚拟化产业生态。本书开篇系统地介绍了虚拟化的发展历程以及数据中心虚拟化的总体架构，并在后续章节详细介绍了计算、存储、网络虚拟化以及新兴虚拟化技术如超融合、容器、AI算力池化等。此外，本书以华为公司数据中心虚拟化解决方案作为实际案例，直观地阐述了虚拟化相关技术是如何在产品中实践，并在医疗、制造、政府、金融等行业发挥价值，从而帮助读者深刻理解虚拟化相关技术的原理和实际应用。

　　本书不仅适合作为高年级本科生或研究生学习虚拟化相关知识的教材，也适合相关从业人员作为参考书充分了解数据中心虚拟化领域。希望通过本书，能够为中国虚拟化领域培养更多的人才，从而不断推动虚拟化技术的蓬勃发展。

管海兵

上海交通大学副校长

2025 年 3 月

PREFACE
前　言

从第一次工业革命开始至今已经有两百多年的时间，从蒸汽技术革命、电力技术革命到计算机及信息技术革命，技术的变革让世界发生了翻天覆地的变化。当前最有可能引领第四次工业革命的是广泛而深度应用的数字化技术。数字经济是当前世界经济发展的重心，数字化转型已经成为各个行业发展的驱动力。华为公司 2014 年发布的《全球联接指数》(Global Connectivity Index) 指出，联接指数每提升 1 点，人均 GDP 将增加 1.4%～1.9%，发展中国家的提升会明显大于发达国家。这些分析为试图利用联接实现社会转型、缩小数字鸿沟、促进创新和提升国家竞争力的市场提供了指导。

毫无疑问，新型 ICT (Information Communication Technology, 信息通信技术) 基础设施建设已经成为包括中国在内的众多国家的重要发展战略。数据中心作为 ICT 基础设施的代表，承载着组织的各类核心应用，汇聚了海量的联接，在数字化时代的变革中，已然迎来新一轮的发展机遇。数字化转型浪潮下，企业信息化过程中暴露出来的问题日益凸显。复杂的管理模式、高昂的运营成本、困难的扩展升级使企业对新型数字化技术翘首以盼，这些痛点促使了云计算与虚拟化的兴起。数据中心虚拟化和云化是当前最热门的数据中心建设模式。它不仅改变了我们对数据中心各类资源的管理和使用方式，也为企业带来了前所未有的灵活性和效率。本书将深入探讨数据中心虚拟化的概念、架构、技术及典型应用案例。

虚拟化的历史可以追溯到 20 世纪 60 年代，大型计算机的出现使得计算资源的共享成为可能。IBM 在这一领域的开创性工作允许多个用户共享同一台计算机的处理能力，这种思想为后来的虚拟化技术奠定了基础。更为重要的是，虚拟化技术在架构层面上倡导的资源抽象和模拟的思想，已在多个行业和领域产生效益。由于业务应用多样性和环境复杂性的不断增长，这对数据中心技术人员的知识广度提出了挑战，他们必须具备多个不同技术领域的专业知识，如服务器、存储、网络、操作系统、运营与运维等。因此，本书从通用方案架构的角度叙述了数据中心虚拟化的基本概念、重要挑战和典型解决方法的原理及实现。在传统分层架构和硬件层虚拟化的基础上，本书还对超融合基础架构数据中心和软件层的虚拟化作了深入浅出的论述，最后给出华为数据中心虚拟化解决方案的几个典型行业应用案例。

进入 21 世纪，虚拟化技术迎来了爆发式的增长。随着云计算的兴起，企业对数据中心的灵活性、可扩展性和资源利用率的需求愈发迫切。虚拟化技术作为实现这些目标的关键手段，帮助企业在降低成本的同时，提高了业务连续性和灾难恢复能力。我们看到，许多企业开始将传统的物理服务器迁移到虚拟化环境中，从而实现资源的动态分配和高效管理。

　　为了更好地帮助高校学生和虚拟化相关从业人员了解数据中心虚拟化的相关技术，我们撰写了本书。本书共 11 章，内容涵盖数据中心虚拟化的概述及总体架构、计算虚拟化、存储虚拟化、网络虚拟化、超融合技术、容器与云原生、AI 算力池化技术、数据中心的安全和可靠性、数据中心管理以及数据中心虚拟化应用案例等。通过阅读本书，读者可以系统地了解数据中心虚拟化的发展历程、核心基础设施、虚拟化技术原理以及在工业生产中的实际应用案例，从而更好地在日后的学习或工作中开发数据中心虚拟化的各种产品。

　　本书主要由华为公司陈默博士和上海交通大学戚正伟教授编写。同时感谢华为公司数据存储产品线的技术专家和上海交通大学参与书稿审阅的师生在本书写作过程中提供的帮助，也感谢清华大学出版社盛东亮老师和崔彤老师的大力支持，他们细致认真的工作为本书的高质量出版提供了保障。

　　参与本书编写的人员虽然有多年的 ICT 从业经验，但因时间仓促和作者水平有限，书中难免有疏漏和不足之处，恳请读者批评指正，在此表示衷心的感谢！

编　者

2025 年 3 月

CONTENTS

目　　录

第 1 章

数据中心虚拟化概述

1.1 虚拟化的前世今生

虚拟化,按照维基百科的定义,是一种资源管理技术,它将计算机的各种实体资源,包括 CPU、内存、磁盘空间、网络适配器等,予以抽象、转换后呈现出来并可供分割、组合为一个或多个计算机配置环境。由此,虚拟化打破了实体结构间的不可切割的障碍,使用户可以比原本的配置更好的方式来应用这些计算机硬件资源。

人们普遍认为虚拟化的产生可以追溯到 1959 年,牛津大学的计算机教授克里斯·托弗在国际信息处理大会上发表了一篇名为《大型高速计算机中的时间共享》(*Time Sharing in Large Fast Computer*)的学术报告,首次提出了"虚拟化"的基本概念。在托弗教授看来,虚拟化首先是一种时分技术,通过划分出若干时间片,实现不同应用程序或者程序的不同线程在计算机中的并行处理。而要实现时分复用,最关键的是将计算机的硬件资源以时间片的维度来进行虚拟化处理。文章还前瞻性提出了虚拟化的几大挑战,如隔离性(isolation),如何保证不同进程之间使用计算机资源时不会互相干扰;以及效率性(efficiency),如何避免虚拟化之后硬件资源使用效率下降等。

可以看到,虚拟化最初服务于大型计算机系统。当时计算资源非常昂贵且稀缺,为了更好地利用计算资源,也为了更方便地使用计算资源,虚拟化应运而生。1972 年,IBM 发布了用于创建灵活大型主机的虚拟机(Virtual Machine,VM)技术,它可以根据用户动态的应用需求来调整和支配资源,使昂贵的大型机资源得到尽可能的充分利用,虚拟化由此进入了大型机时代。IBM System 370 系列就通过一种叫虚拟机监控器(Hypervisor)的程序在物理硬件之上生成许多可以运行独立操作系统软件的虚拟机实例,从而使虚拟机开始流行起来。

x86 架构的出现,打破了大型机的垄断,也使得计算资源的使用成本大幅下降。但是,单一 x86 服务器的性能是有限的,一般要将多台服务器集合起来,才能达到并超过大型机的性能。然而,如何将多台 x86 服务器组合成为一个 x86 集群?组合为 x86 集群后,资源如何管理?这里,虚拟化技术再次发挥关键作用,通过软件的方式来定义、分配和管理硬件资源。从这个角度来看,虚拟化类似于操作系统。如果说操作系统是对一台计算机的资源管理,虚拟化就是对一个计算机集群的资源管理,所以也可以认为虚拟化就是集群的操作系统,如图 1-1 所示。

除了更好地对集群资源进行管理之外,虚拟化还有几个关键价值。

图 1-1　服务器虚拟化

（1）提升资源利用率。通常用户按照峰值需求来申请资源，但实际使用的资源量往往远低于峰值资源需求，如果按照用户资源的申请来进行分配，必然会导致资源浪费。虚拟化提供了一系列 CPU 超分、内存超分的技术来解决这一问题，只提供给用户必要的资源，从而提高整体资源利用率。

（2）屏蔽硬件差异化，业务快速部署和上线。基于物理机的业务部署，应用需要感知硬件差异性，并且不同的硬件设施需要经过大量的人工配置后，才能上线业务。虚拟化则很好地解决了这一困难，业务应用以镜像的方式进行部署，只要在一台虚拟机上完成部署，就能快速在所有虚拟机上进行复制，使得业务部署及上线速度大幅提升。

（3）提升集群的可靠性。通过虚拟化可以实现集群节点业务负载的均衡，避免出现业务瓶颈。同时，虚拟化的高可靠技术，能够在单一虚拟机出现故障的情况下，快速完成业务的切换和数据的恢复，从而提升业务运行的可靠性。

VMware 是 x86 时代虚拟化当之无愧的霸主，它定义了一个虚拟化产业，建立了一个广泛的生态，包括众多南向的硬件厂商和北向的应用厂商，共同构建了一个虚拟化的商业帝国。1999 年，VMware 率先针对 x86 平台推出了可以流畅运行的商业虚拟化软件 VMware Workstation。2006 年，VMware 推出第一款服务器虚拟化产品 GSX，其基于类型 Ⅱ（寄居 Hypervisor 模型）寄居式虚拟化模型设计，需要先在宿主物理机上安装操作系统，再将 VMware GSX 作为应用程序安装在宿主机上，从而通过宿主机操作系统进行资源和操作系统的管理。寄居式虚拟化的最大问题是过度依赖宿主机操作系统。2009 年，VMware 推出第一代类型 Ⅰ 虚拟化产品 ESX，直接将 ESX 安装在物理计算机上，这种安装方式称为裸机安装。但是 ESX 并不能完全地摒弃宿主操作系统，其解决方法是将虚拟化程序 Hypervisor 和操作系统整合到一起，也就是说，它将虚拟化程序写入 Linux 的操作系统内核中。ESX 有效地解决了对宿主机操作系统过于依赖的问题，但是这种架构依然有它自身的缺陷。首先，由于虚拟化程序中包含 Linux 操作系统，所以 Linux 操作系统中非虚拟化部分的进程会占用主机上的部分资源，造成资源的浪费；其次，在进行资源和虚拟机的管理时，只能通过脚本和代理，非常不方便。

2011 年，VMware 推出了 ESXi，其与 vCenter Server 和其他功能组件一起组成 VMware vSphere 虚拟化产品，此即为当前应用最广泛的虚拟化产品。同样，ESXi 也是裸机安装在物理计算机上的，其改进是将虚拟化层中繁杂的 Linux 层剔除，只保留 VMkernel 虚拟化内核对资源进行管理。这样便大大缩减了虚拟化层的大小，同时也降低了虚拟化层对物理层的资源开销。ESXi 做的第二个改进是将控制台从虚拟化程序中移除，变成一个独立的组件，即 vSphere Client,使得管理工作更加轻松便捷。ESXi 体系结构独立于通用的操作系统运行,从而简化了虚拟化管理程序的复杂度并提高了安全性。EXSi 基本奠定了 VMware 在虚拟化行业的霸主地位,基于 ESXi 的 vSphere 支撑了 VMware 市场份额长达近十年的高速增长。

另一个虚拟化流派来自开源的 Xen。Xen 最初是剑桥大学 XenSource 的一个开源研究项目,于 2003 年 9 月发布了首个版本 Xen 1.0。2007 年 Xen 被 Citrix 公司收购,并成为 Citrix 桌面虚拟化能力的一部分。Xen 是半虚拟化(Para-Virtualization)技术的典型代表。所谓半虚拟化,就是 Hypervisor 不对 I/O 设备作模拟,而仅仅对 CPU 和内存做模拟,由一个专门的管理虚拟机负责对整个硬件平台上的所有输入输出设备的虚拟化。半虚拟化的最大优势是能让虚拟机直接感知到 Hypervisor,而不需要模拟硬件,从而能够实现良好的性能。相对于 VMware ESX/ESXi 来说,Xen 支持更广泛的 CPU 架构,前者只支持复杂指令集计算机(Complex Instruction Set Computer,CISC)的 x86/x64 CPU 架构,Xen 除此之外还支持精简指令集计算机(Reduced Instruction Set Computer,RISC)的 CPU 架构,如 IA64、ARM 等。Xen 的缺点是需要特定内核的操作系统,并需要修改操作系统内核。Windows 系统由于其封闭性,而不能被 Xen 的半虚拟化所支持。

开源的 Xen 虚拟化,大大降低了虚拟化的技术门槛,使得有更多企业能够参与到虚拟化技术的研发中,中国的虚拟化产业也由此起步。2013 年,华为推出了第一个基于 Xen 的虚拟化版本 FusionCompute 3.0,成为中国虚拟化的开山鼻祖。

Red Hat 不愿意缺席虚拟化的盛宴,在 2006 年 10 月的 Linux 内核的邮件列表中,出现了 KVM(Kernel-based Virtual Machine,基于内核的虚拟机)。2008 年,提出 KVM 的以色列公司 Qumranet 被 Red Hat 所收购,KVM 正式成为 Linux 内核的一部分,并在 Linux 社区中得到积极的维护。

与 VMware ESXi 和 Xen 等虚拟化产品不同,KVM 的思想是在 Linux 内核的基础上添加虚拟机管理模块,复用 Linux 内核中已经完善的进程调度、内存管理、I/O 管理等机制,使之成为一个可以支持虚拟机运行的 Hypervisor。因此,KVM 并不是一个完整的模拟器,而是一个提供了虚拟化功能的内核插件,具体的模拟器工作需要借助用户态程序(如 QEMU)来完成。KVM 是基于硬件辅助虚拟化技术(如 Intel VT-x 或 AMD-V)的开源虚拟化解决方案,虚拟机操作系统能够不经过修改而直接在 KVM 上的虚拟机中运行,每台虚拟机能够享有独立的虚拟硬件资源,如 CPU、内存、磁盘和网卡等。

Xen 和 KVM 两种虚拟化解决方案的对比参见表 1-1。

表 1-1　Xen 和 KVM 两种虚拟化解决方案的对比

对　比　项	Xen	KVM
问世时间	2003 年	2007 年
支持企业	Citrix、Novell、Oracle、Sun、Red Hat(RHEL5)和 Virtual Iron	Red Hat、Ubuntu 等
支持的虚拟化技术	全虚拟化、半虚拟化	全虚拟化

续表

对　比　项	Xen	KVM
支持的架构	x86、IA64 和 AMD、Fujitsu、IBM、Sun 等公司的 ARM，以及 x86/x64 CPU 商家和 Intel 嵌入式的支持	支持虚拟化的 CPU
支持的操作系统	UNIX、Linux 和 Microsoft Windows	UNIX、Linux 和 Microsoft Windows
动态迁移	支持	支持(以前不支持)
内核支持	需要对内核打补丁	内置在内核中

Linux 原生支持 KVM 对 Xen 的打击是致命的，因为使用操作系统原生的虚拟化能力对广大 Linux 用户来说是最方便的，加之 Citrix 公司战略转向桌面虚拟化，对 Xen 社区的投入大幅下降。在这轮技术竞争中，Xen 逐步处于下风，国内大多数厂商也纷纷从 Xen 架构切到 KVM 架构。华为在 2018 年推出了基于 KVM 的虚拟化版本 FusionCompute 6.3，其他厂商如新华三和深信服也纷纷走向 KVM 架构。

应当看到，中国的虚拟化产业并没有止步于对开源版本的商用化，尤其是华为，通过多年的技术积累和商用考验，目前已逐步推出国产自研的虚拟化软件，并在中国虚拟化市场对 VMware 实现了超越，如图 1-2 所示。

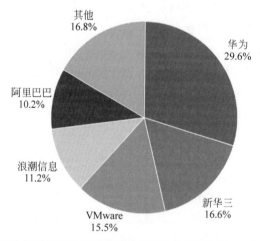

图 1-2　2023 年软件定义计算软件市场厂商市场份额(IDC 中国，2024)

1.2　从虚拟化到数据中心虚拟化

我们前文探讨的虚拟化只是聚焦在计算资源的虚拟化，可以称为计算虚拟化或者服务器虚拟化，但是虚拟化绝不仅仅针对服务器资源。

站在数据中心的视角，虚拟化的对象应当包含计算、存储和网络三大类资源。计算虚拟化，在 1.1 节已经有了较多讨论。存储虚拟化可追溯至 20 世纪 80 年代，美国加州大学伯克利分校的 Patterson 教授等首次在论文 *A Case of Redundant Arrays of Inexpensive*

Disks 中提出了 RAID(Redundant Array of Independent Disks,独立硬盘冗余阵列)概念。RAID 本来是一种可靠性提升的技术,即把多块独立的物理硬盘按不同方式组合形成一个硬盘组,以此提供比单个硬盘更高的存储性能的技术。意想不到的是,RAID 技术在提升可靠性的同时也实现了资源的抽象化,用户不用关注自己的数据存储在哪块硬盘,而是由磁盘阵列提供一系列的 LUN(Logic Unit Number,逻辑单元号)供用户使用。从物理硬盘到逻辑硬盘,RAID 技术将虚拟化之风吹进了存储。

在传统的企业存储中,存储控制器一个主要的功能就是对磁盘阵列进行虚拟化,提供 LUN 给主机使用。随着数据量的增大,尤其是海量非结构化数据的涌现,对存储系统的容量和可扩展性提出了更高的要求,分布式存储应运而生。与传统企业存储不同,分布式存储没有专门的控制器,而是通过分布式软件,将服务器节点内的硬盘组合成一个存储池,再以虚拟卷(volume)的方式提供给主机使用。虽然实现原理不一样,但是最终结果都是将多块硬盘虚拟化成存储池后,以 LUN 或卷的方式提供给用户使用。

在分布式存储领域做得比较成功的产品有 VMware 的 vSAN、EMC 的 Isilon 以及华为的 OceanStor Pacific,开源分布式存储系统则有著名的 Ceph。由于门槛比较低,分布式存储逐步成为存储虚拟化的主流,所以很多场景提到的存储虚拟化,也就等同于分布式存储,尤其是超融合场景。

在三大类资源的虚拟化之中,网络虚拟化是出现相对晚的技术,也是实现难度较大的技术。简单来讲,网络虚拟化就是指把逻辑网络从底层的物理网络分离开来。早期网络虚拟化主要解决的是在交换网络中,如何进行隔离和 QoS 保证,虚拟局域网(Virtual Local Area Network,VLAN)、虚拟专用网(Virtual Private Network,VPN)、虚拟专用局域网服务(Virtual Private LAN Service,VPLS)和虚拟网络设备等都可以归为网络虚拟化的技术。

随着数据中心的发展,对网络虚拟化提出了更高的要求。

(1) 服务器内部,不同虚拟机之间、容器与容器之间,如何构建一个虚拟的网络,实现流量交换、隔离和转发等网络功能。

(2) 服务器组成了集群,集群内的物理网络如何与逻辑网络分离,满足多租户访问、按需服务的需求,同时具有高度的扩展性。

为了应对这些挑战,2008 年斯坦福大学教授 Nick McKeown 提出了 OpenFlow 的概念,并发表了经典论文 *OpenFlow: Enabling Innovation in Campus Networks*,大胆构想了软件定义网络(Software Defined Network,SDN)的应用,从而揭开了网络虚拟化的新篇章。

SDN,简言之,是将原来封闭在通用网络硬件的控制平面抽取、独立出来并软件化为 SDN 控制器,这个控制器如同网络的"大脑"控制网络中的所有设备,而原来的通用网络硬件只需要听从 SDN 控制器的命令进行"傻瓜式"转发就可以了。SDN 控制下的网络,变得更加简单,管理者只需要像配置软件一样配置网络,实现路由、转发、隔离等功能。

计算虚拟化、存储虚拟化和网络虚拟化,共同提供了数据中心虚拟化的资源抽象,虚拟化技术也从解决单一的服务器集群化资源管理问题,走向了解决数据中心资源管理问题。

这里需要补充说明超融合与虚拟化的关系。

超融合的背后是长期以来数据中心融合化的趋势。数据中心的传统建设方式是计算、存储、网络分层的建设，这种方式的优势是各层互相解耦、独立扩展、独立管理、采购方便。存在的问题是规划复杂，在建设之初，就要规划好未来3～5年的业务需求，设计好存算网的配比；运维复杂，需要三支专业的运维队伍（计算、存储、网络）；问题定界复杂，一旦出现问题，就涉及跨层的问题分析与定界，造成厂商之间的互相推诿。

为了解决这些问题，融合基础设施架构（Converged Infrastructure，CI）被提出。CI 主要解决的是数据中心融合管理的问题，通过预制的一柜式方案，整合计算、存储和网络资源，进行统一管理，提升基础设施部署和管理的效率，降低运营成本（Operating Expense，OPEX）。值得注意的是，CI 的存储，或者是基于计算虚拟化后的本地盘，或者是物理的SAN 和 NAS 存储。前者可以支持横向扩展（scale-out），但是可靠性是个问题，后者可靠性足够，但是只支持纵向扩展（scale-up），扩展性存在问题。因此，CI 一直没能成为数据中心的主流架构，更多地被用于一些特定负载场景，如数据库、桌面云等。目前市面上众多的数据库一体机，如天玑、云和恩墨等采用的是 CI。这类架构计算和存储仍然是解耦部署，如果是强算力场景，就配置高性能的服务器，如果是高可靠场景，就是服务器＋高可靠的企业存储底座。

随后不久，超融合基础架构（Hyper Converged Infrastructure，HCI）被提出来。早期的HCI，相比于 CI，增加了软件定义层，将计算、存储和网络组件整合在一个池里进行管理，每个节点虚拟化计算资源并提供存储池，不再需要物理的 SAN 和 NAS 服务。由于资源的池化，以及不再依赖集中式存储，不再需要配置昂贵的 FC 交换机（光纤交换机），所以整体基础设施的构建支出（Capital Expenditure，CAPEX）有了下降。此外，HCI 在管控面上作文章，让各组件之间更加紧密地集成，提供更高层次的抽象和自动化，更加简化部署和管理，从而进一步降低 OPEX。不管是硬件池化降低 CAPEX，还是管理简化降低 OPEX，本质上都是通过软件能力的提升，带来客户价值，这与 CI 简单地进行硬件组合已经不可同日而语。业界一直有一种声音，认为超融合就是组装服务器，就是换了一个马甲卖服务器，这明显是对超融合架构的一种错误理解。传统三层架构、CI 和 HCI 的对比见表 1-2。

表 1-2　传统三层架构、CI 和 HCI 的对比

对比项	传统三层架构	CI	HCI
部署	分层部署，复杂度高	预制整柜或推荐架构部署，复杂度中等	独立基础设施，软件实现一键式部署，复杂度低
扩展	计算、网络、存储独立扩展，灵活性高，但是易形成扩展瓶颈	支持纵向扩展，受限于存储能力，不支持横向扩展，总体扩展性差	按需扩展，支持横向扩展，扩展性好，基于通用服务器的节点，扩展时存在资源浪费的风险
管理	分层管理，管理复杂度高，问题定界困难	统一设备管理，管理复杂度中等	统一设备管理和资源管理，软件定义基础设施，管理复杂度低
工作负载	支持裸金属服务器	支持虚拟机和裸金属服务器	支持虚拟机、容器和裸金属服务器

对比项	传统三层架构	CI	HCI
CAPEX	分层采购,资源组合难以实现最优,CAPEX 高	硬件预集成整柜销售,安装部署成本下降,CAPEX 适中	不依赖于集中式存储,设备成本下降,通过软件实现资源的池化,按需配置,CAPEX 低
OPEX	维护三支运维队伍,三套运维软件,OPEX 高	一支运维队伍,一套运维软件,但只能管理设备,无法管理资源发放,OPEX 适中	运维统一,运维极简,设备和资源统一管理,OPEX 低

从技术架构上看,超融合包含计算虚拟化、存储虚拟化、网络虚拟化和超融合管理四个主要模块,这与数据中心虚拟化是非常类似的。从应用场景来看,超融合较多应用于中小型数据中心或边缘分支,而数据中心虚拟化则不受限于数据中心的规模。但是,也应注意到,业界主流的超融合厂商也开始进入中大型数据中心市场,如 Nutanix 和 Dell VxRail 均推出了面向中大型企业的数据中心解决方案。它们最大的演进来自超融合管理,不只是提供管理员视角的设备安装部署、业务发放和日常运维能力,更提供租户视角的业务申请、运营和计费等能力,发展成为一个私有云管平台。可以说超融合架构服务于中大型数据中心,不是一个技术问题。全球知名信息技术研究和分析机构 Gartner 在 2021 年的报告中做出战略预测:到 2027 年,60%的超融合基础设施将平均分布在中大型数据中心和边缘数据中心,而 2021 年此比例则不到 30%。

可以说,不久的将来,超融合和数据中心虚拟化将在技术上走向统一。

1.3　关于数据中心虚拟化的几个认识误区

2023 年网络上有一篇热帖——《虚拟化,一个时代的落幕》,大有"苍天已死,黄天当立,岁在甲子,天下大吉"的意思。细细算来,从 20 世纪 60 年代,IBM 划时代推出基于大型机的虚拟化,到今天也差不多一个甲子了,是不是真的虚拟化已死,黄天当立?下面我们尝试着透过层层迷雾,解析虚拟化的误区与真相。

误区 1:数据中心全面上云,虚拟化靠边站。

要搞清楚这个问题,先要回顾一下虚拟化的技术内涵和发展历程。通常,虚拟化包含三部分,即计算虚拟化、存储虚拟化和网络虚拟化。其中计算虚拟化发展的历史最长,可以追溯到 1959 年,牛津大学计算机教授克里斯·托弗提出并论述了虚拟化技术的概念,从此拉开了虚拟化发展的帷幕。存储虚拟化出现的时间较晚,1988 年加州大学伯克利分校 Patterson 教授提出的磁盘阵列技术,可以认为是存储虚拟化的起源。网络虚拟化则完全是为了应对云计算的快速发展,当集群规模达到一定程度后,传统的网络技术不够灵活且管理复杂。由此可以看到,自始至终,虚拟化都是云的基础性技术,没有好的虚拟化就没有好的云基础设施。

那么虚拟化数据中心和云有何区别?首先是业务视角不同。虚拟化更多是从管理员视角提供资源管理和运维能力，由管理员进行业务发放，强调集中管控；云则是从租户视角来进行资源申请和服务部署，强调分权管理，互不干扰。其次是商业模式不同。虚拟化服务于内部运营，通过统筹资源、自动运维来降低企业 IT 系统的运行成本；云则是服务于海量的、弹性的外部租户，通过资源共享、弹性伸缩、计量计费来实现 IT 资源的商业变现。最后是解决的客户痛点不同。虚拟化的本质是提升 IT 资源的使用效率，提供的是 IaaS（Infrastructure as a Service，基础设施即服务）层的能力；云则更多关注客户在数字化转型中的困境，通过引入大数据、人工智能、区块链等新技术，以 PaaS（Platform as a Service，平台即服务）和 SaaS（Software as a Service，软件即服务）的方式提供给客户。

　　同时，随着政企数字化转型的深入，对于虚拟化提供商也提出了新的要求（包括租户管理、服务化改造、多云管理等），头部厂商如 VMware、华为纷纷推出了支持多租服务化和混合云的解决方案，如图 1-3 所示。对于政企客户，可以选择先建一个虚拟化资源池，根据业务发展逐步叠加能力，这是一种做加法的建设模式；也可以选择全面上云，再根据自己的需求，裁剪不需要的能力，这是一种做减法的建设模式。本质上虚拟化和云都是 IT 基础设施的一种建设模式，存在各自的应用场景，将长期并存，共同服务于政企数字化转型。

真相 1：虚拟化技术是云的基石，虚拟化数据中心和云各有场景，将长期并存。

图 1-3　虚拟化技术发展历程

误区 2：虚拟化是落后技术，将为容器所替代。

　　虚拟化，或者说是计算虚拟化，在 x86 时代得到了长足的发展。最早出现的是完全虚拟化，即在宿主机操作系统的基础上，叠加一个 Hypervisor 层，以纯软件的 Hypervisor 模拟完整的底层硬件，包括 CPU、内存、时钟、外设等，这样虚拟机操作系统以及上面的应用，不需要做任何适配就可以在虚拟机上运行。带来的问题是，所有指令都需要软件转换，VMM 的设计会比较复杂，系统整体性能受到影响。

　　为了解决性能问题，出现了半虚拟化。半虚拟化是一种通过修改虚拟机操作系统部分访问特权状态的代码，以便直接与 Hypervisor 交互的技术，部分硬件接口以软件的形式提供给虚拟机操作系统。这样做可以提升虚拟机性能,带来的问题是虚拟机操作系统必须进行适配,甚至运行在虚拟机中的应用程序也需要修改,不能直接运行于宿主机操作系统之上。

因此,硬件辅助虚拟化技术得到发展,这个技术方向是由芯片厂商大力倡导的。Intel-VT(Intel Virtualization Technology)和 AMD-V 是目前 x86 平台上可用的两种硬件辅助虚拟化技术,华为的鲲鹏-V 是基于 ARM 技术的硬件辅助虚拟化。如图 1-4(c)所示,硬件辅助虚拟化最大的优势是由 CPU 来提供虚拟指令,不需要 Hypervisor 来进行捕获和转换,可以极大提升虚拟化的性能,同时又能具有全虚拟化隔离硬件差异、虚拟机操作系统和应用无须适配的优势,是虚拟化目前的主流实现方式。

然而,虚拟化仍然是虚拟机操作系统和宿主机操作系统两层架构,整体比较重量级,无法应对一些敏捷的、需要快速发布和快速部署的业务,尤其是互联网业务。因此操作系统层的虚拟化,也就是容器技术,应运而生。操作系统层虚拟化是一种在服务器操作系统中使用的、没有 Hypervisor 层的轻量级虚拟化技术。内核通过创建多个虚拟的操作系统实例(内核和库)来隔离不同的进程(容器),不同实例中的进程完全不感知对方的存在。

如图 1-4(d)所示,容器技术也就是操作系统层的虚拟化,无须引入虚拟机操作系统,使得整个系统栈更扁平,从而也更加轻量,效率更高。因此有人提出,是不是虚拟化应当完全走向容器?

这个观点有失绝对。首先,容器技术出现的大背景是互联网业务,需要快速迭代,快速发布,是典型的敏态业务;而大量的传统业务,更关注运行时的稳定性、可靠性、安全性,属于稳态业务,虚拟化更有优势。其次,目前大部分业务没有做容器化改造,已经进行容器化改造的很多传统业务,除了架构更加复杂,也没有看到太多客户价值,在一定的时期内,没有必要改弦更张。从虚拟化到容器有较高的学习成本,大部分企业的 IT 人员,首要的是保证企业业务的稳定运行,根据企业业务的发展和场景的需要,选择传统虚拟化或者容器技术,而且现在主流的技术提供商,如 VMware、OpenShift、华为 DCS(Datacenter Virtualization Solution,数据中心虚拟化解决方案)都提供了虚拟机、容器双栈的技术,可以让客户自由选择,完全没有必要技术焦虑。

真相 2:容器也是虚拟化技术的一个门类,两者的应用场景不同,没有必要技术焦虑。

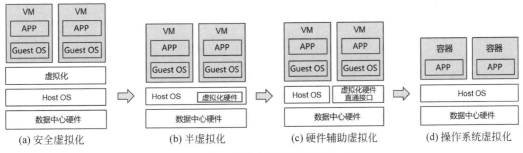

图 1-4　主流计算虚拟化技术架构对比

误区 3：虚拟化只适合通用应用，无法支持关键应用。

这个误读来自对虚拟化的刻板印象——虚拟化就是需要指令转换，资源消耗大，性能和可靠性存在隐患，不能支持关键应用。诚然，过去的虚拟化较多地承载一些桌面云、OA系统、企业网站等相对通用，对性能和稳定要求相对较低的应用。但是随着虚拟化技术的发展，如前文所述的硬件辅助虚拟化，解决了从应用到 CPU 之间的性能损耗。Intel 和华为推出的全无损以太存储网络解决方案（NVMe over Fabrics，NoF＋），通过 SPDK（Storage Performance Development Kit，存储性能开发套件）实现跨层直通，进一步解决了应用到外部存储之间的数据访问性能瓶颈，使得虚拟化能够与高可靠、高性能的外部存储结合起来，提供确定性的 SLA（Service Level Agreement，服务质量协议）。越来越多的关键业务（如企业的设计平台、证券的交易系统、医院信息系统）开始部署在虚拟机之上。

如图 1-5 所示，虚拟化的优势是资源利用率高，能够方便地进行共享，又重点改进了性能并提升了可靠性，进一步拓展了虚拟化的应用场景，体现出了旺盛的生命力。

真相 3：虚拟化改进了性能并提升了可靠性，在支持好通用应用的基础上，逐步走向关键应用。

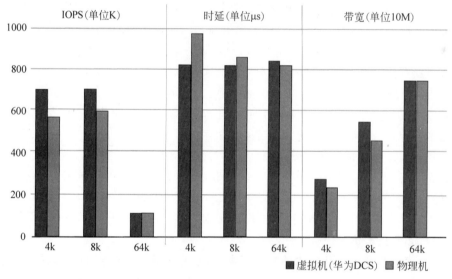

图 1-5　基于 NoF＋的虚拟机应用和裸机应用的性能测试对比

误区 4：虚拟化是纯软件，和硬件没有关系。

前面已经提到过硬件辅助虚拟化，足够说明虚拟化不只是软件，需要关注软件与硬件的协同和互补。此外，还应当看到超融合，这是虚拟化的一个十分重要的应用场景。超融合通过虚拟化软件定义超融合硬件，以软硬一体的方式来进行一站式部署，逐步成为虚拟化的主流部署方式。

当前，超融合有一个明显的趋势，就是走向专用的超融合硬件。Cisco 的 HyperFLex就定义了四种超融合节点，包括面向单纯计算的 UCS 系列硬件、面向存算均衡的混合节点、面向高性能场景的全闪存＋NVMe 的节点、面向边缘的节点。HPE Nimble 和 Dell

VxRail 也定义了一系列的超融合专属硬件。值得注意的还有 DPU 卡，作为近期的热点——DPU 让超融合通过可组合的方式发挥专用硬件的优势。DPU 是数据处理单元，其目标是将 CPU 从单调且重复的数据处理中解放出来。从图 1-6 中可以看出，DPU 是超融合架构的数据中枢：DPU 与盘框的组合，将存储虚拟化的能力卸载到 DPU，可实现完全无CPU 的存储节点；DPU 与 CPU 结合，卸载计算虚拟化的能力，可以实现完全无盘的计算节点；DPU 和 DPU 之间可以通过卸载网络虚拟化实现数据的互通和流动，让每颗 CPU 都能像访问本地盘一样访问所需要的数据，消除了原有的跨节点数据瓶颈。VMware 的Monterey 项目一直致力于孵化 DPU 技术，在 VxRail 8.0 版本中，已经支持将虚拟化系统ESXi 自动部署于 DPU，实现对虚拟化层的卸载，为整个超融合系统提供更高的性能。

　　因此，当谈论虚拟化技术时，不应该只想到软件，还要关注虚拟化软件与硬件的协同和互补，关注全栈的基础设施能力。

　　真相 4：虚拟化不止软件，还要关注硬件和全栈能力，虚拟化本质上是数据中心软件和硬件的黏合剂。

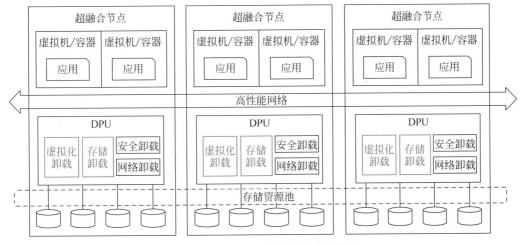

图 1-6　基于 DPU 的超融合基础设施

误区 5：虚拟化只能支持小规模数据中心，无法应用于中大型数据中心。

　　虽然对于小规模数据中心，虚拟化极轻极简，已成为主流选择，但是并不意味着虚拟化不能应用于大型数据中心。

　　从技术架构上看，数据中心虚拟化包含四部分，即计算虚拟化、存储虚拟化、网络虚拟化和运维管理平台。其中，计算虚拟化和存储虚拟化支持的规模取决于厂商的软件能力，目前主流厂商使用分布式架构提供上千节点的支持能力并不鲜见。VMware 的 vSAN 之所以限定在 64 节点，更多的是一种商业考虑而非技术约束。网络虚拟化的主流架构 SDN，则更是为大型数据中心所生，一般中小型数据中心反而很难应用 SDN 的能力。

　　唯一的瓶颈在于运维管理平台。对于大型数据中心，除了普通的设备管理和日常运维，更重要的是服务提供，这部分能力随着运维管理平台发展成为兼顾管理员视角和租户视角的私有云管平台也能得到解决。因此，虚拟化支持中大型数据中心不是一个技术问题。

　　事实上，在中大型数据中心中已经分布着为数不少的虚拟化资源池，如桌面云资源池、办公资源池、视频处理资源池，这些资源池在以前被认为是一个个的小烟囱，需要用云对它们进行统一收编。然而越来越多企业意识到，使用同一朵云，必然会带来设备商绑定、同质化竞争、数据权属等一系列问题。随之企业开始考虑引入多云——既有自有云，又有公有云，还有广泛的虚拟化资源池，并使用多云管理平台将资源统一管理起来，掌握 IT 基础设施的主动权，如图 1-7 所示。从多云的视角看，虚拟化资源池就是数据中心的一部分，客户可以根据业务的要求、厂商的能力和商务的情况，自由地进行选择和组合。

　　真相 5：虚拟化将长期在中大型数据中心中占有一席之地。

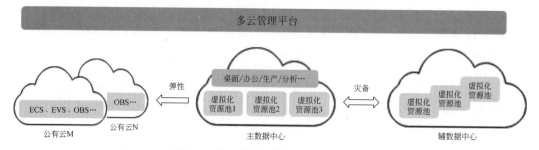

图 1-7　基于多云架构的企业数据中心

　　关于虚拟化，有太多误读和误解，但是回归技术本身，可以发现它仍然是一个快速发展和产生突破的技术方向；回归业务逻辑，可以看到它仍然是广大客户的真实诉求和务实选择。事实上虚拟化已经无处不在，既是公有云的坚实基础，又是广大企业 IT 客户的可靠拍档，以至于大家忽略了它的存在，忽略了它才是数据中心的根技术，忽略了它一直扮演着数据中心软硬件之间的黏合剂。相反，虚拟化技术才是企业数字化转型需要夯实的第一公里，值得长期的研究、积累和发展。

1.4　小结

　　本章简要介绍了虚拟化的前世今生，包括虚拟化的基本概念、发展历史和目前使用广泛的虚拟化产品。随后介绍了从虚拟化到数据中心虚拟化的演进历程，并着重说明了数据中心虚拟化中存储虚拟化和网络虚拟化的核心内容，以及超融合与虚拟化的关系。最后概述了业界目前关于数据中心虚拟化普遍存在的几个认识误区，包括虚拟化和云计算的差异、虚拟化与容器的差异、虚拟化的应用场景、虚拟化的部署方式和部署规模等。通过本章内容，读者能够对数据中心虚拟化技术的来龙去脉有更为全面的了解，并对数据中心虚拟化的必要性有更为准确的认识。

第 2 章

数据中心虚拟化的总体架构

针对第 1 章所提数据中心虚拟化技术的机遇和挑战,本章介绍构建数据中心虚拟化的总体架构和核心技术。2.1 节介绍数据中心虚拟化基本概念,使读者了解数据中心虚拟化需要解决的基本问题以及提供的基础功能。2.2 节介绍数据中心虚拟化通用架构。2.3 节分别以虚拟化领导厂商 VMware 和华为数据中心虚拟化解决方案 DCS 为例,描述两类典型数据中心虚拟化系统的基础架构、模块及主要功能特性。

2.1 数据中心虚拟化基本概念

数据中心是企业 IT 管理的核心承载系统,负责整个企业 IT 系统运行、数据存储、数据分析处理。数据中心的高效运行直接影响到企业业务的高速发展,典型的数据中心包括特殊建筑结构、电源备份结构、冷却系统、专用室(例如入口和电信接入)、设备机柜、结构化布线、网络设备、存储系统、服务器、主机、应用软件、物理安全系统、监控中心,以及许多其他支持系统,所有这些资源及其相互关系均需专门人员(本地或远程)管理。

如图 2-1 所示,宏观上数据中心分成环境(Layer 0/Layer 1)、设备(Layer 2)、软件(Layer 3/Layer 4)三层,其中数据中心运营方负责环境部分建设,数据中心系统集成商负责设备和软件平台层开发交付,业务方负责应用软件开发。

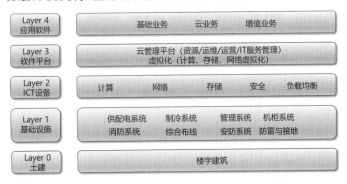

图 2-1　数据中心体系结构

随着数据中心的发展,从用户使用角度看,数据中心的成本(Total Cost of Ownership,TCO)降低、资源利用率提升、故障平均修复时间(Mean Time To Repair,MTTR)缩短和使用体验(易部署、易开发、自动化效率)提升等是核心要求。为了满足上述核心要求,基于虚拟化技术对基础设施以上层的计算、存储、网络等资源池化和统一管理(图 2-1 数据中心体系结构 Layer 2 层及以上）的数据中心应运而生，其目标如下。

（1）统一架构下环境隔离。

（2）离散资源聚集形成共享池。

（3）操作程序简化，使用自动化技术。

图 2-2 分别从物理视图和逻辑视图给出了数据中心虚拟化平台的组成。数据中心虚拟化平台向下管理数据中心服务器、存储设备、网络设备等，从集群层面保证单点设备故障不影响整体运行；向上高效率（资源利用率）地提供运行环境（虚拟机、容器），协助调度客户应用；另外保证了整个应用环境的安全性（不被攻破，数据不被窃取）和高可用性（数据备份恢复和应用容灾）。

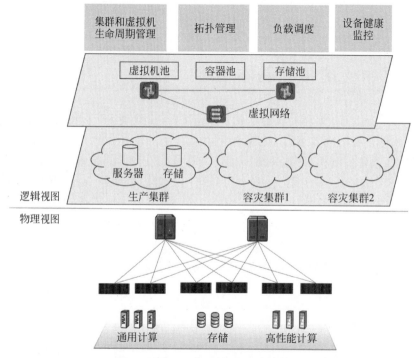

图 2-2　数据中心虚拟化物理/逻辑视图

数据中心虚拟化功能归纳如下。

（1）设备管理：设备接入、设备拓扑、设备监控。

（2）虚拟化内核：抽象物理服务器的计算、存储、网络等资源，以虚拟机、容器等形式向客户提供稳定、高性能的业务运行环境，使得服务器资源得到充分利用并且极大地简化运营维护管理流程。

（3）资源池化：将物理计算和存储资源抽象池化，对外提供虚拟机和容器两种负载。

（4）负载调度：根据配置策略进行最佳安置，尽量提升资源利用率，降低虚拟化管理损耗。另外要提供负载迁移、快照、加密等增值特性，把管理员释放出来。

（5）数据中心网络：在物理网络之上抽象逻辑网络，支持数据中心内提供 VPC（Virtual

Private Cloud,虚拟私有云)的抽象,虚拟负载之间不同层次的连通和隔离。

（6）数据中心安全：包括运行环境安全（病毒扫描）、网络边界安全（Anti DDoS、IPS等）、管理平台安全（日志审计、权限控制等）；还包括机密计算、可信启动、数据的防勒索、数据可信交换、安全态势感知等。数据安全是数据中心客户越来越关心的核心问题。

（7）数据中心高可用：两地三中心、数据的备份恢复和应用的容灾。尽量减少数据的丢失和恢复时间。

（8）多数据中心管理：数据中心发展到现在已经形成分布式的典型形态。需要有一个多数据中心的管理架构；要支持负载和数据在多数据中心间的按需流动。

除了这些功能要求之外,数据中心虚拟化还需考虑以下内容。

（1）性能：提供满足业务要求的性能,例如系统吞吐量 TPS(Transactions Per Second,每秒事务处理个数)、存储设备读写性能 IOPS(Input/Output Operations Per Second,每秒读写次数)等。

（2）SLA：提供满足业务系统要求的服务水平,例如故障恢复的时间、系统支撑的规模等。

（3）可扩展性：包括横向扩展和纵向扩展。

（4）可维护性：需提供智能化的手段辅助管理员进行日常运维,包括传统的日志告警、指标可视化以及 AI 辅助分析预警等。

（5）可移植性：采用标准化的接口,系统内部分层解耦合理。

2.2　数据中心虚拟化通用架构

经过多年实践,业界在数据中心虚拟化总体架构和模块定义上已经形成一定共识。典型数据中心虚拟化通用架构如图 2-3 所示。

图 2-3　典型数据中心虚拟化通用架构

整体上，从下到上分为四层。

（1）基础设施层：基础设施包括构建数据中心所需的服务器、存储、网络等物理设备。一般有两类部署形态，一类是由分层采购建设的服务器、存储、网络设备组合而成的部署形态；还有一类是直接使用超融合设备的部署形态。超融合设备将服务器、存储和网络设备整合到一台物理服务器中，并提供配套的超融合软件和集成应用。目前流行的超融合系统有华为 FusionCube、戴尔 VxRail 以及思科 HyperFlex 等。

（2）资源层：提供对虚拟计算、存储、网络、安全和数据资源等的池化抽象。除了管理虚拟资源，在某种程度上，资源池还担负着操作系统的职责，即管理底层物理资源、提供安全隔离机制。此外，随着数据中心分布和组成的多样化，提供对异构虚拟化平台的管理能力也成为数据中心虚拟化体系的重要需求。

（3）服务层：统一管理多个数据中心资源池层提供的资源，支持统一的服务申请和自助操作服务控制台。服务由前端和后台两部分组成。前端通过部署控制台组件，向用户提供服务前台访问界面及入口。后端通过部署服务组件，处理用户的操作与业务请求。

（4）管理层：提供对多个数据中心的统一管理调度能力，按场景和功能可划分为运营管理和运维管理两个主要模块。其中，运营管理提供对服务的统一运营能力，提升运营操作的敏捷性，提升业务运营效率。运维管理提供对虚拟物理资源的统一运维能力，提升运维操作效率。

数据中心虚拟化平台是一个庞大的系统，架构设计上要遵循解耦和开闭原则，防止系统内部组件互相耦合，无法长期演进。数据中心虚拟化架构最核心的思想是分层解耦和标准化管理，通过定义数据中心标准、规范和接口，划分计算、存储、网络等功能域实现内聚，组合形成完整功能，模块间和层次间通过规范的 API 交互运行。

数据中心虚拟化涉及虚拟机生命周期管理、容器编排调度和数据中心管理等技术，它们各自需要实现的功能与解决的问题简要概括如下（将在后续章节详细介绍）。

1）计算虚拟化技术

计算虚拟化技术就是在一个物理服务器上虚拟出多个相互隔离的逻辑服务器，即虚拟机（Virtual Machine）。从使用角度看，每个虚拟机都是一个具备完整 CPU、内存、总线、外设的服务器。对操作系统而言，运行于虚拟机上与运行于物理机上没有区别，即虚拟机可以看作真实物理机的一种高效隔离的复制。因此，计算虚拟化的目标是使虚拟机的功能和性能与物理机接近，即"功能不缺失、性能不损失"。

一个完整的计算虚拟化架构如图 2-4 所示，底层是物理硬件资源，包括三大主要硬件：CPU、内存和 I/O 设备。Hypervisor 有时也称为 VMM（Virtual Machine Monitor，虚拟机监控程序），运行于硬件资源层上，并为虚拟机提供虚拟的硬件资源。客户机操作系统（Guest OS）运行在虚拟硬件资源上，与传统的操作系统功能一致，管理硬件资源并为上层应用提供统一的软件接口。

判断一个 Hypervisor 能否有效确保服务器系统实现虚拟化功能，须具备以下三个基本特征。

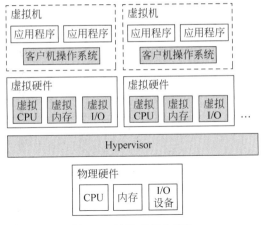

图 2-4　计算虚拟化架构

（1）等价性（Equivalence Property）：运行于 Hypervisor 控制之下的程序（虚拟机），除了时序和资源可用性可能不一致外，其行为应该与相同条件下运行在物理服务器上的行为一致。

（2）资源可控性（Resource Control Property）：虚拟机对于物理资源的访问都应该在 Hypervisor 的监控下进行，虚拟机不能越过 Hypervisor 直接访问物理机资源，否则某些恶意虚拟机可能会侵占物理机资源而导致系统崩溃。

（3）高效性（Efficiency Property）：除了特权指令，绝大部分机器指令都可以直接由硬件执行，而无须 Hypervisor 干涉控制。

上述三个基本特征也是计算虚拟化实现方案的指导思想。

计算虚拟化是虚拟化与云计算中最基本的技术，其抽象粒度是整个计算机，包含对 CPU、内存、中断、时钟、总线、I/O、外设的虚拟化。因此，计算虚拟化的实现依赖于硬件体系架构。在第 1 章已经提到过，虚拟化技术很早就有了，但是真正走入日常生活并开始推广是在 1998 年。由于当时 x86 架构在硬件上还不支持虚拟化，VMware 公司推出了动态二进制翻译技术，保证敏感指令在 Hypervisor 监控下执行，弥补了 x86 架构的虚拟化漏洞，从而让虚拟化技术得以成功商用。这个时代的虚拟化技术是纯软件实现的。虚拟机运行的特权指令被虚拟机监控程序 Hypervisor 截获并代为执行（如图 2-5（a）所示）。内存虚拟化是通过影子内存来实现的，而外设是软件模拟的。

第一代虚拟化技术（基于纯软件的虚拟化）性能比较差，稳定性也不够好。为此，CPU 制造厂商在硬件上加入了对虚拟化的支持（硬件辅助虚拟化），允许一些特权指令在 CPU 上正常运行（如图 2-5（b）所示）。例如，Intel 公司在 2005 年推出了 VT-x（Intel Virtualization Technology for x86）技术实现处理器层面的 CPU 虚拟化，随后在 2008 年引入了 EPT（Extended Page Table，扩展页表）和 VT-d（Virtualization Technology for Direct I/O，直接 I/O 虚拟化技术）等硬件优化技术辅助内存和 I/O 虚拟化，接着在 2012 年又提出了硬件中断虚拟化技术 APICv（APIC Virtualization，APIC 虚拟化）。至此，Intel 硬件虚拟化技术全部完成。在此基础上,业界虚拟化技术的稳定性和性能相比纯软件模拟有了显著提升。根据 VMware 公布的数据,虚拟化相比物理服务器性能损耗缩小到 5%。工程上的成功让虚拟化技术几乎成为数据中心和云计算领域的标准配置,当前 75%运行在数据中心和云上的服务器会使用虚拟化技术。

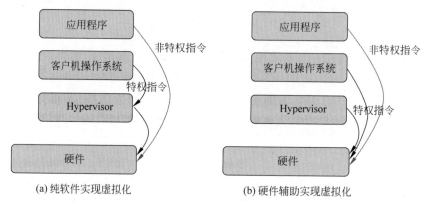

图 2-5　两类虚拟化实现方式

当代服务器存在 x86 和 ARM 两种主流的处理器硬件架构。虽然 x86 架构服务器在性能方面通常有着更优异的表现,但随之也带来了更高的功耗和部署成本。近几年,以亚马逊 AWS 为首的云厂商开始尝试使用 ARM 架构服务器。此外,ARM 体系结构也逐渐支持越来越多的虚拟化技术。例如,ARM v7 架构推出了可支持虚拟化的扩展选项(Virtualization Extension),通过一个独立的 CPU 模式(HYP 模式)实现对虚拟化的支持;ARM v8.1 架构引入了虚拟化主机扩展(Virtualization Host Extensions,VHE),以减少物理机和虚拟机之间的上下文切换,降低虚拟化的开销;ARM v8.3-NV 增加了对嵌套虚拟化(Nested Virtualization)的支持,从而可以在虚拟机中创建和运行虚拟机。

2) 存储虚拟化技术

存储虚拟化是在物理存储系统和服务器之间增加一个虚拟层,管理和控制所有存储并对服务器提供存储服务,如图 2-6 所示。存储虚拟化是一种对物理存储资源进行抽象的技术,把多个物理存储设备通过一定的技术集中起来统一管理,为用户提供大容量、高数据传输性能的存储系统。虚拟化的存储资源就像是一个存储池,用户不会看到具体的磁盘、磁带,也不关心自己的数据经过哪一条路径通往具体的存储设备。

相比传统的存储技术,存储虚拟化技术具有以下优势。

(1) 磁盘利用率高。传统存储技术的磁盘利用率一般只有 30%～70%,而采用虚拟化技术后的磁盘利用率高达 70%～90%,极大地提高了存储资源的利用率。

(2) 管理方便。传统存储技术的存储管理和维护工作大部分由人工完成,而采用虚拟存储技术,管理员不必关心后台存储,只需专注于管理存储空间本身,存储管理的复杂性大大降低。

(3) 存储灵活。传统存储技术不支持异构存储,而虚拟存储技术可以适应不同厂商、不同类别的异构存储平台,为存储资源管理提供了更大的灵活性。

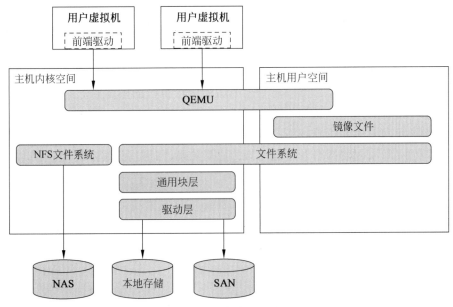

图 2-6　存储虚拟化

（4）更多功能。相比传统存储技术，虚拟化存储技术额外带来了精简磁盘和空间回收、快照、迁移、链接克隆等实用功能。

3）网络虚拟化技术

虚拟化之前的时代，服务器通过物理网络连接在一起。有了虚拟化技术后，虚拟机之间也需要网络连接。一种自然的方法是将虚拟机之间的通信路由到物理网络上，通过外置的交换机互联，如图 2-7 所示。这么做效率和安全性是不足的。同一主机内的虚拟机之间的通信应该在主机内完成。另外，随着虚拟化环境中虚拟机的数量大大增加，物理交换机的转发表也很难支持大规模部署。因此一种 Overlay（覆盖网络）的虚拟化网络技术应运而生。简单地说就是在现有物理网络上再创造一个逻辑网络层，通过逻辑网络层给虚拟机提供互联服务。典型的 Overlay 协议是 VXLAN（Virtual eXtensible LAN，虚拟可扩展局域

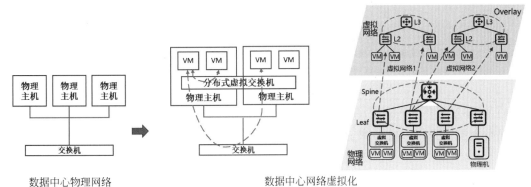

图 2-7　网络虚拟化

网），其在底层物理网络（Underlay）之上使用隧道技术，借助 UDP 层构建逻辑网络。这种逻辑网络有很大的优势，可以支持很大的规模，VXLAN 支持 16.7M 个子网；可以摆脱对物理网络的依赖，由软件任意定义和随时修改。

从工程化的角度看，软件定义网络（Software Defined Networking，SDN）需要包含管理面、控制面和数据面三个层次（如图 2-8 所示），其中每层执行的操作如下。

（1）管理面：负责网络配置和告警监控。

（2）控制面：负责生成逻辑网络、动态拓扑监控和路由表更新。

（3）数据面：负责逻辑网络和物理网络的协议转换、网络包的实际转发。

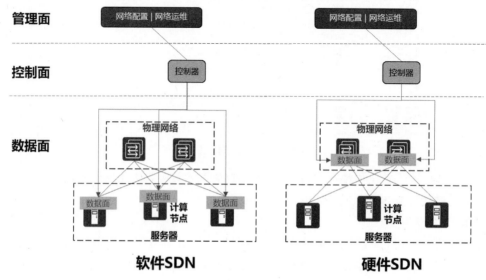

图 2-8　软件 SDN 与硬件 SDN

网络虚拟化一直存在两个流派，一个是网络设备提供商主导的硬件 SDN 方案，另一个是 IT 厂商主导的软件 SDN 方案。这两个的区别主要在于数据面由软件实现还是在网络设备上实现。表 2-1 归纳了两种 SDN 方案的优缺点。

表 2-1　SDN 方案的优缺点

SDN 方案	优　　点	缺　　点
软件 SDN	① 与硬件解耦，厂家不绑定 ② 灵活，易于扩展，适用于大规模场景	① 使用通用算力处理网络流量，效率不高 ② 物理网络、逻辑网络分别管理，不利于问题定位
硬件 SDN	① 转发性能（吞吐量、时延）高 ② 物理网络/逻辑网络统一管理	与网络硬件设备耦合

4）超融合技术

超融合技术是一种集计算、存储和网络功能于一身的虚拟化基础设施解决方案，其主要特征如下。

（1）集成度高：超融合技术将计算、存储和网络功能集成于一体，实现了资源的统一管理和优化配置，提高了资源利用率和管理效率。

（2）灵活性强：超融合技术支持快速部署和扩展，可以根据业务需求进行灵活的资源调整和配置，提高了业务的灵活性和可扩展性。

（3）可靠性高：超融合技术采用分布式存储和数据保护技术，实现了数据的高可靠和服务容错，提高了系统的可靠性和稳定性。

（4）管理简单：超融合技术采用中心化管理平台，实现了资源的统一管理和监控，简化了系统的管理和维护。

（5）性价比高：超融合技术将计算、存储和网络功能集成于一体，减少了硬件设备的购买和维护成本，提高了系统的性价比。

5）容器与云原生

容器是一种操作系统虚拟化技术，可以基于共享宿主机操作系统内核提供相互隔离的操作系统运行环境。一个宿主机上可以部署多个容器，各个容器共享宿主机内核，但容器间相互隔离。容器技术架构如图 2-9 所示。每个容器包括独立的 Mount Namespace（文件系统空间）、UTS Namespace（hostname 和 domainname 空间）、IPC Namespace（进程间通信空间）、PID Namespace（进程空间）、Network Namespace（网络协议栈空间）、User Namespace（用户与用户组空间）。容器通过虚拟网卡（vNIC）挂载到虚拟交换机（vSwitch），虚拟交换机通过物理网卡（pNIC）接入网络。

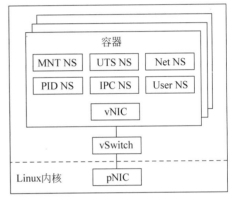

图 2-9　容器技术架构

相比传统软件开发和部署，使用容器开发企业软件可以带来如下优势。

（1）应用程序的环境一致性：容器可以将应用程序及其所有依赖项（库、运行时环境等）打包在一个容器中。无论在开发、测试还是生产环境中，容器中的应用程序和环境都保持一致，消除了由于环境差异而引起的问题。

（2）轻量级和快速启动：容器是轻量级的，它们共享宿主机内核，并且只包含运行应用程序所需的最小资源。因此，容器启动非常迅速，可以在秒级内完成，从而提高了开发和部署效率。

（3）资源隔离和安全性：容器提供了资源隔离，每个容器都有自己的文件系统、网络和进程空间，应用程序能够在相互独立的环境中运行。容器的资源隔离提高了应用程序的安全性，防止应用程序之间的相互干扰和攻击。

（4）水平扩展和负载均衡：通过容器化技术可以很容易地被复制和部署多个相同的容器，实现应用程序的水平扩展。结合容器编排工具（如 Kubernetes），可以实现容器的自动化管理和负载均衡，以应对高流量和大规模应用需求。

（5）快速部署和回滚：容器可以通过镜像方式快速部署和分发。同时容器的版本管理和回滚也变得简单，可以轻松切换到先前的容器版本，以便快速修复和回退。

　　随着云计算的蓬勃发展，为了更好发挥云的特长，云原生的概念应运而生。自从云原生概念由 Pivotal 公司的 Matt Stine 于 2013 年首次提出以来，以容器、微服务、DevOps 为代表的云原生技术，凭借具有弹性、高可用性及可移植性的用户体验，在多个行业得到实践和证明。据国际权威市场分析机构 Gartner 预测，部署在云原生平台上的工作负载将由2021 年的 30% 增长至 2025 年的 95%。云原生概念经过多年发展，2018 年云原生计算基金会 CNCF 将云原生重新定义，给出云原生的代表性技术，包括容器、服务网格、微服务、不可变基础设施和声明式 API。图 2-10 展示了目前云原生架构的基本层次。基于最下面的运行时到最上面的应用架构，再辅助于持续集成/持续交付(CI/CD)的思想以及现代编程接口（声明式 API）的方式，能够构建容错性好、易于管理和便于观察的松耦合系统，使开发者可以轻松地对系统作出频繁和可预测的重大变更。

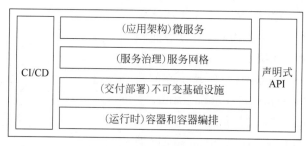

图 2-10　云原生技术架构

　　6）AI 算力池化技术

　　ChatGPT 的问世将人工智能带入了大模型时代，大模型对算力的需求日益凸显。AI算力池化技术是一种将不同计算节点的计算资源进行优化和整合的技术，以满足不同 AI应用的需求。通过 AI 算力池化技术，可以带来以下几方面的优势。

　　(1) 提高计算效率：AI 算力池化技术可以将多个计算节点的资源进行动态分配和调整，以提高 AI 计算的效率。

　　(2) 提高计算可靠性：AI 算力池化技术可以将多个计算节点的资源进行备份和冗余配置，以提高 AI 计算的可靠性。

　　(3) 降低计算成本：AI 算力池化技术可以将多个计算节点的资源进行共享和复用，以降低 AI 计算的成本。

　　(4) 提高计算安全性：AI 算力池化技术可以将多个计算节点的资源进行隔离和保护，以提高 AI 计算的安全性。

　　7）安全和可靠性技术

　　数据中心的安全和可靠性技术是确保数据中心运行稳定及数据安全的关键技术。当前虚拟化和云原生的技术发展比较成熟，但是安全仍然是一个不容忽视的问题。数据中心安全基于"零信任"原则，认为任何用户或设备都可能成为攻击者，包括管理员、使用者，甚至包括硬件 CPU、内存、硬盘等。通过对数据中心基础设施、虚拟机、容器、应用等多方面的安全措施和集中管理来保障数据中心内部系统资源和敏感数据的完整性、可用性及保密性。

　　数据中心通常承载的是企业核心应用系统,需要 7×24 小时不间断服务,需要提供 5 个 9 甚至 6 个 9 的可靠性保障。可靠性技术在数据中心的应用对于保障客户业务连续性和数据安全至关重要。设备故障、自然灾难、网络过载和维护操作等因素可能导致业务受损,进而带来严重的社会危害和经济后果。因此,可靠性技术的目标是在故障场景下确保客户业务不中断、数据不丢失。可靠性是用户选择虚拟化平台的关键因素之一,也是虚拟化在数据中心广泛应用的重要衡量标准。

　　8) 数据中心管理技术

　　数据中心管理是指对数据中心的设备、系统、网络、服务等进行有效的管理和维护,以确保数据中心的可靠性、安全性和高效性。随着虚拟化技术融入数据中心,新一代数据中心管理平台的技术特点主要包括以下几方面。

　　(1) 统一虚拟化管理:采用虚拟化技术,能够将物理资源虚拟化成为逻辑资源,实现资源的共享和利用率的提高。可以异构管理业界主流的第三方虚拟化平台,从管理层屏蔽虚拟化平台差异,实现统一纳入管理。

　　(2) 多租户管理:为多个不同的用户组提供资源隔离访问和使用的能力。单用户组内根据用户的不同角色、权限等,提供完善的权限管理功能,授权用户对系统内的资源进行管理。

　　(3) 自动化管理调度:采用自动化管理技术,能够自动化地管理数据中心的各项操作,如服务器管理、网络管理、存储管理等。支持自定义的资源管理 SLA(Service-Level Agreement,服务水平协议)策略、故障判断标准及恢复策略。根据预先设定策略自动检测服务器或业务的负载情况,对资源进行智能调度,均衡各服务器及业务系统负载,保证系统良好的用户体验和业务系统的最佳响应。

　　(4) 运维管理:采用可视化管理技术,能够以图形化的方式展示数据中心的各项信息,如服务器状态、网络拓扑图、存储容量等。提供多种运维工具,实现业务的可控、可管,提高整个系统运维的效率。

　　(5) 安全性:遵循行业安全规范,采用多层次的安全机制,包括身份验证、访问控制、数据加密等,保障数据中心的安全。

　　(6) 弹性扩展:采用弹性扩展技术,能够根据业务需求进行资源的动态调整和扩展,提高数据中心的灵活性和适应性。

2.3　典型数据中心虚拟化系统

　　基于 2.2 节所述数据中心虚拟化的通用架构,虚拟化与云计算厂商根据不同行业场景诉求和自身技术积累优势,相继推出了商用的数据中心虚拟化系统及方案。本节分别描述虚拟化厂商 VMware 和华为提供的数据中心虚拟化系统的基础架构、主要模块设计与功能。

2.3.1　VMware 虚拟化平台

VMware 是业界知名的数据中心虚拟化软件厂商，软件定义数据中心（Software Defined Data Center，SDDC）是 VMware 首次提出的概念，以实现整个数据中心的虚拟化。

2023 年底，VMware 被博通公司收购后，对 VMware 产品进行了精简，许多 VMware 软件解决方案将仅作为 VMware Cloud Foundation（VCF）或 VMware vSphere Foundation（VVF）的一部分提供，它们将不再作为独立的解决方案出售。图 2-11 所示为 2024 年 VMware 提供的产品组件和服务。

	VCF VMware Cloud Foundation	VVF VMware vSphere Foundation	VVS VMware vSphere Standard	VVEP VMware vSphere Essentials Plus
产品和支持服务	➤ SDDC Manager ➤ vSphere Enterprise Plus 　● vCenter Server Standard 　● vSphere with Tanzu (includes TKG Runtime) 　● vSphere ESXi ➤ vSAN Enterprise (includes 1TiB per CPU Core) ➤ NSX Enterprise Plus ➤ Aria Suite Enterprise 　● Aria Automation 　● Aria Operations 　● Aria Operations for Logs ➤ Aria Operations for Networks Enterprise ➤ HCX Enterprise	➤ vSphere Enterprise Plus: 　● vCenter Server Standard 　● vSphere with Tanzu (includes TKG Runtime) 　● vSphere ESXi ➤ vSAN Enterprise (*includes 100GiB per CPU Core per host as free trial) ➤ Aria Suite Standard: 　● Aria Suite Lifecycle 　● Aria Operations 　● Aria Operations for Logs	➤ vSphere Standard: 　● vCenter Server Standard 　● vSphere ESXi	➤ vSphere Essentials Plus (Maximum of 3 host w/up to 96 Cores) 　● vCenter Server Essentials 　● vSphere ESXi
需要额外收费的可选组件	➤ VMware Cloud Disaster Recovery (VCDR) 　● Sold as protected TiB and Per Protected VM ➤ VMware Ransomware Recovery (RWR) 　● Sold as Per Protected VM ➤ VMware Site Recovery (SRM) 　● Sold as pack of 25 VMs ➤ vSAN Enterprise 　● Sold as Per TiB (minimum purchase is 8TiB per CPU Socket) ➤ VMware Load Balancer (NSX Advanced Load Balancer) 　● Sold as per service unit ➤ VMware Firewall ➤ VMware Firewall + Advanced Threat Protection (ATP) ➤ Tanzu系列	➤ VMware Cloud Disaster Recovery (VCDR) 　● Sold as protected TiB and Per Protected VM ➤ VMware Ransomware Recovery (RWR) 　● Sold as Per Protected VM ➤ VMware Site Recovery (SRM) 　● Sold as pack of 25 VMs ➤ vSAN Enterprise 　● Sold as Per TiB (minimum purchase is 8TiB per CPU Socket) ➤ VMware Load Balancer (NSX Advanced Load Balancer) 　● Sold as per service unit ➤ Tanzu系列	➤ VMware Cloud Disaster Recovery (VCDR) 　● Sold as protected TiB and Per Protected VM ➤ VMware Ransomware Recovery (RWR) 　● Sold as Per Protected VM ➤ VMware Site Recovery (SRM) 　● Sold as pack of 25 VMs	➤ VMware Cloud Disaster Recovery (VCDR) 　● Sold as protected TiB and Per Protected VM ➤ VMware Ransomware Recovery (RWR) 　● Sold as Per Protected VM ➤ VMware Site Recovery (SRM) 　● Sold as pack of 25 VMs

图 2-11　2024 年 VMware 提供的产品组件和服务

（1）VMware Cloud Foundation 是 VMware 新的解决方案，旨在为客户提供全技术栈基础设施价值，提供具有完整 Aria 管理和编排套件（包括新服务）的 vSphere、vSAN 和 NSX 的平台。

（2）VMware vSphere Foundation 是 VMware 为传统 vSphere 环境的数据中心优化提供的解决方案。除了 Aria Operations 和 Aria Operations for Logs，它还将 Tanzu Kubernetes Grid 作为其标准功能套件的一部分。此外，那些对基本硬件整合或少量服务器虚拟化等要求较低的客户仍然可以订阅 vSphere Standard 和 vSphere Essentials Plus Kit。

（3）VMware 附加服务可用于 VMware vSphere Foundation 和 VMware Cloud Foundation，覆盖额外的存储、安全、灾难恢复、生成式 AI 和其他特定用例。

图 2-12 所示为 VMware 软件定义数据中心的核心架构。可以看出，VMware 数据中心虚拟化系统和服务依赖于三大基础平台：vSphere 提供计算虚拟化，vSAN 提供存储虚拟化，NSX 提供网络虚拟化。

下面将分别简要介绍 VMware vSphere、VMware vSAN 和 VMware NSX 的逻辑架构与特性，以说明 VMware 是如何实现数据中心虚拟化的。

图 2-12　VMware 软件定义数据中心的架构

1．VMware vSphere

VMware vSphere 是 VMware 的虚拟化平台，可以通过虚拟化纵向扩展和横向扩展应用、重新定义可用性和简化虚拟数据中心，实现高可用、恢复能力强的基础架构。图 2-13 所示是 VMware vSphere 的架构图。

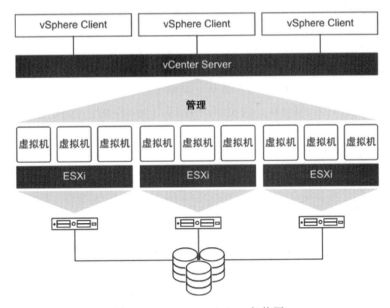

图 2-13　VMware vSphere 架构图

VMware vSphere 架构模型主要分为两个核心，即 ESXi 主机和 vCenter Server。ESXi 主机对物理服务器上的所有资源进行了虚拟化并汇总成资源池，然后由一个称为 vCenter Server 的主机去管理所有的 ESXi 主机资源。

1）VMware ESXi

ESXi 是用于创建和运行虚拟机及虚拟设备的虚拟化平台，可直接安装在物理服务器上。一台 ESXi 主机将该主机上的物理资源虚拟化，形成一台主机的资源池，实现创建和运行虚拟机及虚拟设备,但因其对虚拟机的管理较为简单,所以由 vCenter 组件对所有的 ESXi 主机进行管理与维护。

　　与其他虚拟化管理程序不同,ESXi 的所有管理功能都可以通过远程管理工具提供。由于没有底层操作系统,安装空间占用量可缩减至 150MB 以下。ESXi 体系结构独立于任何

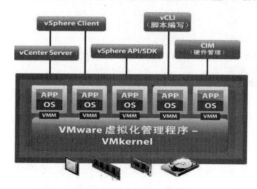

通用操作系统运行,可提高安全性、增强可靠性并简化管理。如图 2-14 所示,从体系结构来说,ESXi 包含虚拟化层和虚拟机,其中虚拟化层由虚拟化管理程序 VMkernel 和虚拟机监控器 VMM 两个主要部分组成。ESXi 主机可以通过 vSphere Client、vCLI、API/SDK 和 CIM 接口接入管理。

　　VMkernel 控制和管理服务器的实际资源,它用资源管理器排定虚拟机顺序,为它们动态分配 CPU 时间、内存和磁盘及网络访问。

图 2-14　ESXi 体系结构

它还包含了物理服务器各种组件的设备驱动器,例如,网卡和磁盘、VMFS 文件系统和虚拟交换机。VMkernel 可将虚拟机的设备映射到主机的物理设备。例如,虚拟 SCSI 磁盘驱动器可映射到与 ESXi 主机连接的 SAN LUN 中的虚拟磁盘文件;虚拟以太网 NIC 可通过虚拟交换机端口连接到特定的主机 NIC。

　　每台 ESXi 主机的关键组件是一个称为 VMM 的进程。对于每个已开启的虚拟机,将在 VMkernel 中运行一个 VMM。虚拟机开始运行时,控制权将转交给 VMM,然后由 VMM 依次执行虚拟机发出的指令。VMkernel 将设置系统状态,以便 VMM 可以直接在硬件上运行。ESXi 主机将为每个虚拟机提供一个 x86 基础平台,可以选择要在该平台中安装的设备。标准虚拟设备驱动程序具有可移植性,无须为每台虚拟机重新配置操作系统。如果将这些驱动程序文件复制到其他 ESXi 主机,即使硬件截然不同,这些文件仍然可以正常运行,且无须重新配置硬件。

　　2)VMware vCenter Server

　　vCenter Server 是管理平台,提供基本的数据中心服务,如访问控制、性能监控和配置功能。vCenter Server 可将多个 ESXi 主机加入资源池中并管理这些资源。vCenter Server 包含了很多组件,可以实现云主机的迁移、备份、容错等诸多高可用功能。vCenter Server 有多种部署方式,可以是基于 Linux 的虚拟设备,也可以是安装在 Windows 服务器上的 Windows 应用软件。

　　vCenter Server 还以插件形式提供了其他 vSphere 组件,用于扩展 vSphere 产品的功能。例如,vSphere Client 允许用户从个人计算机远程连接到 vCenter Server 或 ESXi 的界面。vSphere Web Client 允许用户从各种 Web 浏览器和操作系统远程连接到 vCenter Server 的 Web 界面。vSphere vMotion 可以将打开电源的虚拟机从一台物理服务器迁移到另一台物理服务器,同时保持零停机时间、连续的服务可用性和事务处理完整性(如图 2-15

所示）。基于 vMotion 技术，可为虚拟机提供高可用性的功能，并实现服务器集群的分布式
资源调度（Distributed Resource Scheduler，DRS）。如果服务器出现故障，受到影响的虚拟
机会在其他拥有多余容量的可用服务器上重新启动。通常利用 vSphere 实现数据中心虚拟
化时会在 vCenter 服务器上创建集群，把主机加到集群里面。DRS 可以保证所有集群中的
每一个 ESXi 主机上使用的资源是平衡的。如果它发现某一个主机上的负载比较高，这时
DRS 将会配置相应的策略，把主机上的虚拟机迁移到其他的主机上面。

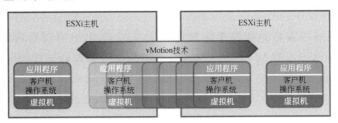

图 2-15　vSphere vMotion 应用示意图

无论是用户通过互联网访问企业中的数据中心，还是数据中心原本就部署在企业内，
安全可靠性问题都不容忽视。vSphere Fault Tolerance 通过使用副本保护虚拟机的机制，
保证连续可用性。当虚拟机启用此功能后，即创建原始或主虚拟机的副本。在主虚拟机上
完成的所有操作也会应用于辅助虚拟机。如果主虚拟机不可用，则辅助虚拟机将立即成为
活动虚拟机。

2. VMware vSAN

随着虚拟化技术的不断发展，其应用的规模也越来越大，但传统的虚拟化方案中存储
资源以 SAN 存储为主构建。传统 SAN 存储最大弊端是成本高昂、不易扩展，磁盘扩容达
到一定数量后存储控制器很容易存在性能瓶颈。传统存储阵列在生命周期即将结束时还
存在着生产数据迁移的困难和数据丢失的风险。VMware Virtual SAN（vSAN）的出现很
好地解决了这个问题。VMware 依托于自身在服务器存储以及系统架构上的实力，推出了
针对 vSAN 的存储虚拟化解决方案。

VMware vSAN 是 vSphere 原生软件定义的
存储平台，可以扩展 vSphere 虚拟化管理程序以
将计算和直连存储池化，帮助客户向超融合基础
架构（HCI）转变。通过建立服务器直连硬盘和
固态硬盘（HDD 和 SSD）集群，vSAN 可为虚拟
机、容器等各种不同的工作负载提供分布式的存
储资源。

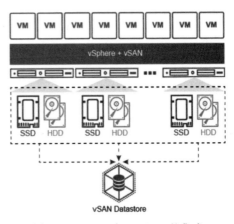

如图 2-16 所示，vSAN 内置在 vSphere ESXi
内核中并采用分布式体系结构，利用 SSD 提供
高性能读/写缓存，利用 HDD 确保经济高效的数
据持久性。vSAN 分布式存储的管理和虚拟机

图 2-16　vSAN 与 vSphere 的集成

一样统一由 vCenter 纳管。vSAN 既支持混合架构也支持全闪存架构，该技术基于分布式 RAID 实现高度可用的体系结构并且消除了单点故障。它可以应对磁盘、服务器和网络级别的故障并且不丢失数据，因为它内置了多种冗余机制，可以为磁盘和主机上的数据透明地存储多个副本。VMware vSAN 的设计和部署基于业界成熟稳定的 x86 架构硬件服务器，不绑定任何服务器品牌厂商，从而给了用户极大的选择灵活性，这使存储层与虚拟化计算层都具有聚合、灵活、高效和弹性扩展的特点，全面降低了存储基础架构的成本和复杂性。

vSAN 实现了基于策略的存储管理方法，可以通过将定制的存储策略与各个虚拟机或虚拟磁盘关联起来指定存储属性，如容量、性能和可用性。存储可以根据指定的策略立即完成资源调配和自动配置。无论位于集群中的什么物理位置，虚拟机都会维持自己的独特策略。工作负载条件变化时，vSAN 会动态地自行调整并实现负载平衡，以遵守配置的每个虚拟机的存储策略。

3. VMware NSX

VMware NSX 是一个支持 VMware 云网络解决方案的网络虚拟化和安全性平台，能够以软件定义的方式构建跨数据中心、云环境和应用框架的网络。借助 NSX，无论应用是在虚拟机（VM）、容器还是在物理服务器上运行，都能够使应用具备更完善的网络连接和安全能力。与虚拟机的运维模式类似，网络虚拟化将网络和安全服务移至数据中心虚拟化层，可独立于底层硬件对网络进行配置和管理。此外，NSX 支持一系列逻辑网络元素和服务，例如逻辑交换机、路由器、防火墙、负载平衡器、VPN 和工作负载安全性。用户可以通过这些功能的自定义组合来创建隔离的虚拟网络。

随着应用越来越多地采用基于容器和微服务的体系架构，容器和微服务的体系架构需要能够提供连接和保护这些新应用，乃至单个工作负载。NSX 能够以原生方式建立容器间网络连接，以及向下微分段至单个容器级别，从而为微服务启用微分段，并且在配置、更改、移动和停用工作负载期间让策略始终跟随工作负载。如图 2-17 所示，NSX 可与多个应用

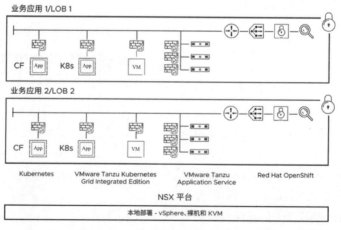

图 2-17　NSX 与应用、容器编排平台和 Hypervisor 的集成

(VMware Tanzu 等)和容器编排平台(Kubernetes 和 Tanzu Kubernetes Grid Integrated Edition 等)、Hypervisor(vSphere 和 KVM 等)集成,此外还可以跨应用平台进行集成,以便在开发新应用时为这些应用提供固有的敏捷网络连接和安全性。

　　VMware 在原本计算虚拟化(服务器)的基础上,增加了存储虚拟化 vSAN 和网络虚拟化 NSX 等平台,但这些只是虚拟化的基础架构。如何把虚拟资源调配成软件定义的数据中心以实现高效、自动化的运维管理仍然是一个关键的问题。为此,VMware 进一步提出了云管理解决方案(如 VMware Aria、vCloud 和 CloudHealth 等),实现应用开发、测试、上线的无缝衔接和全程自动化。

4. VMware 发展分析

　　VMware 虚拟化技术发展经历了三次演进:第一次是虚拟化,即云计算的技术基础;第二次是软件定义数据中心,使得企业能在私有云上实现公有云的诸多特性;第三次是在分布式多云环境下,让企业能自主可控,以最优成本、更快地做应用的交付。随着 2023 年底 VMware 被博通收购,其产品及服务策略也出现了一些较大的变动,包括如下几项。

　　(1)关闭办事处,服务降级。

　　(2)缩减投资,减少研发投入,出售部分业务,产品演进受限。

　　(3)更改收费模式,收费模式更改为订阅计费模式,变相涨价。

　　客户担忧这些变动会导致 VMware 逐渐丧失创新能力,影响业务迭代。第三方调研显示,用户普遍表达出对服务保障、数据安全、收费模式等方面的关切。

　　(1)服务不能保障,故障处理的及时性和准确性难以保障。

　　(2)数据安全威胁,防勒索病毒带来的威胁。

　　(3)收费模式挑战,价格上涨后带来的影响。

　　以上变化将给虚拟化市场带来较大影响,也给众多虚拟化厂商带来新的发展机会。

2.3.2　华为 DCS 数据中心虚拟化解决方案

　　目前业界对标 VMware 虚拟化平台最为全面的是华为数据中心虚拟化解决方案 DCS,DCS 通过虚拟化系列软件与 ICT 硬件的结合,帮助企业构建轻量弹性、敏捷高效、多元生态的数据中心基础设施。相比 VMware 虚拟化平台,DCS 还提供了更为领先的灾备服务、大数据及 AI 服务等。

　　华为是中国云计算软件最早商用的厂商之一,拥有 15 年以上虚拟化技术积累,并作为 Linux 基金会白金会员,综合贡献排名第一。华为虚拟化发展至今,在全球已覆盖超过 150 个国家和地区,支撑累计超过 500 万台虚拟机在线稳定运行。

　　2008 年,华为虚拟化软件启动研发,推出第一个版本 Galax 8800 并商用。

　　2012 年,华为推出 FusionCompute 3.0 版本奠定基础,得到三大运营商的青睐。

　　2015 年,华为推出 FusionCompute 5.x 版本,华为虚拟化占领中国区 40% 新增市场份额,同时基于虚拟化,华为发布 OpenStack 独立形态以及公有云,并衍生出后续的华为私有云和 NFV 电信云。

2018 年，华为基于 KVM 架构，推出了 FusionCompute 6.x 版本，并在中国电信集采项目中大放异彩，获得电信集采比拼第一。

2019 年，华为推出虚拟化 ARM 版本，成为全球首家支持 ARM 架构虚拟化商用的厂商。随后，华为全力打造鲲鹏产业生态，同时支持双栈部署，保障业务切换平滑过渡。

2021 年，华为基于多 CPU 共栈架构，支持了国产化算力海光处理器和飞腾处理器，更加丰富了虚拟化特性。

2022 年，华为基于 FusionCompute 推出了数据中心虚拟化解决方案 DCS，并进行了虚拟化能力增强，接连推出了容器、EVOL、硬 SDN、国密、MUX VLAN 等重量级功能。

2023 年，华为 DCS 不断增强，陆续推出了端到端的 NoF＋、DRX、USB 重定向、存储空间回收等特性，性能和可靠性得到巨大的提升。推出 eSphere 产品组合包括计算虚拟化 FusionCompute、存储虚拟化 eStorage、网络虚拟化 eNetwork 以及容器平台 eContainer 等，并基于数据管理引擎 eDME 构筑多租服务化能力，既支持运维面全栈智能管理，又支持多租户自助服务和运营，同时在高阶服务和 AI 新方向上持续增强。

华为 DCS 数据中心虚拟化解决方案总体架构如图 2-18 所示，其主要包含 FusionCompute、eStorage、eNetwork、eContainer、eBackup、UltraVR、eDataInsight、eModelEngine、eDME、硬件设备（服务器、存储、网络等）以及各类管理工具。

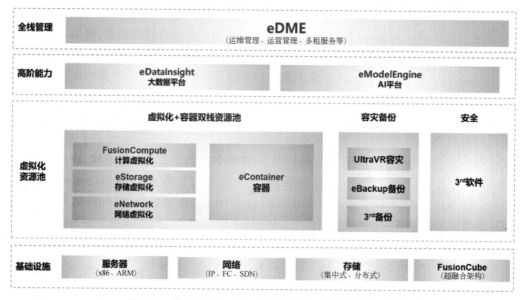

图 2-18　华为 DCS 数据中心虚拟化解决方案总体架构

接下来，将对 DCS 中部分核心组件的设计与功能进行简要介绍。

1. FusionCompute

FusionCompute 是虚拟化平台，主要负责硬件资源虚拟化，由 VRM（Virtual Resource Management）和 CNA（Computing Node Agent）两部分组成，如图 2-19 所示。FusionCompute 利用虚拟化技术实现对服务器、存储和网络的虚拟化，形成虚拟机和容器弹性资源池，并对虚拟机和容器资源进行自动编排调度和管理。

（1）VRM：虚拟资源管理节点，提供统一的虚拟计算资源、虚拟存储资源、虚拟网络资源管理，提供统一的资源调度和业务发放功能，提供统一的运维管理接口等。

（2）CNA：计算节点代理，提供虚拟计算能力，管理计算节点虚拟机，管理计算节点上计算、存储、网络资源。

2. eStorage

eStorage 是华为自研高性能、高可靠的软件定义存储产品。eStorage 采用全对称分布式架构，支持通过横向扩展硬件节点线性增加系统容量与性能，无须复杂的资源需求规划；系统可轻松扩展至数千节点及 EB（Exabyte，艾字节）级容量，以满足用户的业务规模增长需求。系统提供自动负载均衡策略，数据与元数据均匀分布于各节点，消除元数据访问瓶颈，保障规模扩展场景下的系统性能。系统通过智能分条聚合、I/O 优先级智能调度等 FlashLink 技术（基于华为自研 SSD 盘和自研存储操作系统，实现盘控联动配合的软硬件垂直优化技术），配合多级 Cache，磁盘直通等系列关键技术，为用户提供高带宽、低时延的极致性能。当数据中心在未来需要扩展 I/O 密集型、时延敏感型、大带宽或大容量需求的业务时，eStorage 提供的分布式存储可以按需承载。

eStorage 软件逻辑架构如图 2-20 所示。OAM（Operation Administration and Maintenance，操作管理维护）提供 eStorage 产品的管控面服务，包括资源管理、业务管理、系统管理、用户管理、安装部署、升级、扩容/缩容、巡检/信息收集等。I/O 面在逻辑架构上从上往下分为接入层（Access Layer）、服务层（Service Layer）、索引化层（Index Layer）和持久化层（Persistence Layer）。

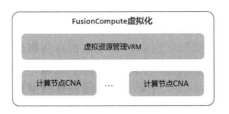

图 2-19　FusionCompute 逻辑架构

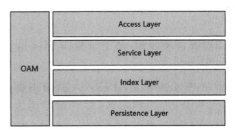

图 2-20　eStorage 软件逻辑架构

Access Layer 负责接收并处理各种服务的访问，块存储协议通过 VBS（Virtual Block Service，虚拟块存储管理服务）提供标准的 iSCSI 协议访问，以及为高性能场景提供本地 SCSI 语义访问。Service Layer 负责提供结构化存储服务功能。Index Layer 在 Persistence Layer 之上提供细粒度的空间布局管理能力。Persistence Layer 负责对 HDD、SSD 等存储介质的空间分配与故障管理，通过跨节点的 EC（Erasure Code，纠删码）或副本提供可靠的、分布式化的数据管理能力。

3. eNetwork

eNetwork 是华为数据中心虚拟化网络平台，基于 FusionCompute 提供的分布式虚拟交换机和华为数通 iMaster NCE-Fabric 控制器系统，实现软件定义网络（SDN）能力。eNetwork 提供弹性虚拟交换机（EVS）、虚拟私有云（VPC）、弹性 IP（EIP）、网络地址转换（NAT）、弹性负载均衡（ELB）等网络功能，实现数据中心内外网络互通、隔离和安全能力。传统网络中新增业务必须在相关的网络设备上逐台进行配置，业务变更困难。eNetwork 通过 SDN 实现了管控分离的网络架构，可以实现网络业务的自动化部署，显著提升业务上线效率，有效地满足业务快速部署、快速创新的要求。

4. eContainer

eContainer 是 DCS 数据中心解决方案基于 Kubernetes（K8s）这一容器编排领域的事实标准，打造的围绕容器化应用生命周期管理的容器平台。它为企业提供了高可用和高可靠的数据中心级 K8s 集群自动化部署、扩展和管理能力；提高容器化场景下的资源利用率，充分发挥其灵活性和可扩展性；简化开发和运维人员的工作流程。eContainer 主要提供以下几方面的能力。

（1）多集群管理：在控制台上管理多个 K8s 集群，实现集中化的管理和监控。通过 eContainer 的多集群管理功能，可以轻松地实现容器化应用部署和管理，提高了企业的资源利用效率和运维效率。

（2）容器应用管理：提供完整的容器应用管理解决方案，包括应用部署、应用扩容、应用升级等功能。与 K8s 类似，eContainer 支持多种应用部署方式，如 Deployment（部署）、StatefulSet（有状态集合）、DaemonSet（守护进程集合）等。此外，eContainer 提供了自主研发的应用管理功能，可以实现应用程序的一键式部署和管理。

（3）监控/运维：提供完整的监控和运维解决方案，包括日志收集、性能监控、告警管理等功能。eContainer 支持常见的监控工具（如 Prometheus、Grafana 等），实现对容器集群的全面监控和运维。

5. eBackup

eBackup 是虚拟化备份软件。基于 FusionCompute 提供的快照和 CBT（Change Block Tracing，块修改跟踪）功能，实现虚拟机数据备份，保障关键业务数据不丢失。eBackup 支持多种备份类型，包括完整备份、增量备份和差异备份。用户可以根据自己的需求选择不同的备份类型，以便在需要时快速恢复数据。eBackup 还具有自动备份功能，可以根据用户设置的时间间隔自动备份数据。此外，eBackup 还支持增量恢复和差异恢复，用户可以选择恢复整个备份或者选择恢复单个文件或文件夹。

6. UltraVR

UltraVR 是虚拟化容灾软件，基于存储远程复制和存储双活，提供对虚拟机关键数据的保护和容灾恢复，保障极端情况下的业务连续性。UltraVR 可以实现以下几种容灾技术。

（1）高可用：使用存储设备的双活技术，通过 FusionCompute 的虚拟化能力，实现虚拟机的高可用。

（2）主备容灾：应用于同城或异地的容灾需求，生产中心和灾备中心采用主备模式。灾备中心平时不对外提供业务，旨在确保生产中心发生电路故障或火灾等灾难时，灾备中心能进行业务快速切换，最大化保护业务系统的连续运行。

（3）双活数据中心：两个数据中心同时处于运行状态，同时承担业务，提高数据中心的整体服务能力和系统资源利用率。

（4）两地三中心容灾：通过建立同城灾备中心和异地灾备中心，实现生产中心遭遇自然灾害或人为破坏时，通过异地的灾备中心快速恢复业务数据，从而保证业务连续性。

7. eDataInsight

eDataInsight 是 DCS 在 2023 年推出的大数据平台，为客户提供了丰富的高阶大数据处理能力。eDataInsight 基于 Hadoop 生态，提供数据存储、计算、查询分析引擎、中间件等大数据基础能力。如图 2-21 所示，eDataInsight 基于数据接入（Kafka、Flume）、存储及缓存（Hudi、Hbase、Redis）、分布式计算（Flink、Spark）、查询（ClickHouse、ElasticSearch、Hive）等组件，提供统一运维管理能力，为大数据分析的全生命周期（"采集""存储""计算""管理""应用"）提供大数据专业处理能力和一站式运维能力。

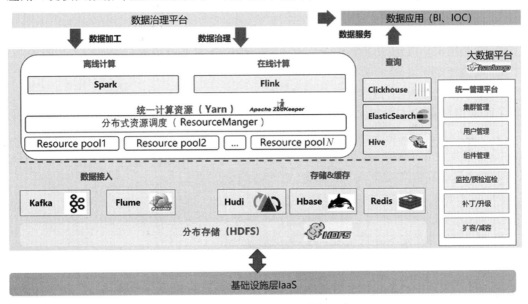

图 2-21　eDataInsight 大数据平台

8. eModelEngine

eModelEngine 是一个全栈的 AI 平台。如图 2-22 所示，eModelEngine 具备数据使能、模型使能、应用使能和资源使能四方面的关键能力。

（1）数据使能。

① 提供开源开放生态，在复用已有框架的基础上提供自研算子能力，具备快速构建能力。

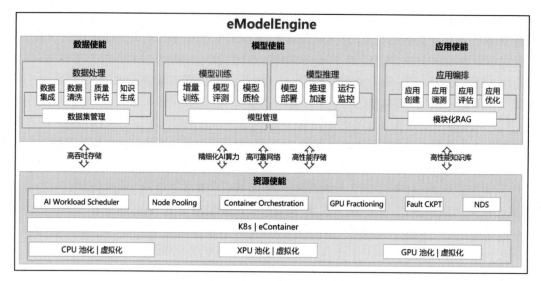

图 2-22　eModelEngine 架构

② 提供自研算法和场景化能力。

（2）模型使能。

① 北向接口标准化，对接昇腾社区和 HuggingFace 开源模型库。

② 南向接口开放，支持异构算力。

③ 超轻量化部署，支持单台起配。

（3）应用使能。

① 复用生态插件，兼容 LangChain 与 LlamaIndex。

② 基于模块化 RAG（Retrieval-Augmented Generation，检索增强生成）架构，通过算法与知识库实现业界最高准确率（95%）。

（4）资源使能。

① 以任务和资源的调度与编排算法为核心抓手，发挥池化/虚拟化技术优势。

② 基于 NDS 等技术协同训推加速，实现以存补算成本优势。

9. eDME

eDME 是数据中心全栈软硬件统一管理软件，实现对数据中心存储、计算、网络资源池的接入及管理、端到端的资源编排发放、端到端智能运维和多租服务化等功能。为此，eDME 包含如下几个主要模块。

（1）资源管理模块：该模块可以对数据中心的各种资源进行管理，包括服务器、存储、网络等。用户可以通过该模块对资源进行配置、监控和维护。

（2）性能监控模块：该模块可以对数据中心的各种性能指标进行监控，包括 CPU、内存、网络带宽等。用户可以通过该模块对性能指标进行分析和优化。

（3）应用管理模块：该模块可以对数据中心的各种应用进行管理，包括虚拟机、容器、应用程序等。用户可以通过该模块对应用进行部署、监控和维护。

（4）数据管理模块：该模块可以对数据中心的各种数据进行管理，包括备份、恢复、迁移等。用户可以通过该模块对数据进行保护和管理。

（5）安全管理模块：该模块可以对数据中心的各种安全问题进行管理，包括访问控制、漏洞扫描等。用户可以通过该模块对数据中心进行安全管理和保护。

2.4　小结

本章简要介绍了数据中心虚拟化基本概念以及数据中心虚拟化通用架构，总结了数据中心虚拟化系统设计原则和涉及的关键技术，同时以虚拟化领导厂商 VMware 的虚拟化平台和华为数据中心虚拟化解决方案 DCS 为例，介绍了数据中心虚拟化系统的基础架构和核心组件功能。

通过阅读本章内容，读者可以对数据中心虚拟化需要解决的基本问题及要提供的功能有宏观的理解，并了解数据中心虚拟化通用架构的划分层次和设计理念，思考如何运用先进虚拟化技术设计符合业务诉求的数据中心管理系统。此外，读者还能够了解主流虚拟化厂商所提供数据中心虚拟化解决方案的基础架构、功能特性以及主要差异，为后续章节的学习打下基础。

第 3 章

计算虚拟化

第 2 章已经对数据中心资源虚拟化的三大核心组件(计算虚拟化、存储虚拟化及网络虚拟化)进行了初步阐述,本章将聚焦于计算虚拟化部分。计算虚拟化作为虚拟化技术的一种重要形式,其抽象粒度覆盖整个服务器层面。近年来,随着处理器技术的迅速发展与性能的显著提升,虚拟化技术的成熟时机已然到来。特别是硬件虚拟化技术的诞生,如 Intel VT 和 AMD SVM 技术,极大地拓宽了计算虚拟化的应用领域。

3.1 节将对计算虚拟化的基本概念进行简要概述,帮助读者明确计算虚拟化所要解决的核心问题。3.2~3.5 节解析计算虚拟化的原理与实现方式,涵盖 CPU 虚拟化、内存虚拟化、I/O 虚拟化以及 GPU 虚拟化,并探讨其不同的实现策略。3.6 节介绍华为 DCS 在计算虚拟化方面的实际应用案例,帮助读者更深入地理解和掌握计算虚拟化的相关知识。

3.1 计算虚拟化概述

计算虚拟化作为数据中心虚拟化的重要组成部分,是一种通过虚拟化技术将物理计算资源抽象成虚拟资源的技术。它将一台物理机的计算资源(如 CPU、内存、I/O 设备等)进行虚拟化,然后动态地分配给多个虚拟机使用。通过这种方式,计算虚拟化实现了计算资源的灵活调度、高效利用和统一管理。

为了更好地理解计算虚拟化,可以将虚拟机与物理机层次体系结构进行对比。如图 3-1(a)所示,在物理机中,操作系统直接运行在硬件之上,享有对硬件资源的直接访问权。而在虚拟化环境中,每个虚拟机都运行在自己的虚拟化环境中,通过 Hypervisor 进行管理和调度,如图 3-1(b)所示。Hypervisor 是计算虚拟化的核心组件,它负责在物理硬件和虚拟机之间建立一层抽象层,使得虚拟机能够像物理机一样运行,但同时又能够共享和隔离硬件资源。

Hypervisor 的作用不仅限于资源管理和调度,还负责提供虚拟机之间的通信机制、安全隔离措施以及性能优化等功能。通过 Hypervisor,可以实现对虚拟机的动态创建、迁移、删除等操作,从而根据实际需求灵活地调整物理资源分配。此外,Hypervisor 还能够

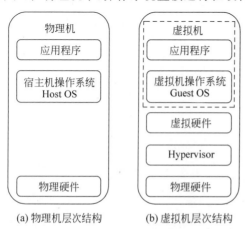

图 3-1 物理机和虚拟机层次结构对比

提供对虚拟机的监控和统计功能,帮助管理员更好地了解虚拟机的运行状态和性能表现。

现代计算机最核心的三类资源是 CPU、内存和 I/O 设备。如果计算虚拟化要构建出可以运行的虚拟机,CPU 虚拟化、内存虚拟化和 I/O 虚拟化是必要的。此外,随着视频图像类应用得到了越来越普遍的使用,图形处理器(Graphic Processing Unit,GPU)凭借出色的并行处理能力,被广泛集成到计算机系统中。因此,GPU 虚拟化对提高虚拟机应用程序的运行性能和用户体验至关重要。综合来看,计算虚拟化需要应对的问题以及实现的功能简要概括如下。

(1)CPU 虚拟化。CPU 虚拟化主要解决的是如何在物理 CPU 上创建多个虚拟 CPU,并让它们能够像物理 CPU 一样运行各种操作系统和应用程序的问题。它通过指令集模拟、中断和异常处理等技术,实现了虚拟机对物理 CPU 的透明访问。CPU 虚拟化不仅提高了 CPU 资源的利用率,还增强了系统的灵活性和可扩展性。同时它还需要确保虚拟机之间的隔离性和安全性,防止相互干扰和攻击。

(2)内存虚拟化。内存虚拟化关注的是如何在物理内存和虚拟机之间建立映射关系,使得虚拟机能够像访问物理内存一样访问虚拟内存。内存虚拟化通过内存管理单元(MMU)和页表等机制,实现了内存的共享、隔离和保护。它提高了内存的利用率,减少了内存的浪费。同时,内存虚拟化还需要保证虚拟机内存访问的性能和稳定性,确保虚拟机能够高效、稳定的运行。

(3)I/O 虚拟化。I/O 虚拟化主要解决的是虚拟机与外部设备之间的通信问题。它使得虚拟机能够像物理机一样访问存储设备、网络设备等,实现了 I/O 操作的透明性和隔离性。I/O 虚拟化通过设备模拟、直接 I/O 访问和 I/O 透传等方式,提高了 I/O 操作的性能和效率。同时,它还需要考虑 I/O 操作的安全性和可靠性,确保虚拟机与外部设备之间的通信稳定可靠。

(4)GPU 虚拟化。GPU 虚拟化主要解决的是物理 GPU 资源分配不灵活、多个虚拟机或应用之间的 GPU 资源争抢、高昂的硬件成本等问题。GPU 虚拟化通过将物理 GPU 资源分割成多个虚拟 GPU(vGPU),并分配给不同的虚拟机或应用使用,提高资源利用率和灵活性,同时降低硬件成本。

计算虚拟化通过对 CPU 虚拟化、内存虚拟化、I/O 虚拟化和 GPU 虚拟化等技术的综合运用,实现计算资源的共享、隔离和高效利用。下面将对上述计算虚拟化的问题和内容进行展开,概述计算虚拟化(包括 CPU、内存、I/O 和 GPU 虚拟化)不同实现方式(纯软件、硬件辅助等)的基本原理,并以华为数据中心虚拟化解决方案(DCS)为例进一步介绍如何将这些技术应用到实践中。

3.2 CPU 虚拟化

在现代计算机体系结构中,CPU(Central Processing Unit,中央处理器)是核心的运算和执行单元,负责解释和执行存储在内存中的指令,控制并协调其他硬件组件的运行。

CPU 的性能直接决定了计算机的整体运算能力，是数据处理和应用程序执行的关键。然而在传统的数据中心环境中，物理 CPU 资源往往得不到充分利用，造成资源的浪费。此外，物理 CPU 的管理和维护也相对复杂，难以满足日益增长的业务需求。为了解决这些问题，CPU 虚拟化技术应运而生。

CPU 虚拟化是计算虚拟化中的关键技术之一，它允许在单个物理 CPU（Physical CPU，pCPU）上创建多个虚拟 CPU（Virtual CPU，vCPU），每个 vCPU 都可以独立运行操作系统和应用程序。通过 CPU 虚拟化，可以将 pCPU 资源划分为多个逻辑单元，从而实现资源的灵活分配和高效利用。

本节首先概述 CPU 虚拟化的基本原理以及面临的一些挑战，接着从 CPU 所提供功能的角度介绍 CPU 虚拟化在主流体系架构（x86 和 ARM）中的实现方法，包括指令模拟、中断和异常的模拟及注入。

3.2.1   CPU 虚拟化基本原理

CPU 虚拟化的基本原理主要包括时分复用、指令集模拟、中断和异常处理等方面，其中时分复用原理是实现 CPU 共享的核心机制。

时分复用原理，简单来说，就是按照时间片轮转的方式，将 pCPU 的使用权分配给不同的 vCPU。在任意时刻，只有一个 vCPU 独占 CPU 资源以执行其任务，其他 vCPU 则处于等待状态。通过精确的时间片划分和调度算法，CPU 虚拟化技术能够确保每个 vCPU 都能够公平、高效地获得 CPU 资源，从而实现对 CPU 资源的共享和复用。

时分复用原理的实现依赖于虚拟化软件（Hypervisor）的支持。Hypervisor 作为虚拟机和物理硬件之间的中介层，负责管理和调度虚拟机的运行。当虚拟机需要执行指令时，它会向 Hypervisor 发出请求。Hypervisor 根据调度算法，将 CPU 资源分配给请求执行的 vCPU，并设置相应的时间片长度。在时间片内，vCPU 独占 CPU 资源执行其任务；时间片结束后，Hypervisor 会保存虚拟机的状态，并将其置于等待队列中，然后调度下一个虚拟机运行。

这种时分复用的方式有几个显著优势。首先，它提高了 CPU 资源的利用率。由于多个 vCPU 可以共享同一个 pCPU，因此可以充分利用 CPU 的计算能力，避免资源的浪费。其次，时分复用原理保证了 vCPU 的公平性和隔离性。通过合理的调度算法，可以确保每个 vCPU 都能够获得足够的 CPU 资源，而不会受到其他 vCPU 的影响。

以图 3-2 所示的一个简单例子来说明 CPU 虚拟化中的时分复用原理。假设系统有一个 pCPU 和三个 vCPU，每个 vCPU 都有一些任务需要执行。在初始化阶段，Hypervisor 将 pCPU 资源按照时间片的方式分配给这三个 vCPU。例如，可以设置每个虚拟机的时间片长度为 100ms。在时间片 1 内，CPU 资源分配给 vCPU1，它独占 CPU 执行其任务。当时间片 1 结束时，Hypervisor 保存 vCPU1 的状态，并将其置于等待队列中。然后，在时间片 2 内，CPU 资源分配给 vCPU2 执行其任务。同样地，当时间片 2 结束时，vCPU2 的状态被保存，并等待下一次调度。最后，在时间片 3 内，CPU 资源分配给 vCPU3 执行其任务。这个过程不断循环进行,每个 vCPU 都有机会获得 CPU 资源并执行其任务。

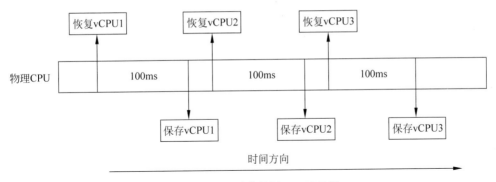

图 3-2　vCPU 时分复用 pCPU 示例

通过这种方式,CPU 虚拟化技术实现了物理 CPU 资源的共享和复用,提高了资源的利用率和灵活性。同时,精确的调度算法和隔离机制,确保了虚拟机在资源使用时的公平性和安全性。

上面简要描述了虚拟化环境中 vCPU 对 pCPU 的复用过程。vCPU 作为虚拟机内部的核心组件,其功能与物理机中的 pCPU 颇为相似。它负责读取指令,对指令进行译码并执行,同时能够处理来自虚拟存储器的数据,进行算术运算或逻辑运算,并将运算结果返回至虚拟存储器。除此之外,vCPU 还需承担虚拟机运行过程中异常情况和特殊请求的处理工作,及时响应系统事件,如磁盘数据读取完毕、网卡接收数据包等引发的中断。

综合来看,CPU 虚拟化面临两个核心挑战:一是如何高效且正确地执行虚拟机指令;二是如何及时响应各种系统事件。接下来将分别介绍针对这两个挑战的相关解决方案。

3.2.2　指令模拟

在 CPU 虚拟化中,指令的区分对于理解虚拟化机制至关重要。根据指令对系统资源和执行权限的要求,可以将指令分为特权指令、非特权指令和敏感指令三类。

(1) 特权指令。只能在特定的权限级别下执行的指令,通常只有操作系统内核或具有特权的程序才能执行。这类指令通常用于执行对系统状态或资源的控制操作,例如,在 x86 架构中,HLT(暂停)指令和 CLI/STI(禁用/启用中断)指令都是特权指令。这些指令如果由非特权程序执行,可能会导致系统崩溃或数据损坏。因此,在虚拟化环境中,这些指令的执行通常会被 Hypervisor 捕获并模拟,以确保虚拟机的稳定运行。

(2) 非特权指令。可以由普通应用程序执行的指令,这类指令主要用于数据处理、逻辑运算、内存访问等常规操作。由于这些指令不涉及对系统状态或资源的控制,因此它们可以在较低的权限级别下执行,而不会对系统的安全性和稳定性造成影响。例如,ADD、SUB、MUL 等算术运算指令,以及 MOV、CMP 等数据移动和比较指令都属于非特权指令。这些指令在虚拟机中可以直接执行,无须 Hypervisor 的介入,从而保证了应用程序的高效运行。

（3）敏感指令。虽然可以由普通应用程序执行，但执行时可能会触发特定安全或性能问题的指令。敏感指令则介于特权指令和非特权指令之间。如图 3-3 所示，所有的特权指令都是敏感指令，但不是所有的敏感指令都是特权指令。这些指令通常涉及对系统状态的间接修改或对特定资源的访问，如果不加以控制，可能会导致安全漏洞或性能下降。例如，在 Linux 系统中，sysenter 和 sysexit 指令用于在用户空间和内核空间之间进行快速切换，这些指令可以由用户空间程序执行，但它们的行为受到内核的严格控制。

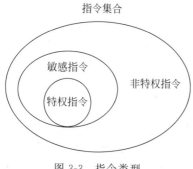

指令集合

图 3-3　指令类型

指令模拟的核心思想是：在虚拟机执行指令时，如果该指令需要模拟（如特权指令），则由 Hypervisor 捕获该指令的执行，并将其转换为可在物理 CPU 上执行的指令序列。这一过程涉及指令的捕获、解码，模拟执行，以及结果返回。

（1）指令捕获。当虚拟机尝试执行一个需要模拟的指令时，CPU 的虚拟化支持机制会触发一个异常或中断，将控制权交给 Hypervisor。这一过程通常是通过设置特定的 CPU 标志位或使用专门的虚拟化指令来实现的。

（2）指令解码。Hypervisor 捕获到需要模拟的指令后，首先会对该指令进行解码，分析其操作码、操作数等信息。这一步骤对于理解指令的语义和执行方式是至关重要的。

（3）模拟执行。根据解码得到的指令信息，Hypervisor 会模拟执行该指令。对于特权指令，Hypervisor 会执行相应的操作以改变虚拟机的系统状态或访问敏感资源；对于非特权指令，Hypervisor 则可以直接在物理 CPU 上执行该指令，并将结果返回给虚拟机。在模拟执行过程中，Hypervisor 还需要处理一些特殊情况，如虚拟机的中断和异常处理、内存访问的权限检查等。这些都需要 Hypervisor 与虚拟机之间进行紧密的协作和同步。

（4）结果返回。模拟执行完成后，Hypervisor 将执行结果返回给虚拟机。如果模拟的是特权指令，则 Hypervisor 还需要更新虚拟机的系统状态或敏感资源的状态，以确保虚拟机对系统状态的感知与物理机一致。

指令模拟的实现可以大致划分为软件和硬件辅助两大类解决方案，具体内容如下所述。

1. 指令模拟的软件解决方案

软件解决方案主要依赖于虚拟化软件（如 Hypervisor）来实现指令模拟，通过软件层面的模拟执行，能够实现对各种指令的解码、模拟执行和结果返回。其中最常见的技术包括陷入模拟（Trap and Emulate）和二进制翻译（Binary Translation）。

1）陷入模拟

陷入模拟是一种简单的指令模拟方法，其流程如图 3-4 所示。对于非敏感指令，pCPU 直接解码并处理其请求，相关效果随即反映至物理寄存器上。当虚拟机尝试执行一条敏感指令（如特权指令或 I/O 指令）时，该指令会触发一个异常或陷阱，导致虚拟机陷入 Hypervisor

中。Hypervisor 随后会模拟执行这条指令,并将结果返回给虚拟机。从程序的角度来看就是一组数据结构与相关处理代码的集合。数据结构用于存储虚拟寄存器的内容,而相关处理代码负责按照 pCPU 的行为将效果反映到虚拟寄存器上。因此,陷入模拟的目标是让虚拟机里执行的敏感指令陷入下来后能被 Hypervisor 模拟,而不要直接作用于真实硬件上。

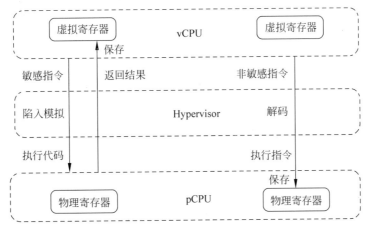

图 3-4　虚拟化环境下指令陷入模拟示意图

一个实际产品的例子是 KVM。KVM 是 Linux 平台上的一个开源虚拟化系统,它利用 Linux 内核的虚拟化功能来实现高效的 CPU 虚拟化。在 KVM 中,当虚拟机执行敏感指令时,会触发一个陷阱(trap),将控制权转交给用户空间的 QEMU 进程。QEMU 随后会模拟执行这条指令,并将结果返回给 KVM 和虚拟机。通过陷入模拟的方式,KVM 能够在保证虚拟机安全性的同时,提供高效的虚拟化性能。

2)二进制翻译

二进制翻译是另一种指令模拟技术。它通过对虚拟机的指令流进行动态翻译和优化,将其转换为宿主机的指令集,从而在宿主机上执行。二进制翻译技术能够减少陷入模拟带来的性能开销,提高虚拟机的执行效率。

一个典型的二进制翻译技术的实现是 QEMU。QEMU 是一个跨平台的开源机器模拟器和虚拟化器,它支持多种处理器架构和操作系统。QEMU 使用动态二进制翻译技术,将虚拟机的指令流转换为宿主机的指令集,并在宿主机上执行。QEMU 还采用了即时编译(JIT)技术,对频繁执行的代码段进行优化和缓存,进一步提高执行效率。

2. 指令模拟的硬件辅助解决方案

尽管软件解决方案在指令模拟方面取得了一定的成果,但其性能开销仍然是一个不可忽视的问题,因为软件解决方案需要实时解码、模拟和执行虚拟机的指令,这增加了额外的计算负担。为了进一步提高虚拟化的性能,硬件厂商推出了许多硬件辅助虚拟化技术,其中最具代表性的是 Intel 的 VT-x(Virtualization Technology for x86)、AMD 的 AMD-V 技术和 ARMv8 架构中的虚拟化扩展。

1）x86 架构的硬件辅助虚拟化解决方案

Intel 在原有 x86 CPU 基础上增加了 VMX（Virtual Machine eXtension，虚拟机扩展）模式来实现 CPU 的硬件虚拟化，CPU 可以通过 VMXON/VMXOFF 指令打开或关闭

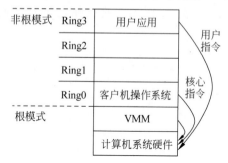

VMX 操作模式。VMX 模式中定义了 VMM（Virtual Machine Monitor）以及 VM（Virtual Machine）；为适配 x86 芯片虚拟化，芯片新增了根模式（root mode）和非根模式（non-root mode）。两个模式中都具备 ring0～ring3 运行级别，VMX 模式的整体系统架构与对应的运行级别如图 3-5 所示。

图 3-5 VMX 模式的整体系统架构与对应的运行级别

在根模式下，VMM 可以管理虚拟机的创建、销毁和调度等操作；而在非根模式下，虚拟机则执行其正常的指令集。这种模式的切换由硬件自动完成，无须软件中断或陷入模拟，从而大大提升了性能。在 VT-x 的支持下，VMM 可以利用专门的指令集来捕获和控制虚拟机的指令执行。当虚拟机执行一个需要模拟的指令时，VT-x 可以将其直接陷入 VMM 中，而无须像传统陷入模拟那样通过软件中断来实现。这大大减少了陷入开销，提高了虚拟机的性能。

2）ARM 架构的硬件辅助虚拟化解决方案

在 ARM 架构的硬件辅助虚拟化技术中，ARMv8 架构特别引入了专门的虚拟化拓展——VHE（Virtualization Host Extension），这显著增强了 ARM 处理器对虚拟机指令模拟的高效支持。VHE 作为 ARM 架构专为提升虚拟化性能而设计的硬件特性，其核心思想在于精简虚拟化流程中的冗余上下文切换与陷阱操作，进而优化虚拟机的运行效率。

具体来说，VHE 通过引入新的处理器模式——EL2（Exception Level 2，异常级别 2），使得 Hypervisor 能够直接运行在这一模式下，对虚拟机进行高效管理（如图 3-6 所示）。当虚拟机发出指令或遭遇异常时，这些操作会被直接捕获到 EL2，而无须像传统虚拟化那样先陷阱到 EL1（异常级别 1）再进行处理。这种直接捕获机制大大减少了虚拟化过程中的开销，提升了整体性能。

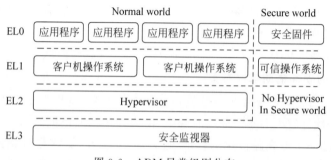

图 3-6 ARM 异常级别分布

此外,VHE 还提供了丰富的寄存器和指令集,以支持虚拟机的创建、配置和销毁等操作。这些硬件特性的加入使得 CPU 虚拟化过程更为流畅、高效。

总的来说,VHE 原理的核心在于通过硬件级别的优化,减少虚拟化过程中的开销,提升虚拟机的运行效率。这种优化不仅体现在 CPU 指令的执行上,还体现在虚拟机与 Hypervisor 之间的交互过程中。

综合来看,软件解决方案和硬件辅助解决方案在指令模拟中各有优势。软件解决方案的灵活性使其能够适应各种虚拟化场景,而硬件辅助解决方案的高效性则能够显著提升虚拟机的性能。在实际应用中,可以根据具体需求和场景选择适合的解决方案,或者结合两者使用,以达到最佳的虚拟化效果。

3.2.3　中断虚拟化

在计算机系统中,中断与异常均扮演着至关重要的角色,它们作为处理外部事件或内部异常状况的核心机制而存在。中断,通常源于外部设备或信号的触发,旨在通知 CPU 暂停当前执行的程序,转而执行中断服务程序;异常,则是由 CPU 内部产生,往往源于程序执行过程中遭遇的错误或特殊状况,如除零错误、地址越界等,亦可视为一种特殊的中断事件。中断与异常共同构成了 CPU 与外部世界或内部环境交互的桥梁,确保系统能够稳定运行并高效响应外部事件,是计算机系统中不可或缺的关键机制。

一个常见的中断例子是键盘输入中断。当用户按下键盘上的某个键时,键盘控制器会检测到这个动作,并产生一个中断信号发送给 CPU。CPU 在接收到这个中断信号后,会暂停当前正在执行的程序,保存现场信息(如程序计数器、寄存器状态等),然后跳转到中断服务程序进行处理。中断服务程序会读取键盘控制器的输入缓冲区,获取用户输入的键值,并根据需要更新内存中的相关数据结构。最后,中断服务程序会恢复现场信息,并返回原程序继续执行。通过这种方式,系统能够实时响应用户的键盘输入,实现人机交互。

在虚拟化环境中,中断虚拟化是实现 CPU 虚拟化的重要环节。由于虚拟机与宿主机共享物理 CPU 资源,因此需要一种机制来确保虚拟机能够正确地接收和处理中断与异常,同时保持虚拟机的隔离性和安全性。

中断虚拟化的核心原理在于 Hypervisor 对中断信号的捕获、分类、模拟和注入。以下是中断虚拟化过程的主要步骤。

(1)中断捕获。当物理处理器接收到中断信号时,虚拟化层首先会捕获这个中断。捕获中断后,虚拟化层会根据中断的类型和来源,判断该中断应该被路由到哪个虚拟机。

(2)中断分类。虚拟化层会对捕获到的中断进行分类。根据中断的来源,可以将中断分为外部设备中断(如硬盘、网卡等)和软件中断(如定时器中断、异常处理等)。根据中断的目的地,可以将中断分为针对特定虚拟机的中断和针对所有虚拟机的全局中断。

(3)中断模拟。对于需要传递给虚拟机的中断,虚拟化层会模拟中断信号,使其看起来像是直接来自物理处理器。中断信号的模拟包括设置虚拟机的中断向量表、保存中断发生时的处理器状态等。

（4）中断注入。虚拟化层将模拟好的中断信号注入目标虚拟机的非根模式中。这样，虚拟机就能够像处理物理中断一样处理这个虚拟中断。中断注入的过程需要确保虚拟机不会意识到它是在虚拟化环境中运行的。

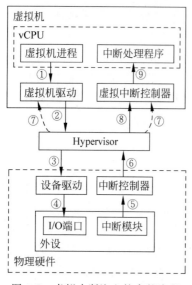

图 3-7　虚拟中断注入的完整流程

接下来以虚拟机 I/O 过程的虚拟中断注入为例，详细展示虚拟中断注入的完整流程。如图 3-7 所示，虚拟机的虚拟中断注入通常包含如下步骤。

（1）虚拟机内的应用程序通过系统调用方式，向虚拟机驱动程序发起 I/O 请求（如图 3-7 中标号①所示）。

（2）虚拟机驱动程序在访问虚拟设备（例如虚拟硬盘）时，触发虚拟机陷入 Hypervisor 进行处理（如图 3-7 中标号②所示）。

（3）Hypervisor 调用宿主机设备驱动（如图 3-7 中标号③所示），并通过读写物理外设（如物理硬盘）提供的 I/O 端口，向物理外设发起 I/O 操作（如图 3-7 中标号④所示）。

（4）当 I/O 操作完成后，物理外设的中断模块会向物理中断控制器发送一个中断信号（如图 3-7 中标号⑤所示）。

（5）Hypervisor 执行物理驱动程序所注册的中断服务程序（Interrupt Service Routine，ISR）（如图 3-7 中标号⑥所示）。

（6）设置虚拟设备和虚拟中断控制器相应寄存器的状态（如图 3-7 中标号⑦所示）。

（7）Hypervisor 通过上下文切换机制恢复虚拟机的运行（如图 3-7 中标号⑧所示）。

（8）在虚拟机恢复运行时，其 vCPU 会检查虚拟中断控制器中是否存在待处理的中断，并调用相应的中断服务程序进行处理（如图 3-7 中标号⑨所示）。

综上所述，在虚拟化环境中，实现外部中断注入通常是通过以下步骤完成的：将中断信号传递给 Hypervisor 进行处理；Hypervisor 负责配置虚拟中断控制器，并将模拟的虚拟中断信号注入相应的虚拟机中。这一机制确保了虚拟机在虚拟化环境中能够准确无误地响应并处理外部中断，从而维持其正常运行状态。

总体而言，中断虚拟化是一个复杂的过程，涉及中断和异常的定义、中断源与Hypervisor 之间的交互机制以及中断的模拟与注入流程。值得注意的是，不同的Hypervisor 在中断虚拟化方面的设计和实现方式可能有所差异，同时，不同的物理设备以及虚拟机操作系统也会对中断虚拟化的实现产生一定影响。因此，在探讨中断虚拟化时，需要综合考虑各种因素。

下面将分别介绍在 x86 和 ARM 这两种不同的计算机体系架构下，中断虚拟化的具体实现机制。虽然这些机制的实现方式各异，但都旨在确保虚拟机在虚拟化环境中能够高效地处理中断，从而提供稳定可靠的虚拟化服务。

1）x86 架构 Intel VT-x 中断虚拟化

在 x86 架构下，虚拟机中断架构如图 3-8 所示，其中包含了虚拟 PIC、虚拟 I/O APIC 以及虚拟 Local APIC 三个核心组件。以下是对这三个关键组件含义和作用的阐释。

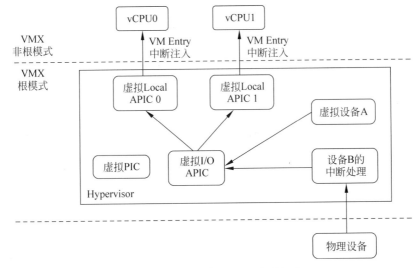

图 3-8　x86 架构下虚拟机中断架构

（1）虚拟 PIC：PIC（Programmable Interrupt Controller，可编程中断控制器）是早期计算机系统中用于处理中断的控制器。在虚拟化环境中，虚拟 PIC 模拟了物理 PIC 的行为，使得虚拟机能够接收到并处理来自外部设备的中断信号。

（2）虚拟 I/O APIC：I/O APIC（Advanced Programmable Interrupt Controller，高级可编程中断控制器）是更先进的中断控制器，用于处理来自 I/O 设备的中断。在虚拟化环境中，虚拟 I/O APIC 负责将中断路由到目标虚拟机。通过模拟 I/O APIC 的行为，虚拟 I/O APIC 确保了中断能够正确、高效地传递给虚拟机。

（3）虚拟 Local APIC：Local APIC 是每个处理器核心上的本地中断控制器，负责处理本地中断和从 I/O APIC 接收的中断。在虚拟化环境中，每个虚拟机都有一个与之关联的虚拟 Local APIC。虚拟 Local APIC 模拟了物理 Local APIC 的行为，使得虚拟机能够像物理机一样处理中断。

与虚拟 CPU 类似，虚拟 PIC、虚拟 I/O APIC 以及虚拟 Local APIC 均是由虚拟机监控器 Hypervisor 维护的软件实体。每个 vCPU 均对应一个虚拟 Local APIC，用于接收中断；同时也包含虚拟 I/O APIC 或虚拟 PIC，用于发送中断。当虚拟设备需要发送中断时，它会调用虚拟 I/O APIC 的接口来发送中断请求。虚拟 I/O APIC 会根据中断请求，挑选出相应的虚拟 Local APIC，并调用其接口发送中断请求。随后，虚拟 Local APIC 会进一步利用 VT-x 的事件注入机制，将中断注入相应的 vCPU 中，从而完成整个中断处理流程。

x86 架构下的中断虚拟化，其核心任务在于实现一套完备的虚拟中断架构，这包括虚拟 PIC、虚拟 I/O APIC 及虚拟 Local APIC 等关键组件，并需确保中断的生成、采集及注入过程得以顺利执行。

（1）中断采集。

中断采集即将虚拟机内的设备中断请求有效传递至虚拟中断控制器。在虚拟化环境下，客户机的中断主要源自两方面：①软件模拟的虚拟设备（如模拟串口），此类设备在特定条件下能够生成虚拟中断；②直接分配给客户机的物理设备（如物理网卡），其产生的物理中断需经过特殊处理。

对于虚拟设备而言，其作为软件模块，在需要发出中断请求时，可通过调用虚拟中断控制器提供的接口函数实现，如利用虚拟 PIC 或虚拟 I/O APIC 的接口。

对于直接分配的物理设备，情况则变得较为复杂。当物理设备发生中断时，其处理程序通常位于虚拟机操作系统内部。然而，在虚拟化环境中，物理中断控制器由 Hypervisor 所控制。因此，物理中断首先需由 Hypervisor 的中断处理程序接收，再经由特定机制注入虚拟机。

（2）中断注入。

中断注入将虚拟中断控制器所采集的中断请求，依据其优先级顺序，逐一注入客户机的虚拟处理器。此过程涉及两个关键问题：①如何确定并获取需注入的最高优先级中断的相关信息；②如何实现将中断有效地注入虚拟机 vCPU。

对于第一个问题，虚拟中断控制器负责将中断按优先级排序，Hypervisor 通过调用其提供的接口函数，即可获取当前最高优先级的中断信息。

对于第二个问题，虚拟 Local APIC 提供了将中断注入虚拟机 vCPU 的基础功能。Hypervisor 通过调用虚拟 Local APIC 的接口实现中断注入。

上述机制可确保 x86 架构下的中断在虚拟化环境中被高效、准确地处理。

2）ARM 架构 GIC 中断虚拟化

GIC（Generic Interrupt Controller，通用中断控制器）作为 ARM 公司所提供的统一中断控制器架构，阐释了 ARM 平台上中断控制器内部分发逻辑（Distributor）与 CPU 接口（CPU Interface）的标准化设计。在 GIC 的演进过程中，GICv3 引入了 ITS（Interrupt Translation Service，终端转换服务）的支持，而 GICv4 则进一步引入了 LPIs（Locality-specific Peripheral Interrupts，本地特定外设中断）中断透传功能，显著提升了中断处理的灵活性与效率。

自 GICv2 起，该架构开始支持中断虚拟化的硬件扩展。vGIC 为每个 CPU 引入了一个专用的 vGIC CPU 接口及相应的 Hypervisor 控制接口，从而允许虚拟机直接利用 vGIC CPU 接口进行中断处理。当非安全物理中断发送给特定 CPU 时，该 CPU 将被触发进入 EL2 模式。此时，Hypervisor 上的中断处理程序将依据物理中断对应的 VMID 等信息，通过已注册的中断列表进行配置，并将虚拟中断发送至 vGIC CPU 接口，进而路由至相应的 vCPU。与 x86 架构类似，以下将详细阐述 ARM 架构下的中断采集与中断注入两大关键流程。

（1）中断采集。

在 ARM 架构中,虚拟中断的来源主要有两个：①通过配置特定寄存器(如图 3-9 中的 HCR_EL2 寄存器),内部 CPU 核能够产生中断信号,此时 Hypervisor 将模拟中断控制器向 vCPU 发送中断信号；②利用 GICv2 及其后续版本的外部中断控制器来生成虚拟中断,进一步丰富中断信号的来源与形式。

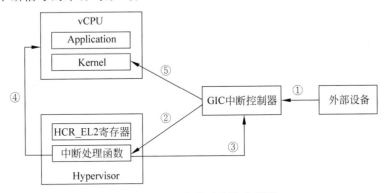

图 3-9　ARM 架构中断注入流程

（2）中断注入。

ARM 架构下中断注入 vCPU 的流程如下：①外部设备向 GIC 中断控制器发送中断信号；②GIC 中断控制器响应并产生物理中断异常。由于配置了 HCR_EL2 寄存器,这些中断被定向至 EL2 层。Hypervisor 识别出触发中断的外部设备,并确定其已被分配给某个虚拟机。随后,Hypervisor 通过中断处理函数判断应将中断转发至哪个 vCPU。

① Hypervisor 配置 GIC,使其以虚拟中断的形式将物理中断转发至目标 vCPU。

② Hypervisor 将控制权交还给 vCPU。

③ vCPU 在 EL0 或 EL1 层级运行,并接收来自 GIC 的虚拟中断,进而执行相应的中断处理逻辑。

在纯虚拟中断的情境下,Hypervisor 可直接将中断注入 vCPU,无须经过外部设备或 GIC 中断控制器的中介。

本节已经对 CPU 虚拟化的基本原理、关键技术和实际应用进行了深入探讨。CPU 虚拟化不仅提升了服务器的资源利用率,还显著增强了系统的可靠性和灵活性,为企业和个人用户带来了前所未有的便利。然而,虚拟化技术的魅力远不止于此,接下来将对另一个重要领域——内存虚拟化进行解析。

3.3　内存虚拟化

在计算虚拟化技术中,内存虚拟化是至关重要的一环。它允许虚拟机共享同一台物理机上的物理内存资源,同时保持每个虚拟机内存空间的独立性和隔离性。

在深入探讨内存虚拟化技术之前,有必要先对计算机系统中的进程内存管理机制进行介绍。从进程内存管理的视角来看，由于计算机系统的物理地址空间具有唯一性，为确保多个进程能够高效且彼此隔离地使用这些资源，操作系统引入了虚拟地址空间（Virtual Address，VA）的概念。此虚拟地址空间通过映射机制与物理地址空间（Physical Address，PA）的特定部分或整体相对应。如图3-10所示，操作系统为不同进程分配了不同的物理内存块，而它们均使用相同的虚拟地址进行访问，共享使用物理内存的同时又避免了访问冲突。

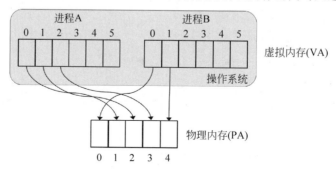

图 3-10　虚拟内存与物理内存映射示意图

一个自然的问题是：虚拟内存的本质是什么呢？虚拟内存的核心思想是将内存地址空间划分为用户空间和内核空间。用户空间是应用程序直接访问的内存区域，而内核空间则是操作系统内核使用的内存区域。这种划分保证了系统的稳定性和安全性，因为操作系统内核可以限制应用程序对物理内存的访问权限。

页表（Page Table，PT）和内存管理单元（Memory Manage Unit，MMU）是与虚拟内存实现紧密相关的两个重要概念。

（1）页表。页表是一种数据结构，其核心功能在于将虚拟内存地址映射至物理内存地址。在使用虚拟内存的系统中，每个进程均拥有独立的页表，用以管理其虚拟地址空间与物理内存之间的映射关系。页表详细记录了虚拟页面与物理页面之间的对应关系，从而使操作系统能够将虚拟地址高效地转换为物理地址。

（2）内存管理单元。MMU是一种硬件组件，负责在程序运行时执行虚拟地址到物理地址的转换任务。它是计算机体系结构中的核心组成部分，通常内嵌于CPU中。MMU通过读取页表的内容，依据虚拟地址找到对应的物理地址，并将其传递至系统总线，从而实现高效的虚拟内存管理。

在虚拟地址到物理地址的转换过程中，MMU扮演着至关重要的角色。如图3-11所示，它通过访问当前进程的页表，根据虚拟地址查找对应的物理地址，并将该物理地址传递至内存系统，以便获取相应的数据或指令。因此，页表成为MMU执行地址转换所依赖的关键数据结构。

然而，在虚拟化环境中，传统的进程内存管理机制遭遇前所未有的挑战。虚拟机需共享有限的物理内存资源，同时确保各自内存空间的独立性。因此，我们迫切需要一种更为先进的内存管理机制——内存虚拟化，以实现对虚拟机内存访问的有效管理。

下面将首先深入剖析内存虚拟化的基本原理及其所面临的核心问题，随后介绍在主流

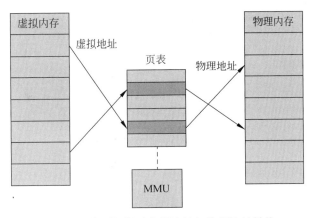

图 3-11　分页机制下虚拟地址与物理地址转换

计算机系统架构(x86 和 ARM)中基于硬件辅助的内存虚拟化的实现方式,以期为读者提供更为全面和深入的展示。

3.3.1　内存虚拟化基本原理

内存虚拟化的核心理念,在于为每台虚拟机构建一个独立的虚拟地址空间,并通过 Hypervisor 实现虚拟地址到物理地址的转换。因此,虚拟机在运行过程中,虽然看似独占了全部物理内存,实则通过 Hypervisor 的映射机制,与其他虚拟机共享内存资源。

在物理环境中,操作系统直接管理物理内存,而应用程序则通过操作系统提供的接口进行物理内存的访问。如图 3-12 所示,此时内存地址的应用层次相对简单,主要涵盖应用程序虚拟地址(Virtual Address,VA)和物理地址(Physical Address,PA)。

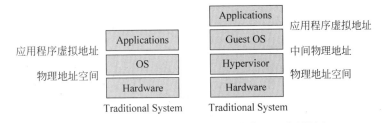

图 3-12　物理环境和虚拟化环境下内存地址应用层次

然而,在虚拟化环境中,内存地址的应用层次则显得更为复杂。除了应用程序虚拟地址和物理地址之外,还引入了客户机虚拟地址(Guest Virtual Address,GVA)和客户机物理地址(Guest Physical Address,GPA)的概念。如图 3-13 所示,虚拟机内的应用程序利用客户机的虚拟地址进行内存访问,这些虚拟地址在虚拟机内部首先转换为客户机物理地址。随后,虚拟化软件再将客户机物理地址进一步转换为宿主机的物理地址,最终达成对物理内存的访问。这种多层次的地址转换与映射机制,不仅确保了虚拟机之间内存的隔离,还大大提升了系统的安全性。

由于内存虚拟化引入了客户机物理地址这一虚拟的地址层次,虚拟机在运行时所感知

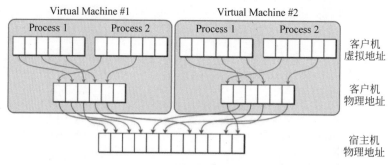

图 3-13　"虚拟"物理内存示意图

和使用的内存地址，实际上并非直接对应宿主机的物理内存地址。这种地址空间的虚拟化带来了诸多便利，如资源隔离、动态分配和灵活管理，但同时也带来了一系列需要解决的复杂问题。在实现虚拟机对实际物理内存使用的过程中，内存虚拟化主要需要处理以下两大核心问题。

（1）客户机物理地址与宿主机物理地址间的映射问题。

客户机物理地址，即为虚拟机操作系统所观察到的内存地址，而宿主机物理地址则指代实际物理内存中的地址。鉴于虚拟机的内存空间要经虚拟化处理，因此客户机物理地址与宿主机物理地址之间并无直接的映射关系。为使虚拟机能够正确地访问并有效地利用内存资源，必须构建一套映射机制，以实现客户机物理地址至宿主机物理地址的转换。

在内存虚拟化的框架内，虚拟内存技术得以进一步拓展，以支持多个虚拟机共享同一物理内存资源。每个虚拟机均拥有独立的虚拟地址空间，并通过其专属的 MMU 实现地址转换。虚拟化软件（如 Hypervisor）负责对这些虚拟机的内存资源进行统一管理，确保它们互不干扰，并尽可能高效地利用物理内存。

虚拟化软件维护着一组或多组虚拟页表，这些页表精确地反映了虚拟机对内存的使用状况。当虚拟机发起内存访问请求时，虚拟化软件将拦截这些请求，并根据虚拟页表进行相应的地址转换。若虚拟机请求的页面未驻留于物理内存中，虚拟化软件或将触发页面置换（page swapping）操作，从其他虚拟机或交换空间中获取所需页面。

维护这种映射关系的过程颇为复杂。虚拟机在运行过程中会频繁进行内存访问，页表亦需不断更新与同步，以确保映射关系的精确性与实时性。通过这种机制，内存虚拟化不仅实现了内存的隔离性（每个虚拟机拥有独立的内存视图），还提高了内存的利用率（通过共享和动态分配物理内存资源）。

（2）客户机物理地址访问的截获问题。

在虚拟机环境中，操作系统发出的内存访问请求实际上是发往 Hypervisor 的。为确保虚拟机正确地访问物理内存，Hypervisor 必须截获这些请求，并根据事先建立的映射关系进行地址转换。

截获客户机物理地址访问的过程，通常涉及陷阱或中断（interrupt）机制。当虚拟机尝试访问某个内存地址时,若该地址不在当前映射范围内或访问权限不符,便会触发陷阱或中断。此时,Hypervisor 将介入处理,截获该访问请求,并依据页表或其他映射机制进行地址转换。

此截获与转换过程需要高效且精确。若处理速度迟缓或转换有误,将导致虚拟机性能下降或内存访问失败。因此,Hypervisor 需采用高效的算法和数据结构以维护映射关系,并优化截获与转换过程的性能。

同时,为确保截获的透明性与兼容性,Hypervisor 也需要处理一些特殊情况。例如,当虚拟机使用特定的内存访问指令或操作时,Hypervisor 需能够识别并正确处理,以保障虚拟机的正常运行。

本节介绍了内存虚拟化如何解决客户机物理地址与宿主机物理地址间的映射以及对客户机物理地址访问的截获问题。在 3.3.2 节中,将结合 x86 和 ARM 架构的具体技术,阐述如何实现内存虚拟化。

3.3.2 硬件辅助的内存虚拟化

1) x86 扩展页表

Intel EPT(扩展页表)与 AMD NPT(嵌套页表)作为硬件辅助内存虚拟化的典型代表,均针对内存管理单元(MMU)进行了虚拟化扩展。两者在原理上相似,本节着重探讨 EPT 技术。

EPT 技术的实现离不开特定的硬件支持。首先,Intel 处理器提供了与 EPT 相关的指令集和寄存器,这些指令集和寄存器用于管理 EPT。其次,Hypervisor 承担起维护 EPT 页表的重任,它负责建立虚拟机虚拟地址与宿主机物理地址之间的映射关系。当虚拟机发起内存访问请求时,处理器会根据 EPT 进行地址转换,确保虚拟机能够准确无误地访问物理内存。

如图 3-14 所示,EPT 的基本原理在于在原有 CR3 页表地址映射(整个页表的基址存放在 CR3 寄存器里。CR3 存放的是物理地址,这是整个地址转换最根本的基础)的基础上引入 EPT,实现另一层映射。EPT 的引入,实现了从虚拟机虚拟地址(GVA)到虚拟机物理地址(GPA),再到宿主机物理地址(HPA)的两次地址转换,且均由硬件完成,从而显著提升了内存虚拟化的性能。

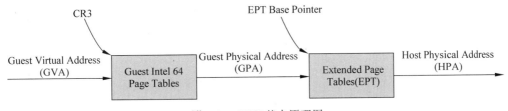

图 3-14　EPT 基本原理图

在实现过程中,EPT 技术还充分考虑了安全性和性能的优化。例如,EPT 支持页级别的权限控制,有效防止了虚拟机之间的非法内存访问。同时,EPT 采用多级页表结构,不仅减小了页表的大小和内存占用,还提高了内存访问的效率。

综上所述,EPT 技术为内存虚拟化提供了强大的硬件支持。通过硬件级别的地址转换和权限控制,EPT 技术确保了虚拟机在共享物理内存时的安全性和性能。

2)ARM 两阶段页表

ARM 架构在内存虚拟化方面同样提供了对硬件辅助内存虚拟化的支持,下面将以目前主流的 ARM v8 为例,简要介绍内存虚拟化在 ARM 架构中的实现。

ARM v8 架构下的内存虚拟化采用了两阶段页表转换(two-stage page table translation)机制,这种机制增强了安全性和灵活性,同时优化了性能。关于这一机制的工作原理详细阐述如下。

首先,需要理解内存虚拟化在 ARM v8 架构中的基本目标:允许虚拟机(Guest OS)在其自身的地址空间中运行,同时确保这些地址空间被正确映射到物理内存上,且不同虚拟机之间的内存空间是相互隔离的。为了实现这一目标,ARM v8 引入了两阶段页表转换机制。

如图 3-15 所示,两阶段页表转换的第一阶段(Stage 1)在虚拟机内部进行。虚拟机维护自己的页表,这些页表将虚拟机的虚拟地址转换为中间物理地址(Intermediate Physical Address,IPA)。这个转换过程发生在虚拟机内部,由虚拟机的页表管理单元(Page Table Management Unit,PTMU)负责。

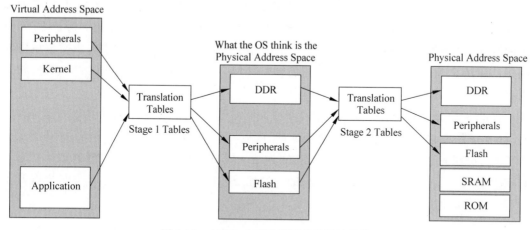

图 3-15　ARM v8 两阶段页表的地址转换

第二阶段(Stage 2)转换发生在宿主机(Host OS)层面。宿主机维护一个转换表,通常称为第二级页表或宿主机页表,它将中间物理地址转换为最终的物理地址(Physical Address,PA)。这一阶段的转换由宿主机的内存管理单元(MMU)执行。

这种两阶段转换机制带来了几个重要的优势。

(1)安全性。由于虚拟机仅能访问其自身页表,无法直接触及宿主机页表或物理内存,因此实现了内存空间的隔离。这有效防止了虚拟机间的潜在干扰与攻击。

（2）灵活性。通过调整宿主机页表,宿主机能够轻松变更虚拟机的内存映射,从而实现诸如内存热插拔、内存气球等高级功能。

（3）性能优化。尽管两阶段转换相较于单一阶段转换增加了复杂性,但 ARM v8 通过优化算法与硬件支持,确保了性能损失的最小化。

综上所述,ARM v8 架构下的内存虚拟化两阶段页表转换机制,通过虚拟机与宿主机页表转换的协同工作,实现了安全、灵活且高效的内存虚拟化。

除了两阶段页表转换技术之外,ARM 架构还借助其他硬件特性来优化内存虚拟化的性能。例如,ARM 处理器支持快速上下文切换技术,大幅地减少了虚拟机间切换时的开销;同时,ARM 架构提供对内存压缩和加密等高级功能的支持,进一步提升了虚拟化环境的整体性能与安全性。

3.4　I/O 虚拟化

I/O 虚拟化是计算虚拟化技术的重要组成部分,它主要解决的是虚拟机与外部 I/O 设备之间的交互问题,是计算机与外部世界进行信息交换的桥梁,涵盖从键盘、鼠标的输入到显示器、打印机的输出,再到网络通信、磁盘存储等复杂的数据交换过程。

在传统的物理机环境中,每个设备直接与操作系统进行交互,操作系统负责管理和调度这些设备的 I/O 操作。然而,在虚拟化环境中,情况变得复杂起来。多个虚拟机共享同一套物理硬件资源,如何确保每个虚拟机都能高效、安全地访问外部设备,成为虚拟化技术需要解决的关键问题。

I/O 虚拟化技术应运而生,它通过在虚拟机与物理设备之间引入虚拟化的 I/O 层,实现对 I/O 操作的抽象和隔离。虚拟化的 I/O 层负责接收虚拟机的 I/O 请求,并将其转换为物理设备可以理解的指令,从而实现了虚拟机对物理设备的透明访问。

I/O 虚拟化不仅提高了虚拟机的 I/O 性能,还增强了系统的安全性和灵活性。通过精细的权限控制和资源调度,I/O 虚拟化可以确保每个虚拟机只能访问其授权的设备资源,防止了非法访问和数据泄露的风险。同时,I/O 虚拟化还支持动态资源分配和故障隔离,提高了虚拟化环境的可用性和稳定性。

相比于 CPU 和内存,I/O 设备的类型更加多样化,因此 I/O 虚拟化的方式也层出不穷。本节首先介绍 I/O 虚拟化的基本原理,然后对 I/O 虚拟化的具体实现方式进行阐述,包括基于软件实现的 I/O 虚拟化、I/O 半虚拟化和硬件辅助的 I/O 虚拟化。

3.4.1　I/O 虚拟化基本原理

为了便于理解 I/O 虚拟化原理,下面先给出 I/O 接口的基本概念。I/O 接口主要涉及处理器、内存和 I/O 设备之间的数据交互。根据数据传输的方式,I/O 接口可以分为端口

I/O(Port I/O,PIO)、内存映射 I/O(Memory Map I/O,MMIO)和直接内存访问(Direct Memory Access,DMA)三种。

1) 端口 I/O(PIO)

PIO 是最早的 I/O 接口，它通过处理器执行专门的 I/O 指令来完成数据的传输。在 PIO 方式中，处理器首先向 I/O 设备发送一个 I/O 指令，告诉设备要读取或写入的数据地址和数据长度。然后，处理器等待设备准备好数据后，再通过多次的读/写操作来完成数据的传输。PIO 方式的缺点是效率较低，因为每次数据传输都需要处理器的参与。

2) 内存映射 I/O(MMIO)

MMIO 是一种将 I/O 设备的地址空间映射到处理器的内存地址空间的 I/O 接口。在 MMIO 方式中，处理器可以直接通过内存访问指令来访问 I/O 设备的地址空间，从而实现数据的传输。MMIO 方式提高了 I/O 操作的效率，因为处理器可以直接访问内存，而不需要执行专门的 I/O 指令。但是，MMIO 方式需要处理器和 I/O 设备之间的地址空间进行映射，这增加了系统的复杂性。

3) 直接内存访问(DMA)

DMA 技术允许 I/O 设备直接与内存进行数据传输，而无须处理器的直接参与，从而极大地提升了数据传输的效率。现以磁盘 I/O 为例，描述 DMA 操作的完整流程，如图 3-16 所示。

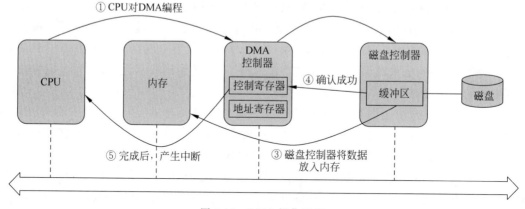

图 3-16　DMA 操作流程

(1) CPU 对 DMA 控制器进行编程，明确指定要传输数据的源地址、目的地址以及数据的长度。此时，CPU 已将 I/O 操作的相关任务全权委托给 DMA 模块，从而能够专注于执行其他计算任务。

(2) DMA 控制器接收到 CPU 发出的 DMA 请求，该请求指示将磁盘数据传送至内存。接收到指令后，DMA 控制器随即启动操作，与磁盘控制器进行交互。

(3) 在 DMA 控制器的管理下，磁盘控制器开始执行数据传送操作，将数据从磁盘读取并直接传送至内存。此过程中，DMA 控制器负责从源地址读取数据，并将其写入指定的目的地址，直至数据传输完毕。

（4）当数据传输完成后，DMA 控制器会向 CPU 发送一个 DMA 中断信号，以此报告传送操作的结束。在整个 DMA 过程中，DMA 控制器承担了数据传输的主要任务，实现了从源地址到目的地址的直接数据读写，极大地提高了 I/O 操作的效率。

值得注意的是，在 DMA 方式下，处理器无须直接参与数据传输过程，从而能够同时进行其他计算任务，实现了计算与数据传输的并行处理，进一步提升了系统的整体性能。

上面介绍了 DMA 操作的完整流程，其中设备在执行 DMA 操作时，会直接访问物理内存，这带来了安全隐患和多设备共享问题。为了应对这些问题，IOMMU（Input-Output Memory Management Unit，输入输出内存管理单元）应运而生。IOMMU 是一个硬件支持的内存管理单元，专为设备的 DMA 设计，它通过在设备与内存之间添加一个抽象层，实现了对设备访问内存的细粒度控制。

IOMMU 的主要作用有两点：一是地址转换；二是访问控制。如图 3-17 所示，在地址转换方面，IOMMU 可以将设备使用的物理地址转换为机器的物理地址，这允许虚拟机或容器中的设备驱动程序直接使用其自己的物理地址空间，而无须关心实际硬件的物理布局。在访问控制方面，IOMMU 可以确保设备只能访问其被授权的内存区域，从而防止恶意设备或软件对系统内存的非法访问。

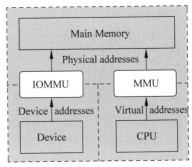

图 3-17　IOMMU 架构

I/O 虚拟化的基本原理主要包括设备发现、访问截获、实现设备的相关功能以及设备共享四个核心部分。下面将结合具体实例，对这些原理进行详细阐述。

（1）设备发现。

设备发现是 I/O 虚拟化流程的起点，其核心任务在于识别并管理数据中心内所有的物理 IO 设备。鉴于虚拟机无法直接访问物理设备，故需通过 I/O 虚拟化层进行设备的发现与识别。

举例来说，在一个复杂的虚拟化数据中心中，可能存在多种类型的物理设备，如网络适配器、磁盘控制器及串口设备等。I/O 虚拟化层通过扫描硬件总线、解析系统配置信息或运用特定的设备发现协议（如 PCI 设备枚举），实现对这些设备的全面识别。一旦设备被成功发现，I/O 虚拟化层将详细记录其类型、地址、中断号等关键信息，为后续的设备管理与访问提供坚实基础。

（2）访问截获。

访问截获是 I/O 虚拟化过程中的关键环节。由于虚拟机无法直接与物理 I/O 设备进行交互，I/O 虚拟化层需截获虚拟机对设备的访问请求，并依据预设的配置与策略进行重定向或相应处理。

以虚拟机对磁盘的访问为例，当虚拟机发起磁盘读写请求时，I/O 虚拟化层将迅速截获这些请求。根据虚拟机的具体配置与策略要求，虚拟化层可能选择将请求直接转发至物理磁盘，或将其重定向至虚拟磁盘镜像。若选择重定向至虚拟磁盘，虚拟化层还需负责处理虚拟磁盘与物理磁盘间的数据同步与映射关系,确保数据的一致性与完整性。

（3）设备功能实现。

实现设备的相关功能是 I/O 虚拟化过程中的重要步骤。虚拟化层需精确模拟设备的行为及功能,使虚拟机能够如同访问物理设备般自如地访问虚拟设备。

以网络适配器为例,I/O 虚拟化层需精确模拟其数据收发、中断处理及地址解析等功能。当虚拟机发送网络数据时,虚拟化层负责接收并依据网络配置与路由规则将数据转发至目标地址。同时,虚拟化层还需处理来自物理网络适配器的中断与数据包,将其转换为虚拟机可识别的格式,并传递至虚拟机进行处理。

除基本设备功能模拟外,I/O 虚拟化层还可提供额外的功能增强。例如,实现网络流量的精细过滤与监控,为虚拟机提供更为安全、可控的网络环境。此外,虚拟化层还支持设备的热插拔与动态配置,极大提升了系统的灵活性与可扩展性。

（4）设备共享。

设备共享是 I/O 虚拟化追求的重要目标之一。通过共享物理 I/O 设备,I/O 虚拟化技术能够有效提升资源的利用率并降低成本。

以存储设备为例,传统的物理服务器通常各自配备独立的磁盘阵列。而在虚拟化环境中,多个虚拟机可共享同一物理存储设备。I/O 虚拟化层负责管理与调度对这些设备的访问,确保每个虚拟机均能获得充足的存储资源,同时避免资源冲突与性能瓶颈的出现。

设备共享的实现方式多种多样,例如基于存储池的技术将多个物理存储设备整合为单一的逻辑存储池,虚拟机从中动态分配所需存储空间。此外,I/O 虚拟化层可以利用磁盘镜像、快照等技术保护数据的完整性与可用性。

然而,设备共享也带来了一定的挑战与限制。例如,如何在不同虚拟机间实现 I/O 性能的隔离并确保每个虚拟机均能获得公平的访问权限是一个亟待解决的问题。此外,共享设备的安全性亦需得到充分考虑,需要实施严格的访问控制与安全审计机制,以防范潜在的安全风险。

3.4.2　基于软件的 I/O 全虚拟化

基于软件的 I/O 全虚拟化技术,其核心在于通过软件层面来模拟与管理 I/O 设备的行为,这一技术无须特定的硬件支持,因此展现出广泛的适用性与高度的灵活性。在此过程中,设备模型（device model）这一核心概念显得尤为关键。设备模型在基于软件的 I/O 全虚拟化中发挥着举足轻重的作用,它通过模拟目标硬件设备的接口与行为,为客户呈现一个虚拟设备,使其得以如操作真实设备般自如。

在设备虚拟化过程中,Hypervisor 发挥着至关重要的角色。它需要深入研究目标硬件设备的接口定义与内部设计规范,随后以软件的形式模拟这些设备的接口与行为。当虚拟机启动时,Hypervisor 所提供的虚拟设备将被虚拟机软件（涵盖 BIOS 与操作系统）所识别并挂载至虚拟设备总线上。客户机操作系统仅需使用目标设备原有的驱动程序,即可驱动这些虚拟设备。

在设备访问过程中,虚拟机中的驱动程序将发出 I/O 请求并静待设备响应。鉴于 I/O 指令的敏感性,它们将触发 VM-Exit,使得控制权转移至 Hypervisor。随后,Hypervisor 将拦截这些 I/O 请求,并将其传送至相关软件模块进行处理。这些软件模块将模拟这些 I/O 请求,并将 I/O 响应结果反馈至客户机操作系统。只要这些 I/O 响应与真实物理设备的响应保持一致,客户机操作系统便会认为自己正运行在真实的物理硬件平台上。

如图 3-18 所示,设备模型位于 Hypervisor 之中,负责实现设备模拟并处理设备 I/O 请求与响应。

从上述 I/O 虚拟化的流程中可以清晰地看出 I/O 虚拟化对设备模型所提出的主要需求,这主要体现在以下两方面。

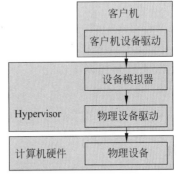

图 3-18　软件模拟虚拟化的结构图

1）模拟目标设备软件接口

这一需求是通过软件实现的方式向客户机操作系统提供目标设备的接口,从而使得客户机操作系统能够有效地控制虚拟设备。下面以 3.4.1 节中介绍的端口 I/O(PIO)、MMIO 和 DMA 接口为例,说明 I/O 虚拟化是如何模拟它们的。

（1）PIO。

在 PIO 模式中,设备寄存器的相关 I/O 端口被专设的地址空间所映射。操作系统借助特定的敏感指令,如 x86 架构下的 IN/OUT、INS/OUTS 等,来访问此空间。当客户机执行端口 I/O 操作的访问指令时,会引发 VM-Exit 并触发 Hypervisor 的介入。同时,Hypervisor 会记录所访问的 I/O 端口号、数据宽度及传输方向等关键信息。

在实现 I/O 虚拟化时,对于截获的操作请求,需进行深入的解析和处理。在初始化阶段,设备模型会在 Hypervisor 中预先注册虚拟设备涉及的端口 I/O 及其处理函数,并以数组形式存储处理函数的地址。当客户机执行端口 I/O 操作时,Hypervisor 会根据捕获的 I/O 端口号和数据宽度与已注册的处理函数进行匹配,随后调用相应的函数来模拟设备行为。这些处理函数通过软件实现了设备所需的逻辑功能。

（2）MMIO。

MMIO 作为一种更为普遍的 I/O 方式,尤其适用于寄存器空间需求较大的设备,如网卡和显卡。它与物理内存共享地址空间,使得操作系统能够使用常规内存访问指令（如 MOV）来执行 MMIO 操作。由于内存访问指令并非 MMIO 专用,因此无法像 PIO 那样通过设定敏感指令来截获访问。为了解决这个问题,设备模型通过在每次客户机发起 MMIO 操作时触发缺页异常,导致 VM-Exit,从而使 Hypervisor 能够截获 MMIO 请求并转交给设备模型处理。

（3）DMA。

以 PCI 设备为例,其 DMA 操作由操作系统驱动程序通过访问与 DMA 相关的硬件寄存器实现。驱动程序首先将 DMA 操作的地址写入特定寄存器,随后写入 DMA 命令至另一寄存器以发起请求。

由于 DMA 的发起依赖于设备寄存器，且驱动程序只能通过端口 I/O 或内存映射 I/O 访问这些寄存器，因此 Hypervisor 能够截获客户机的相关请求，进而实现对 DMA 操作的截获。截获后，Hypervisor 将 DMA 操作转交设备模型进行软件模拟。设备模型无须深入 DMA 的具体实现细节，仅需在客户机分配的内存中进行数据的读写操作。

为实现这一过程，设备模型利用 Hypervisor 的内存管理模块，将客户机用于 DMA 的内存空间映射至自身地址空间。一旦接收到 I/O 请求，设备模型便发起系统调用，以 DMA 方式读写映射的内存。数据传输完成后，设备模型通过虚拟中断控制器向虚拟机注入虚拟设备中断，从而结束 DMA 操作。

2）实现目标设备功能

除了提供虚拟设备的 I/O 访问接口外，完整的 I/O 虚拟化还需确保实现虚拟机所期望的设备功能，以确保在虚拟机发起 I/O 操作后能够返回准确无误的结果。在功能实现过程中，我们无须严格遵循目标物理设备的硬件结构和模块组成，这使得虚拟设备功能的实现更为灵活多变。

以 IDE（Integrated Drive Electronics，集成磁盘电子接口）存储系统为例，真实设备由 IDE 控制器和集成的 IDE 硬盘共同构成。其中，IDE 控制器作为一个包含可控软件接口的 PCI 设备，而硬盘本身则由控制器进行管控，并不具备独立的访问接口。因此，在虚拟 IDE 时，仅需模拟 IDE 控制器的软件接口并供给虚拟机使用即可。此外，根据应用的具体需求和系统架构的特点，还可以在虚拟设备中引入一些真实物理设备所不具备或难以实现的功能及特性（例如虚拟 IDE 的增量存储和备份等），从而进一步丰富和拓展虚拟设备的功能和应用范围。

3.4.3　I/O 半虚拟化

I/O 半虚拟化技术是在全虚拟化技术的基础上发展而来的。全虚拟化技术通过软件模拟的方式实现虚拟机对物理 I/O 设备的访问，但这种方式通常会带来较大的性能开销。为了解决这个问题，I/O 半虚拟化技术应运而生。

I/O 半虚拟化技术的核心思想是通过虚拟机与虚拟化层的紧密合作实现高效的 I/O 通信。它利用虚拟机对虚拟化环境的感知能力，通过一组优化的接口和协议，减少虚拟化层在 I/O 操作中的开销。

具体来说，I/O 半虚拟化技术通常包括以下几个关键步骤。

（1）接口定义与协商。

虚拟机与虚拟化层之间通过定义一组标准的 I/O 接口和协议进行通信。这些接口和协议通常包括设备发现、初始化、配置、数据传输等功能。虚拟机在启动时，会与虚拟化层进行接口协商，确定双方支持的 I/O 操作方式和参数。

（2）前端与后端的协同工作。

在 I/O 半虚拟化技术中，虚拟机内部通常包含一个或多个前端驱动，负责处理虚拟机的 I/O 请求;而虚拟化层则提供相应的后端服务,负责与物理设备进行交互。前端驱动和后端服务之间通过共享内存、消息队列等高效通信机制进行连接和协同工作。

(3) 请求处理与数据交换。

当虚拟机发起 I/O 请求时,前端驱动会将请求封装成虚拟化层可识别的格式,并通过通信机制发送给后端服务。后端服务接收到请求后,会解析并执行相应的操作,例如与物理设备进行交互或进行必要的转换。处理完成后,后端服务会将结果数据回传给前端驱动,由前端驱动交付给虚拟机的操作系统或应用程序。

上面介绍了 I/O 半虚拟化技术的基本原理,接下来将聚焦 I/O 虚拟化领域的典型代表——virtio 技术。

virtio 作为 I/O 半虚拟化技术的典范,确立了一套标准化的 I/O 虚拟化接口与协议,旨在实现虚拟机和虚拟化层之间的高效 I/O 通信。

virtio 的架构主要由三部分构成:前端驱动、virtio 后端以及 virtio 设备。如图 3-19 所示,前端驱动部署于虚拟机内部,负责将虚拟机的 I/O 请求转换为 virtio 特有的格式,并通过共享内存或其他通信机制传送至后端。virtio 后端则运行于虚拟化层,负责接收前端发送的请求,与物理设备进行交互,并将结果数据反馈至前端。而 virtio 设备作为虚拟机内部的一个虚拟设备,为前端驱动提供标准的 I/O 接口,使虚拟机能够如同访问物理设备般轻松访问它。

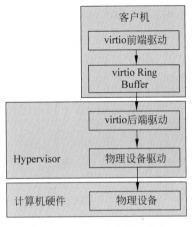

图 3-19 virtio 半虚拟化架构

(1) virtio 的通信机制。

virtio 采用了一种基于共享内存与事件驱动的通信机制。前端驱动与后端之间通过共享内存进行数据交换,有效避免了不必要的数据复制开销。同时,virtio 还利用事件机制实现双方的同步与通知。当后端处理完毕 I/O 请求或发生其他事件时,它会通过事件通知前端进行相应的处理。

(2) virtio 的性能优势。

由于 virtio 采用了优化的通信机制和接口设计,它显著减少了虚拟化层在 I/O 操作中的开销,从而提升了 I/O 性能。相较于传统的全虚拟化技术,virtio 能够提供更高的吞吐量和更低的延迟,使虚拟机在 I/O 性能方面更加接近物理机。此外,virtio 还展现出卓越的可扩展性与灵活性。它支持多种类型的 I/O 设备,涵盖网络、存储等领域,并可根据具体需求进行定制与扩展。这使得 virtio 能够适应不同场景下的 I/O 虚拟化需求。

(3) virtio 的应用与生态。

目前,virtio 已得到广泛的应用与支持。众多主流虚拟化平台均集成了 virtio 技术,并提供了相应的前端驱动与后端实现。此外,virtio 还得到了开源社区与企业的积极参与和支持,形成了一个庞大的生态系统,这为 virtio 的发展与应用提供了强大的动力与支持。

3.4.4　硬件辅助的 I/O 虚拟化

传统的 I/O 虚拟化通常依赖于软件层面的模拟和拦截，这种方式虽然能够实现基本的 I/O 功能，但往往伴随着较大的性能损耗。而硬件辅助的 I/O 虚拟化技术则通过在硬件（如 CPU、I/O 控制器等）中内置虚拟化支持，实现了对虚拟机 I/O 请求的直接转发和处理，从而大幅减少了虚拟化带来的性能开销。

硬件辅助的 I/O 虚拟化通常依赖于处理器、I/O 设备以及虚拟化平台之间的紧密协作。例如，处理器可能提供特定的虚拟化指令集，以加速虚拟机的 I/O 操作；I/O 设备可能支持直接内存访问技术，允许虚拟机直接访问设备的内存缓冲区；而虚拟化平台则负责管理和调度这些资源，确保虚拟机之间的隔离性和安全性。

如图 3-20 所示，无须设备模拟器或者前后端驱动，Hypervisor 中的物理设备驱动与物理设备配合实现 I/O 虚拟化，支持客户机中的客户机设备驱动以原生方式使用虚拟化后的 I/O 设备。

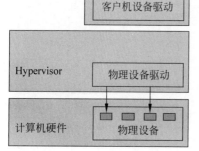

图 3-20　I/O 硬件虚拟化架构

通过硬件辅助的 I/O 虚拟化技术，数据中心可以实现更高的 I/O 吞吐量、更低的延迟以及更好的资源利用率。这有助于提升虚拟机的性能表现，满足各种应用场景的需求。硬件辅助的 I/O 虚拟化主要分为设备直通和 SR-IOV 两类。

1）设备直通

设备直通（Pass-Through）是硬件辅助 I/O 虚拟化技术的一种实现方式，它允许虚拟机直接访问物理 I/O 设备，而无须经过虚拟化层的干预。这种方式极大地提升了虚拟机的 I/O 性能，使得虚拟机能够像物理机一样高效地访问硬件设备。

以一个网络适配器的设备直通为例，其实现过程如下。

（1）配置阶段：在虚拟化平台上，管理员选择将某个物理网络适配器设置为直通模式，并将其分配给特定的虚拟机。这个过程通常涉及对虚拟化平台和物理设备的配置。

（2）设备映射：虚拟化平台在配置完成后，会建立虚拟机与物理网络适配器之间的直接映射关系。这种映射关系确保了虚拟机能够直接访问到分配给它的物理网络适配器。

（3）虚拟机访问：当虚拟机启动时，它会识别到分配给它的物理网络适配器，并像访问普通网络设备一样进行配置和使用。虚拟机发出的网络请求将直接通过物理网络适配器发送出去，无须经过虚拟化层的处理。

通过设备直通，虚拟机可以获得接近物理机的网络性能，适用于需要高性能网络吞吐量的应用场景，如大数据处理、云计算等。

然而，设备直通也存在一些限制。首先，它通常要求物理设备支持虚拟化感知功能，否则可能无法实现直通效果。其次，由于设备被直接分配给虚拟机使用，因此无法实现设备的共享，这可能导致资源利用率不高。此外，设备直通还可能增加管理的复杂性，因为管理员需要手动配置和管理每个虚拟机的设备分配。

2）SR-IOV

SR-IOV(Single Root I/O Virtualization)是另一种重要的硬件辅助 I/O 虚拟化技术。它通过在物理 I/O 设备上创建多个虚拟功能，使得每个虚拟机可以独立地访问一个或多个虚拟功能，从而实现 I/O 资源的共享和隔离。

下面介绍物理功能(Physical Function,PF)和虚拟功能(Virtual Function,VF)这两个重要概念。

物理功能(PF)：用于支持 SR-IOV 功能的 PCI 功能，如 SR-IOV 规范中定义。PF 包含 SR-IOV 功能结构，用于管理 SR-IOV 功能。PF 是全功能的 PCIe 功能，可以像其他任何 PCIe 设备一样进行发现、管理和处理。PF 拥有完全配置资源，可以用于配置或控制 PCIe 设备。

虚拟功能(VF)：与物理功能关联的一种功能。VF 是一种轻量级 PCIe 功能，可以与物理功能以及与同一物理功能关联的其他 VF 共享一个或多个物理资源。VF 仅允许拥有用于其自身行为的配置资源。

SR-IOV 技术的核心在于物理 I/O 设备支持虚拟功能的创建和管理。物理设备通过 PCI Express 接口与宿主机相连，并在宿主机上配置为支持 SR-IOV 模式。在配置完成后，物理设备会创建多个虚拟功能，并为每个虚拟功能分配独立的资源(如中断、DMA 通道等)。

如图 3-21 所示，以 SR-IOV 网卡为例，物理网卡(Network Interface Card,NIC)通过 SR-IOV 技术创建多个虚拟网卡，并直通给虚拟机使用。

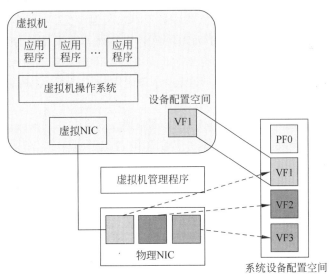

图 3-21　SR-IOV 网卡示例

虚拟机在创建时，可以选择绑定到一个或多个虚拟功能。一旦绑定完成，虚拟机就可以像操作物理设备一样操作这些虚拟功能。由于虚拟功能具有独立的资源，因此不同虚拟机之间的 I/O 操作不会相互干扰，从而实现了 I/O 资源的隔离。

SR-IOV 技术相比传统的 I/O 虚拟化方法具有更高的性能优势。由于虚拟机直接访问虚拟功能的硬件资源,避免了在软件层进行 I/O 操作的转换和模拟,因此可以获得更高的吞吐量和更低的延迟。这使得 SR-IOV 技术在高性能网络、存储等应用场景中具有广泛的应用前景。

在具体厂商实现方面,许多主流的处理器和 I/O 设备厂商都提供了 SR-IOV 的支持。例如,Intel 的处理器和网卡、Mellanox 的网络适配器等都支持 SR-IOV 功能。此外,虚拟化平台如 VMware、Red Hat 和 Microsoft 等也提供了对 SR-IOV 的集成和支持。

在使用 SR-IOV 时,管理员需要确保所使用的物理设备支持 SR-IOV 功能,并在虚拟化平台上进行相应的配置和启用。同时,还需要注意设备的兼容性和稳定性问题,以确保虚拟机的正常运行和性能表现。

尽管硬件辅助的 I/O 虚拟化技术带来了显著的性能提升和灵活性增强,但它们也面临着一些挑战。首先,硬件辅助的 I/O 虚拟化技术通常要求设备支持特定的虚拟化功能,这可能导致设备选择的局限性。其次,配置和管理这些技术需要较高的技术水平和经验,对管理员的要求较高。最后,随着技术的不断发展,如何保持与最新硬件和平台的兼容性也是一个需要解决的问题。

3.5　GPU 虚拟化

随着音视频类应用的广泛普及,高性能计算和图形渲染领域对图形绘制的需求日益旺盛。然而,传统的 CPU 作为计算机系统的核心运算与控制单元,已逐渐无法满足这一日益增长的需求。因此,急需一种专门用于处理图形的核心处理器来填补这一空白。在此背景下,NVIDIA 公司于 1999 年推出了具有划时代意义的 Geforce256 图形处理芯片,并首次提出了图形处理器的概念。自此以后,NVIDIA 显卡的芯片便以 GPU 命名,标志着图形处理进入了一个全新的时代。

GPU 的引入显著减轻了计算任务对 CPU 的依赖,并承担了原本由 CPU 处理的部分工作负载,尤其在三维图形处理方面展现出了卓越的性能。近年来,随着技术的不断进步,GPU 在渲染、编解码和计算等领域的应用愈发广泛,对个人计算机游戏和电子商务市场的发展起到了巨大的推动作用。

同时,随着智能化时代的来临,GPU 的应用范围进一步拓展至人工智能领域。商业公司和政府机构对人工智能技术的关注和使用迅速增加,纷纷搭建自有智能平台以赋能各项业务。在这一过程中,如何基于采购的 GPU 服务器构建高效、弹性的 GPU 资源池,以满足不断变化的计算需求,成为一个亟待解决的关键问题。

3.5.1　GPU 虚拟化基本原理

GPU 虚拟化技术旨在将物理 GPU 资源抽象为多个虚拟 GPU(vGPU),以供多个虚拟机或容器同时使用。通过这种方式,不仅提高了 GPU 资源的利用率,还增强了系统的灵活性和可扩展性。与 CPU 和内存虚拟化类似,GPU 虚拟化也需要解决资源隔离、性能分配和管理复杂性等问题。

根据实现方式的不同,GPU 虚拟化技术可以分为基于软件的 GPU 虚拟化和基于硬件的 GPU 虚拟化两大类。基于软件的 GPU 虚拟化主要通过 GPU 厂商提供的专门用于 GPU 虚拟化的驱动程序来实现 GPU 资源的共享和隔离,例如 NVIDIA GRID vGPU 和 Intel GVT-g 技术。而基于硬件的虚拟化,如 NVIDIA 的 Multi-Instance GPU(MIG)技术,则直接在 GPU 硬件级别支持资源的划分和隔离。本节将分别对这两种 GPU 虚拟化的实现方式进行简要阐述,并介绍它们所对应的业界主流产品。

3.5.2　基于软件的 GPU 虚拟化

基于软件的 GPU 虚拟化技术的实现原理主要依赖于时分复用机制。GPU 的时分复用与 CPU 在进程间的时分复用概念相似。简单而言,GPU 时分复用是指将一个 GPU 的使用时间按照特定的时间段进行分片,每个虚拟机在分配到的特定时间片内独享 GPU 的全部硬件资源。目前,关于 GPU 时间片的轮转主要有两种机制。

(1) 在当前 GPU 上下文的 BatchBuffer/CMDBuffer 执行结束后启动调度,并将 GPU 的控制权交给下一个时间片的所有者。

(2) 在特定时间片结束时进行严格切换,即使当前 GPU 执行尚未完成也会被强行中断,并将控制权转交给下一个时间片的所有者。这种方式确保了 GPU 资源在不同虚拟机之间的平均分配。

然而,GPU 时分复用面临着多任务干扰的问题。在实际应用中,多个任务对 GPU 利用率和显存利用率之和往往远低于理想状态,同时单个任务的完成时间(Job Completion Time,JCT)也会显著增加。这主要是由以下几个因素造成的。

(1) 计算碰撞:当多个任务同时需要使用 GPU 资源进行计算时,它们之间会发生竞争和冲突,导致每个任务的完成时间延长。即使某个任务在 GPU 切换到其他任务时正在进行 CPU 计算、I/O 操作或通信,但当它需要 GPU 资源时,如果时间片能够立即切换回该任务,那么理论上不会对它的完成时间产生影响。但在实际场景中,多个任务往往同时需要 GPU 资源,从而加剧了计算碰撞的问题。

(2) 通信碰撞:当多个任务同时需要使用显存带宽进行数据传输时(例如在主机内存和 GPU 显存之间),它们之间也会发生竞争和冲突。这种通信碰撞会进一步降低 GPU 的利用率和性能表现。

(3) GPU 上下文切换耗时长:与 CPU 上下文切换相比(通常在纳秒级别),GPU 的上下文切换时间要长得多,可能达到几百纳秒甚至毫秒级别。这意味着频繁的 GPU 调度操作会带来较大的开销和性能损失。例如:按照 2ms 的时间片进行 GPU 调度,每次调度的上下文切换大概花费 0.5ms,那么应用任务在理论上只能使用约 80% 的 GPU 资源。

根据图 3-22 所示的 GPU 时分复用原理,应用程序需通过调度器来获取 GPU 的时间片资源。在成功获取的时间片内,应用程序将执行计算任务;一旦时间片消耗殆尽,应用程序则需等待下一次的时间片分配。在 GPU 时分复用的技术框架内,进一步细分为 SR-IOV 和 MDEV 两种实现方案。

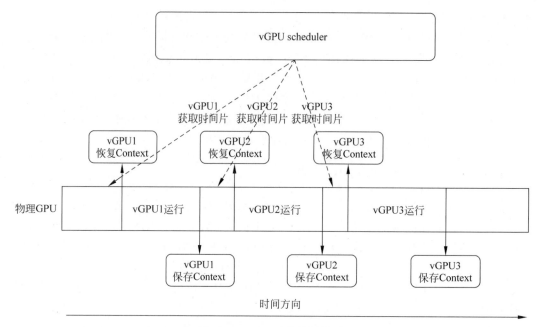

图 3-22   GPU 时分复用原理

1) SR-IOV

GPU 作为一种典型的 PCIe(Peripheral Component Interconnect Express)设备,其 SR-IOV(SR-IOV 的原理参考 3.4.4 节)规范的实现为虚拟机提供了更为高效和灵活的图形处理能力。如图 3-23 所示,根据 SR-IOV 规范,GPU 可以被切分为多个物理功能(PF)或虚拟功能(VF),随后这些功能通过 PCI 设备直通技术被分配给多个 VM 使用。在此过程中,每个 VF 都被赋予了独立的 Bus/Slot/Function 号,确保其在系统中的唯一性。

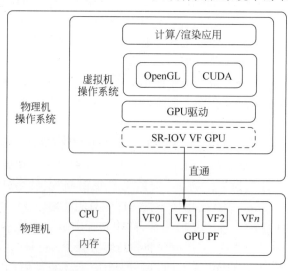

图 3-23   GPU 的 SR-IOV 直通架构

当 IOMMU(IOMMU 的原理参考 3.4.1 节)与 VT-d(Intel Virtualization Technology for Directed I/O)接收到来自这些 VF 的 DMA(DMA 的原理参考 3.4.1 节)请求时,它们能够通过查询 IOMMU 转换表(IOMMU Translation Table),从而实现从 Guest Physical Address(GPA)到 Host Physical Address(HPA)的地址转换。这种机制确保了虚拟机在访问物理硬件资源时的正确性和高效性。

然而,值得注意的是,GPU 的 SR-IOV 实现并不仅仅局限于 PCIe 事务层(TLP)的 VF 路由标识封装。尽管这种封装有助于规避运行时(runtime)的软件 DMA 翻译需求,但硬件层面的支持同样至关重要。以 AMD S7150 GPU 为例,虽然它表面上支持 SR-IOV 规范,但实际上硬件仅在 PCIe 层面对 VF 进行了抽象处理。因此,在主机(Host)端,还需要一个具备虚拟化感知能力(Virtualization-Aware)的物理 GPU(pGPU)驱动程序来负责 VF 的模拟和调度工作。

与此同时,NVIDIA 在其 Ampere 架构及以后的 GPU 产品中也开始支持 SR-IOV 方案。这一举措表明,随着虚拟化技术的不断发展和完善,越来越多的 GPU 厂商开始重视并投入资源来优化其在虚拟化环境中的性能表现。

2)MDEV

Mediated Passthrough 是一种完全基于软件定义的 GPU 虚拟化解决方案。其核心思想在于将与 GPU 性能直接相关的访问请求直接传递给虚拟机,而将那些与性能无直接关联的功能性访问请求在 MDEV 模块中进行模拟处理。目前,此领域的典型产品包括 NVIDIA GRID vGPU 和 Intel GVT-g(如 KVMGT、XenGT)。下面以 NVIDIA GRID vGPU 产品为例,说明基于 MDEV 方案的 GPU 虚拟化产品的基本架构。

如图 3-24 所示,NVIDIA GRID vGPU 产品的架构大致如下。

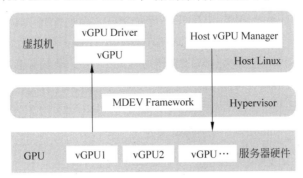

图 3-24　GRID vGPU 架构图

(1) Host 上安装了 NVIDIA GRID Host 驱动程序,它会在 Host 上运行一个 Host vGPU Manager 服务,该服务专门负责管理虚拟图形处理器(vGPU)。

(2) 当用户需要使用 vGPU 时,Host vGPU Manager 服务会将物理 NVIDIA GPU 切割成多个 vGPU 实例,并通过 PCI 直通方式将这些实例挂载到虚拟机中。

(3) 在虚拟机内部需要安装与 Host 驱动程序配套的 NVIDIA vGPU 驱动程序。该驱动程序与 Host 上的驱动程序通过 MDEV Framework 通信,使得虚拟机能够充分利用分配的 vGPU 资源。

NVIDIA GRID vGPU 在实现了 GPU 时分复用的基础上，进一步支持以下三种调度器模式，用于满足不同的 GPU 虚拟化需求。

（1）Fixed Share：此调度模式确保共享同一块 GPU 的所有 vGPU 获得均等的性能分配。通过预先定义的资源分配，每个 vGPU 都能获得稳定的性能表现。

（2）Best Effort：在此模式下，采用轮询（round-robin）调度算法，使所有 vGPU 根据实际需求共享 GPU 资源，以实现资源利用的最优化。此调度器确保在有空闲的 vGPU 时，其对应的资源能够被充分利用，从而提高整体资源利用率。

（3）Equal Share：该模式为每个运行的 vGPU 分配相同的 GPU 资源。当 vGPU 的数量增加或减少时，每个 vGPU 所能分配到的资源会相应变化，从而导致其性能表现也发生调整。

需要注意的是，Best Effort 是系统的默认调度器。其实不论采用何种调度器，本质上都是通过硬件调度器实现时间分片，确保每个 vGPU 都能获得执行自身程序所需的时间片。以上三种调度器模式为 NVIDIA GRID vGPU 提供了灵活的资源管理方式，以满足不同虚拟化场景下的需求。

3.5.3 基于硬件的 GPU 虚拟化

NVIDIA 自 Ampere 架构起引入了 Multi-Instance GPU（MIG）技术，该技术能够在硬件层级上对 GPU 资源进行水平切分，进而实现硬件资源的隔离与故障隔离，成为当前隔离性最优的方案。值得一提的是，NVIDIA MIG 是现今唯一支持硬件隔离的方案。

Ampere 架构通过独特的硬件设计，使 GPU 具备了创建子 GPU（GI）的能力。这些子 GPU 在计算、内存带宽、故障隔离、错误处理及恢复等方面均保持相对独立，从而确保了较高的服务质量（QoS）。MIG 技术的核心原理在于对物理卡上可用的物理资源进行分块与再组合，这些资源涵盖系统通道、控制总线、算力单元（TPC）、全局显存、L2 缓存以及数据总线等。经过分块后的资源将被重新组合，以确保每个子 GPU 都能实现数据保护、故障隔离独立性以及服务的稳定性。

然而，MIG 技术也存在一定的局限性，主要表现在高成本和不灵活性两方面。具体而言，该技术仅支持高端 GPU，并且仅限于 CUDA 环境。此外，每款 GPU 所支持的实例数量也相对较少。

以 A100 GPU 为例，其在硬件底层被拆分为 7 个子 GPU 实例，每个实例均拥有独立的核心、缓存和内存。这种设计不仅满足了数据中心对 GPU 资源进行分割的需求，还能在同一块显卡上并行运行不同的训练任务，从而大幅提升资源的利用率和灵活性。如图 3-25 所示，将拆分出的拥有独立硬件资源的实例采用 GPU 直通方式直通进虚拟机，从而使虚拟机能够拥有基本无损耗的物理 GPU 性能。

MIG 方案的关键在于对 GPU 物理资源的切分，切分出的每个子 GPU 等同于一个物理GPU。其包含的概念如下。

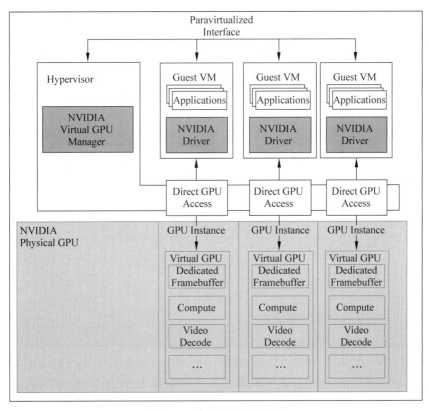

图 3-25　MIG 方案架构图

（1）流处理器 SM：SM 切片由 GPU 决定，如 A100 有 108 个 SM 单元，14 个 SM 单元为一个切片，所以 A100 有 7 个切片。一个 GPU 实例最少需要一个切片。

（2）显存：A100 有 40GB 显存，5GB 为一个单元，最多分割为 8 个单元，可以组合为 10GB、20GB、40GB 这些规格。

（3）L2 Cache、系统通道等：MIG 根据 SM 和显存分块和组合。

（4）GPU 引擎：GPU 引擎是在 GPU 上执行工作的引擎。最常用的发动机是执行计算指令的计算/图形引擎。其他引擎包括负责执行 DMA 的复制引擎（CE）、用于视频解码的 NVDEC、用于视频编码的 NVENC 等。每个引擎可以独立调度并执行不同的工作 GPU 上下文。

（5）GPU Instance（GI）：在物理 GPU 上将需要的分块好的单元选取出来组合成的 GPU 实例，GI 之间 SM、显存、引擎等资源都是隔离的。

（6）Compute Instance（CI）：GI 可以细分为多个 CI，CI 算力独立，包含 GI 的 SM 切片和其他引擎的子集，共享显存和引擎。GI 也可以作为一个整体使用。

（7）MIG Profile：每款 MIG GPU 都有配置文件，按照配置文件上的规格分割。

NVIDIA MIG 技术为 GPU 虚拟化领域的发展开辟了新的途径。该技术有效地解决了传统 GPU 虚拟化方案中面临的性能损失与资源争用难题，实现了真正的硬件级别隔离。

随着技术的不断革新与进步,更多的 GPU 制造商也在投入类似的硬件隔离技术研发之中,推动硬件隔离技术的不断演进与发展。

3.5.4　方案对比及总结

3.5.2 节和 3.5.3 节已经介绍了多种 GPU 虚拟化的实现方案,表 3-1 是这些方案之间的对比分析。

表 3-1　MIG、MDEV 和 SR-IOV 对比说明

对　比　项	MIG	MDEV	SR-IOV
切分方式	物理隔离	时分复用	时分复用
支持模式	计算	计算/渲染	计算/渲染
支持系统	Linux	Windows/Linux	Windows/Linux
使用方式	物理机/虚拟机	虚拟机	虚拟机
性能损耗	5%左右	1 切 1 在 5% 以内,1 切多在 10%~30%	1 切 1 在 5% 以内,1 切多在 10%~20%
支持 GPU 的类型	A100、A30、H100	NVIDIA 的计算卡	NVIDIA Ampere 架构及以后
切分规格	支持不同规格组合切分	同 GPU 同一规格	同 GPU 同一规格

对比不同方案的优缺点和适用场景,有助于更好地理解各种方案之间的差异和选择依据。在选择 GPU 虚拟化方案时,需要根据具体的应用场景、性能需求、资源利用率和成本等因素进行综合考虑。未来随着技术的不断发展,我们期待出现更多创新性的 GPU 虚拟化方案,以满足不断增长的计算需求。

GPU 虚拟化构成了实现 GPU 资源池化的基石和关键技术,而 GPU 池化则可以被视为 GPU 虚拟化在资源管理层面的进阶应用,它作为一种重要的解决策略,有效应对了传统 GPU 资源分配方式所面临的挑战。

实施 GPU 池化能够显著提升 GPU 资源的利用效率和管理便捷性,进而为云计算、大数据处理以及人工智能等关键领域的发展提供坚实的技术支撑。在本书的第 8 章 AI 算力池化技术中,将进一步深入探讨与 GPU 池化相关的内容,并介绍其实现方式与应用场景。

3.6　计算虚拟化实践

在前面的章节中,已经对计算虚拟化的各个组成部分的基本原理和具体实现进行了简要阐述。华为 DCS 的计算虚拟化平台以 QEMU-KVM 开源系统为基础,并在此之上发展出了自有的虚拟化解决方案。接下来,将结合 DCS 解决方案,给出计算虚拟化的一些实践应用。

QEMU-KVM 是一种基于 Linux 内核的开源虚拟化系统,其中 QEMU(Quick EMUlator)是一个通用的机器模拟器和虚拟器,能够模拟多种不同的处理器架构和设备,而 KVM

(Kernel-based Virtual Machine)则是 Linux 内核中的一个模块,提供了对 CPU 和内存的虚拟化支持。将两者结合使用,可以实现高效的虚拟化环境。

如图 3-26 所示,在 QEMU-KVM 虚拟化系统中,KVM 负责 CPU 和内存的虚拟化工作。它利用 Linux 内核中的虚拟化扩展功能,将物理 CPU 和内存资源抽象成虚拟资源,并通过特定的接口暴露给 QEMU 使用。QEMU 则负责虚拟机的创建和管理,它通过解析虚拟机的配置文件,加载虚拟机的镜像文件,并启动虚拟机运行。同时,QEMU 还负责模拟虚拟机的 I/O 设备,使得虚拟机能够像访问物理设备一样访问虚拟设备。

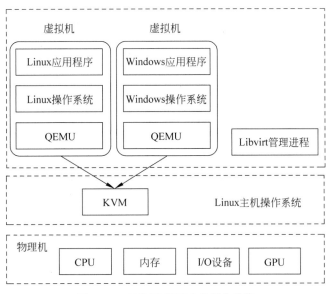

图 3-26　QEMU-KVM 虚拟化系统

QEMU-KVM 虚拟化系统具有以下几个显著优势。

(1) 它充分利用了 Linux 内核的虚拟化扩展功能,实现了高效的 CPU 和内存虚拟化,使得虚拟机能够获得接近物理机的性能表现。

(2) QEMU 作为一个通用的虚拟化软件,支持多种不同的处理器架构和设备模拟,使得用户可以在同一平台上运行多种不同的操作系统和应用程序。

(3) QEMU-KVM 还具有强大的扩展性和灵活性。用户可以根据需要自定义虚拟机的配置和性能参数,满足不同的业务需求。同时,QEMU-KVM 还提供了丰富的管理工具和 API 接口,方便用户进行虚拟机的监控和管理。

DCS 提供的计算虚拟化技术,在 QEMU、KVM 以及 Libvirt 等技术架构的基础上,针对 CPU、内存和 I/O 等虚拟化领域,进行了深入的扩展与创新,从而衍生出多样的计算虚拟化能力。

3.6.1　CPU 服务质量保证

DCS 的虚拟机的 CPU 服务质量保证(CPU QoS)用于保证虚拟机的计算资源分配,隔离虚拟机间由于业务不同而导致的计算能力相互影响,满足不同业务对虚拟机计算性能的要求,最大程度复用资源,降低成本。

在创建虚拟机时,可根据虚拟机预期部署业务对 CPU 的性能要求而指定相应的 CPU QoS。不同的 CPU QoS 代表了虚拟机不同的计算能力。基于 vCPU 的时分复用原理,通过指定的 CPU QoS 配置项计算每个 vCPU 的份额并加以设置,进而实现对 vCPU 计算能力的最低保障和资源分配的优先级。

当前 DCS 提供三个维度的配置,来保证虚拟机 CPU 计算资源的服务质量:CPU 预留、CPU 份额、CPU 上限。

(1)CPU 预留:指一个虚拟机各个 vCPU 在竞争物理 CPU 资源时至少占用的 CPU 主频大小,用于保证 vCPU 的最低计算能力。

(2)CPU 份额:指一个虚拟机在竞争物理计算资源的能力大小总和,是一个相对值。虚拟机获得的 CPU 计算资源,是与其他虚拟机 CPU 份额按相对比例瓜分物理 CPU 除预留外的可用计算资源。

(3)CPU 上限:指一个虚拟机各个 vCPU 在竞争物理 CPU 资源时最多占有的物理 CPU 能力的大小。用于设置虚拟机的计算能力上限。

CPU 服务质量保证的执行流程如下。

(1)如图 3-27 所示,DCS 会在每个计算节点上启动一个 CPU QoS 进程。

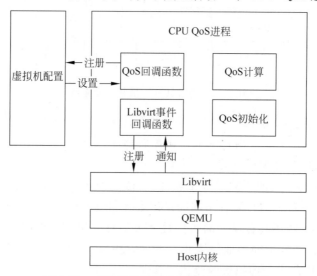

图 3-27　CPU 服务质量保证执行流程示意图

(2)在创建虚拟机时,配置虚拟机的 CPU QoS 参数。

(3)在启动虚拟机时,CPU QoS 进程会通过虚拟机配置获取 CPU QoS 的配置参数,然后通过自研 QoS 算法进行 QoS 计算。

CPU QoS 进程在计算完成后将 QoS 值设置到宿主机内核中,实现对 vCPU 调度时间片的控制。

3.6.2　智能内存复用

DCS 的智能内存复用技术是在虚拟化平台下对虚拟机所用内存的一种管理技术,可以使用户在主机上运行超过物理内存总量的虚拟机,提升虚拟机的部署密度,达到节省成本的目的。

内存复用的自动化管理组件是一个守护进程,在后台根据当前空闲的物理内存,综合运用内存气泡、内存交换和内存合并三种技术,自动控制每个虚拟机的可用内存量,从而提升虚拟机的密度。

(1)内存气泡:在虚拟机运行过程中,由虚拟机中的内存气泡前端驱动结合 QEMU 中的后端驱动来动态占用或释放内存,从而动态改变这台虚拟机的当前可用内存。

(2)内存交换:把虚拟机中不活跃的内存数据交换到主机的交换空间,释放内存资源给其他虚拟机用,从而提高内存复用率。

(3)内存合并:多台虚拟机可能有很多内存页内容是完全相同的,将这些内容完全相同的内存页合并,只在物理内存上保留一个副本,将那些相同的内存页都指向该副本。在发生内存写操作时,将合并页打散,重新申请一个内存页,存放新写入的内存。

智能内存复用的执行流程如下。

(1)如图 3-28 所示,内存复用会启动一个守护进程作为管理组件。当检测到主机上所有虚拟机的内存规格之和大于主机上虚拟化域的总物理内存时,进入内存复用状态。

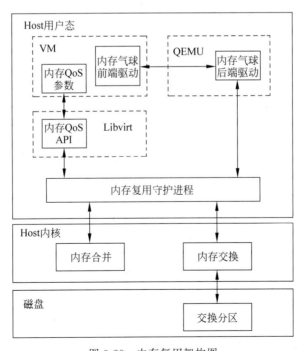

图 3-28　内存复用架构图

（2）进入内存复用状态后，内存复用策略周期性探测所有虚拟机内部的真实内存压力，对于保持了一段时间低压力的虚拟机，内存气泡技术可以将它们的内存释放出来。

（3）当所有的虚拟机真实使用内存大于虚拟化域总物理内存时，内存复用策略会触发内存交换。

（4）当剩余内存和交换分区都接近用完时，内存复用策略会暂停虚拟机。之后如果剩余内存增加到一定程度，内存复用会提高虚拟机的内存上限并恢复虚拟机。

3.6.3　虚拟机热迁移

虚拟机运行在物理机上时，物理机会存在资源分配不均（如负载过重、负载过轻）、物理服务器硬件更换、软件升级、组网调整、故障等情况，这时需要在不中断业务的情况下将虚拟机迁移出去。虚拟机热迁移是将源物理机上指定的处于运行状态的虚拟机迁移到另一台物理机上，并保证在迁移过程中虚拟机业务不中断、用户不感知。

根据虚拟机数据存储在本地存储还是共享存储池上的不同，DCS 支持的虚拟机热迁移方式可以分为共享存储热迁移和非共享存储热迁移两种情况。如图 3-29 所示，共享存储热迁移是将虚拟机的 CPU、内存状态迁移到目的端的虚拟机，而非共享存储热迁移是在迁移虚拟机的 CPU、内存状态的基础上，将虚拟机镜像的全部数据迁移到目的端的镜像文件。

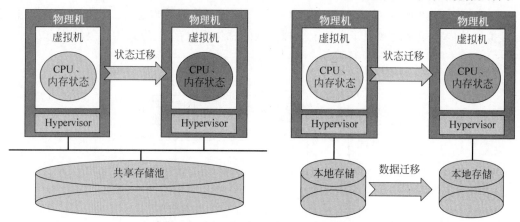

图 3-29　虚拟机热迁移的两种场景

虚拟机热迁移的大致流程如下（以共享存储为例）。

（1）对虚拟机的状态进行校验，虚拟机状态为运行中才能进行热迁移。

（2）选择目标节点并预占资源，启动一台暂停状态的虚拟机。

（3）源主机将 CPU、内存状态复制到目标主机的虚拟机，数据复制达到一定条件后触发事件，源主机暂停虚拟机。

（4）虚拟机暂停时，将未复制的数据一次性复制到目标主机的虚拟机。

（5）停止源主机的虚拟机，恢复目标主机的虚拟机。

在进行虚拟机热迁移时，也需要注意以下问题。

（1）带宽在热迁移过程中至关重要，很大程度上决定了热迁移的速度。

（2）由于热迁移过程中虚拟机是不停机的，所以会不断有业务程序产生新的数据，这部分数据被称为脏页数据。如果脏页数据产生的速度大于带宽，那么迁移将无法完成。

3.6.4 昇腾 NPU 虚拟化

在数据中心虚拟化场景下，虚拟机独占昇腾 NPU 资源可以获取最大的 NPU 推理和训练性能，但是很多业务并不需要单张卡的完整算力就能满足业务诉求。DCS 支持昇腾 NPU 虚拟化方案，在一个 NPU 物理设备下可以创建出多个 vNPU 设备，从而实现多个虚拟机共享同一张 NPU 卡的算力和资源，兼顾了性能和成本。

昇腾 NPU 虚拟化方案基于 Linux 内核支持的 MDEV 方案（见 3.5.2 节），如图 3-30 所示，其各组件实现如下。

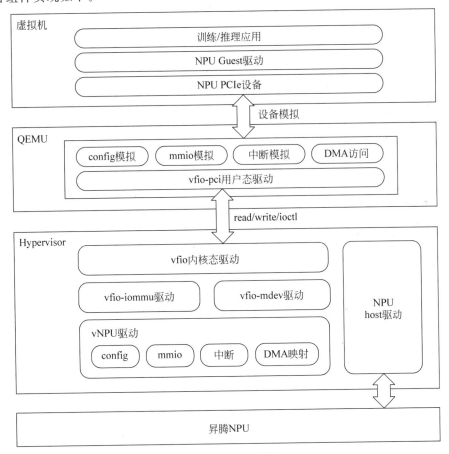

图 3-30　NPU 虚拟化

（1）GuestOS 内部的 NPU 驱动，需要适配 MDEV 虚拟化方案，对接 MDEV 的接口。

（2）QEMU 组件对 NPU 进行设备模拟，需要模拟 vNPU 设备的 config（配置空间）、mmio、中断以及 DMA 访问。

（3）Hypervisor 层的 vNPU 驱动，需要支持 MDEV 设备模拟，包括 config、mmio、中断、DMA 地址的映射。

NPU 虚拟化的流程可以分为以下步骤。

（1）设备创建：安装了 NPU host 驱动和 vNPU 驱动后，会向 MDEV 框架注册 NPU 设备。用户通过向 MDEV sysfs（System File System，是一种虚拟文件系统，提供了一种在 Linux 系统中管理设备和内核参数的机制）写入 uuid 来创建 vNPU 设备。

（2）设备模拟：将创建好的 vNPU 设备传给 QEMU，QEMU 通过 vfio 直通方式在虚拟机中模拟出一个正常的 NPU PCIe 设备。

（3）设备使用：在虚拟机内部安装 NPU Guest 驱动，该驱动会通过 MDEV 接口执行 config、mmio、中断和 DMA 访问等操作，从而在虚拟机内正常运行训练/推理应用。

3.7　小结

本章通过简要阐述 CPU 虚拟化、内存虚拟化、I/O 虚拟化以及新兴的 GPU 虚拟化技术，剖析了虚拟化技术如何提升物理资源的利用率，并实现多个操作系统和应用的并行高效运行。此外，本章还结合华为 DCS 解决方案，对计算虚拟化在实施案例中的应用进行了更加直观的展示。本章内容有助于读者对计算虚拟化的基本功能及面临的挑战有更全面的了解，思考如何运用硬件辅助虚拟化技术解决这些问题。

第 4 章

存储虚拟化

处理、存储和传输是当今数字信息技术的三大基石,计算设施、存储设施以及网络设施已经成为以互联网社会的基础底座。在智能世界加速构建的过程中,存储在信息系统架构上变得更加重要。然而,传统存储模式和方法渐渐难以满足人们对数据的安全性、系统的可扩展性以及高效管理等性能的需求。存储虚拟化可以在满足海量数据存储需求和提高存储空间利用率的同时,屏蔽异构操作环境带来的兼容性问题,实现自动与智能化的存储管理。因此,要解决信息化时代下的数据存储问题,需要对存储虚拟化技术有深入了解。

4.1 节首先介绍存储虚拟化的概念及相关的基础知识,使读者对存储虚拟化技术有一个整体认识;4.2 节详细介绍存储虚拟化技术的基本原理和涉及的关键技术;4.3 节介绍华为数据中心虚拟化解决方案 DCS 在存储虚拟化上的应用实践。

4.1 存储虚拟化概念

虚拟化存储资源的基础是存储设施,为了便于对存储虚拟化技术原理的说明,本节简要介绍存储虚拟化的概念和基础知识,包括存储虚拟化基本架构、存储传输协议、存储通信协议和存储虚拟化 virtio 模块。

4.1.1 存储虚拟化简介

存储虚拟化是一种将物理存储资源和容量进行逻辑虚拟化后提供给虚拟机及其应用程序使用的虚拟化技术,其目的是简化存储管理和提高存储效率,同时提高存储的可扩展性和灵活性,是现代数据中心和云计算环境中不可或缺的重要技术之一。如图 4-1 所示,存储虚拟化主要由存储模块、传输模块以及 virtio 模块三部分组成。其中,存储模块主要包含外置存储及 SDS(Software Defined Storage,软件定义存储),传输模块包含通信协议(主要有 SCSI 协议和 NVME 协议)、传输协议(主要有 FC 协议和 iSCSI 协议)及传输技术(如 RoCE),virtio 模块主要包含 virtio 前端驱动、virtio 后端设备及 virtio 传输层。virtio 模块是存储虚拟化的关键模块,其在物理存储系统上创建了一个抽象层,屏蔽了底层的复杂性,尤其是异构环境的复杂性,降低了对底层存储资源管理和扩容的复杂度,为虚拟机提供块或文件服务。存储虚拟化的核心在于将存储资源的逻辑映像和物理存储设备分开,为系统和管理者提供一个简化的、无缝衔接的虚拟化存储资源视图。

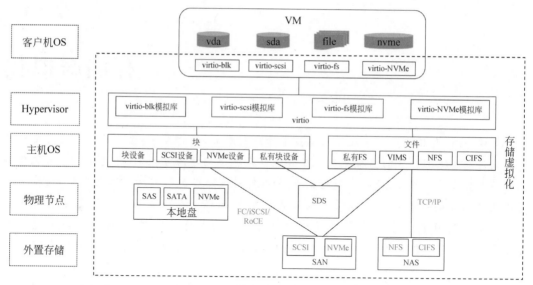

图 4-1   存储虚拟化基本架构

4.1.2　存储虚拟化基础知识

1. 外置存储

外置存储主要指集中式存储。在集中式存储架构中，所有数据都存储在由一台或多台主机组成的中心节点上，数据的管理变得集中和统一，有利于减少数据冗余，提高数据的一致性，同时也简化了数据备份和恢复的过程。由于所有数据都集中在中心节点上，集中式存储更易于实现服务的负载均衡。除此之外，数据访问只需经过一个控制器，这减少了数据传输的延迟，提高了系统的响应速度。此种架构下也更易于实现高速缓存和数据预取等优化技术，可以进一步提高系统的性能。正是由于数据的集中存储，管理的复杂性和成本大幅降低，提高了系统的可靠性，但集中式存储对于中心节点的强依赖使得中心节点的故障可能引起整个系统的瘫痪，数据传输量的激增也会使得中心节点的处理能力成为瓶颈，从而限制系统的扩展性。集中式存储主要包含 SAN(Storage Area Network，存储区域网络)和 NAS(Network Attached Storage，网络附加存储)两种方式。

NAS 是一种通过网络连接到计算机、服务器或其他网络设备上用于共享文件和数据的专用存储设备，能够实现文件的共享、备份、存档和远程访问等功能。NAS 存储通常运行在专用操作系统上，可以提供多种协议来支持不同的文件共享需求，易部署，即插即用。

SAN 使用专用高速网连接存储设备和服务器主机，形成一个专用高速存储网络，通过 FC 协议和 iSCSI 协议，服务器可以像访问本地存储一样访问网络上的存储设备。它通常被用于大规模的存储系统，用于传输块 I/O 而非文件，可以提供超大的存储容量和高速的数据传输。SAN 存储提供了高性能、高可靠以及灵活管理的数据存储解决方案，同时它还可以根据业务灵活扩展存储容量，满足企业不断增长的数据存储需求。

2. 软件定义存储

软件定义存储(SDS)是一种存储架构的概念,它将存储功能从硬件中解耦出来,通过软件实现对存储资源的管理和控制。传统的存储系统通常采用专用的硬件设备,例如存储阵列和磁盘阵列,其控制和数据处理功能紧密耦合在硬件中。SDS 的核心思想是将存储功能抽象化成软件,使得存储资源可以按照软件定义的方式进行管理和配置,从而提供更灵活、可扩展和可定制的存储解决方案。灵活性和可编程性的结合,使得存储能够快速适应新需求。SDS 主要具有如下特点。

(1) SDS 通过软件管理和控制存储资源,不依赖于特定的硬件设备。

(2) SDS 将存储功能抽象化,把底层物理存储设备统一成一个存储池,用户按需分配和管理存储资源,无须关注硬件细节。

(3) SDS 可根据需求进行水平扩展,如通过添加存储节点来增加容量和提高性能,用户可根据业务需求进行存储资源的弹性扩展。

(4) SDS 可以提供丰富的数据管理功能,如快照、复制、迁移、数据备份等,这些功能通过软件定义的方式进行配置和管理,更灵活高效。

(5) SDS 一般采用开放的接口和标准,不同厂商的存储设备和管理工具可以相互集成,用户可根据自己的需求灵活选择和配置。

SDS 的常见应用包括分布式存储、虚拟化存储、对象存储、软件定义的存储阵列(SDSA)以及软件定义的存储网关(SDSG)等。以分布式存储为例,分布式存储软件将多个分散的存储节点组织成一个虚拟的存储设备,数据被分散存储在多个节点上,每个节点都可以独立存储和访问数据,通过软件实现不同节点间数据的冗余备份和自动恢复,从而提供更高的可靠性、可扩展性和性能。分布式存储广泛应用于各种场景,包括大数据存储、云存储服务、数据备份和恢复、大规模文件共享、数据分析和挖掘、CDN 加速以及 IoT 应用等。

3. 存储通信协议

存储通信协议主要有 SCSI 和 NVMe 协议。它们定义了客户端与存储设备间的数据交互方式,规定了数据传输的格式、传输速率、传输控制以及错误检测和纠正等方面的内容,确保了数据传输的安全、可靠和高效。

SCSI(Small Computer System Interface,小型计算机系统接口)是计算机与周边设备之间系统级接口的标准协议。SCSI 协议的主要功能就是在主机和存储设备间传输命令、状态和块数据,传统操作系统对外部设备的 I/O 操作均通过 SCSI 协议实现。SCSI 总线通过 SCSI 控制器与硬盘之类的设备进行通信,每个 SCSI 设备有自己唯一的设备地址(SCSI ID)。为了使用和描述更多设备及对象,逻辑单元号(Logical Unit Number,LUN)的概念被引入,一个 LUN 对应一个逻辑设备。

NVMe(Non-Volatile Memory Express,非易失性内存主机控制器接口规范)是针对高性能非易失性存储快速访问而设计的协议标准。NVMe 作为一种磁盘访问接口协议,相对传统的 SCSI 协议从数据传输和协议交互上简化了其复杂性,充分利用 PCIe 通道的低延时以及并行性,利用多核处理处理器,通过降低协议交互,增加协议并发能力,并且精简操作系统协议堆栈,显著提高了固态硬盘的读写性能。

NVMe-oF(NVMe over Fabrics,NoF)是一种远程存储设备的访问协议,它扩展了NVMe标准在 PCIe 总线上的实现,把 NVMe 映射到多种物理网络传输通道,实现高性能的存储设备远程网络共享访问。NVMe-oF 定义了一个通用架构,支持在远程网络上访问NVMe 块存储设备。NVMe-oF 通过前端接口,实现规模组网扩展,在数据中心内远距离访问 NVMe 设备和 NVMe subsystem。NVMe-oF 架构对 NVMe controller 做了扩充,完全继承了 NVMe 的 Host-Controller 架构模型,NVMe-oF 命令也继承了 NVMe 命令格式,并新增加了 Fabric 相关的命令。扩展后的 NVMe-oF 架构,既保留了 NVMe 协议的大队列、大并发、低延迟的高性能架构能力,又完全兼容了 NVMe 的命令。从架构层面上来看,NVMe-oF 在全闪存时代具备天然的优势。相对 SCSI 协议,NVMe-oF 在 I/O 处理中交互次数更少。

以一次写 I/O 操作为例,FC 写需要执行 write、xfer_rdy、data 和 rsp 四次动作,其中主机至少需要两次中断,如图 4-2 所示。而 NVMe-oF 写只需要执行 post_send、rdma_read 和post_send 三次动作,对于 8K 以内的请求,只需要两次 post_send 就完成。NVMe-oF 少一次交互,传送过程中主机则少一半中断,这意味着更少的任务调度开销和更小的 I/O 时延。

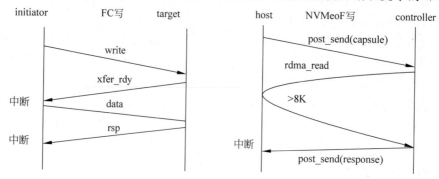

图 4-2　FC 写和 NVMe-oF 写示例

4. 存储传输协议

存储传输协议主要包括 FC、iSCSI 和 RoCE(RDMA)协议,在网络存储领域起着至关重要的作用。以 iSCSI 为例,iSCSI 就是基于 IP 网络的 SCSI,帮助 SCSI 在以太网中进行传输,将 SCSI 命令和块状数据封装为 TCP/IP 包进行传输。iSCSI 作为 SCSI 的传输层协议,其基本出发点是利用成熟的 IP 网络技术实现和延伸 SAN,IP-SAN 就是使用 iSCSI 协议实现主机服务器与存储设备的互联。

iSCSI(Internet Small Computer System Interface,Internet 小型计算机系统接口)是一种基于 TCP/IP 协议的存储协议。它将 SCSI 命令/数据块封装在 TCP/IP 包中,利用现有的交换和 IP 基础架构而无须单独安装专用线缆即可同时传输消息和块数据,从而能够在高速千兆以太网上进行快速的数据存取备份操作,实现基于网络的存储。因此,iSCSI 可以将远程存储设备映射为本地磁盘,从而实现远程存储的访问。iSCSI 的主要组件和工作流程如图 4-3 所示。

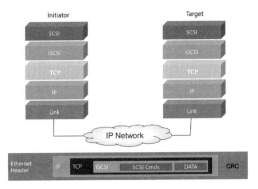

图 4-3　iSCSI 的主要组件和工作流程

　　FC(Fibre Channel,光纤通道)是将 SCSI 协议封装到光传输帧的一种传输协议,应用于存储系统和服务器之间的高速数据传输。光纤通道连接中数据包的最小单位为帧,其格式如图 4-4 所示,这样封装的目的是让光纤通道可以在需要时被其他类似于 TCP 的协议所承载。

图 4-4　光纤通道帧格式

　　RoCE(RDMA over Converged Ethernet,基于融合以太网的 RDMA)是一种能在以太网上进行 RDMA(Remote Direct Memory Access,远程直接数据存取)的集群网络通信协议,将收发包的工作卸载到网卡上,不需要像 TCP/IP 一样使系统进入内核态,减少了复制、封包、解包等的开销。如图 4-5 所示,RoCEv1 基于网络链路层,无法跨网段,基本无应用。RoCEv2 基于 UDP,可以跨网段,具有良好的扩展性,而且可以做到高吞吐、低时延,性能相对较好,被大规模采用。RoCE 可以使用普通的以太网交换机,避免了使用高成本的 Infiniband 网络设备,可以降低成本,但是需要支持 RoCE 的网卡。

5. 存储虚拟化 virtio 模块

　　在传统的设备模拟中,虚拟机内部设备驱动完全不感知自己处于虚拟化环境,I/O 操作会完整地经历从虚拟机内核栈到用户态程序 QEMU、再到宿主机内核栈的路径,产生很多 VM Exit 和 VM Entry,导致 I/O 性能很差。而 virtio 方案旨在提高 I/O 性能。在该方案中,虚拟机能够感知自己处于虚拟化环境中,从而加载相应的 virtio 总线驱动和 virtio 设备驱动,执行自己定义的协议进行数据传输,减少 VM Exit(虚拟机退出 guest 模式)和 VM Entry(虚拟机进入 guest 模式)操作。

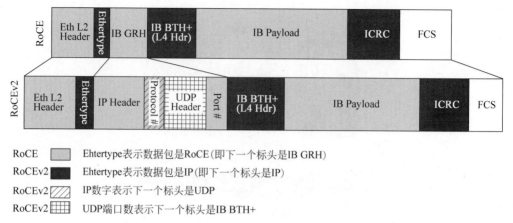

RoCE　□　Ehtertype表示数据包是RoCE(即下一个标头是IB GRH)

RoCEv2　■　Ehtertype表示数据包是IP(即下一个标头是IP)

RoCEv2　▨　IP数字表示下一个标头是UDP

RoCEv2　▦　UDP端口数表示下一个标头是IB BTH+

图 4-5　RoCE 帧格式示意图

　　如 3.4 节所述，virtio 是一种半虚拟化的解决方案，用以向虚拟机呈现虚拟的 PCI 设备。设备的配置空间由 QEMU 模拟，前端驱动访问虚拟设备时，会陷入 Hypervisor 进行处理，再由 Hypervisor 触发后端驱动的执行逻辑，从而为不同虚拟机操作系统环境提供统一的前端驱动入口，使其无须关注底层设备控制器的实现。virtio 的设计目标是在虚拟机与各种 Hypervisor 虚拟设备间提供统一的通信框架，减少因跨平台而带来的兼容性问题，提升驱动程序的开发效率。作为一种前后端架构，virtio 架构主要由三大部分组成：前端驱动（Guest 内部）、后端设备（QEMU 设备）和传输协议，如图 4-6 所示。其中列出的五个前端驱动分别用于块设备、网络设备、PCI 模拟、balloon 驱动和控制台驱动。

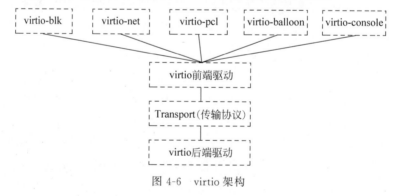

图 4-6　virtio 架构

　　前端驱动是虚拟机内部的 virtio 模拟设备对应的驱动程序。它的主要功能是发现 virtio 设备、接收来自虚拟机内部的请求，并依据 virtio 协议与 virtio 设备进行通信。前端驱动负责为虚拟机提供统一的接口，使得虚拟机能够像操作物理设备一样操作 virtio 设备。当虚拟机需要执行 I/O 操作时，前端驱动会将这些请求封装成 virtio 协议规定的格式，并发送到传输层。

　　后端设备是运行在虚拟化宿主机（如 QEMU）上的设备模拟程序。它的主要功能有两部分：一是模拟 virtio 后端设备，使得前端驱动能够与其进行通信；二是依据 virtio 协议处理来自虚拟机端发送的请求。后端设备在接收到前端驱动发送的 I/O 请求后,会解析请求并按照 virtio 协议进行相应处理。如果请求涉及物理设备的操作,后端设备会进一步与物理设备进行交互,完成请求的处理。处理完成后,后端设备会通过传输层通知前端驱动。

传输协议是连接前端驱动和后端设备的桥梁,它定义了前端驱动和后端设备之间通信的规范和格式。在 virtio 架构中,传输协议通常使用 virtio 队列(virtio queue,也称为virtqueue)来实现。每个设备都有若干队列,每个队列处理不同的数据传输。这种队列化的设计使得前端驱动可以批量发送 I/O 请求,后端设备也可以批量处理这些请求,从而提高了虚拟化 I/O 的效率。

这三部分共同构成了 virtio 的完整架构,使得虚拟机能够像操作物理设备一样操作virtio 设备,实现了高效的虚拟化 I/O。如图 4-7 所示,virtio 设备 I/O 请求的工作机制概括如下。

(1) 前端驱动将 I/O 请求放到描述符表(descriptor table)中,然后将索引更新到可用的描述符环(available ring)中,然后通知(kick)后端 QEMU 进程去取数据。

(2) 后端设备取出 I/O 请求进行处理,然后将结果刷新到 descriptor table 中再更新已用描述符环(used ring),然后发送中断通知(notify)前端。

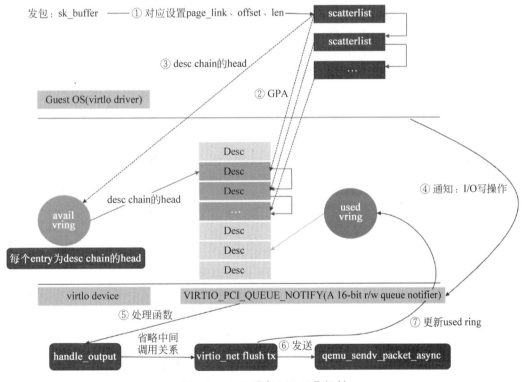

图 4-7 virtio 设备 I/O 工作机制

4.2 存储虚拟化原理

4.2.1 存储虚拟化基本原理

存储虚拟化最通俗的理解就是对物理存储资源进行抽象化虚拟呈现,通过将物理存储对象进行仿真模拟、映射整合,屏蔽原有物理系统的复杂性和差异性,对虚拟机统一提供标准的文件、块服务。

存储虚拟化的核心是模拟,其原理是实体存储设备在虚拟机内的呈现,实现虚拟存储对象到物理存储对象的语义转换,最基本的工作是实现虚拟机中磁盘逻辑地址到物理设备对象物理地址的转换。

虚拟化管理系统将实体存储资源统一集中管理,池化为一个大容量的资源池,管理系统可以为虚拟机插入磁盘或者挂载文件;对于使用者来说,虚拟机内的存储对象(磁盘或文件)就像是一个"真实"的存储实体对象,具备各类模拟出的磁盘属性和文件属性。

1. 存储虚拟化过程

典型的 virtio 存储虚拟化过程如图 4-8 所示。

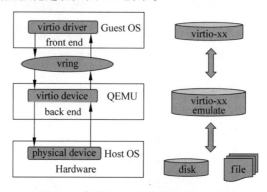

图 4-8 典型的 virtio 存储虚拟化过程

front end:是通用的运行在 Guest OS 中的 VirtIO Device Driver(如 virtio-scsi 就提供 scsi 盘的驱动),通过 Hypercall 对 backend 进行调用。

back end:是运行在 Hypervisor(QEMU)中的设备模拟程序(如 virtioscsi 模拟 SCSI 盘),根据物理设备实体的属性进行语义转换,提供并实现 Hypercall 接口。

Hardware:是运行在 Host OS 上的物理设备实体对象,如 Linux 上的磁盘和文件对象。

vring 是虚拟机与 QEMU 之间的数据传输共享内存环,让 frontend 前端驱动和 Backend 后端模拟器可基于标准的 virtio 协议进行交互数据。

文件模拟 SCSI 盘的存储执行流程如图 4-9 所示。

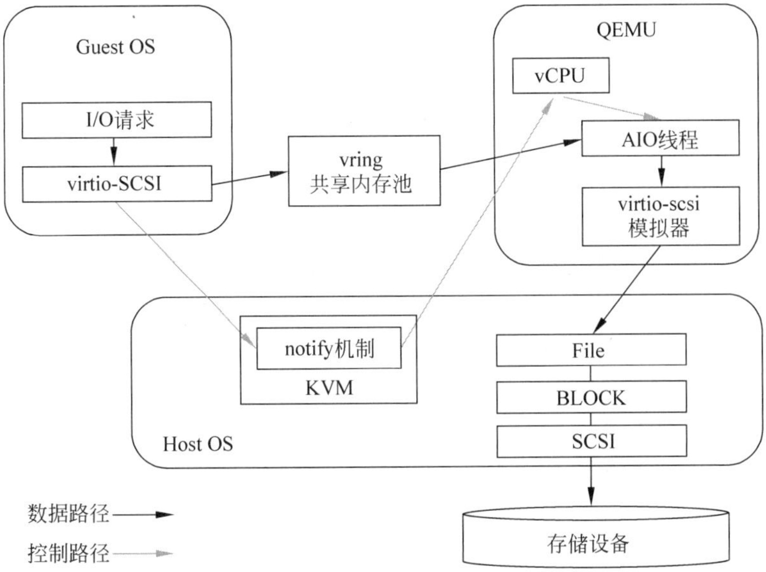

图 4-9 文件模拟 SCSI 盘的存储执行流程

（1）VM 前端驱动 I/O 请求放入 vring 内存池，通过 notify 机制通知后端驱动取 I/O 请求。

（2）notify 机制使 vCPU 通知 QEMU 的 AIO 线程从 vring 中取 VM 的 I/O 请求信息。

（3）AIO 线程根据 Host OS 上映射的文件模拟执行 I/O 请求，完成后向对应 VM 通知已其完成 I/O 操作。

2. 存储虚拟化横向分层

如图 4-10 所示，在水平方向上，存储虚拟化系统可以分为三层：呈现层、虚拟层、供应层。

（1）呈现层将虚拟存储对象在客户机操作系统（Guest OS）内呈现，常见的呈现形式包括块设备磁盘、SCSI 设备磁盘、NVMe 设备磁盘、文件等，统称为 virtio 协议。virtio 实现了统一的虚拟设备接口标准，如 virtio_blk、virtio_scsi、virtio_fs、virtio_nvme 等。

（2）供应层是指虚拟存储对应的物理存储供应系统，在宿主机操作系统（Host OS）上呈现为各类磁盘和文件，这些磁盘和文件可来自各类存储系统，如外置存储 SAN、NAS、软件定义存储 SDS、甚至本地盘等。

（3）虚拟层是指虚拟存储对象的模拟层，在虚拟化软件内把供应层的物理设备模拟为呈现层的虚拟化设备，物理设备不支持的语义命令则都在虚拟层内模拟实现，让客户机操作系统的应用认为就是标准的磁盘或者文件。

3. I/O 路径纵向分类

如图 4-11 所示，在垂直方向上，存储虚拟化 I/O 模拟路径纵向上主要包含三种类型：基于文件模拟、基于块模拟、语义直通。

（1）基于文件模拟：Host OS 上的文件模拟为 Guest OS 内的块设备（包含块或 SCSI

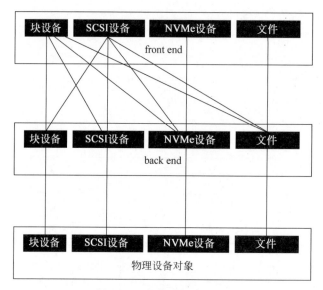

图 4-10　存储虚拟化分层

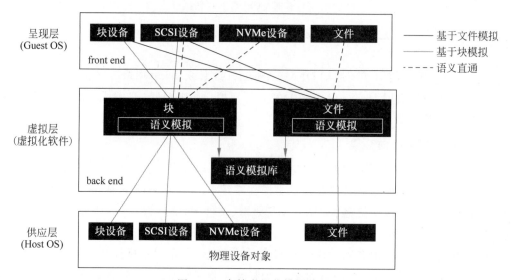

图 4-11　存储虚拟化模拟路径

设备）。这类模拟需要在虚拟层模拟实现大量块语义接口（大概涉及 80 个 SCSI 命令的模拟实现，只把读写命令透传给底层的文件），让呈现层设备上的各类 SCSI 命令都可以执行成功，块设备有标准块设备的属性，SCSI 设备有标准 SCSI 设备的属性。这类存储虚拟化模拟应用非常广泛。

（2）基于块模拟：Host OS 上的各类块设备（包含块、SCSI、NVMe 设备）模拟为 Guest OS 内的块设备（包含块、SCSI 设备）。这类模拟的优势是部分块语义接口可以从物理层设备上获取，例如将 NVMe 设备模拟为 SCSI 设备时，只需要读取出 NVMe 物理层设备上的属性并转换为 SCSI 命令给呈现层即可实现模拟。

（3）语义直通：Host OS 和 Guest OS 的设备属性相同则可实现直通，如物理 SCSI 设备模拟为 SCSI 设备、物理 NVMe 设备模拟为 NVMe 设备、物理文件模拟为文件。这样可以实现语义透传，如 SCSI 命令透传给物理设备，文件操作系统（File Operating System，OPS）透传给底层的文件系统，从而支持此类设备的高级功能，如集群预留、空间回收、文件语义等。这种存储虚拟化方式其实是前面两种模拟方式的特例。

4. 虚拟化 I/O 路径全景

存储虚拟化的核心原理是其整个 I/O 路径、Linux 内核和用户态（如 QEMU）中有许多 I/O 原子模块，不同的 I/O 原子模块组合起来可以形成不同的 I/O 路径，并具备不同的功能、性能和存储属性。综合前面介绍的存储虚拟化横向分层和 I/O 路径纵向分类，存储虚拟化 I/O 路径全景如图 4-12 所示。

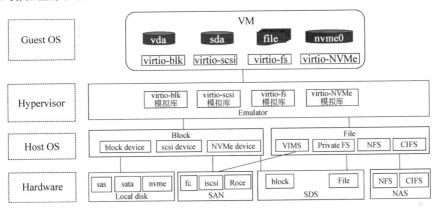

图 4-12 存储虚拟化 I/O 路径全景

Guest OS 与 Host OS 的操作系统能使用的存储对象都是块设备和文件两类，虚拟化存储 I/O 路径根据模拟方式的不同可以分为三个主要类型。

（1）基于文件做磁盘模拟：Host OS 上的文件模拟为 Guest OS 的盘。

（2）基于块设备做磁盘模拟：Host OS 上的块设备（含分区）模拟为 Guest OS 的盘。

（3）基于语义直通做存储模拟：Host OS 上的块设备语义直通为 Guest OS 的块设备；Host OS 上的文件系统语义直通为 Guest OS 的文件系统。

下面分别简要介绍三种存储模拟方式的实现原理。

1）基于文件做磁盘模拟

基于文件做磁盘模拟最广泛使用，这主要是因为方便管理，虚拟机的镜像磁盘在 Host OS 上体现为文件，非常易于管理，便于做快照、克隆、迁移、备份等。

SAN 存储通过 iSCSI/FC/NVMe 提供后端块存储，Host OS 上文件层把其格式化为文件系统（如 OCFS2、VMFS 等），再以文件的方式在虚拟化软件上映射为磁盘对象，这样由 SAN 存储提供高性能，而文件层则提供虚拟机管理的方便性，这种方式在虚拟化领域使用最为广泛，其典型 I/O 路径如图 4-13 所示。

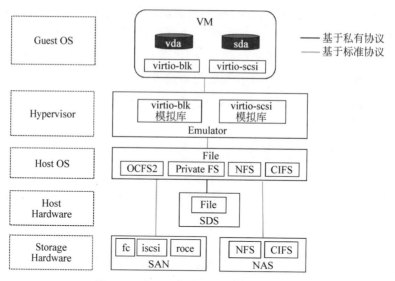

图 4-13　基于文件的磁盘模拟 I/O 路径

　　无论是外置 SAN/NAS 存储，还是内置的 SDS 文件存储，QEMU 模拟器层使用的都是操作系统的标准 VFS 接口，都是基于文件来模拟磁盘。QEMU 模拟器不关心 VFS 下层的实现，这类模拟的块语义全部在 QEMU 的模拟库中实现，只有读写通过重定向发给了 Host OS 上的文件系统。目前存在两种业界常用的基于文件的磁盘模拟方案。

　　VMFS 是 VMware 私有文件系统，它是一种集群文件系统，它利用共享存储来允许多个 VMware ESX 实例同时读写相同存储位置或者读写同一文件，它在一个中心位置高效存储整个虚拟机状态，从而极大地简化虚拟机的部署和管理；支持独特的基于虚拟化的功能，例如将正在运行的虚拟机从一台物理服务器实时迁移到另一台服务器、自动在单独的物理服务器上重启发生故障的虚拟机以及跨不同物理服务器建立虚拟机集群等。

　　OCFS2 是开源的集群文件系统，它被设计用于共享存储的集群系统，以便数据和文件可以在节点之间共享。OCFS2 由先进的锁定、日志和文件系统技术的协作来确保高性能、可靠性和可管理性。可以最大限度地减少节点间通信，从而提高通信、性能和可靠性。支持节点级文件系统数据共享，而不破坏共用文件系统的一致性和可用性。它还支持跨节点快照技术，以便在短时间内创建高性能数据备份，而无须在每个节点单独备份文件系统。可以为构建分布式数据库提供支持。使用 OCFS2，可以有效地在多个服务器之间共享同一数据，从而实现对内存和 I/O 的有效整合，从而提升数据库性能。OCFS2 在数据库的读写性能，分布式复制及容错性、可用性等方面均可达到良好的效果。

　　2）基于块设备做磁盘模拟

　　基于块设备做虚拟机磁盘模拟是目前主流的存储虚拟化技术，由于其可以提供更高性能，虚机磁盘间影响小，虚拟机之间隔离性更好，被各大厂商用于虚拟化，特别是多租服务化或多租户的场景。

　　SAN 存储通过 iSCSI/FC/NVMe 提供后端块存储，Host OS 上把 SAN 提供的块设备直接映射为虚拟机的虚拟机磁盘。由于少了块—文件—块的转换，虚拟机在使用各磁盘时不会互相影响，所以大规模使用时性能相对文件映射更好，同时可以让虚拟机使用到 SAN 存储提供的各种卸载能力，典型的如 VAAI、vVol、快照、克隆、迁移的存储卸载等。这种方式各大厂商都使用块设备映射为虚拟机磁盘，但提供块设备的方式不同，实现存储卸载的方式也不同，从下往上看有图 4-14 中两种 I/O 路径。

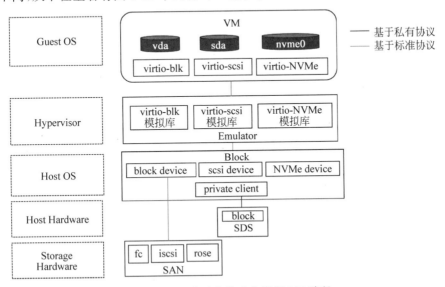

图 4-14　基于块设备的磁盘模拟 I/O 路径

基于标准存储协议的方案，一般块存储都是通过外挂 SAN 存储提供，而基于私有存储协议的方案则需要在主机端提供一个私有的客户端来提供块设备（如华为分布式存储的 VBS、开源分布式存储 Ceph 的 RDB）。QEMU 模拟器层使用的都是操作系统的标准块接口，它不关心块下层的实现，这类模拟的块语义一部分在 QEMU 的模拟库中实现，一部分则发给了 Host OS 上的块对象，块对象本身也可以被再次虚拟化，如业界常说的卷或者 LUN。下面分别介绍内核态和用户态的常用块对象虚拟化方案。

业界常用的块对象虚拟化方案是使用 LVM（Logical Volume Manager）卷管理软件。LVM 利用内核的 device-mapper 来实现块对象的虚拟化，可以完成 SAN 存储系统中 LUN 到卷的二次划分（卷将映射给虚拟机成为 vdisk），把一个大容量 LUN 划分为多个小卷，将多个小容量 LUN 拼接成一个大卷，并在此层实现卷的自动精简配置、快照、克隆等，从而满足存储虚拟化的各类需求。

需要说明的是，LVM 并不是性能最好的方案，业界性能最好的方案是基于 SPDK 实现块的虚拟化。SPDK 是 Intel 提供的存储性能开发包，它基于 UIO 支持直接将存储设备的地址空间映射到虚拟机的虚拟磁盘，属于用户态驱动，整个 I/O 路径不需要陷入内核中；它在常规内核驱动阻塞的 I/O 操作完成以后，还需要利用 CPU，来通知用户程序 I/O 操作的结果。而在 SPDK 用户态驱动，这一行为被异步轮询所取代，通过 CPU 不断轮询的方式，一旦查询到操作完成，则立即触发回调函数，给到上层用户程序。这样用户程序可以按需发送多个请求,以此提升性能。没有系统中断另一个显而易见的好处是避免了上下文的切换。利用 CPU 的亲和性,将线程和 CPU 核做绑定,运用多队列线程模型,应用程序从收到这个 CPU 核的 I/O 操作到运行结束,都在该 CPU 核上 run-to-complete 完成。这样可以更高效地利用缓存,同时也避免了多核之间的内存同步问题。

3）基于语义直通做存储模拟

基于语义直通把语义从 Guest OS 透传给 Host OS 映射的具体设备是目前正在完善的一种技术,由于它可以把 Host OS 上的语义直通给 Guest OS 的应用,方便了虚拟机内的应用使用块和文件,减少了各种语义转换,性能上有提升,适合虚拟机内的高性能低时延应用,从下往上看有图 4-15 中三种 I/O 路径。

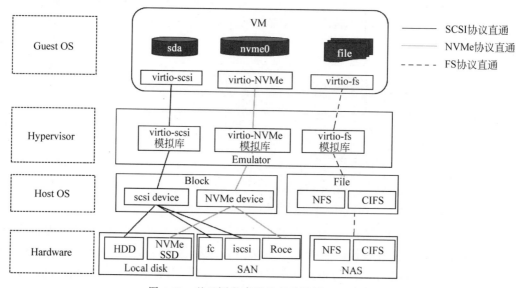

图 4-15　基于语义直通的存储模拟 I/O 路径

基于 SCSI/NVME 语义直通的方案可以让 SCSI/NVME 设备在虚拟机中呈现为 SCSI/NVME 设备,从而让 SCSI/NVME 语义直通到存储上。

基于 FS 语义直通的方案可以让主机上的文件对象在虚拟机中也呈现为文件对象,从而让文件语义直通到存储上。

这类方案存储语义一般是全部透传,绕过 QEMU 的模拟库,块语义直接透传给存储的设备对象（LUN）,文件语义也直接透传给后端的文件系统；QEMU 在 I/O 路径中仅仅起辅助管控作用,不参与 I/O 处理。VMware 的 vVol、华为 DCS 的 eVol 和 NoF＋都是块直通的典型代表,4.3 节将介绍 NoF＋方案中用户态语义直通的实现原理。

这种方式的主要好处是：网络隔离彻底,走存储网络而不走业务网络,更加安全；虚拟机与宿主机共享方便,多个虚拟机可以共享使用宿主机的 pagecache,整体可节省内存资源,性能比传统的方式好。但针对虚拟机的快照、克隆、迁移等功能需要继续完善,同时由于文件应用和虚拟机的系统盘可能共用文件系统,容易造成互相干扰,需要重点做隔离优化。

4.2.2　存储虚拟化关键技术

4.2.1 节从端到端 I/O 流程纵向视角介绍了存储虚拟化基本原理,本节从横向视角介绍虚拟化常用的存储虚拟化关键技术,这些单点关键技术贯穿在存储虚拟化的所有 I/O 路径中。

1. 自动精简配置(THIN Provisioning,THIN)

自动精简配置是一种常用的超额分配存储空间的技术,主要目的是提高存储利用率。它告知使用者一个虚拟的超大存储空间,但不分配实际存储空间,实际使用时按需自动分配存储空间。如图 4-16 所示的例子中,VM1 中 sda 可以看到 100GB 磁盘容量,而实际使用的存储空间只有 10GB,并在写入新的 LBA 时才申请存储空间。

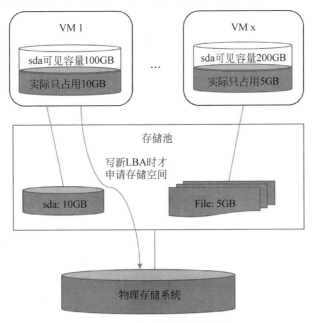

图 4-16　自动精简配置示例

THIN 可在 I/O 路径不同层实现,例如可基于文件系统层实现,基于块设备层实现,基于外挂存储系统实现,实现原理大同小异。

图 4-17 展示了基于外挂存储系统介绍 THIN 的技术实现原理,下面对各操作流程分别进行介绍。

存储系统中 LUN1 为 THIN LUN,在主机上看到的 LUN1 逻辑容量为 1000GB,在被文件系统格式化后创建一个 100GB 的 file1.img 文件,再将 file1 文件映射为虚拟机的 sda。

当写入某 LBA 后,存储系统会将为此 LBA 分配实际块给其使用,可以查询此 LBA 的状态为已分配(至少有两种状态:已经分配和未分配),实际容量就是已经分配块的累加值。当累加写入 50GB 随机数据后,可以在主机上用 SCSI 命令查询 LUN1 的可用容量 100GB 和实际容量 50GB。

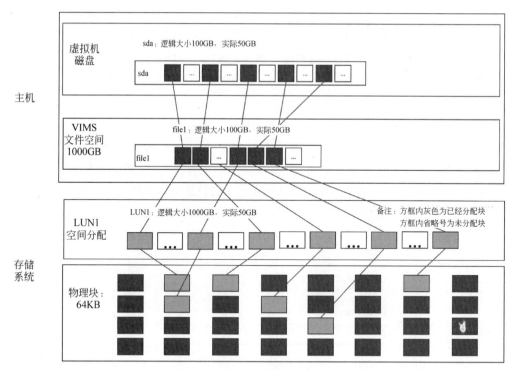

图 4-17　THIN 实现原理示意图

当使用 unmap 或 write same 命令回收某 LBA 块时，则对应 LBA 块的状态将变为未分配，同时存储内部需要释放此实际块供新写入请求的空间分配使用，具体使用 unmap 或 write same 命令回收取决于存储系统的 inquiry 协商应答，一般主机对两个命令都支持。

不同的操作系统启用 THIN 的方式不相同，Linux 上通过 discard mount 挂载属性启用，Windows 通过查询支持 THIN LUN 后自动启用，启用后一般在删除大型文件时会触发下发 unmap 或 write same 进行空间回收。

通过写和 unmap/write same 这两类命令使得 THIN LUN 的存储空间分配自动化，从而显著降低了存储管理员的工作，减少了服务应用程序所需的存储数量。采用 THIN 方式时需注意存储设备的可用空间，若多个虚拟机的数据量同时激增，虚拟机可能因为存储设备无足够可用空间而导致数据无法写入磁盘进而崩溃，故管理 THIN 存储系统需要做容量监控，当容量达到告警阈值时需要及时对物理存储扩容。

2. 重定向（redirect）

重定向在存储领域是一种最基本的存储虚拟化实现技术，其主要手段是通过存储逻辑地址（Logical Block Address，LBA）的重新排列映射以及将逻辑存储单元与本地/远程的逻辑存储单元做拆分、聚合、选路等手段，重新映射到多个物理存储单元（磁盘），使用户可以更加灵活地使用存储设备，从而实现各种常用的功能，如磁盘分区、THIN LUN、合并设备、RAID/EC 功能、多副本功能、多路径功能、双活、快照等。

图 4-18 展示了重定向用于拆分与合并卷的实现原理。

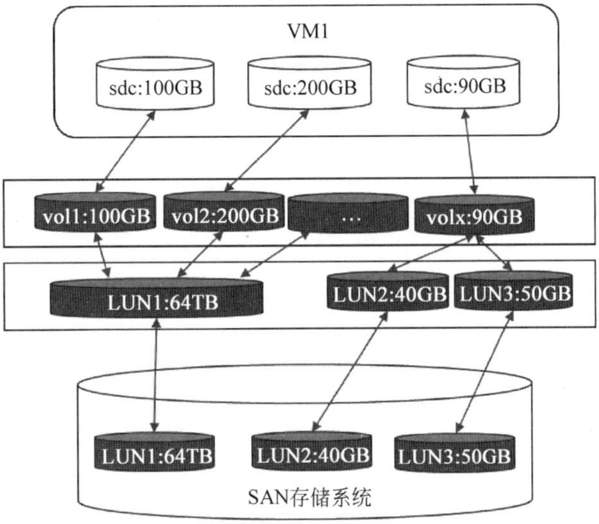

图 4-18 基于重定向的拆分与合并卷实现原理示意图

存储系统 LUN1 为 64TB 的 LUN,在主机上可以拆分成多个卷,然后再把卷映射为虚拟机内的磁盘。以 sdb 读写 LBA 请求为例,sdb 的 LBA 地址到 vol2 的寻址过程是不需要重新映射的,但 vol2 到 LUN1 的寻址过程,需要在 LBA 地址上增加 100GB 的地址偏移,这个偏移量过程就是存储虚拟化的重定向。

存储系统 LUN2 和 LUN3 为两个小容量 LUN,在主机上需要被合并为一个 90GB 的卷,然后再把卷映射为虚拟机内的磁盘。以 sdc 读写 LBA 请求为例,sdc 的 LBA 地址到大于 40GB 时,LBA 需要被映射到 LUN3 上,而寻址时需要在 LBA 地址上减少 40GB 的地址偏移,这类重定向在存储软件栈的各层使用非常广泛。

3. 快照(snapshot)

快照是指定数据集合的一个完全可用副本,该副本包括相应数据在某个时间点(复制开始的时间点)的映像。快照可以是其所表示的数据的一个副本,也可以是数据的一个复制品,快照一般用于数据备份,用于保护某个时间点的数据,它是一份完全可用的副本,常被用来当作源数据。

如图 4-19 所示,假设在时间点 1,创建了一份完整的原始数据,在时间点 2,针对这份原始数据创建一份快照。在时间点 3,由于未知原因导致原始数据损毁,则可以通过回滚(rollback)快照,将原始数据恢复至打快照时时间点 2 的数据状态,这样可以尽量降低数据损失。

当前实现快照主要有写时复制和重定向写两种技术。

写时复制(Copy On Write,COW):在数据第一次写入某个存储位置时,首先将原有的内容读取出来,写到另一位置处(为快照保留的存储空间,一般称为快照空间),然后再将数据写入存储设备中,而下次针对这一位置的写操作将不再执行写时复制操作。

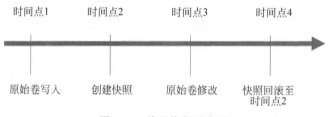

图 4-19　快照恢复示意图

如图 4-20 所示，时间点 1 创建快照后，若上层业务在时间点 2 对原始卷写数据 x，存储系统将 x 即将写入的对应位置上的数据 c，复制到快照卷中对应的位置（LBA）上，同时生成映射表，记录源卷上数据变化的逻辑地址和快照卷上数据变化的逻辑地址。若时间点 3 对原始卷空白位置写入数据 y，由于 y 源位置并无数据，存储系统将 y 直接写入对应的位置上即可，不影响快照卷。

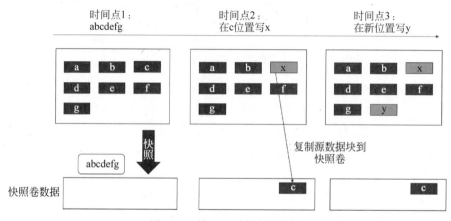

图 4-20　快照写时复制示意图

重定向写（Redirect On Write，ROW）：创建快照以后，快照系统把对数据卷的写请求重定向给了快照预留的存储空间，直接将新的数据写入快照卷。上层业务读源卷时，创建快照前的数据从源卷读，创建快照后产生的数据从快照卷读，它可以避免两次写操作引起的性能损失。ROW 快照中的原始数据依旧保留在源数据卷中，并且为了保证快照数据的完整性，在创建快照时，源数据卷状态会由读写变成只读。

如图 4-21 所示，时间点 1 创建快照后，若上层业务时间点 2 对原始卷写数据 x，存储系统判断 x 即将写入原始卷的逻辑地址，然后将数据 x 写入快照卷中预留的对应逻辑地址中，同时将原始卷和快照卷的逻辑地址写入映射表，即做重定向。若时间点 3 对原始卷空白位置写入数据 y，虽然 y 源位置并无数据，存储系统也需要将 y 写入快照卷的对应位置上，不影响原始卷。

由此可以看出，COW 与 ROW 最主要的区别是 COW 的快照卷存放的是原始数据，而 ROW 的快照卷存放的是新数据。对原始卷的读写性能从对比角度看，COW 的写性能受快照影响会变差，读性能无影响，而 ROW 写性能无影响，读性能会变差。

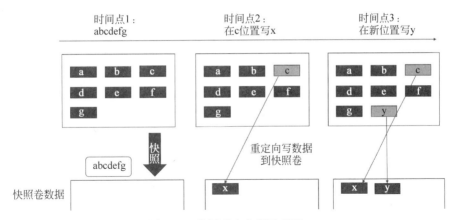

图 4-21 快照重定向写示意图

4．克隆（clone）

克隆一般是基于当前时间点源数据的一个复本，数据量和源数据相同，相当于复制了一个一模一样的数据对象出来。克隆一般用于虚拟机对象的克隆，也用于虚拟机系统的分发，同时发放大量的虚拟机。通常存在如下两种克隆方案。

（1）传统克隆：数据空间是完全不同的两份数据，克隆的时候需要把数据从原数据对象（LUN、文件）完全同步到新数据对象中，用时较长，原数据对象中的 I/O 不能中断，所以新写入的数据还需要写入两个数据对象中。

（2）链接克隆：基于快照的克隆，相对于传统克隆优点明显，速度很快，初始化的时候不用把数据全复制了，只是把指针指向了快照数据。缺点是传统克隆是真正的两份数据，链接克隆其实只有一份数据，如果发生了故障，数据容易被破坏。

5．迁移（migration）

迁移是把数据对象（LUN、文件）在线或离线情况下迁移到另外一个存储对象系统的过程。数据迁移一般有基于主机的迁移和基于存储系统的迁移两种实现方案。

（1）基于主机的迁移：在主机挂载两个存储系统，从一个存储系统读取出来，写入另外一个存储系统，在主机上完成源系统到目标系统的数据迁移过程。

（2）基于存储系统的迁移：在主机挂载两个存储系统，卸载迁移命令到存储，让数据迁移过程在存储系统内部实现，主机上并无数据读写。

6．双活（double-active）

双活是一种存储数据保护机制，使用两套独立的存储系统同时提供业务。如图 4-22 所示，存储系统 1 和存储系统 2 之间通过实时同步数据和协议元数据，确保任意一套存储系统异常时业务不中断、数据不丢失。

业界实现双活有真双活和主备双活两种常见的方案。

（1）真双活（active-active）：业务节点到两套存储系统之间都存在活跃存储路径。任何时候两套存储系统的数据、元数据、状态、地位均等，可以容忍任意一台存储故障，而业务不

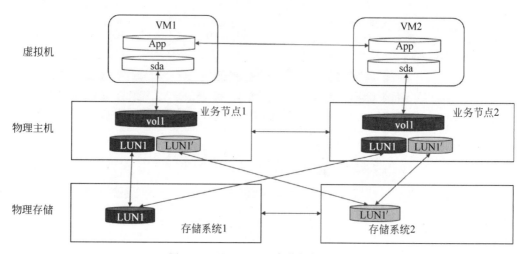

图 4-22　基于双活的存储数据保护

存在中断，业务实时切换。

（2）主备双活（active-passive）：业务节点到两套存储系统之间只存在一套活跃存储路径，两套存储系统之间数据和元数据会实时同步，但状态和地位不均等。当活跃存储故障时，需要经过短暂的业务切换。

7．持续数据保护（Continuous Data Protection，CDP）

CDP 是虚拟化存储的一种数据备份保护方案。如图 4-23 所示，CDP 基于虚拟化 I/O 路径进行数据分离，并把分离的数据复制到另外一套存储系统来实现持续数据保护，同时可增加自动快照，实现过去任意时间点的数据恢复，主要应用于数据备份保护和快速恢复。

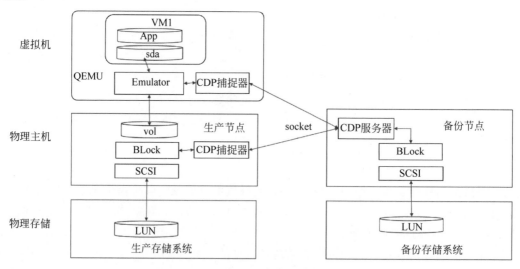

图 4-23　基于 CDP 的数据备份保护

实现 CDP 有如下两种常用的方式。

(1) 基于 Host OS 中的块设备请求做数据分离：创建一个影子块设备，捕捉原块设备的请求，把数据复制到影子块设备，可实现同步或者异步复制逻辑，实现数据复制。

(2) 基于 QEMU 中的 virtio 请求做数据分离：获取 virtio 共享内存环中的数据请求，把数据复制到影子块设备，可实现同步或者异步复制逻辑。

当原存储设备数据异常，需要数据恢复时，可以通过快速接管、数据恢复、快照恢复等方式，达到快速恢复数据的目的。

作为常见的两种存储虚拟化数据保护机制，CDP 与双活存在重要的差异。首先，CDP是一种基于主机应用的容灾保护方案，而双活是基于存储系统的存储高可用方案。其次，CDP 侧重数据保护和恢复，而双活侧重性能、高可用、高可靠。

4.3　存储虚拟化实践

4.2 节介绍了通用的存储虚拟化原理，本节结合华为 DCS 解决方案核心 FusionCompute套件介绍两个具体的存储虚拟化案例。华为 DCS 是业界领先的数据中心虚拟化解决方案，其核心的 FusionCompute 虚拟化套件架构如图 4-24 所示。

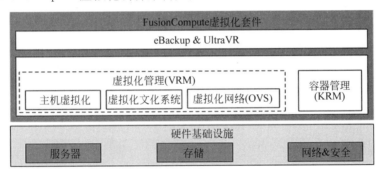

图 4-24　FusionCompute 虚拟化套件架构

图 4-24 中硬件基础设施包括服务器、存储(SAN/NAS/SDS)、网络(交换机)、安全等全面的计算基础物理设备。

FusionCompute 虚拟化套件的核心宗旨在于全面实现硬件资源的深度虚拟化，集中对虚拟机资源、用户信息以及各类业务资源进行高效统一的管理。该套件融合了虚拟计算、虚拟存储、虚拟网络及容器化等前沿技术，不仅实现了计算资源、存储资源及网络资源的全面虚拟化，还确保了这些关键资源的管理与优化。

FusionCompute 通过提供统一的接口平台，能够实现对上述虚拟资源的集中调度与智能管理，极大地降低了业务的运营成本，同时显著提升了系统的安全性与可靠性。这一能力对于协助运营商及企业构建安全稳固、绿色环保、能效卓越的数据中心环境至关重要，是推动数字化转型与智能化升级的重要基石。

虚拟化备份软件 eBackup 与 FusionCompute 的无缝集成，充分利用了 FusionCompute

的快照功能以及先进的 CBT(Changed Block Tracking,变更块追踪)技术,共同构建了一套高效且灵活的虚拟机数据备份方案。该方案能够精准捕捉并备份虚拟机中的变化数据,有效减少备份时间,同时确保数据的完整性与一致性,为虚拟化环境提供坚实的数据安全保障。

容灾业务管理软件 UltraVR 则依托于底层 SAN(Storage Area Network,存储区域网络)存储系统强大的异步远程复制功能,为虚拟机关键数据构建起了一道坚固的容灾防线。UltraVR 通过智能管理远程复制过程,实现了数据的异地保护与快速恢复能力,在面对自然灾害、系统故障等突发事件时,能够迅速切换至备份数据中心,确保业务连续性不受影响,为用户提供全方位的容灾解决方案。

4.3.1　基于文件的虚拟化实践

虚拟镜像管理系统(Virtual Image Management System,VIMS)是华为 DCS 自研的镜像文件存储管理系统,也是一种基于 SAN 存储的虚拟化专用高性能集群文件系统。

1. VIMS 基本原理

图 4-25 展示了 VIMS 的基本逻辑架构。VIMS 是一个集群文件系统,其通过在 Host OS 上外挂 SAN 存储系统,把 SAN 提供的多个 LUN 外挂给多个主机节点,然后通过

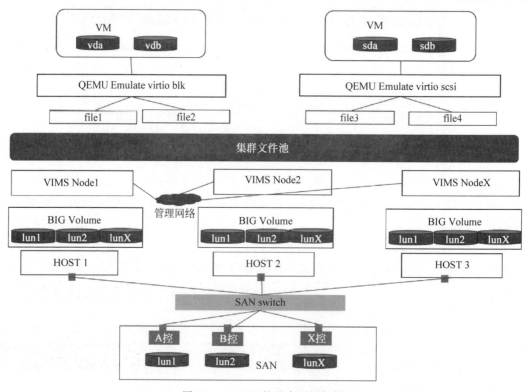

图 4-25　VIMS 的基本逻辑架构

Device Mapper 模块合并为一个大卷,在此大卷上格式化为文件系统。接着,通过管理网络把多个节点组合成一个集群文件系统,多节点互斥分配读写空间,从而达到多节点同时快速读写数据的目的。

QEMU 基于 VIMS 的集群文件系统,创建虚拟机镜像文件,把此文件模拟为虚拟机内的磁盘,从而完成整个存储系统的虚拟化。

VIMS 虚拟化 I/O 路径如图 4-26 所示。VIMS 中 SAN 存储可以为任何厂商的存储系统,承载网络可以是 iSCSI 和 FC 网络甚至 RoCE 网络。主机利用 multipath 实现多路径的管理,利用 Device Mapper 实现多 LUN 合并和在线扩容以及卷的动态管理,利用 VIMS 实现集群共享空间管理,利用 QEMU 的模拟器实现文件到块设备和 SCSI 设备的模拟,从而给虚拟机提供块业务。

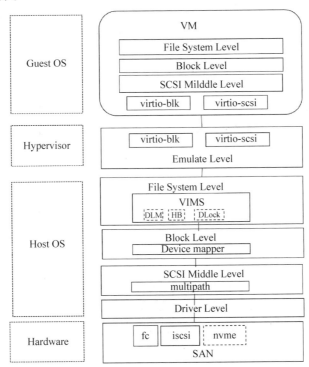

图 4-26　VIMS 虚拟化 I/O 路径

集群系统最重要的是解决共享冲突的问题,VIMS 默认通过分布式锁来解决此问题。VIMS 自带 DLM(Distributed Lock Manager)锁可以实现共享文件系统各种操作的互斥保护,防止多个服务器同时访问一个资源,从而造成冲突和数据不一致。

DLM 分布式锁的实现原理是:各个节点在访问需加锁的资源前,通过网络发一个消息给所有的活动服务器申请加锁,申请成功后才能进行访问;访问结束后,通过网络发一个消息给所有的服务器,通知已解锁;DLM 锁在网络异常时处理非常复杂,需要解决锁主选举、锁迁移、无锁脑裂等问题,元数据容易不一致。

DLock 是华为 DCS 使用 SAN 存储来辅助实现分布式锁的关键技术,也是解决 DLM

问题的最优方案。它可以控制多节点对同一个资源的互斥访问,通过封装 SCSI 协议里的 CAW(Compare and Write)命令让存储辅助实现锁的原子获取。各个节点在访问需加锁的资源前,通过组装一个 CAW 命令给约定锁区间向 SAN 存储申请加锁,CAW 内 512 字节中可存放锁 onwer、加锁目标信息等,申请成功后才能进行访问。解锁通过组合 CAW 命令给存储系统,通知已解锁。DLock 磁盘锁简单可靠,不容易出现无锁脑裂问题,已经作为 VIMS 的默认锁。

VIMS 可屏蔽底层异构存储的差异,以文件的形式来管理虚拟机镜像和配置文件。VIMS 支持最大 64 节点的存储集群规模,支持多节点同时挂载多卷的典型场景。VIMS 在创建数据存储时将多个 LUN 合并为一个大卷,格式化成一个文件系统,挂载在多个节点上呈现为分布式文件系统,将虚拟机镜像交由 VIMS 来统一池化管理,并在整个集群中共享流动。

2. VIMS 的技术优势

(1)VIMS 能方便地以文件形式管理存储空间和虚拟机镜像,具有较好的通用性和扩展性。

(2)同时支持分布式锁和磁盘锁。分布式锁强依赖于管理网络,管理网络故障会导致节点被隔离;磁盘锁不强依赖管理网络,管理网络故障不影响文件系统使用。

(3)支持单个节点挂载多个 VIMS 卷,从而可实现多个卷多个存储系统之间的资源共享和迁移。

(4)基于 VIMS 虚拟化集群可以将异构存储的空间管理交由底层处理,而更专注于构建上层集群管理逻辑中的 HA、FT、资源管理调度、虚拟机热迁移等高级特性。

4.3.2　基于块的虚拟化实践

基于块存储做虚拟化,传统的方案都是把块设备映射给虚拟机磁盘,这个经典方案简单但性能稍差,因为块设备属于内核组件,内核 I/O 路径需要陷入陷出、数据复制、中断处理 I/O 请求、使用各类设备锁,分层分段式的线程模型导致 CPU 消耗大,IOPS 很容易达到极限。下面以华为的 NoF+技术方案介绍用户态块虚拟化案例实践。

1. NoF+方案基本原理

华为 DCS 充分利用 OceanStor Dorado 全闪存存储的高性能优势,结合自研虚拟化存储 I/O 路径,实现了虚拟化上的高性能远程网络共享访问,并将其定义为 NVMe-oF Plus(简称 NoF+方案),其中 Plus 主要指在虚拟化存储 I/O 路径上的增强。

NoF+存储虚拟化的基本原理如图 4-27 所示。lightning 模块与传统存储虚拟化过程最大的不同为全用户态,I/O 不通过 QEMU 模拟,通过 TGT(vhost-blk/scsi)对接 QEMU 虚拟化的 VRING 内存共享环,实现与虚拟机前端驱动(virtio-blk/scsi)的对接,对虚拟机内部应用呈现为块设备和 SCSI 设备,从而实现块的高性能虚拟化。lightning 内部模拟内核功能实现了 block 实现块的管理,multipath 实现多路径的管理,nvme-of 实现内核 NVMe

启动器的功能,直接与存储系统对接,这样使得虚拟化存储整个 I/O 路径全部在用户态,性能非常高,虚拟机内裸盘 I/O 性能相对物理机的裸盘性能无损耗。

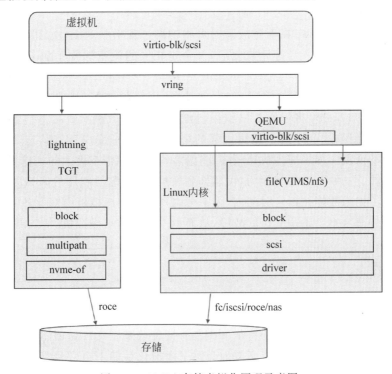

图 4-27　NoF＋存储虚拟化原理示意图

2. NoF＋方案的技术优势

总体而言,NoF＋方案主要具有如下关键技术优势。

(1)端到端"零拷贝"。NoF＋利用 RDMA 技术,从虚拟化层到存储设备层打通整个 I/O 路径,实现了用户态 I/O 路径和"零拷贝"。NoF＋相对传统的虚拟化 I/O 路径性能和资源消耗上主要有三大优势:旁路内核,没有系统调用;CPU 不参与,不消耗 CPU 计算能力资源;虚拟机内存到存储内存间数据"零拷贝"。

(2)多队列均衡技术。NoF＋把虚拟机中的多队列模型与 NVMe 模型的 I/O 多队列、RDMA 传输多队列动态捆绑映射起来,实现了免锁、动态均衡和自适应,同时无须定义新的报文格式,NVMe 协议报文直接作为 RDMA 数据传输。

(3)多路径均衡技术。负载均衡是多路径软件除了故障转移外最重要的一个特性,通过负载均衡技术,多路径软件能够充分利用多条链路的带宽,提高系统整体的吞吐能力,通过与存储系统进行协商,感知每个 I/O 的 LBA 分区,避免存储内部控制器之间的数据转发。

(4)故障秒切技术。网络故障(如主机网卡故障、交换机故障、存储设备接口卡故障)时,多路径依赖协议 KeepAlive 检测超时(通常大于 5s)和 RDMA 网卡数据传输超时感知网络故障，然后再将业务切换至冗余路径。这样会导致 I/O 归零时间通常大于 5s，具体时长依赖 KeepAlive 超时设置和 RDMA 网卡超时设置，对于高可靠和低时延应用（如实时交易系统），这是不可接受的。

NoF＋的故障秒切技术，在业务故障时可将切换过程限制到 1s 内，虚拟机业务在此故障发生时不会有任何卡顿。当链路恢复后，又会走相同的流程通知 Lightning 多路径建立新的连接并恢复连接业务。

（5）I/O 保持技术。存储故障（比如存储掉电、网络故障等）场景下，无法对外提供服务，主机接口卡感知到故障将返回 I/O 错误，物理机块设备收到后直接透传给虚拟机，虚拟机内部收到异常错误，这会导致虚拟机内部的用户文件系统变成只读状态，需要重启虚拟机或者用户手动恢复。如果虚拟机比较多，将给客户或运维带来极大的工作量。

NoF＋提供了一种 I/O 保持能力，可感知到底层错误，等待底层故障恢复，恢复时间由客户设置决定。如果故障在指定时间内（如 1 天内）恢复，则虚拟机内部业务完全正常，虚拟机内的业务软件完全不会感知底层的故障，从而也不需要重启虚拟机。

4.4　小结

本章首先介绍了存储虚拟化的基本概念和相关基础知识，包括外置存储、软件定义存储、存储通信协议、存储传输协议的特征和架构；接着从基于文件做磁盘模拟、基于块做磁盘模拟和基于语义直通做存储模拟三方面介绍了虚拟化存储 I/O 路径模拟的实现原理，并分别概述了常用的存储虚拟化关键技术，包括自动精简配置、重定向、快照、克隆、迁移、双活、CDP；最后以华为 DCS 为例，介绍基于文件和基于块的存储虚拟化应用实践，描述了 DCS 中存储虚拟化的核心能力和技术优势。

随着大数据时代的来临以及人工智能、云计算的飞跃式发展，数据呈现指数级的爆炸式增长。存储虚拟化技术在解决存储容量和存储效率等问题上体现的作用越来越大，值得做进一步的性能优化，需要未来的持续探索。

第 5 章

网络虚拟化

随着 21 世纪第三个 10 年的到来,人类社会正迈入万物互联、万物感知的智能时代,大数据、物联网、5G 和 AI 等新技术和创新应用层出不穷。数据中心承担着各类应用的计算、存储与分析的重任,背后是对数字基础设施的高效整合与使用,并将其转换为某种应用维度的算力。虚拟化通过对所有基础设施资源的抽象,提高物理硬件使用的灵活性及效率。在数据中心里,网络作为重要的基础设施资源,主要构建在网络虚拟化技术之上。

5.1 节首先概述网络虚拟化诞生的驱动力、基本概念和应用场景,便于读者了解网络虚拟化的用途和解决的基本问题。5.2 节介绍常见的虚拟网络设备的实现方式,包括虚拟网卡、虚拟交换机、虚拟路由器。5.3 节介绍网络虚拟化的组网方案。针对网络配置和管理效率低的重要挑战,5.4 节和 5.5 节分别介绍软件定义网络和网络功能虚拟化技术。5.6 节和 5.7 节分别介绍网络虚拟化的实践及未来主要发展方向。

5.1 网络虚拟化概述

数据中心虚拟化通过对计算、存储和网络的资源池化,带来了更大的业务量、更高的带宽和更低的时延。具体到网络虚拟化,若要让多个虚拟网络设备共享一个物理网络,且不同的虚拟网络设备属于不同的用户,则虚拟网络设备之间的通信还需进行隔离。可以认为网络虚拟化是针对公共网络基础设施的资源共享技术。在数据中心内部,网络虚拟化的使用并不限于对网络服务的抽象。本节将简要论述网络虚拟化发展的驱动力、基本概念和典型应用。

5.1.1 网络虚拟化的驱动力

自第一个分组交换网络 ARPANET 于 1969 年建立以来,计算机网络在过去半个世纪得到了持续演进和广泛应用,逐步扩展为连接全球的信息高速公路。回顾计算机网络发展的重要历程,之所以得到迅速发展,主要源于其所具备的两个特点:①基于 TCP/IP 的互联性,能够融合几乎所有类型的异构网络和异构设备;②面向无连接的网络特征。把所有和业务状态相关的信息都留在主机(hosts),网络只传输独立的数据包,不保存任何业务状态,使其成功规避了传统数据网络的缺陷。无连接的特征也使得网络本身和业务彻底解耦,为互联网业务的快速创新提供了可能。

然而,传统网络的上述典型特征割裂了业务与网络(见图 5-1),带来以下几个难以忽视的影响。

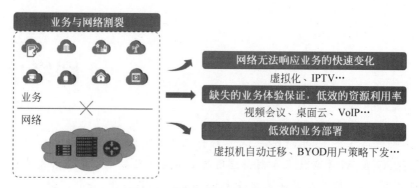

图 5-1　传统网络与业务的割裂

　　(1) 网络无法响应业务的快速变化：由于网络和业务割裂,同时业务的产生速度远快于网络设备的部署速度,传统网络需要经历数年的特性和架构调整,才能满足一个新业务的要求,这使得网络本身的发展限制了新业务的发展。例如,业务的开发周期仅为几个月,而满足新业务需求的芯片开发通常需要 1～2 年的时间,新设备开发完成到业务部署上线则一般需要 3 年左右的时间。

　　(2) 难以保证业务体验及低下的资源利用率：由于网络中只有数据包的流入和流出,并无任何业务连接的信息,这使对业务的质量保证和监控措施很难实施,从而无法保证端到端的业务体验。同时,大多数公司仅能利用到网络资源最大容量的 30%～40%,很多情况下存在大量资源闲置。另外,网络资源不足以应对数据流量突然爆发的某些场景。除了网络扩容之外,更重要的是提高目前已有网络的利用率。

　　(3) 低效的业务部署：很多情况下向业务提供网络资源时都需要手工配置,包括网络交换机端口配置、ACL(Access Control List)配置、路由配置等。每次人工配置都需要小心翼翼,需要网络专家花费大量的时间来帮助连接不通的设备,任何小的疏忽都可能酿成网络故障。应用的部署也不得不拖延几天、几周甚至更长时间,直到网络资源最终准备好了为止。网络缺少移动性,网络的配置绑定于硬件。底层局域网、网关、防火墙等物理资源的部署限制了计算资源的部署与自由迁移。例如,广泛使用的 VLAN(Virtual Local Area Network,虚拟局域网)技术,虽然可以在物理交换机上划分出多个逻辑网络,但是其设计和配置通常基于固定的规划以及网络和服务器的位置不会频繁变更的假设。然而在数据中心中,虚拟机的动态生命周期和漂移的特点,对网络提出了更高的按需配置和随动的需求。

　　鉴于传统网络与业务割裂带来的局限性,如何灵活、自动、弹性地适应虚拟化业务,提升网络资源的利用率,成为云计算时代下对网络形态和服务的强烈诉求。从平台系统自下而上的角度来说,对网络的需求包括如下几点。

　　(1) 与物理层解耦：网络虚拟化的目标是接管所有的网络服务、特性和虚拟网络必要的配置[VLAN、虚拟路由转发(Virtual Routing and Forwarding,VRF)、防火墙规则、负载均衡、IP 地址管理、路由、隔离、多租户等]。从复杂的物理网络中抽取出简化的逻辑网络设备和服务,将这些逻辑对象映射给分布式虚拟化层,通过网络控制器和云管理平台的接口来使用这些虚拟网络服务。应用只需和虚拟化网络层打交道,复杂的网络硬件本身作为底层实现,对用户的网络控制面屏蔽。

(2) 共享物理网络,支持多租户平面及安全隔离:计算虚拟化使多种业务或不同租户资源共享同一个数据中心资源,网络资源也同样需要共享,在同一个物理网络平面,需要为多租户提供逻辑的、安全隔离的网络平面。

(3) 网络按需自动化配置:通过 API 自动化部署一个完整的、功能丰富的虚拟网络。且允许管理员根据实际需求动态地分配网络资源,确保每个虚拟网络获得所需的带宽、处理能力等。这些有助于实现网络资源的负载均衡,提高性能和响应能力。

(4) 网络服务抽象:虚拟网络层可以提供逻辑端口、逻辑交换机和路由器、分布式虚拟防火墙、虚拟负载均衡器等,并可同时确保这些网络设备和服务的监控、QoS 和安全。这些逻辑网络对象就像计算虚拟化抽象出来的 vCPU 和内存一样,可以提供给用户,实现任意转发策略、安全策略的自由组合,构筑任意拓扑的虚拟网络。

一言以蔽之,通过网络虚拟化,满足业务系统的敏捷、自动和效率提升,这是数据中心网络虚拟化的本质目标。

2012 年初,成立才 4 年的 Nicira 以惊人的 12.6 亿美元被 VMware 公司收购,一时之间,网络虚拟化吸引了足够的眼球。网络虚拟化将网络的边缘从硬件交换机推送到了服务器里面,将服务器和虚拟机的所有部署及管理的职能从系统管理员与网络管理员相结合的模式变成了纯系统管理员的模式,让服务器业务的部署变得简单,不再依赖于硬件交换机。同时,得益于软件控制,可以实现自动化部署能力。

5.1.2 网络虚拟化的基本概念

计算机网络涉及软件和硬件,有传统的物理网络,还有运行在服务器上看不到的虚拟网络,如何呈现和管理它们是网络虚拟化的首要目标。网络虚拟化在网络软件和网络硬件之上创建了一个抽象层,使数据中心管理员可以轻松管理虚拟化网络基础设施,这一层将大量网络资源组合成一个虚拟实体。虚拟化的不同网络实体包括称为网络接口卡的网络适配器、交换机、防火墙、负载均衡器和虚拟局域网等。

网络虚拟化可以让网络运营者将一个物理网络划分为多个互相隔离的虚拟网络。通过网络虚拟化,在同一物理网络基础设施(如交换机、路由器等)上可以同时运行多个虚拟网络,每个虚拟网络具有自己的拓扑结构、网络策略和服务质量要求等,同时每个虚拟网络认为自己独立地拥有接口/链路、转发表、数据包缓存和链路队列等资源。这样,不同的用户或应用程序可以在同一物理网络上创建和管理自己的虚拟网络,大大提升底层网络设备的利用率。

如图 5-2 所示,虚拟网络又称 Overlay(覆盖)网络,它通过使用网络封装和隧道(Tunnel)技术,在底层 Underlay(物理)网络之上构建一个虚拟的、独立于物理拓扑的网络。虚拟网络的主要目的是提供更高级别的网络抽象,以便在多个物理网络之间实现灵活的通信和资源共享,使得在不修改底层物理网络的情况下,可以部署对网络拓扑有特定要求的应用。

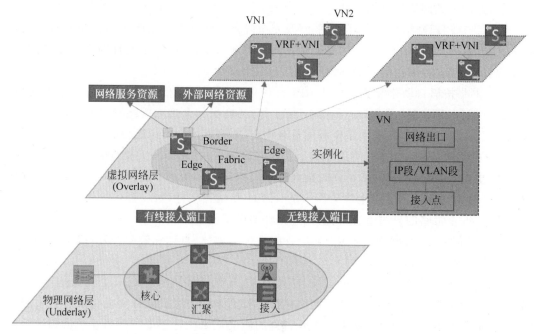

图 5-2 Underlay 网络与 Overlay 网络示意图

Overlay 网络和 Underlay 网络完全解耦，其将传统网络虚拟化并构建出面向应用的自适应逻辑网络，这样物理网络可以弹性扩展。在 Underlay 网络中，互联的设备可以是各类型交换机、路由器、负载均衡设备、防火墙等，但网络的各个设备之间必须通过路由协议来确保它们之间 IP 的连通性。Underlay 网络可以是二层也可以是三层网络。其中二层网络通常应用于以太网，通过 VLAN 进行划分。三层网络的典型应用就是互联网，其在同一个自治域使用 OSPF（Open Shortest Path First）、IS-IS（Intermediate System-to-Intermediate System）等协议进行路由控制，在各个自治域（Autonomous System，AS）之间则采用 BGP（Border Gateway Protocol）等进行路由传递与互联。随着技术的进步，也出现了使用 MPLS（Multiprotocol Label Switching）这种介于二三层的 WAN（Wide Area Network）技术搭建的 Underlay 网络。

另外，IP 地址信息不与位置绑定，业务可以灵活部署，这种 Overlay 网络和 Underlay 网络解耦的结构有利于数据中心解决方案的部署。数据中心解决方案不需要考虑物理网络的架构，可以灵活地将业务部署到 Overlay 网络中。

图 5-2 的 Fabric 是对 Underlay 网络抽象后的资源池化网络。在创建实例化的虚拟网络（Virtualization Network，VN）时，可以选取 Fabric 中的网络资源。

（1）Border：Fabric 网络的边界网关节点，对应实体为物理网络设备，提供 Fabric 网络与外部网络间的数据转发。一般将支持隧道封装技术的核心交换机作为 Border。

（2）Edge：Fabric 网络的边缘节点，对应实体为物理网络设备，接入用户的流量从这里进入 Fabric 网络。一般将支持隧道封装技术的接入交换机或汇聚交换机作为 Edge。

通过将 Fabric 实例化,能够构建逻辑上隔离的虚拟网络实例(图 5-2 中的 VN1、VN2)。一个虚拟网络对应一个隔离网络(业务网络),比如研发专用网络。

Overlay 网络虚拟化带来以下几方面的好处。

(1) 优化的设备功能:Overlay 网络使得可以根据设备在网络中的位置不同而对设备进行分类和定制。边缘设备可以根据终端主机状态信息和规模优化它的功能和相关的协议;核心设备可以根据链路状态优化它的功能和协议,以及针对快速收敛进行优化。

(2) Fabric 的扩展性和灵活性:Overlay 技术使得可以在 Overlay 边界设备上进行网络扩展。当在 Fabric 边界使用 Overlay 时,核心设备就无须向自己的转发表中添加终端主机的信息。例如,如果在宿主机内进行 Overlay 的封装和解封装,那么 Overlay 边界就在宿主机内部。

(3) 可重叠的寻址:数据中心中使用的大部分 Overlay 技术都支持虚拟网络 ID,用来唯一地对每个私有网络进行范围限定和识别。这种限定使得不同租户的 MAC 地址和 IP 地址可以重叠。Overlay 的封装使得租户地址空间和 Underlay 地址空间的管理分开。

表 5-1 给出了数据中心 Underlay 网络和 Overlay 网络在应用场景、传输方式和重要性能等方面的对比。

表 5-1　Underlay 网络和 Overlay 网络的对比

对　比　项	Underlay 网络	Overlay 网络
数据传输	通过网络设备(如路由器、交换机)进行传输	沿着节点间的虚拟链路进行传输
包封装和开销	发生在网络的二层和三层	需要跨源节点和目的节点封装数据包,产生额外的开销
报文控制	面向硬件	面向软件
部署时间	上线新服务涉及大量配置,耗时多	只需更改虚拟网络中的拓扑结构,可快速部署
多路径转发	因为可扩展性低,所以需要使用多路径转发,而这会产生更多的开销和网络复杂度	支持虚拟网络内的多路径转发
扩展性	底层网络一旦搭建好,新增设备较为困难,可扩展性差	扩展性好,例如 VLAN 最多支持 4096 个标识符,而 VXLAN 则提供多达 1600 万个标识符
协议	以太网交换、VLAN、路由协议(OSPF、IS-IS、BGP 等)	隧道封装(VXLAN、NVGRE、SST、GRE、NVo3、EVPN 等)
多租户管理	需要使用基于 NAT 或者 VRF 的隔离,这在大型网络中是个巨大的挑战	能够管理多个租户之间的重叠 IP 地址

用于构建 Overlay 网络的技术称为 Overlay 技术,其实际上是 NVo3(Network Virtualization over Layer 3,跨三层网络虚拟化)类技术。从实现流程来看,NVo3 类技术是一种隧道封装技术,通过隧道封装的方式将二层报文进行封装后在现有网络中透明传输,报文到达目的端之后再对其解封装,得到原始报文。在这个过程中 Overlay 网络并不感知 Underlay 网络,相当于将一个二层网络叠加在现有的 Underlay 网络之上。

　　每个虚拟网络实例都是由叠加来实现的,原始报文在 NVE(Network Virtualization Edge,网络虚拟化边缘)设备上进行封装。该封装标识了解封装的设备,在将报文发送到目的终端之前,NVE 设备将对报文进行解封装。中间网络设备基于封装到外层报文首部来转发报文,不关心内部携带的数据部分(即原始报文)。NVE 可以是传统的交换机、路由器,也可以是宿主机内的虚拟交换机。此外,原始报文的发送终端和接收终端可以是一个物理服务器,也可以是物理服务器上的虚拟机。虚拟网络标识(Virtual Network Identifier,VNI)可以封装在叠加的报文首部中,用来标识数据报文所属的虚拟网络。图 5-3 展示了 NVo3 类技术的通信模型。

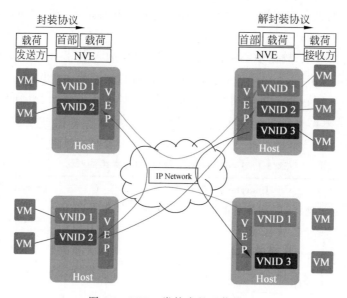

图 5-3　NVo3 类技术的通信模型

　　图 5-3 中的发送方可以直接和 NVE 相连,也可以通过一个交换网络和 NVE 相连。NVE 之间通过隧道相连。在隧道入口处,将被封装的协议报文装入隧道中,在隧道出口处再将被封装的协议报文取出。可以看出,NVo3 类技术重用了当前的 IP 转发机制,在传统的 IP 网络之上再叠加了一层新的不依赖物理网络环境的逻辑网络。这个逻辑网络不被物理设备所感知,且转发机制也和 IP 转发机制相同。因此,NVo3 类技术具有通用性高、实现简单、部署成本低的优势,这也使其成为当前事实上的数据中心网络技术标准。

　　目前,主流的 NVo3 类技术有 VXLAN(Virtual eXtensible LAN,虚拟扩展局域网)、NVGRE(Network Virtualization using Generic Routing Encapsulation,基于通用路由封装的网络虚拟化)、STT(Stateless Transport Tunneling,无状态的传输隧道)、GENEVE(Generic Network Virtualization Encapsulation,通用网络虚拟化封装)等。其中,VXLAN 被绝大多数企业选择作为构建其 Overlay 网络的虚拟化协议。

　　在更高的抽象层级上,每个虚拟网络都认为除了自身没有其他网络的存在。虚拟网络之间彼此隔离,就像在独立的物理网络中一样。为了确保虚拟网络的流量彼此隔离,可以将一个网络接口完全分配给某一个虚拟网络,或者为共享该链路的每个虚拟网络逻辑地创建出一个接口。

为了达到有效共享的目的,资源分配应该是动态的和细粒度的。每种资源都应当用所属的虚拟网络做标记,例如为了使得物理网络接口能在多个虚拟网络之间共享,数据包头应当携带虚拟网络标识符。这样在根据数据包头查找转发表和流表时,就会按照报文所携带的虚拟网络标识符的约束进行转发。

下面以应用程序的部署及通信为例,说明传统物理网络和虚拟网络实现方式的差别。如图 5-4 所示,传统网络环境中,物理主机通过一个或多个网卡实现与其他设备之间通信,通过自身网卡连接到外部的网络。这种架构下,往往是通过将一个应用部署在一台物理设备上,实现网络隔离,这样会带来两个问题:①某些应用大部分情况可能处于空闲状态;②随着应用的增多,只能通过增加物理设备来解决扩展性问题。

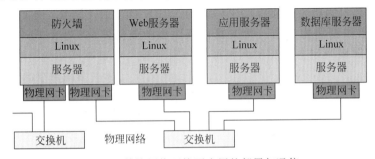

图 5-4　传统网络环境下应用的部署与通信

通过虚拟化技术对物理资源进行抽象,将一张物理网卡供多张虚拟网卡(vNIC)共享使用,并使用虚拟机来隔离不同的应用。这样就可以解决传统物理网络面临的两个问题:①利用计算虚拟化的调度技术,将虚拟机从繁忙的服务器上调度到空闲的服务器上,达到资源的合理利用;②根据物理设备的资源使用情况进行横向扩容,除非设备资源已经用尽,否则没有必要新增设备。虚拟化网络环境的应用部署与通信架构如图 5-5 所示,在某台物理服务器中,运行着 4 台虚拟机,为了将这 4 台虚拟机在逻辑上组成我们需要的网络架构,于是就虚拟出了 2 台虚拟交换机,组成图中的网络架构。

虚拟机与虚拟机之间的通信,可以通过虚拟交换机完成,虚拟网卡和虚拟交换机之间的链路也是虚拟的链路。整个主机内部构成了一个虚拟的网络,如果虚拟机之间涉及三层的网络包转发,则又由另外一个角色——虚拟路由器来完成。通常这一整套虚拟网络的模块都可以独立出去,由第三方来完成,例如 Open vSwitch(OvS)。

5.1.3　网络虚拟化在数据中心的应用

在当代数据中心,网络虚拟化主要有以下应用场景:①强制流量经过特定的服务;②在三层网络上提供二层连接;③多租户;④使交换机的管理流量和数据流量分离。

下面将分别简要介绍这些场景。

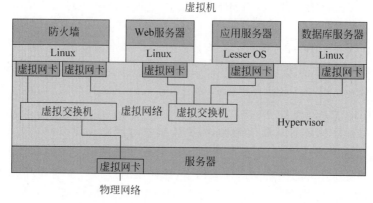

图 5-5　虚拟化网络环境下应用的部署与通信

1. 强制流量经过特定的服务

随着数据中心应用程序的多样性日益凸显，为了在物理网络基础设施上实现对不同应用流量的灵活管理，管理员可以使用网络虚拟化强制将流量路由到提供特定服务的节点上去。显然，确保数据中心的安全是十分重要的，这就要求面向外部提供服务的服务器只能和外部通信，并且外部对这些服务器的攻击并不会破坏内部网络。

图 5-6 展示了强制流量经过防火墙用例的一种典型设计。图 5-6(a)展示了外部网络和单一内部网络的物理连接。图 5-6(b)展示了通过为外部网络和内部网络创建分离的单一虚拟网络来实现网络隔离。内部网络和外部网络之间的流量必须通过防火墙，因为防火墙是唯一和内部网络及外部网络都有链接的网络节点。图 5-6(b)看起来像一个传统的防火墙，但是这里的两个边缘路由器实际上是同一个物理路由器。它的路由表分成两部分，路由器的一侧(内部网络)并不与另一侧(外部网络)直接通信。

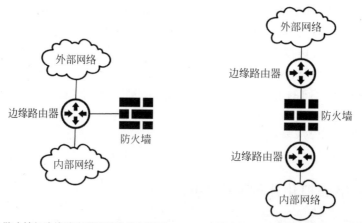

(a)防火墙与边缘路由器连接的物理视图　　(b)防火墙与边缘路由器连接的逻辑视图

图 5-6　强制流量通过防火墙

如果有多个内部网络，每个内部网络都和外部网络采取不同的策略进行通信，那么创建多个虚拟网络是针对这种用例的常用解决方案。若某个需求强制要求流量符合某一策略,即只有特定类别的流量被授权之后才能真正进行节点之间的通信,此时网络虚拟化通过强制流量分布在不同的虚拟网络中,并使用防火墙允许特定类别流量跨不同的虚拟网络。二层网络域的虚拟机迁移如图 5-7 所示。服务器从一个二层域迁移到另一个二层域,需要重新配置或获取 IP 地址,将导致业务中断。

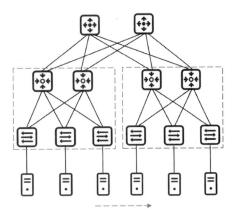

图 5-7　二层网络域的虚拟机迁移

2. 在三层网络上提供二层连接

在数据中心中,计算资源被资源池化,根据计算资源虚拟化的要求,虚拟机需要可以在任意地点动态迁移(从一个物理服务器上迁移到另一个物理服务器上),而不用对 IP 地址和默认网关进行修改。这确保虚拟机动态迁移对于用户来说是透明的,从而使得管理员能够在不影响用户正常使用的情况下,灵活调配服务器资源或对物理服务器进行维修和升级。为了实现虚拟机的大范围、跨地域的动态迁移,要求把所有可能动态迁移的服务器都纳入一个二层网络域,以形成一个大二层网络,从而实现虚拟机的无障碍迁移。

然而,传统数据中心三层网络架构为了避免多链路造成的广播风暴,通常使用生成树协议(Spanning Tree Protocol,STP)。由于 STP 的性能限制,一个网络域一般不能容纳太多数量的网络节点,导致网络规模不宜过大,限制了虚拟机的迁移范围。因此,虚拟机动态迁移要求其二层连接需要构建在三层网络之上,而网络虚拟化可以用于提供此类功能(如通过 VXLAN 等隧道封装技术)。

3. 多租户

多租户的想法早在数十年前就已诞生。20 世纪 60 年代,拥有功能强大且价格昂贵的大型机的多所大学开发出了分时操作系统,使多个用户能够同时访问计算机资源。如今,多租户的概念已经成为云计算的核心概念之一。数据中心拥有大量共享资源(计算、存储和网络),可以将其分配给多个租户。即使每个租户的数据和工作负载恰好在同一台物理服务器或同一组服务器上运行,它们也会保持隔离状态。

如果将多租户的思想进一步应用到软件架构中,现代的 SaaS(Software as a Service,软件即服务)概念便应运而生。SaaS 提供商运行某个应用的单个实例,并为各个租户提供访问权限。即使多个租户在访问同一软件,每个租户的数据仍会彼此隔离。目前各种各样的云计算服务大多是基于 SaaS 模式提供的,例如云数据库、云服务器等。网络虚拟化也支持多租户概念,其可以支持多个租户共享相同的基础设施,同时保持彼此独立的网络环境。如图 5-8 所示,以 Overlay 网络的虚拟化方式来支撑云与虚拟化环境的构建要求,并实现大规模的多租户能力。

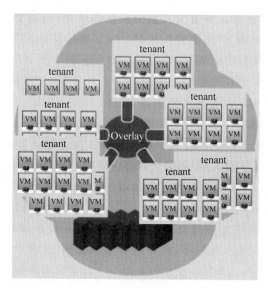

图 5-8　基于 Overlay 网络的多租户服务

4. 使交换机的管理流量和数据流量分离

在数据中心里,网络虚拟化一个常见的应用场景是实现网络管理流量与业务流量的分离,这不仅有助于提高网络的整体性能,也可以提高网络安全性。每台交换机都具有一个单独的带外管理(out-of-band management,指使用独立的管理通道进行设备维护,相对的带内管理使用数据通道进行设备管理维护)端口,该端口仅用于管理其他网络设备(如服务器、控制器)与交换机的通信,例如镜像下载、远程连接、交换机管理任务监控等。这一管理端口并不会连接至转发芯片,也不需要利用转发芯片驱动程序来配置交换机。此外,数据流量(即存在于网络上的业务流量)不会使用这张管理网络。

5.2　虚拟网络设备

网络虚拟化将物理网络抽象为多个相互隔离的虚拟网络,使得不同用户之间使用独立的网络资源,从而提高网络资源利用率。一个正常运行的数据中心物理网络通常包含服务器网卡、交换机和路由器等硬件设备。其中,服务器网卡充当服务器和数据网络之间的中间媒介,提供通信服务。交换机工作在数据链路层,转发服务器的数据。路由器工作在网络层,连接两个不同的网络。相应地,网络虚拟化需要提供逻辑上的网卡(L1)、交换机(L2)和路由器(L3),且可以以任何形式进行组装,从而为应用提供一个完整的虚拟网络拓扑。

本节将对虚拟网卡、虚拟交换机和虚拟路由器的实现和使用方式进行介绍,这些虚拟设备是网络虚拟化与物理层解耦、网络服务抽象化方面的重要体现。

5.2.1　虚拟网卡

虚拟化技术出现之前,计算机网络系统只包含物理的网卡设备,通过网卡适配器和线缆传输介质,连接外部网络,构成庞大的互联网络。然而,随着虚拟化技术的出现,网络也随之被虚拟化,相较于单一的物理网络,虚拟网络变得非常复杂,在一个主机系统里面,需要实现诸如交换、路由、隧道、隔离、聚合等多种网络功能。而实现这些功能的基本元素就是虚拟的网卡设备,tap/tun 就是一类非常重要的虚拟网络网卡。

tap/tun 是 Linux 内核 2.4.x 版本之后实现的虚拟网络设备,不同于物理网卡靠硬件板卡实现,tap/tun 虚拟网卡完全由软件来实现,功能和硬件实现没有差别,它们都属于网络设备,都可以配置 IP,并且都归 Linux 网络设备管理模块统一管理。不同的是,虚拟网卡的流量只在主机内流通。需要说明的是,tap 和 tun 虽然都是虚拟网络设备,但它们的工作层次还不太一样。tap 是一个二层设备(或者以太网设备),只能处理二层的以太网帧;tun 是一个点对点的三层设备(或网络层设备),只能处理三层的 IP 数据包。

作为网络设备,tap/tun 也需要配套相应的驱动程序才能工作。tap/tun 驱动程序包括两部分,一个是字符设备驱动,一个是网卡驱动。这两部分驱动程序的功能不太一样,字符驱动负责数据包在内核空间和用户空间的传送,网卡驱动负责数据包在 TCP/IP 网络协议栈上的传输和处理。

值得注意的是,由于虚拟网卡是由虚拟化软件(如 VMware、VirtualBox 或 Hyper-V)在宿主机上创建的,虚拟网卡的性能受到宿主机的物理硬件和虚拟化软件的影响。尽管它们在功能上与物理网卡类似,但在高负载情况下,性能可能不如物理网卡。虚拟网卡可以通过虚拟化软件的管理界面进行配置和管理,从而便捷地添加、删除或修改虚拟网卡的设置,如 IP 地址、子网掩码等。在使用虚拟化软件创建虚拟机时,可以根据场景需要选择特定的虚拟网卡类型和连接方式,以构成相应的网络模式。总的来说,目前主流的虚拟化软件支持以下四种常见的网络模式。

(1) 桥接(Bridge Adapter)。虚拟机桥接网络模式就是使用虚拟交换机(Linux Bridge,后面将对虚拟交换机的功能进行详细介绍),将虚拟机和物理机连接起来,它们处于同一个网段。此时虚拟机相当于网络上的一台独立计算机,与物理机一样,拥有一个独立的 IP 地址,如图 5-9 所示。

在这种网络模式下,虚拟机和物理机都处在一个二层网络里面,所以虚拟机之间彼此可以通信,同时虚拟机与物理机彼此也可以通信。只要物理机可以访问网络上的其他设备,那么虚拟机也可以访问网络上的其他设备。桥接网络的好处是简单方便,但也有一个很明显的问题,就是一旦虚拟机太多,广播就会很严重。所以,桥接网络一般也只适用于桌面虚拟机或者小规模网络这种简单的场景。

(2) NAT(Network Address Translation,网络地址转换)。根据 NAT 的原理,虚拟机所在的网络和宿主机所在的网络不在同一个网段,虚拟机要访问宿主机所在网络必须经过一个地址转换的过程,也就是说在虚拟机网络内部需要内置一个虚拟的 NAT 设备来实现。

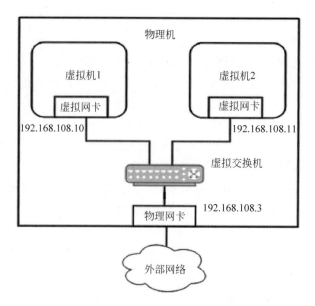

图 5-9 虚拟机桥接网络模式示例

虚拟机的所有网络流量都会通过宿主机的物理网卡传输，并使用宿主机的 IP 地址。这种方式下，虚拟机是不能被网络上的其他设备直接访问的，但它可以访问外部网络。

严格来讲，NAT 又可以分为 NAT 模式和 NAT 网络模式两种，两者在使用形式上存在一些差异。如图 5-10(a)所示，NAT 模式宿主机上的虚拟机之间是互相隔离的，彼此不能通信(它们有独立的网络栈，独立的虚拟 NAT 设备)。如图 5-10(b)所示，NAT 网络模式中虚拟机之间共享虚拟 NAT 设备，彼此之间互通。另外，NAT 网络模式中一般还会内置一个虚拟的 DHCP 服务器来进行 IP 地址的管理。

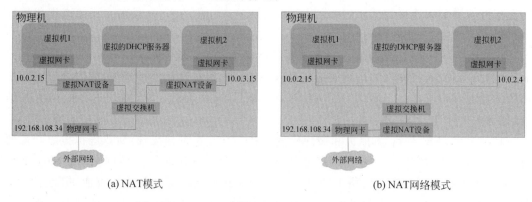

图 5-10 NAT 模式和 NAT 网络模式示例

当用户在虚拟机中打开一个网页浏览器并尝试访问一个网站时，请求首先会通过虚拟机的虚拟网卡发送。如果虚拟网卡使用的是桥接模式，那么请求就像从宿主机的物理网卡发出的一样，会直接通过路由器到达互联网。如果虚拟网卡使用的是 NAT 模式，请求会先通过宿主机的虚拟 NAT 设备进行地址转换,然后通过宿主机的物理网卡转发到互联网。

(3) 主机网络(Host-only Adapter)。顾名思义,主机网络就是只限于宿主机内部访问的网络,虚拟机之间彼此互通,虚拟机与宿主机之间彼此互通。但是默认情况下虚拟机不能访问外部网络,这通常用于本地测试和环境隔离。主机网络看似简单,其实它的网络模型是相对比较复杂的,可以说前面几种模式实现的功能,在这种模式下,都可以通过虚拟机和网卡的配置来实现,这得益于它特殊的网络模型。

主机网络模型会在宿主机中模拟出一块虚拟网卡供虚拟机使用,所有虚拟机都连接到这块网卡上,这块网卡默认会使用网段 192.168.56.x(在主机的网络配置界面可以看到这块网卡),图 5-11 是一个主机网络模式示例。

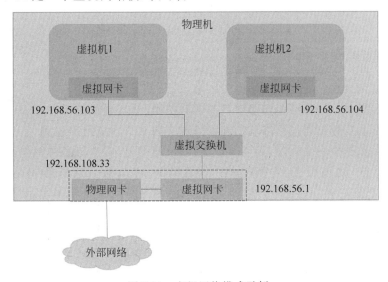

图 5-11　主机网络模式示例

默认情况下,虚拟机之间可以互相通信,虚拟机只能和宿主机上的虚拟网卡通信,不能和不同网段的网卡通信,更不能访问外网。如果想实现虚拟机对宿主机物理网卡和外网的访问,那么需要将物理网卡与虚拟网卡桥接或共享(如图 5-11 中虚线框所示)。

(4) 内部网络(Internal)。内部网络是相对简单的一种网络模式,虚拟机与外部环境完全断开,只允许同一个宿主机上的虚拟机之间互相访问。内部网络的虚拟交换机不连接物理网卡,所以内部网络的数据默认无法传出整个虚拟环境,只能在虚拟环境下通信。这种网络模式一般不怎么用,所以在有些虚拟化软件(如 VMware)创建的虚拟机中是没有这种网络模式的。

与物理网络类似,一个功能完整、智能互联的虚拟网络包含数量众多的网络设备。为此,Linux 虚拟网络引入了 veth pair 的概念。veth pair 不是一个设备,而是一对设备,以连接两个虚拟以太端口。如图 5-12 所示,veth-pair 连接两个 tap 设备,数据从一端流出,从另一端流入。veth-pair 常常用来连接不同的虚拟网络组件,以构建大规模的虚拟网络拓扑,比如连接虚拟机网卡、虚拟交换机、路由器、容器等。

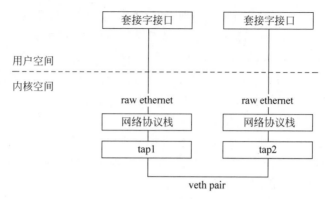

图 5-12 veth pair 示例

5.2.2 虚拟交换机

随着电子通信技术的演进和应用流量的增长，设备制造厂商选定了一些常见类型的数据中心网络连接设备。这些网络连接设备的部署使用、端口配置以及在网络中的位置是由多种因素驱动的。当数据通过网络从物理服务器上的某个虚拟机传输到另一个服务器、存储器或者传输到数据中心之外时，需要经过交换机、路由器、网关等各种网络连接设备。若数据要传输到同一物理服务器中的另一个虚拟机，可以通过服务器内的虚拟交换机（vSwitch）进行转发。如果数据要传输到同一机架上的另一个物理服务器，可以通过虚拟交换机或者机架顶部的交换机（Top of Rack，ToR）进行转发。如果数据在机架之间传输，就需要通过汇聚交换机或列尾交换机（End of Row，EoR）进行转发。如果数据需要发送到数据中心的另一部分或者发送到外部互联网，就需要通过数据中心的核心交换机或路由器来选择路径。其中的每个网络连接设备工作在网络结构的不同层面，具有不同的功能和性能需求。本节将介绍虚拟化环境下虚拟交换机的概念和功能。

计算虚拟化允许在一台物理服务器上运行多个虚拟机，通过更高的服务器利用率和灵活的资源分配提高数据中心的资源使用效率。然而，虚拟化同时也增加了软件的复杂性，需要使用虚拟交换机在这些虚拟机之间实现数据交换功能。如图 5-13 所示，在虚拟化系统中，虚拟机通过虚拟交换机进行连接，并通过虚拟交换机和物理网络连接。网络接口模块（如物理网卡 p1、p2）将服务器的处理芯片连接到数据中心物理网络，这通常是一个到以太网 ToR 交换机的连接。

在虚拟机之间发送数据时，虚拟交换机实际上是一种共享内存的交换机。数据本身保留在服务器的内存中，在虚拟机之间传递的只是指针，从而可以在虚拟机之间提供高带宽的虚拟连接。这对于数据密集型的分布式应用来说非常重要。在这类应用中，每个虚拟机被分配给某个特定的数据包处理任务，而数据则以流水线的方式从一个虚拟机流动到另一个虚拟机。而数据流入/流出服务器则会受到网络接口带宽的限制，所以许多承载虚拟机的服务器都采用高速以太网（如 10Gb/s）进行带宽接入。

网络虚拟化另一个要考虑的因素是网络管理。传统数据中心的运营任务由服务器管

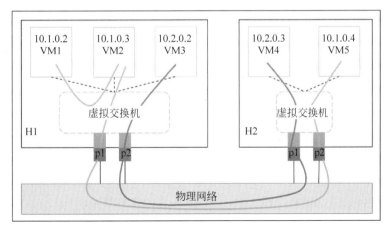

图 5-13　服务器中虚拟交换机的逻辑连接

理员和网络管理员分别完成。理想情况下,虚拟交换机可以无缝地成为整个数据中心网络的一部分。而在实际部署中,虚拟交换机是由服务器管理员配置和管理的,这就要求服务器管理员和网络管理员紧密配合,带来时间上的开销,并容易引入错误。此外,虚拟交换机的使用还需要与物理交换机进行协调,不利于实现统一的网络服务。本章后面将讨论软件定义网络,其已经成为包括虚拟交换机控制在内的网络配置和网络编排的重要框架。下面将简要概述传统虚拟交换机 Linux Bridge、软件定义网络架构中的虚拟交换机 Open vSwitch 和分布式交换机的特性及实现。

1. Bridge

在 Linux 系统里,Bridge(网桥)与 Switch(交换机)是一个概念。同 tap/tun、veth pair 一样,Bridge 也是一种虚拟网络设备,所以具备虚拟网络设备的所有特性,例如可以配置 IP 地址和 MAC 地址、传输数据等。除此之外,Bridge 还是一个交换机,可以将多个虚拟机或容器通过虚拟网卡连接到同一个虚拟网络中,并提供类似于物理交换机的通信功能。

对于普通的网络设备,其就像一个管道,数据从一端进,从另一端出。而 Bridge 有多个端口,数据可以从多个端口进,从多个端口出。Bridge 的这个特性让它可以接入其他的网络设备,比如物理设备、虚拟设备等。Bridge 通常充当主设备,其他设备为从设备,这样的效果就等同于在物理交换机的端口上连接了一根网线。

2. Open vSwitch

Open vSwitch(OvS)是一个开源的多层虚拟交换机软件。它的目的是通过编程扩展支持大规模网络自动化,同时还支持标准的管理接口和协议。随着虚拟化应用的普及,需要部署更多的虚拟交换机,而费用昂贵的闭源虚拟交换机让用户不堪重负,多层虚拟化软件交换机 Open vSwitch 由网络虚拟化公司 Nicira Networks 开发,主要实现代码为可移植的 C 代码。它遵循 Apache 2.0 开源代码版权协议,可用于生产环境,支持跨物理服务器分布式管理、扩展编程、大规模网络自动化和标准化接口,实现了和大多数商用闭源交换机功能类似的软件交换机。

OvS 官方的定位是要做一个产品级质量的多层虚拟交换机，通过支持可编程扩展来实现大规模的网络自动化。设计目标是方便管理和配置虚拟机网络，检测多物理主机在动态虚拟环境中的流量情况。针对这一目标，OvS 具备很强的灵活性，可以在管理程序中作为软件交换机运行，也可以直接部署到硬件设备上作为控制层。

OvS 基本上可以实现物理交换机的功能，只不过它的所有交换机组件都是在软件中定义的。虚拟交换机拥有大量的端口，各端口之间可以通过定义网桥来转发流量，管理员也可以定义虚拟局域网（VLAN）来隔离流量。虚拟交换机之间还可以使用隧道端口来对流量执行隧道封装。OvS 引入了一个架构，这个架构中包含了 SDN 控制器。SDN 控制器的作用就是通过 OVSDB 协议来配置和管理虚拟交换机，并且通过 OpenFlow 协议来确定交换机内部的流量如何进行转发。图 5-14 展示了 OvS 的基础架构。

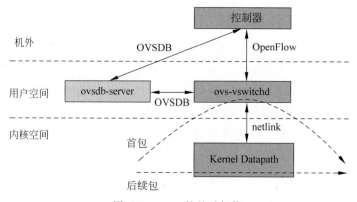

图 5-14　OvS 的基础架构

OVSDB（即 Open vSwitch 数据库）是基于 JSON 的通信协议，基本功能是通过 JSON RPC 来发送和接收命令。OpenFlow 也是一项协议，作用是向虚拟交换机发送流信息，从而交换机可以根据流信息在不同端口之间转发数据包。相同类型的数据均可以定义为一组流（flow），其可以用不同的标准来表示，例如源 MAC 地址和目的 MAC 地址、源 IP 地址和目的 IP 地址、TCP 端口、VLAN 标记等参数。OvS 可以同时接受一个或者多个 OpenFlow 控制器的管理。控制器的主要作用是下发流表（Flow Tables）到 OvS，控制 OvS 数据包转发规则。控制器与 OvS 通过网络连接，不一定要在同一主机上。如果 OvS 没有指定控制器，则这个 OvS 功能与普通二层交换机相同。

OvS 的组件包括一个 ovsdb-server 数据库、一个 ovs-vswitchd 守护进程和一个 OvS 内核模块。

（1）ovsdb-server：OvS 的数据库服务器，用来存储虚拟交换机的配置信息，ovs-vswitchd 通过其获取配置信息。这个数据库中包含了与创建网桥、关联接口、关联隧道、服务质量配置、端口镜像等相关的信息。通过 OVS 命令接口（如 ovs-vsctl、ovs-ofctl）创建的所有的网桥、流表，都保存在数据库里面，ovs-vswitchd 会根据数据库里面的配置创建真正的网桥、流表。

数据库中可以包含一系列的表，这些表会按照某种顺序进行索引和关联。由于一个

OvS 中可以包含一个或多个网桥,一个网桥可以包含一个或多个端口(Port),一个端口可以包含一个或多个接口,而接口是连接到端口下的网络设备,也是 OvS 与外部交换数据包的组件,负责发送或接收数据包。因此,最上层可能有一个 Open vSwitch 表指向一个网桥表,网桥表又指向一个端口表,端口表则指向一个接口表。这个数据库是有状态的,即信息会保存在磁盘中。系统启动时会重新获取信息。ovsdb-server 与控制器和 ovs-vswitchd 交换信息使用了 OVSDB(JSON-RPC)的方式。

(2) ovs-vswitchd:OvS 的核心组件,是一个守护进程,负责数据流的处理。它和上层控制器的通信遵从 OpenFlow 协议,通过 OVSDB 协议连接到 ovsdb-server,通过 netlink 接口连接到 Linux 的内核模块。ovs-vswitchd 支持多个独立的网桥,并拥有转发数据包所需的所有流表,并通过更改流表实现了端口绑定和虚拟局域网等功能。

ovs-vswitchd 会对各类流进行处理和转发,这些流是控制器通过 OpenFlow 协议与其进行交互的。ovs-vswitchd 会把流推送给内核模块,以实现数据包的快速转发。当一个数据包到达交换机时,它会经过 OvS 内核模块。OvS 内核模块会根据数据包的头部信息查找流表结构,如果没有找到对应的流表条目,那么该数据包就会通过 netlink 交由 ovs-vswitchd 来执行常规的处理。随后 ovs-vswitchd 会根据用户态流表规则,生成一条缓存流表,然后将缓存流表提交给内核模块,后续收到同样的数据流就可以根据内核的缓存流表直接完成转发。

(3) OvS 内核模块:处理数据包交换,内核模块也会通过各种隧道协议(如 GRE、VXLAN 等)来为数据包进行隧道封装。此外,内核模块缓存了数据流对应的流表条目信息,如果在内核的缓存中找到转发规则就转发,否则发送给用户空间去处理。

从整体功能上来看,OvS 架构可以划分为三个主要平面:数据面、控制面和管理面(如图 5-15 所示)。

(1) 数据面是以用户态的 ovs-vswitchd 和内核态的数据通路(datapath)为主的转发模块,以及与之相关联的数据库模块 ovsdb-server。在 OvS 中一条数据通路对应一个虚拟网络设备,因此可以把数据通路理解为虚拟交换机。数据通路负责执行数据处理,把从接收端口收到的数据包在流表中进行匹配,并执行匹配到的动作。

(2) 控制面主要由 ovs-ofctl 模块负责,但本质上它也是一个管理工具,基于 OpenFlow 协议与数据面进行交互。此外,控制面对交换机进行监控和管理,通过它可以显示一个交换机的当前状态,包括输出 OpenFlow 信息、配置流表项。

(3) 管理面则是由 OvS 提供的各种工具来负责,这些工具的提供也是为了方便用户对底层各个模块的控制管理,提高用户体验。

除了对 ovs-vswitchd 的流表和控制器管理工具 ovs-ofctl 外,OvS 还提供了对 ovsdb-server 和内核模块的管理工具。

(1) ovs-vsctl:查询和更新 ovs-vswitchd 的配置,包括创建和删除网桥、端口、协议等相关的命令都由其来完成。此外,它还负责和 ovsdb-server 相关的数据库操作。

(2) ovs-dpctl:配置交换机的内核模块,它可以创建、修改和删除数据通路。一般单个

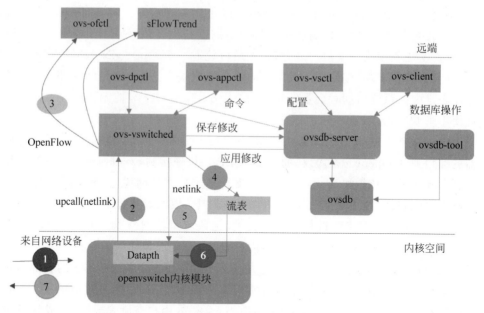

图 5-15　OvS 内部结构

主机上的数据通路可以有 256 条(0~255)。该工具还可以统计每条数据通路上的虚拟设备通过的流量,打印流的信息等。

（3）ovs-appctl：查询和控制运行中的 OvS 守护进程,包括 ovs-switchd、内核模块和 OpenFlow 控制器等,兼具 ovs-ofctl、ovs-dpctl 的功能。如前面所述,ovs-vswitchd 等进程启动之后就以一个守护进程的形式运行,为了让用户能够很好地控制这些进程,就有了这个命令。

（4）ovsdb-tool：创建和管理 ovsdb。

基于上述 OvS 的架构设计,其对一个数据包的转发会经过以下流程。

（1）OvS 的内核态数据通路模块接收到从 OvS 连接的某个网络设备发来的数据包,从数据包中提取源 IP 和目的 IP 地址、源 MAC 和目的 MAC 地址、端口等信息。

（2）OvS 在内核态查看流表结构(通过哈希算法),观察是否有缓存的信息可用于转发这个数据包,如果有则快速转发。

（3）假设数据包是这个网络设备发来的第一个数据包,在 OvS 内核中将不会有相应的流表缓存信息存在,此时内核将不会知道如何处理这个数据包,所以通过 upcall(netlink)机制通知用户态,将数据包发送给 ovs-vswitchd 组件处理。

（4）ovs-vswitchd 接收到 upcall 消息后查询用户态流表规则(通常包含精确流表和模糊流表),如果没有命中,在 SDN 控制器接入的情况下,通过 OpenFlow 协议把数据包发送给远程的控制器,以期它在收到消息后添加一条流表到本地 OvS。OvS 基于更新后的流表再进行转发。

（5）如果模糊命中,ovs-vswitchd 会同时刷新用户态精确流表和内核态精确流表,如果精确命中,则只更新内核态流表。

(6)内核态流表更新后,把该数据包重新发送给内核态数据通路模块处理。

(7)内核态数据通路重新查询内核流表,然后根据匹配的规则执行对应的动作,转发报文。

相比于非虚拟化环境,数据包在 OvS 虚拟网络中的转发过程也将变得不一样,但这些过程对用户来说,都被屏蔽掉了。非虚拟环境下,数据包在 Linux 网络协议栈中的处理过程如图 5-16 中虚线箭头所示。网卡 eth0 收到数据包后判断其走向,如果是本地数据包则把数据传送到用户态,如果是转发数据包则根据选路规则(二层交换或三层路由)把数据包送到另一个网卡(如 eth1)或端口。

当系统中有 OvS 时,数据包的转发过程如图 5-16 中实线箭头所示。这里创建了一个网桥(通过 ovs-vsctl 命令)并绑定一个网卡 eth0。一个网桥(也是数据通路)可以对应多个vport 端口。一个网桥关联一个流表,一个流表包含多个条目,其中每个条目包含匹配项(match/key)和指令动作(action)字段。从网卡 eth0 收到数据包并进入 OvS 的端口后,将根据关键字进行流表匹配。如果匹配成功则执行流表对应的动作(这个动作有可能是把一个请求变成应答,也有可能是直接丢弃,也可以是用户设计的动作);如果匹配失败则通过upcall 机制将数据包发送到用户态处理。

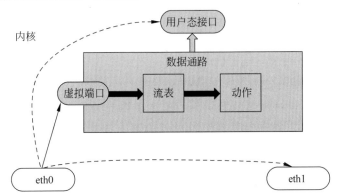

图 5-16　Linux 网络协议栈数据包转发过程(非虚拟化环境和 OvS 网桥)

3. 分布式虚拟交换机(Distributed Virtual Switch,DVS)

早期的网络虚拟化,是比较狭义的概念,主要指的是网络资源虚拟化,物理机上安装了虚拟化软件,同时部署了虚拟交换机,负责物理机承载的虚拟机之间以及虚拟机对外的通信。这些虚拟机逻辑上都是接入这台物理宿主机上面的虚拟交换机的,同一台物理机上同一网段的虚拟机之间的通信,流量只会在这台虚拟交换机内部转发,而不会通过物理机的物理网卡向外发送到物理交换机上。不同网段的虚拟机之间的通信,流量会经过网关,而网关一般设置在物理交换机上,所以流量经过物理交换机。

一台物理机上的虚拟交换机像一台"傻瓜式"的二层交换机,只在本地有效,且只能被一台物理机识别使用。这使得每台物理机上的虚拟交换机都是独立的,需要单独分开配置,对虚拟基础设施和虚拟网络的管理带来了很大的负担。例如,当有 100 台物理机时,就会有 100 台虚拟交换机。假设每台虚拟交换机需要配置 2 个虚拟局域网 VLAN 以对连接的不同虚拟机进行网段隔离，那么需要手动配置 2×100＝200 次，效率非常低。此外，一台物理机上的虚拟机在迁移到另一台物理机上时，将面临网络配置（如网络标签）不一致的问题，难以保证安全稳定的虚拟机网络通信。为了解决上述交换机单独配置和跨主机交换的问题，虚拟化厂商在多台物理机组成的集群中引入了分布式虚拟交换机设备。

分布式虚拟交换机是一种对多台主机上的虚拟网络的管理方式，包括对主机物理端口和虚拟机虚拟端口的管理。如图 5-17 所示为一个分布式虚拟交换机的模型结构。从使用形式上来看，分布式虚拟交换机具有如下基本特征。

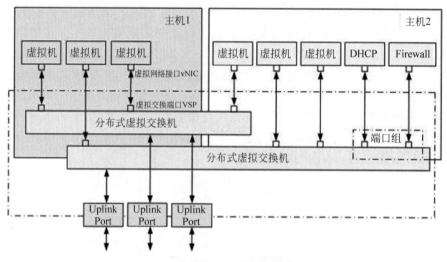

图 5-17   分布式虚拟交换机模型

（1）用户可以配置多个分布式交换机，每个分布式交换机可以覆盖集群中的多个物理主机节点。

（2）每个分布式交换机具有多个分布式的虚拟端口（Virtual Switch Port，VSP），每个虚拟端口具有各自的属性（速率、统计和 ACL 等）。为了管理方便，采用端口组表示相同属性的一组端口，相同端口组的网络标签（如 VLAN ID）相同。

（3）每个分布式交换机可以配置一个上行链路（Uplink）端口组，用于虚拟机对外的通信，上行链路端口组可以包含多个物理网卡，这些物理网卡可以配置负载均衡策略。分布式交换机可以在虚拟机之间进行内部流量转发，或通过连接到物理网卡（也称为上行链路适配器）获取对外部网络的访问权限。

（4）每个虚拟机可以具有多张虚拟网卡（vNIC）接口，虚拟网卡可以和交换机的虚拟端口一一对接。

不同于单主机上的标准虚拟交换机，分布式虚拟交换机是会对同一个集群内的主机共享访问的，相当于所有主机都接入分布式虚拟交换机。因此，只需要在分布式虚拟交换机上面进行一次网络配置，就可以将其应用于所有接入的主机及相关的虚拟网络。例如，在分布式虚拟交换机端口上配置 VLAN 标签后，当虚拟机的网卡选择连接某个交换机端口时,就可以将虚拟机划入对应的 VLAN。

此外,分布式虚拟交换机作为单个虚拟交换机运行,该交换机横跨与其关联的所有主机。分布式虚拟交换机代表适用于这些主机的相同交换机(相同名称、相同网络策略)和端口组。这些属性可使虚拟机在跨多个主机迁移时维持一致的网络配置。例如,当虚拟机进行迁移时不用改变端口组,可以继续使用相同的 VLAN 标签,从而始终能够通信。创建具有多个虚拟端口组的分布式虚拟交换机可以实现对端口组的集中管理和配置,简化对虚拟机端口属性的设置。更为重要的是,分布式虚拟交换机为集群级别的网络连接提供一个集中控制点,使虚拟环境中的网络配置不再以主机为单位。

如图 5-18 所示,一台 DVS 关联了 3 个物理主机节点,可以利用主机节点的物理端口连接到特定的业务管理平面。基于分布式特征,在每个主机节点中包含 DVS 的一部分。假设每个主机节点虚拟化 3 个虚拟机,彼此实现不同的功能,那么在不同的主机节点上存在相同属性的虚拟机。这样可以充分利用主机资源,不用像非虚拟化解决方案使用 9 台物理主机提供服务。此外,当一个节点出现问题时,由于服务分布在不同的节点下,因此可以进行数据迁移并稳定地提供服务。同样,可以仿照物理交换机,将相同属性的虚拟机划分在一个端口组下,同一个端口组在一个 VLAN 下实现彼此的广播隔离。

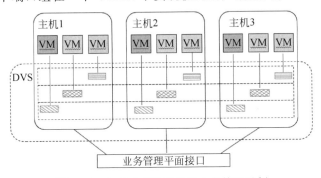

图 5-18　分布式虚拟交换机业务管理示例

值得说明的是,DVS 可以按需横跨多个主机存在,同时在多个主机组成的集群上也可以按需部署多台 DVS。分布式虚拟交换机不同于普通交换机配置的一个重要前提就是所有关联的主机必须在一个管理的集群当中(如图 5-18 所示)。DVS 把分布在多台主机的单一交换机逻辑上组成一个大的交换机,每个主机上仍由普通虚拟交换机(如开源 OvS、VMware vSS)承载虚拟网络功能,实现数据包解析、封装和转发操作。

除了上述以纯软件在服务器的 CPU 中实现完整的虚拟交换功能的方式外,虚拟交换机还可以用基于硬件辅助虚拟化的方式来实现,其基本思想是将虚拟交换功能从服务器的 CPU 移植到服务器物理网卡。如第 3 章中硬件辅助的 I/O 虚拟化(3.4.5 节)所述,对于一些支持硬件辅助虚拟化技术的物理网卡,通过硬件本身提供的虚拟功能(VFs)即可实现虚拟交换。SR-IOV VEB(Virtual Ethernet Bridge,虚拟以太网桥)是一种硬件实现的虚拟交换功能,提供高性能的二层交换转发能力。

从数据帧转发流程可以看出,SR-IOV VEB 的另一个特性就是同一主机的 VF 及虚拟机之间的东西流量不需要经过物理交换机,SR-IOV 网卡通过查询内部的 MAC 表(根据网卡型号做静态或动态配置)进行转发处理。

相比于基于服务器 CPU 的纯软件的虚拟交换机实现,基于硬件辅助的虚拟交换机实现方式采用网卡实现交换的功能,不再需要 CPU 参与虚拟交换处理,避免了纯软件方式中 CPU 资源占用率高而影响虚拟机性能的问题。同时,借助物理网卡的直通能力,显著降低了从虚拟机到物理网卡的报文处理延时,加速了虚拟交换的性能。然而,基于硬件辅助的虚拟交换机的实现需要额外配置支持虚拟化功能的物理网卡,带来了部署场景的限制。另外,传统商业 SR-IOV 网卡功能简单,无法支持灵活的安全隔离等特性,且功能扩展困难。

5.2.3　虚拟路由器

随着企业业务越来越丰富多样,为了节约网络成本,确保业务快速上线,越来越多的企业开始在私有云或公有云上通过部署虚拟私有云(Virtual Private Cloud,VPC)的方式,将企业网络和 IT 设施进行云化和虚拟化。此外,企业依赖的传统重要应用(例如 Office、Salesforce 等)也逐渐被服务提供商转变以软件即服务(SaaS)的云化方式提供。根据 Gartner 对 IT 基础设施领域云计算未来发展趋势的预测,将有越来越多的企业和组织将云作为优先发展战略,使得云成为新应用程序和改善型应用程序的默认选择。

伴随着业务云化不断深化发展,应用数量和流量激增,传统企业网络已经无法满足企业基础设施和企业业务云化的要求,传统企业网络面临诸多挑战。

(1) 企业分支访问云应用从企业总部/数据中心绕行,延迟大,易产生性能瓶颈。

(2) 企业业务云化带来更大网络带宽需求,专线成本逐年攀升。

(3) 企业无法在公有云网络与企业内网络实施一致的安全和管理策略。

(4) 传统企业网络状态无感知,管理运维难度大。

为了解决上述问题,虚拟路由器(virtual Router,vRouter)应运而生。虚拟路由器使得路由功能可以动态的配置以适应网络通信需求。它可以部署在企业总部、PoP(Point of Presence)网络接入点和云环境中,扩展企业网络到云内部,实施与企业内部网络一致的安全和管理策略,支持混合链路接入广域网。通过基于应用的智能选路,优化企业的云访问路径,提升企业访问云服务的体验。除了提供网络路由功能将多个网段的私有网络互联互通,形成相对独立又能互相通信的私有网络环境外,虚拟路由器还可以支持端口转发、隧道连接、VPN 等网络服务。其中,端口转发在路由表中添加转发规则,允许私有网络内部资源和外部互联网通信。隧道连接可以将多个不同地域的局域网连接在一起,形成兼顾公有与私有的混合云计算环境,便于有效管理多地域的数据中心。VPN 服务使得用户可以远程安全地接入私有网络环境。与此同时,新兴的开源软件平台大多涵盖了虚拟路由器模块,例如云计算平台 OpenStack 的网络服务组件 Neutron 中就提供了将路由功能转换为通过网络或数据中心分发的软件的方法。

虚拟路由器工作原理与传统路由器相同。在一台物理服务器中可以形成多台逻辑上具有不同体系结构和路由功能的虚拟路由器,每台虚拟路由器都单独地运行各自的路由协议实例,并且都有自己专用的 I/O 端口、缓存、地址空间、路由表和网络管理软件,可以连接设备在网络之间转发数据包。随着网络的不断发展,虚拟路由器的基本架构也在不断演进。图 5-19 展示了典型虚拟路由器的系统架构,其采用虚拟化网络功能(Virtualized Network Function,VNF)形式部署,并由以下几个关键部分组成。

(1)物理硬件和宿主机操作系统:通用的 x86 和 ARM 硬件平台,提供 CPU、内存、网卡、存储等硬件资源和基础的操作系统服务。

(2)Hypervisor:支持 KVM/FusionSphere/VMware 等主流的虚拟化平台,作为物理服务器和虚拟机之间的中间软件层,实现虚拟机的管理,允许多个虚拟机实例共享硬件资源,同时在各个虚拟机之间增加隔离和防护。

(3)vSwitch/SR-IOV/PCI-passthrough:虚拟交换模块,实现各个虚拟机实例之间以及虚拟机实例与外部网络之间的信息交换。

(4)虚拟机实例:分配了独立的 vCPU、内存、vNIC、存储等虚拟硬件资源,承载具有路由、安全、DNS、NAT 和 VPN 等功能的虚拟路由器实例。这些虚拟路由器在虚拟机中运行,并且可以共享相同的网络接口。虚拟机可以通过网络接口连接到虚拟路由器,并通过虚拟路由器配置和管理网络连接。

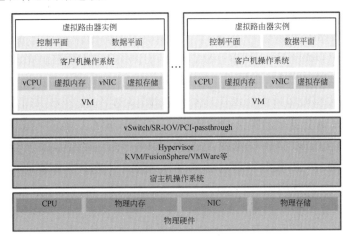

图 5-19　典型虚拟路由器的系统架构

如果虚拟路由软件运行在多进程的操作系统(如 Linux)中,那么还支持多实例,即可以同时支持多台虚拟路由器,如图 5-20 所示。每台虚拟路由器的进程与其他路由器的进程相互分开,它使用的内存也受到操作系统的保护,从而保证了数据的高度安全性。此时一台设备可以充当多台路由器使用,能够实现不同路由域的地址隔离与不同虚拟路由器间的地址重叠,同时能够在一定程度上避免路由泄露,增加网络的路由安全。此外,与 OpenvSwitch 的设计思想类似,虚拟路由器可以包含分离的数据平面和控制平面,以更灵活地对业务转发操作进行管理。

图 5-20 给出了一个部署了虚拟路由器的网络系统示意图,其通常包含三个 L3(三层)网络分支。

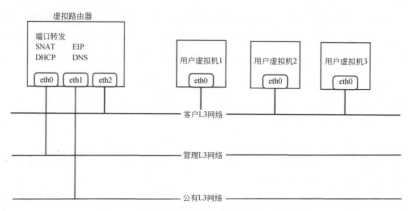

图 5-20　一种部署虚拟路由器的网络拓扑

（1）管理网络（Management Network）：管理节点通过这个网络和运行虚拟路由器的节点（即虚拟路由器代理）通信。eth0 是虚拟路由器代理连接在管理网络上的网卡。

（2）公有网络（Public Network）：该网络提供互联网访问功能，并且为网络中使用 EIP（Elastic IP，弹性公网 IP）的用户虚拟机提供公有 IP 地址、端口转发（port forwarding）和源网络地址转换（Source Network Address Translation，SNAT）。eth1 是虚拟路由器代理连接在公有网络上的网卡。

（3）客户网络（Guest Network）：这个网络用于用户虚拟机之间的连接。eth2 是虚拟路由器代理连接在客户网络上的网卡。

虽然图 5-20 所示的网络拓扑包含三个不同的 L3 网络，但可以根据实际应用需求将它们合并为两个或者一个网络。此外，也可以按需选择虚拟路由器模块提供的网络服务。例如，当不需要保证公网 IP 与虚拟机的灵活绑定与解绑时，虚拟路由器可以不提供 EIP 和 SNAT 的网络服务。

虚拟路由器的一些应用场景包括：

（1）混合云网络：通过虚拟路由器的隧道服务，建立一个跨地区跨网络的安全网络，从而实现公有云上的应用与自有数据中心上业务系统互联互通，快速构建混合云架构。

（2）云端部署：通过虚拟路由器的 VPN 或隧道服务，便于企业将应用系统快速部署到私有网络内。

（3）系统分层部署：将不同的系统部署到不同的私有网络内，通过路由器实现网络互通，既保证系统间的网络划分，又不影响系统间通信。

在公有云 IaaS（Infrastructure as a Service，基础设施即服务）场景中，虚拟路由器部署在公有云的 VPC 中，与企业 IaaS 服务的 VPC 建立安全连接，并作为企业网络中的一个节点，扩展企业网络到云端，采用统一的安全、管理、QoS 等策略，实现企业安全访问 IaaS 服务的需求。同时，云访问的流量不再从总部绕行，减少了响应延迟，降低了企业总部中心路由节点的性能压力，提升了企业的 IaaS 云业务体验。

在公有云 SaaS（Software as a Service，软件即服务）场景中，虚拟路由器部署在 POP 点的服务器或云环境中,通过 POP 点就近访问 SaaS 服务,提升了云访问的效率,通过 POP 点的安全和管理策略,减少了企业分支访问 SaaS 服务的安全风险,提升了企业用户的 SaaS 访问体验。

5.3　虚拟网络组网

如 5.1 节网络虚拟化概述中所述,数据中心的虚拟网络使用叠加网络技术实现,通过隧道封装技术来构建网络。业务报文运行在 Overlay 网络上,与 Underlay 物理承载网络解耦。虚拟网络的边缘节点(即隧道端点)可以是传统的硬件交换机或者是宿主机内的虚拟交换机。根据虚拟网络边缘节点形态的不同,数据中心虚拟网络可以分为基于交换机的虚拟网络(Network Overlay)、基于主机的虚拟网络(Host Overlay)、混合式虚拟网络(Hybrid Overlay)三种类型。相应地,网络虚拟化的组网方案可以分为传统硬件方案、纯软件方案和软硬件混合方案。

(1) Network Overlay:所有虚拟网络边缘节点全部由物理交换机承担(传统网络设备厂商主推,使用专用的网络设备,性能较好)。

(2) Host Overlay:所有虚拟网络边缘节点全部由虚拟交换机承担(VMware 主推,大规模公有云也会使用。使用定制的服务器硬件,提高虚拟交换机性能,网络设备仅做 IP 转发。与网络设备商解耦)。

(3) Hybrid Overlay:一部分虚拟网络边缘节点部署在物理交换机上,另一部分虚拟网络边缘节点部署在虚拟交换机上。

本节将分别简要介绍三种类型的虚拟网络及其组网方案的优缺点。

5.3.1　基于交换机的虚拟网络

尽管数据中心虚拟化技术在过去数十年得到了长足的发展,一些硬件设备厂商仍没有完全认同网络虚拟化的模式,认为传统架构虽然有些问题,但是也有网络虚拟化无法取代的一些优势,包括性能和网络可见性。对于 Overlay 网络的构建,设备厂商推荐使用传统硬件方案,把物理交换机作为边缘节点,将隧道终结在物理交换机上,即构建基于交换机的 Overlay 网络。如图 5-21 所示,基于交换机的 Overlay 网络指的是隧道的两个端点全部是物理交换机,通过控制协议来实现网络构建和扩展。

在基于交换机的 Overlay 网络中,要求所有的物理接入(或边缘)交换机都能支持 VXLAN,虚拟机的流量在接入交换机上进行 VXLAN 报文的封装和解封。对于非虚拟化服务器,直接连

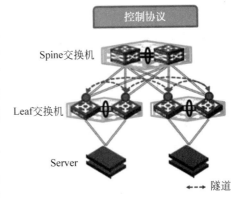

图 5-21　基于交换机的 Overlay 网络

接支持 VXLAN 的接入交换机，服务器流量在接入交换机上进行 VXLAN 报文封装和解封。在不同 VXLAN 网络之间要部署 VXLAN 网关交换机，实现不同 VXLAN 网络的主机之间的通信。根据 VXLAN 网关部署位置的不同，可以进一步将基于交换机的 Overlay 网络分为集中式和分布式两类。

（1）基于交换机的集中式 Overlay 网络：接入交换机作为 VXLAN 的二层网关，核心交换机作为 VXLAN 的三层网关。图 5-22(a)以一个典型的数据中心物理网络 Spine-Leaf 架构为例，说明基于交换机的集中式 Overlay 网络的构建形式。其中，VXLAN 隧道端点（VXLAN Tunnel Endpoint，VTEP）均位于物理交换机（接入服务器的 Server Leaf 交换机、转发流量的 Spine 交换机）上，同时 Server Leaf 交换机作为 VXLAN 的二层网关，Spine 交换机作为 VXLAN 的三层网关。

（2）基于交换机的分布式 Overlay 网络：接入交换机同时作为 VXLAN 的二层和三层网关，此时核心交换机仅作为 IP 流量高速转发节点，不进行 VXLAN 报文的封装和解封。图 5-22(b)为一个基于交换机的分布式 Overlay 网络的示意图。其中，VTEP 均位于接入服务器的 Server Leaf 上，Server Leaf 节点既是 VXLAN 的二层网关，也是三层网关。

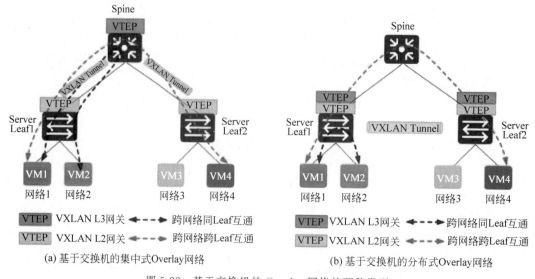

图 5-22　基于交换机的 Overlay 网络的两种类型

与基于交换机的集中式 Overlay 网络相比，基于交换机的分布式 Overlay 网络更占优势。在基于交换机的集中式 Overlay 网络模型中，所有跨网段的流量都需要从网关绕行（如图 5-22(a)所示），给网关设备带来很大的压力。同时，三层转发表项分布在网关集中，对网关节点要求比较高，这使得网络可以支持的业务数量比较有限，扩展能力较差。相反，在基于交换机的分布式 Overlay 网络模型中，所有跨网段的流量直接在接入交换机间转发（如图 5-22(b)所示），三层转发表项分布在接入交换机上，对网关节点要求不高。因此，在大部分数据中心场景下，推荐使用分布式 Overlay 网络部署方案。

在基于交换机的 Overlay 网络中，应用部署的位置将不受限制，网络设备可即插即用、自动配置下发,自动运行。Overlay 网络业务变化,基础网络不感知,并对传统网络改造极少,最为重要的是虚拟机和物理服务器都可以接入 Overlay 网络中。目前,网络设备的主流芯片已经实现了 VXLAN 技术,对于在数据中心里部署基于交换机的 Overlay 网络提供了可能。基于交换机的 Overlay 网络的优势在于物理网络设备流量转发的性能比较高,可以支持非虚拟化服务器之间的组网互通。

5.3.2　基于主机的虚拟网络

与传统网络设备厂商观点不同的是,以 VMware/Nicira 为代表的虚拟化解决方案提供商认为数据中心网络的边缘应该延伸到服务器中的虚拟交换机中。这是因为他们认为如果虚拟机接入硬件交换机(即隧道终结在硬件交换机上),会导致虚拟机的部署依赖于物理网络设备,当网络设备的配置不同或者端口不同时,将不利于虚拟机的自动化部署。因此,他们使用服务器中的虚拟交换机作为虚拟网络隧道的起点和终点,即构建基于主机的Overlay 网络。

基于主机的 Overlay 网络指的是隧道封装或解封在服务器的虚拟交换机上完成,不需要专用的网络设备即可完成 Overlay 网络部署,可以支持虚拟化的服务器之间组网互通,如图 5-23 所示。基于主机的 Overlay 网络使用服务器上的虚拟交换机软件实现 VXLAN 网络功能,VTEP 和 VXLAN网关均通过安装在服务器上的虚拟交换机软件实现,只需要物理网络设备支持 IP 转发即可,所有IP 可达的主机即可构建一个大范围二层网络(即所谓的大二层网络)。数据中心内部的东西向流

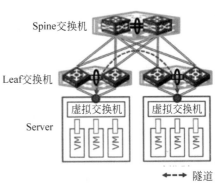

图 5-23　基于主机的 Overlay 网络

量在虚拟交换机之间通过 VXLAN 隧道转发,而南北向流量在虚拟交换机与虚拟路由器之间转发。物理交换机只进行 IP 报文的高速转发,不处理 VXLAN 报文。

基于主机的 Overlay 网络的组网方案屏蔽了物理网络的模型与拓扑差异,将物理网络的技术实现与网络虚拟化的关键要求分离开来,几乎可以支持以太网在任意网络上的透传,使得数据中心的资源调度范围空前扩大。为了对 VXLAN Overlay 网络进行更加简化的运行管理,便于云服务的获取,云计算厂商通常使用集中控制的模型,将分散在多个物理服务器上的虚拟交换机构成一个大型的、虚拟化的分布式交换机。只要在分布式虚拟交换机连接范围内,虚拟机在不同物理服务器上的迁移,便被视为在一个虚拟的网络设备上迁移,从而显著降低了数据中心资源调度的复杂度。

5.3.3　混合式虚拟网络

基于主机的 Overlay 网络是一个纯软件实现的组网方案,主要应用在纯虚拟化的场景中。这种场景没有考虑到虚拟化计算资源和非虚拟化计算资源的互通,基于主机的

Overlay 网络与传统网络互通时，连接比较复杂。虚拟网络完全由服务器上虚拟交换机软件构建，对于 VXLAN 和非 VXLAN 互通的转换全靠软件实现，转换性能存在瓶颈，纯软件实现的 VXLAN 网关很可能会成为整个网络的瓶颈。而基于交换机的 Overlay 网络是一种由物理接入交换机组成边缘设备的组网方案，这种场景下接入交换机需要支持 VXLAN，不需要软件支持。为了实现 Overlay 网络与虚拟机的相连，需要通过一些特殊的技术将虚拟机与 Overlay 边缘设备进行对接，组网上不够灵活。综上可见，单纯部署一种特定类型的虚拟网络时都存在一定的限制。理想的组网方案应该是一个结合了基于交换机的 Overlay 网络与基于主机的 Overlay 网络两种方案优势的混合式 Overlay 组网方案。

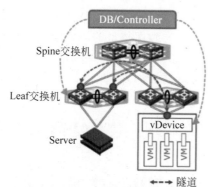

图 5-24   混合式 Overlay 网络

混合式 Overlay 网络指的是采用基于交换机的 Overlay 网络和基于主机的 Overlay 网络的混合组网，隧道的端点全部既可以是物理交换机，也可以是虚拟交换机（如图 5-24 所示）。数据中心内部的东西向流量在虚拟交换机和物理接入交换机之间通过 VXLAN 隧道转发，而南北向流量在虚拟交换机（或物理接入交换机）与核心交换机之间通过 VXLAN 隧道转发。

混合式 Overlay 网络可以支持物理服务器和虚拟服务器之间的组网互通，但需要标准化协议才能完成异构设备组网及互通。为了更好地对网络设备的流量转发方式进行管理，通常采用集中式数据库或控制器作为混合式 Overlay 网络控制平面的主要形态（如图 5-24 所示）。混合式 Overlay 网络采用软硬件结合的方式，使得软硬件都能发挥自己的优势，也保障了 Overlay 网络的整体性能。例如，在流量转发时，物理交换机不占用服务器 CPU 资源，而虚拟交换机占用服务器 CPU 资源，两者的结合使用可以实现转发性能和硬件成本的平衡。

值得说明的是，数据中心的 Overlay 网络具有独立的控制和转发平面，对于连接在 Overlay 边缘设备之外的终端系统来说，物理网络是透明的。通过部署 Overlay 网络，可以实现网络向云和虚拟化的深度延伸，使云资源调度能力可以摆脱物理网络的重重限制，是实现云计算的关键。数据中心的三种 Overlay 网络部署方案，有助于数据中心上虚拟化应用的大规模部署和终端系统的灵活接入，是新一代数据中心网络蓬勃发展的重要基础。

5.4   软件定义网络

前面叙述了数据中心虚拟化架构和方法，介绍了如何用软件来配置、管理数据中心。数据中心存在几种常见类型的系统软件，包括虚拟机管理、存储管理、网络管理以及网络安全管理等软件。就网络管理而言，软件定义网络（Software-Defined Network，SDN）已经成为数据中心网络领域的一个标准管理架构。本节将首先分析新一代数据中心的网络需求并说明数据中心是如何向软件定义数据中心演进的,以此引出 SDN 分层的体系架构,并将 SDN 与传统网络架构进行对比分析。接着对 SDN 数据层和控制层的关键技术进行简要阐述。最后澄清关于 SDN 的几个认识误区,提高网络从业人员对 SDN 的理解。

5.4.1 数据中心网络的新需求

云计算时代的数据中心对网络提出了很多新的需求。首先要解决的是大规模网络的自动化和集中式控制,让网络的运营和运维能自动化处理。其次要解决网络对应用的感知能力,网络需要变得更加智能。然后需要提高网络的开放性和可编程能力,提高数据中心网络的可用性。最后,在大规模数据中心场景,对网络的可靠性和容错能力提出了更高的要求。

1. 网络自动化与集中式控制

对于数据中心的网络管理员来说,新业务的上线通常意味着应用资源的规划以及诸多协议规则(如 VLAN、ACL、路由、防火墙等)的配置,业务下线后还需要回收相关的资源以及撤销相关规则。这些都依赖于网络管理员的手动操作,效率较低并容易出错。在传统数据中心中,同一业务的资源分布较为集中,因此这些操作不会涉及过多的设备,手动配置网络在成本上是可以接受的。另外,手动配置网络还意味着较长的业务交付周期,上线一个新的业务往往需要等待一段较长的时间。

云计算提出了资源池化的思想,同时虚拟化技术的发展打破了基础设施的物理边界。当前数据中心内可管理的网元数量相比传统数据中心增加了数十倍,而且为同一业务分配的虚拟机可能分散在不同的机柜、机房甚至不同的数据中心,管理员很难准确地知道虚拟机某一时刻所在的位置。再加上虚拟机的动态迁移以及应用负载的弹性伸缩,此时手动配置网络将变成一件不可能完成的工作。此外,云计算还深刻地改变着传统数据中心的业务交付模式,用户通过在 Web 页面上点选按钮、输入参数就可以自助地开通或者变更业务,其时间要求达到分钟级甚至秒级。随着防火墙、负载均衡、入侵检测系统(IDS)/入侵防御系统(IPS)等 L4~L7 层设备的虚拟化,业务的组网方式变得更加复杂、易变。显然,"提交变更申请—分解操作流程—手动配置网络"形式的传统流程将无法适应数据中心网络的发展,业务敏捷性和灵活性的缺乏日益凸显。

由于传统数据中心网络的自动化程度较低,难以满足业务快速弹性上线的诉求。应用扩容困难,横向扩展(Scale-out)费时费力(需经历与安装部署一样的流程),纵向扩展(Scale-up)业务中断时间长(装机、存储迁移、业务切换等)。新一代数据中心需要具有较高的网络自动化能力,确保网络可以随用户业务高效地进行调整,网络设备即插即用。

此外,传统数据中心网络资源割裂,网络呈现"烟囱式",无法实现资源统一管理。业务跨数据中心网络部署,多数据中心网络业务依赖关系、协议规则错综复杂。例如,虚拟机作为任务承载单元可能动态地迁移,为了不中断业务,需要对网络策略进行及时有效的重新部署。同时,业务流量采用分布式路由方式,容易造成次优的链路带宽分配,网络资源利用率低,整体服务性能不高。因此,对网络进行集中式调度的能力也是新一代数据中心所需要的。

2．应用感知

数据中心的建设是一个大型的系统工程，不考虑电力制冷以及人力上的开销，以每个机架为单元，ToR 交换机的成本大概只能占到 5%～8%，服务器的成本占比在 25%～35%，而在软件方面所投入的成本（包括操作系统、虚拟化、应用以及管理软件）大概占据 65% 甚至更多。因此，与在电信运营商中的基础性地位不同，网络在数据中心内部应该被定位于业务与应用的辅助结构，如果让应用围着网络来转，显然是本末倒置了。

虽然数据中心和电信运营商在网络设备厂商中通常是两条独立的产品线，不过数据中心网络架构的设计至今仍然没有摆脱"以网络为中心"的思路。大数据、人工智能等新型应用架构的日益普及，对未来的数据中心网络将提出更高的要求，网络需要能够为这些应用保障比较严苛的可服务性需求，如传输带宽、端到端时延和传输抖动等。因此，必须重新思考网络未来在数据中心的定位，其需要能够更为深刻地理解应用、更为细致地感知应用以及更为灵活地适应应用，从而可以针对应用来进行网络管理与优化。

3．开放和可编程

传统的通信网络是水平方向标准化和开放的，每个网元可以和周边的网元进行互联。而在计算机的世界里，不仅水平方向是标准化和开放的，同时垂直方向也是标准化和开放的，从下到上有硬件、驱动、操作系统、编程平台、应用软件等，开发者可以很容易地编写各种应用。与之相比，网络在垂直方向上是"相对封闭"和"没有框架"的，在垂直方向创造应用、部署业务相对困难。因此，网络需要在垂直方向变得开放、标准化及可编程，以让用户更容易、更有效地使用网络资源。

4．高可用性和容错性

随着数据中心网络的规模不断扩大，网络的可靠性和可用性也面临着越来越高的要求。数据中心网络技术需要在网络发生故障时自动切换，保证业务的连续性和网络的可用性。

随着现代数据中心规模化商用以及新技术的迅猛发展，传统数据中心网络正面临着上述挑战。SDN 正是为了解决网络中控制软件与网络设备关联，实现控制和转发解耦，简化网络控制管理，提高网络部署速度，同时提供更为便捷以及开放的网络平台。一言以蔽之，SDN 是对当前臃肿不堪的网络架构的一种创新，为网络开发及应用创新提供更好的平台。

5.4.2　SDN 体系架构

SDN 是当前最热门的网络技术之一，它解放了手工操作，减少了配置错误，易于统一快速部署。本节首先说明 SDN 诞生与发展的背景，接着简要介绍 SDN 主流的体系结构，最后阐述 SDN 标准接口设计。

1．SDN 诞生与发展背景

随着网络的快速发展，传统网络出现了众多问题，比如网络配置复杂度高、扩展困难等，这些问题说明网络架构需要革新。借鉴计算机系统的抽象结构，新的网络结构将存在转发抽象、分布状态抽象和配置抽象这三类虚拟化概念。转发抽象剥离了传统交换机的控制功能,将控制功能交由控制层来完成,并在转发层和控制层之间提供了标准接口,确保交换机完成识别转发数据的任务。控制层需要将设备的分布状态抽象成全网视图,以便众多应用能够通过全网视图信息进行网络的统一配置。配置抽象进一步简化了网络配置模型,用户仅需通过控制层提供的应用接口对网络进行简单配置,就可自动完成随路径转发设备的统一部署。因此,网络抽象思想减少了对网络设备的依赖,成为转发控制分离且接口统一架构(即 SDN)产生的驱动因素。

此外,众多标准化组织相继加入 SDN 相关标准的制定当中。开放网络基金会(Open Networking Foundation,ONF)是专门负责制定 SDN 接口标准的组织,上文提及的 OpenFlow 协议即为该组织制定且已成为 SDN 接口的主流标准,许多运营商和设备厂商根据该标准进行网络设备研发。互联网工程任务组(Internet Engineering Task Force,IETF)的 ForCES 工作组、互联网研究专门工作组(Internet Research Task Force,IRTF)的 SDNRG 研究组以及国际电信联盟远程通信标准化组织(ITU Telecommunication Standardization Sector,ITU-T)的多个工作组同样针对 SDN 的新技术和新应用等展开研究。标准化组织的跟进,促进了 SDN 市场的快速发展。根据市场调研机构内斯特研究(Research Nester)的调查报告,SDN 全球市场规模于 2022 年已达到 204 亿美元,预计到 2035 年将达到 2217.9 亿美元,2023—2035 年复合年增长率为 22%。市场需求确保 SDN 具有广阔的发展空间和巨大的研究价值。

2. 体系架构概述

SDN 作为一种新型的网络架构,同时也是网络虚拟化的一种实现方式,起源于 2006 年斯坦福大学的 Clean Slate 研究课题。利用分层的思想,SDN 将网络设备的控制层与数据转发层分离开来,以便于对网络流量的灵活控制,使网络变得更加智能。在控制层包括具有逻辑中心化和可编程的控制器,可掌握全局网络信息,使得网络管理员能够方便地进行网络配置和新协议的部署。在数据转发层包括物理和虚拟交换机等网络设备,仅提供简单的数据转发功能,可以快速处理匹配的数据包,以适应日益增长的流量需求。两层之间采用开放的统一接口(如 OpenFlow 等)进行交互。控制器通过标准接口向交换机下发统一标准规则,交换机仅需按照这些规则执行相应的动作即可。此外,控制器能够为运营商等第三方提供便于使用的北向接口,该接口能够根据用户的具体需求进行定制开发,以使用户能够较为方便地定制特色私有化应用。

基于上述设计思想,SDN 的整体架构由下到上分为数据平面、控制平面和应用平面,如图 5-25 所示。其中,数据平面由物理或虚拟转发设备组成,设备之间通过不同协议的链路进行连接。控制平面包含了 SDN 控制器和网络操作系统(如开源 OpenStack、华为 FusionSphere),负责控制逻辑规则制定和管理全网视图。应用平面包含各种基于 SDN 实现的网络应用,通过简单的编程,用户即可实现新应用的快速部署,而不需要关注底层转发设备的细节。

控制平面与数据平面之间通过 SDN 控制数据平面接口(Control-Data-Plane Interface,

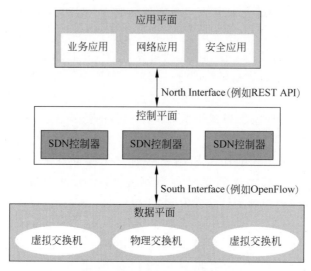

图 5-25　SDN 体系架构

CDPI)进行通信,它具有统一的通信标准,主要负责将转发策略从网络操作系统分发到各个网络设备,同时可以进行不同厂商和型号的匹配。控制平面与应用平面之间通过 SDN 北向接口(Northbound Interface,NBI)进行通信,而 NBI 并非统一标准,它允许用户根据自身需求定制开发各种网络管理应用。

SDN 中的接口具有开放性,以控制器为逻辑中心,南向接口负责与数据平面进行通信,北向接口负责与应用平面进行通信,东西向接口负责多控制器之间的通信。主流的南向接口 CDPI 采用的是 OpenFlow 协议。OpenFlow 最基本的特点是基于流的概念来匹配转发规则,每个交换机都维护一个流表(Flow Table),依据流表中的转发规则进行转发,而流表的建立、维护和下发都由控制器完成。针对北向接口,应用程序通过北向接口编程来调用所需的各种网络资源,实现对网络的快速配置和部署。东西向接口使控制器具有可扩展性,为负载均衡和性能提升提供了技术保障。通过分离控制平面和数据平面以及开放的通信协议,SDN 打破了传统网络设备的封闭性。南北向和东西向的开放接口及可编程性,也使得网络管理变得更加简单、动态和灵活。SDN 实现了网络硬件的可编程性,通过编程的方式控制硬件设备,实现新的网络功能和协议。网络设备以及网络控制将不再局限于各大硬件设备供应商,而可以由通用性较强的软件或硬件系统予以实现。

归纳起来,SDN 架构具备以下三个主要特征。

(1) 集中式控制:通过 SDN 的三层结构,控制器的集中控制可以获取网络状态的所有信息,并可以按照业务的实际需要对资源进行全局的优化与配置,例如负载均衡、QoS、带宽分配等。整个网络通过集中控制能够在逻辑层面被看作一台网络设施执行维护与运行功能,不用到现场对物理设施作相应的配置,促进了网络维护与控制方便性的全面提升。

(2) 开放式接口:北向与南向接口的开放,使得网络能够与各类业务与硬件资源无缝衔接,经过开放接口灵活使用编程的方式通知网络怎样工作才能更符合业务的需求,比如延迟、带宽、服务类型、计费等因素对路由的影响。同时,通过可编程接口可以使得用户自主对资源进行调用,对网络业务进行开发,使得新业务的上线周期明显缩短。

(3) 网络可编程:通过开放的南向接口,能够对底层的数据转发面进行编程,根据业务需要随时构建新的网络能力。相比传统网络,网络可编程能力大大提升了 SDN 网络业务发布周期,使得网络能更好地适应现代数据中心对网络快速变迁和部署的能力要求。

与传统的网络架构相比,SDN 在许多方面都有着较大的差异,如表 5-2 所示。除此之外,从硬件维度来看,SDN 网络设备仅仅需要实现转发即可,不必关注控制管理功能,因此对网络设备的要求有所降低,使得底层的硬件设备可以进行统一化和标准化的设计生产。从软件角度来看,SDN 核心组件控制器是基于软件实现的网络操作系统(Network Operating System,NOS),其可以根据用户自身需求和网络状态,实现更加个性化和定制化的网络服务,这是传统网络不具备的优势。通过 SDN,网络在运营部署过程中基本实现了自动化能力,一旦发生网络故障,也可以实现故障的自主诊断,比传统网络运维更加智能。

表 5-2　SDN 与传统网络架构的对比

对　比　项	传统网络架构	SDN
网络设备	传统路由器和交换机	OpenFlow 交换机
数据转发控制	分布式控制	逻辑上集中控制
分离性	控制平面和数据平面紧耦合	控制平面与数据平面分离
可编程性	一般不具有编程接口	具有开放的可编程接口
设备属性	所有设备都是物理设备	物理、虚拟化、软件化的设备
安全态势	向多个设备发送信息进行综合评估	实时从控制器获取全局安全态势信息

3. 开放式接口与协议设计

SDN 中的接口具有开放性,以控制器为逻辑中心,南向接口负责与数据平面通信,北向接口负责与应用层通信。云计算领域中知名的 OpenStack 就是工作在 SDN 应用层的云管理平台(Cloud Management System,CMS),通过在其网络资源管理组件中增加 SDN 管理插件,管理员和用户可利用 SDN 北向接口便捷地调用 SDN 控制器对外开放的网络能力。当有云主机需要分配网络资源(例如建立用户专有的 VLAN)时,相关的网络配置和策略可以在 OpenStack 管理平台上集中制定并调用 SDN 控制器统一地自动下发到相关的网络设备上。此外,由于单一控制节点容易造成网络服务单点失效,严重影响网络服务的可用性,因此可以采用多控制器部署的方式提高 SDN 控制器的高可用性,此时多个控制器之间一般采用东西向接口进行通信。在这些开放式接口中,控制器南向接口作为转发与控制分离的核心被广泛研究,成为业界关注的焦点。逻辑上,南向接口既要保证数据转发平面与控制平面之间的正常通信,又要支持两个平面解耦,能够各自独立更新演进。另外,硬件厂商基于这种标准接口生产网络设备,这需要该接口标准能够保持稳定,版本之间保持兼容。

近些年,许多组织着手制订 SDN 南向标准接口。OpenFlow 是第一个开放的南向接口协议,也是目前被广泛使用的南向协议。它提出了控制与转发分离的架构,规定了 SDN 转发设备的基本组件、功能要求以及与控制器通信的协议,将单一集成和封闭的网络设备转变为灵活可控的通信设备。2008 年 4 月，斯坦福大学的 Nick McKeown 教授在 *ACM Communications Review* 上发表了论文 *OpenFlow: Enabling Innovation in Campus Networks*，首次详细地论述了 OpenFlow 的原理，明确提出了 OpenFlow 的现实意义——在不改动物理网络设备的前提下，安全地在生产网络上进行新的网络功能部署，而不影响正常的业务流量。2009 年 OpenFlow 协议的第一个正式版本 1.0 发布。OpenFlow 1.0 的优势是可以与现有的商业交换机芯片兼容，通过在传统交换机上升级固件就可以支持。然而，OpenFlow 1.0 的功能还不完善，例如支持的规则和动作过少、仅支持单表、不支持关联动作的组合等问题。随后 OpenFlow 1.1 版本开始支持多级流表、组表及动作集等功能。

为便于硬件生产厂商研发支持 OpenFlow 设备，2011 年德国电信、Facebook、谷歌、微软、NTT、Verizon 和 Yahoo 联合成立了 ONF，随后 ONF 接管了标准的后续开发和维护。IPv6 是下一代互联网的核心协议，ONF 在 OpenFlow 1.2 版本中增加了对 IPv6 地址的支持。网络拥塞始终是传统网络需要解决的一个重要问题，在 SDN 网络中也是如此，从 1.3 版本开始 OpenFlow 增加了 Meter 表，用于控制关联流表的数据包的传送速率。2013 年发布的 OpenFlow 1.4 仍然是基于 1.3 的改进版本，数据转发层面没有太大变化，主要是增加了流表删除和复制机制，并考虑了流表一致性问题。总的来说，OpenFlow 协议支持的功能越来越多，并在持续地更新完善。在目前 OpenFlow 协议规范下，一个典型的 OpenFlow 交换机如图 5-26 所示。它主要由 OpenFlow 通道（OpenFlow Channel）和数据平面组成，而数据平面又包括一个或多个流表（Flow Table）、端口（Port）、组表（Group Table）和 Meter 表等。

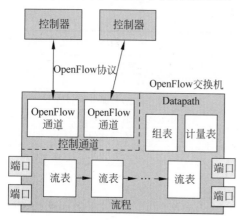

图 5-26 OpenFlow 交换机的基本组件

（1）OpenFlow 通道用于交换机和控制器进行通信（基于 OpenFlow 协议）。

（2）流表即存放流表项的表，由控制器通过 OpenFlow 协议下发到交换机，从而指导数据报文的转发。控制器可以通过 OpenFlow 协议主动或被动（响应 OpenFlow 交换机请求）地对流表中的表项进行添加、删除和更新。交换机中的每个流表都包含一组流表项，每个流表项包含 Match Fields（匹配字段）、Counters（计数器）、Instructions（动作指令集）等字段，用来匹配数据报文。

（3）端口是 OpenFlow 与其他网络协议栈进行数据交换的网络接口，包括物理端口、逻辑端口以及预留端口等。

（4）组表用于定义一组可被多个流表项共同使用的动作。组表由一个或多个组表项组成，组表项被流表项所引用，即与流表项相关的动作也可以将报文引到一个组表项中，为所有引用组表项的流表项提供额外的报文转发功能。

（5）Meter 表用于计量和限速。一个 Meter 表包含多个 Meter 表项，Meter 表项被流表项所引用,即与流表项相关的动作也可以将报文引到一个 Meter 表项中,为所有引用 Meter 表项的流表项提供数据报文速率的测量和控制。

随着 OpenFlow 支持的功能不断增加,容易带来流表负载过重的问题。如何支持不同粒度、任意组合的流表,是 OpenFlow 需要应对的一个挑战。此外,OpenFlow 依然只能在现有支持的转发逻辑上添加对应流表项来指导数据报文的转发,而无法对交换机的转发逻辑进行管理和配置。为此,ONF 提出了 OpenFlow 管理与配置协议(OpenFlow Management and Configuration Protocol,OF-CONFIG),填补了 OpenFlow 协议之外的交换机运维配置等内容。OF-CONFIG 扩展了 NETCONF 协议(一种网络配置协议,提供一套网络设备管理机制对网络设备进行配置),采用可扩展标记语言(eXtensible Markup Language,XML)配置 OpenFlow 交换机,但不影响交换机的流表内容和数据转发行为。此外,如图 5-27 所示,OF-CONFIG 在 OpenFlow 架构上增加了一个配置节点(OpenFlow Configuration Point)。这个节点既可以是控制器上的一个软件进程,也可以是传统的网管设备。

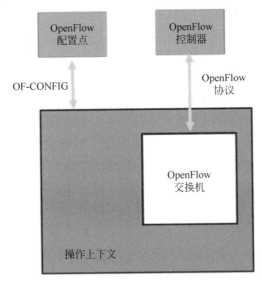

图 5-27　OF-CONFIG 配置协议结构

SDN 数据平面上的网络设备可以有硬件、软件等多种实现形态。随着当前通用处理器性能的提升,基于软件实现的网络设备已经能够满足很多场景下的网络传输需求,同时其具有更好的灵活性及与虚拟化软件的集成性,使得基于软件实现的交换机在 SDN 领域尤为常见,如 5.2.2 节中介绍的开源虚拟交换机 OvS。相应地,业界也出现了一些用于虚拟交换机配置与管理的 SDN 南向接口协议。其中,开源交换机数据库管理协议(Open vSwitch Database,OVSDB)是针对 OvS 开发的轻量级数据库,实现对虚拟交换机的可编程访问和配置管理。值得说明的是,OF-CONFIG 和 OVSDB 等网络设备配置型南向协议只能对网络设备的资源进行配置,不能编程网络设备的具体处理过程。它们是对 OpenFlow 的必要补充,在设备初始化时完成对网络设备资源的配置。

随着 SDN 的发展,除了标准组织提出的 SDN 南向接口协议外,传统网络设备厂商也把越来越多的接口协议放到南向接口中，例如思科公司的 OpFlex 协议、华为公司的 POF（Protocol Oblivious Forwarding）协议。在思科的软件定义网络解决方案（Application Centric Infrastructure，ACI）架构中，ACI 控制器通过 OpFlex 接口协议远程下发策略，控制网络设备去实现特定网络策略。然而，OpFlex 是声明式控制的南向接口协议，只下发控制平面定义的策略，并不指定实现网络策略的具体方式，具体的实现方式由数据转发设备来决定。因此，OpFlex 只具有相对受限的可编程能力，无法做到更细致粒度的数据平面编程。而华为 POF 协议可以看作 OpenFlow 的演进，不仅可以实现软件定义的网络数据处理，而且还可以实现软件定义的网络协议解析，因此拥有更细粒度和更全面的数据平面编程能力。在 POF 定义的架构中，交换机并没有协议的概念，它仅在控制器的指导下通过 {offset,length} 来定位数据、匹配并执行对应的操作，从而完成数据转发。由于交换机可以在不关心网络协议的情况下完成网络数据的处理，所以在支持新的网络协议或已有协议的新字段时只需在控制器上添加对应的协议或字段处理逻辑即可，无须对交换机做任何修改，显著加快了网络创新的进度。

面对 OpenFlow 存在的可编程能力不足问题，除华为公司提出的 POF 以外，学术界和工业界也提出了颠覆性的 P4（Programming protocol-independent packet processors）。P4 是一种"协议无关的数据包处理"编程语言，也是由 Nick Mckeown 教授等设计和提出的。P4 语言定义了一系列的语法，也开发出了 P4 编译器，支持对 P4 转发模型的协议解析过程和转发过程进行编程定义。借助 P4 带来的数据平面编程能力，网络管理员不仅可以实现诸如网桥、路由器、防火墙等已有的网络设备功能与网络协议，还可以很容易地支持 VXLAN 等新协议，并且负载均衡、流量检测、分布式路由等工作也可以通过 P4 在数据平面上实现，从而极大地提升网络可编程能力。P4 的优点主要有如下三点。

（1）可灵活定义转发设备数据处理流程，支持重新配置匹配域，且可以做到转发无中断的重配置。OpenFlow 所拥有的能力仅是在已经固化的交换机数据处理逻辑之上，通过流表项指导数据流处理，而无法重新定义交换机协议解析和数据处理等逻辑，但 P4 具有对交换机的协议解析流程和数据处理流程进行编程的能力，并可以修改已经配置过的交换机的数据处理方式。

（2）协议无关性。转发设备支持的数据包处理行为不受协议类型局限，并且管理员可以定制交换机本身所支持的协议。由于 P4 可以自定义数据处理逻辑，所以可以通过控制器对转发设备编程实现协议处理逻辑，即可以通过软件定义交换机支持的协议功能，包括数据包的解析流程、匹配所需的表、需要执行的动作列表等内容。在完成协议处理逻辑定义后，P4 支持下发对应的匹配和动作表项以指导交换机进行数据的处理和转发。

（3）设备无关性。正如采用高级程序设计语言编写上层应用代码时不需要关注计算机底层信息一样，管理员使用 P4 语言进行网络编程时同样不需要关注底层网络设备信息。P4 的编译器会将通用的 P4 语言处理逻辑编译成设备相关的指令并写入转发设备，从而完成用户的功能需求（如图 5-28 所示）。因此，P4 代码能够跨设备无缝移植。

P4 的抽象转发模型如图 5-29 所示，其中的解析器是可编程协议解析器，可实现自定义

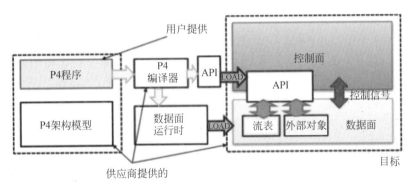

图 5-28　P4 模型结构

的数据解析流程。数据包在经过解析之后会被传到一个由 Match-Action(匹配-动作)表构成的流水线,并支持串行和并行两种操作。与 OpenFlow 流水线类似,这些表决定了数据包将被送往哪里,例如丢弃或送到某个出端口。P4 设计的匹配过程分为入端口流水线和出端口流水线两个分离的数据处理流水线。在入端口流水线中,数据包可能会被转发、复制、丢弃或触发流量控制。而出端口流水线可以对数据包做进一步的修改,并送到相应的出端口。此外,数据包在不同匹配表之间还可以携带被同样视为头字段的元数据(metadata),其可以携带一些数据包本身没有的中间信息,例如入端口、队列、时间戳等。

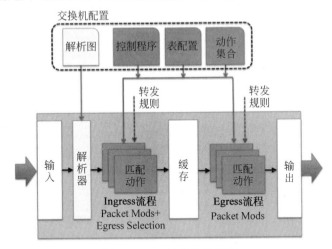

图 5-29　P4 抽象转发模型

从 P4 的抽象转发模型中可以了解到,交换机的工作流程可以分为数据包解析和数据包转发两个阶段。P4 支持数据包解析过程和数据包转发流程。在编程交换机处理逻辑时,首先需要定义数据包解析器的工作流程,然后再定义数据包转发的控制逻辑。定义解析器时需要定义数据包格式以及不同协议之间的跳转关系,从而定义完整的数据包解析流程。完成解析器定义之后,需要定义转发控制逻辑,内容包括用于存储转发规则的匹配表的定义及转发表之间的依赖关系的定义。这些控制逻辑代码通过 P4 的编译器编译成表依赖图(Table Dependency Graph,TDG),然后写入交换机中。TDG 用于描述匹配表之间的依赖关系,定义了交换机处理数据的流水线。

　　用户编写 P4 程序之后,需要通过 P4 编译器将程序编译并写入交换机中,其主要分为数据解析逻辑的编译写入和控制流程的编译写入。数据解析部分用于将网络字节流解析为对应的协议报文,并将报文送到接下来的控制流程中进行匹配和处理。控制流程的编译和写入主要分为两个步骤:第一步需要对 P4 程序进行编译,生成设备无关的 TDG;第二步根据特定转发设备的资源和能力,将 TDG 映射到转发设备的资源上。

　　目前,P4 支持在多种转发设备上使用,包括软件交换机、基于 ASIC 芯片的交换机、支持并行表的交换机等。同时各大设备制造商也推出了 P4 可编程芯片与交换机,例如 Intel Tofino 芯片以及使用 Tofino 芯片的可编程交换机。

　　在 SDN 概念出现前,计算机网络中已经存在一些具有可编程能力的通信协议,其应用范围很广,也可以用作 SDN 南向接口协议,在 SDN 控制平面和数据平面之间传输控制消息。例如,用于即时消息传递、多方聊天、语音和视频呼叫、轻量级中间件的可扩展消息处理现场协议(eXtensible Messaging and Presence Protocol,XMPP),以及为 MPLS 网络域间流量工程等场景提出的路径计算单元协议(Path Computation Element Protocol,PCEP)都经常被应用在 SDN 框架中。典型的南向接口协议如表 5-3 所示。

表 5-3　典型的南向接口协议

南向接口协议	协　议　类　型	设　计　目　标
OpenFlow	狭义的 SDN 南向协议(支持数据平面的可编程能力,自定义网络数据处理行为)	用于 OpenFlow 交换机与控制器的信息交互
OF-CONFIG	广义的 SDN 南向协议(只能对网络设备的资源进行配置)	用于 OpenFlow 交换机的配置与管理
NETCONF	广义的 SDN 南向协议(只能对网络设备的资源进行配置)	用于网络设备的配置与管理
OVSDB	广义的 SDN 南向协议(只能对网络设备的资源进行配置)	用于 Open vSwitch 的配置与管理
OpFlex	广义的 SDN 南向协议(具有部分可编程能力,控制网络设备实现网络策略)	思科 ACI 架构的策略控制协议
POF	完全可编程的 SDN 南向协议(具有比 OpenFlow 更通用的抽象能力)	用于对数据平面协议解析过程和数据处理过程两部分的软件定义
P4	完全可编程的 SDN 南向协议(具有比 OpenFlow 更通用的抽象能力)	可编程协议无关报文处理语言,用户可以直接使用 P4 编写网络应用,经编译对底层设备进行配置
XMPP	广义的 SDN 南向协议(具有一定可编程能力,不是专门为 SDN 设计)	用于即时通信、游戏平台、语音与视频会议系统,控制器利用 XMPP 与网元进行信息交互
PCEP	广义的 SDN 南向协议(具有一定可编程能力,不是专门为 SDN 设计)	用于 MPLS 网络域间集中化的路径计算

　　在 SDN 体系架构中除了控制器南向接口之外,还包含控制器北向接口及控制器之间

的东西向接口。北向接口负责控制平面与各种业务应用之间的通信,为上层业务应用和资源管理系统提供灵活的网络资源抽象。应用层各项业务通过编程方式调用所需网络抽象资源,掌握全网信息,方便用户对网络配置和应用部署等业务的快速推进。然而,应用业务具有多样性,使得北向接口亦呈现多样性,开发难度较大。起初,SDN 允许用户针对不同应用场景定制合适的北向接口标准。北向接口设计通常可以分为功能型北向接口和基于意图的北向接口两种类型。

(1) 功能型北向接口(Functional NBI):自下而上看网络,重点在网络资源抽象及控制能力的开放,包括拓扑、隧道、VPN 等接口。

(2) 基于意图的北向接口(Intent-based Interface):自上而下看网络,关注应用或者服务的需求,与具体的网络技术无关。

为了统一北向接口,各组织开始制订北向接口标准,如 ONF 的 NBI 接口标准和 OpenDaylight(Linux 基金会负责管理的一个使用 JAVA 开发的控制器开源项目)的 REST 接口标准等。然而,这些标准仅对功能作了描述,而未详细说明实现方式。因此,如何实现统一的北向接口标准,成为业界下一步需要推动的工作。与南北向接口通信的方式不同,东西向接口负责控制器间的通信。由于单一控制器性能有限,无法满足大规模 SDN 网络部署,东西向接口标准的制订使控制器具有可扩展能力,并为负载均衡和性能提升等方面提供了技术保障。

5.4.3　关键技术

SDN 的思想是通过控制平面与转发平面分离,将网络中交换设备的控制逻辑集中到一个计算设备上,为提升网络管理配置能力带来新的思路。下面对 SDN 数据平面和控制平面的关键技术进行简要阐述。

1. 数据平面关键技术

在数据平面与控制平面分离的 SDN 体系架构中,交换机将繁重的控制逻辑部分交由控制器来负责,而它仅根据控制器下发的规则对数据包进行快速转发。为避免交换机与控制器频繁交互,双方约定的规则是基于流的,而并非基于数据包。SDN 数据平面的功能相对简单,主要包含交换机和转发规则两方面的关键技术:①如何设计可扩展的快速转发设备,其既可以灵活匹配规则,又能快速转发数据流;②如何及时有效地更新转发规则,以满足上层应用的业务需求。

1) 交换机设计

SDN 交换机位于数据平面,负责数据流的转发。通常可采用硬件和软件两种方式进行实现。硬件转发方式具有速度快、成本低和功耗小等优点。一般来说,交换机 ASIC 芯片的处理速度比 CPU 处理速度快两个数量级,比网络处理器(network processor,NP)快一个数量级,并且这种差异将持续很长时间。在灵活性方面,硬件则远远低于 CPU 和 NP 等可编程器件。如何设计交换机,做到既保证硬件的转发速率,同时还能确保识别转发规则的灵活性,成为 SDN 实际部署面临的一个重要挑战。

利用硬件处理数据包，可以保证转发效率，但急需解决处理规则不够灵活的问题。为了使硬件能够灵活应对数据平面的转发规则匹配严格和动作集元素数量太少等限制，Nick Mckeown 教授等针对数据平面转发提出了 RMT(Recongurable Match Tables)模型。该模型实现了一个可重新配置的匹配表，并允许在流水线阶段支持任意宽度和深度的流表。概括起来，重新配置数据平面需要满足四方面的要求：①允许随意替换或增加域定义；②允许指定流表的数量、拓扑、宽度和深度，这些属性仅仅受限于交换机芯片的整体资源（如芯片内存大小等）；③允许创建新动作；④可以随意将数据包放到不同的队列中，并指定发送端口。

如图 5-30 所示，理想的 RMT 模型是由解析器、多个逻辑匹配部件以及可配置输出队列组成的。该模型的可配置性体现在：通过修改解析器来增加域定义，修改逻辑匹配部件的匹配表来完成新域的匹配，修改逻辑匹配部件的动作集来实现新的动作，修改队列规则来产生新的队列。基于 RMT 模型的设计，容易模拟网关、路由器和防火墙等设备，也能够使用非标准的协议。RMT 模型的所有更新操作是通过解析器来实现的，无须修改硬件，只需要在芯片设计时留出可配置的接口即可，实现了硬件对数据的灵活处理。

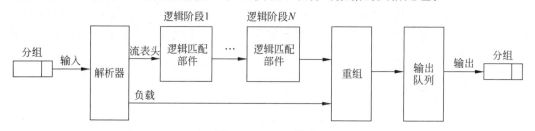

图 5-30　RMT 模型

与使用专用硬件的交换机不同，软件交换机处理的速度低于硬件交换机，但是软件方式可以有效地改善规则处理的灵活性，同时又能避免硬件自身内存较小、流表大小受限、无法有效处理突发流等问题，因而同样受到业界的关注。软件交换机利用 CPU 处理转发规则，可以避免专用硬件灵活性差的问题，随着 CPU 处理数据包的效率越来越高，商用交换机很自然地也会采用这种更强的 CPU。这样，在软件处理转发速度与硬件差别变小的同时，灵活处理转发规则的能力得到提升。此外，还可以采用 NP 的处理方式。由于 NP 专门用来处理网络的各种任务，例如数据包转发、路由查找和协议分析等，因此在网络处理方面，NP 比 CPU 具有更高效的处理能力。无论采用 CPU 还是 NP，都应充分发挥处理方式灵活的优势，同时尽量避免处理效率低而带来的影响。

2）转发规则更新

与传统网络类似，SDN 中也会出现网络节点失效的问题，进而导致网络交换机中的转发规则改变，严重影响网络服务的可靠性。此外，流量负载均衡或网络维护等操作也会带来转发规则的变化。SDN 允许管理人员自主更新相关转发规则，但采用较低抽象层次的管理方式来更新交换机转发规则容易出现错误，导致出现交换机转发规则更新不一致的问题。即便没有出现更新错误，由于存在更新的延迟，数据包转发路径上可能有些交换机已经拥有新转发规则,而另一些交换机还在使用旧转发规则,仍然会造成转发规则更新不一致的问题。

将转发规则配置细节进行抽象,使管理人员能够使用较高抽象层次的管理方式统一更新规则,有利于避免低层管理引起的规则更新不一致问题。因此,一般采用两阶段提交方式来更新多个交换机的转发规则:①在第 1 阶段,当某个规则需要更新时,控制器询问每个交换机是否处理完对应旧转发规则的流,并对处理完毕的所有交换机进行转发规则更新;②第 2 阶段,当所有交换机都更新完毕时,才完成更新,否则将取消该规则更新操作。在实际应用中为了能够使用两阶段提交方式更新规则,对待处理的数据包打上标签以标示新旧规则的版本号。在转发过程中,交换机将检查标签的版本,并按照对应版本的规则执行相应的转发动作。当数据包从出端口转发出去时,则去掉标签。然而,这种方式需要等待旧规则的数据包全部处理完毕才能处理新规则的数据包,这样会带来较大的规则占用空间进而产生较高的成本。增量式一致性更新算法可以解决规则占用空间成本较高的问题,该算法将规则更新分成多轮进行,每一轮都采用两阶段提交方式更新一个子集,这样可以节省规则占用空间,达到更新时间与规则占用空间的折中。

2. 控制平面关键技术

控制器是控制平面的核心组件,通过控制器,用户可以集中地控制数据平面的交换机,实现数据的快速转发。因此,控制器的设计与特性将直接影响网络管理的有效性和网络的整体性能。本节首先介绍了以 NOX 控制器为基础的两种控制模式(多线程控制和分布式控制),然后分析了控制器在一致性、可用性和容错性等方面的实现方法。

1) 控制器设计

控制器的基本功能是为网络管理人员提供可用的编程平台,最早使用的 SDN 控制器是 NOX,其可以提供一系列基本网络接口。用户通过 NOX 可以对全局网络信息进行检索、控制与管理,并利用这些接口编写定制的网络应用。随着 SDN 网络规模的扩展,单一结构的控制器(NOX)处理能力非常有限,扩展困难,遇到了性能瓶颈,因此仅适用于小型企业网或科研人员进行实验仿真等。总体上,可以采用两种方式扩展单一集中式控制器:一种是提高控制器自身处理能力,另一种是采用多控制器的方式来提升整体控制器的处理能力。

控制器拥有全网信息,统一处理全网海量数据,因此需要具有较高的处理能力。NOX-MT 是具有多线程处理功能的控制器,然而 NOX-MT 并未改变 NOX 控制器的基本结构,而是利用传统的并行技术提升性能,使 NOX 用户可以快速更新至 NOX-MT,且不会由于控制器的更换产生不一致性问题。此外,利用处理器的多核处理能力和并行处理架构,也能够提高控制器的处理能力,如 Big Switch Networks 公司主导开发的开源控制器 Floodlight、Linux 基金会创立的开源控制器 OpenDaylight。

对于众多中等规模的网络来说,一般使用一个控制器即可完成相应的管理功能,不会对网络性能产生明显影响。然而对于大规模网络来说,仅依靠单一控制器的多线程处理方式无法保证性能,一个较大规模的网络可分为若干区域(region),如图 5-31 所示。若使用单一控制器集中管理的方式来处理交换机请求,该控制器与位于其他区域的交换机之间将存在较大的交互时延,影响对网络流量的处理性能。另外,单一集中控制器的部署方式存在单点失效问题。通过扩展控制器的数量可以应对上述问题,即将控制器物理分布在网络的不同位置上,并保持逻辑上中心控制的特性。相应地,每个交换机可以选择与邻近的控制器进行交互,从而有利于提高网络的整体性能。

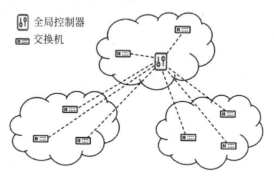

图 5-31　SDN 中的单一控制器

分布式控制器一般可以采用两种部署方式,分别是扁平控制方式(如图 5-32(a)所示)和层次控制方式(如图 5-32(b)所示)。在扁平控制方式中,所有控制器被放置在不相交的区域里,分别管理所属区域的网络,各控制器间的地位平等,并通过东西向接口进行通信。在层次控制方式中,控制器之间具有垂直管理的功能。也就是说,局部控制器负责各自的网络,全局控制器负责局部控制器,控制器之间的交互可通过全局控制器来完成。

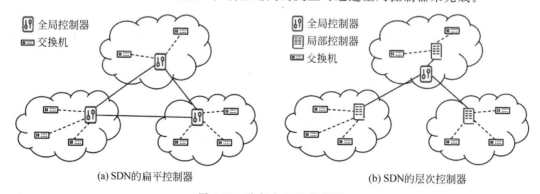

(a) SDN的扁平控制器　　　　　　　　　　(b) SDN的层次控制器

图 5-32　分布式 SDN 控制器

扁平控制方式要求所有控制器都处于同一层次。虽然物理上各个控制器位于不同的区域,但逻辑上所有的控制器均作为全局控制器,掌握全网状态。当网络拓扑发生变化时,所有控制器将同步进行更新,而交换机仅需调整与控制器的地址映射即可,无须进行复杂的更新操作,扁平分布式控制器对数据平面的影响较小。Onix 作为首个 SDN 分布式控制器,支持扁平分布式控制器架构。它通过网络信息库(Network Information Base,NIB)进行管理,每个控制器都有对应的 NIB,通过保持 NIB 的一致性,实现控制器之间的同步更新。分布式控制器之间保持着物理分离而逻辑集中的特点,因此仍然保持 SDN 集中控制的特点。另外,分布式控制器在某控制器失效时,可通过手动配置的方式将失效控制器管理的交换机重新配置到新控制器或其他可用的控制器上,保证控制器的高可用性。需要说明的是,在扁平控制方式中,虽然每个控制器掌握着全网状态信息,但只控制局部网络,造成了一定资源的浪费,并增加了网络更新时控制器的整体负担。此外,在实际部署中,不同的区域可能拥有不同的网络环境,控制器难以做到在不同区域之间的对等通信。

层次控制方式按照用途将控制器进行了分类。局部控制器相对靠近交换机,它负责本区域内包含的节点,仅掌握本区域的网络状态,例如,与邻近交换机进行常规交互和下发规则等。全局控制器负责全网信息的维护,可以完成需要全网信息的路由选择等操作。层次控制器的交互存在两种不同的情况:局部控制器与全局控制器之间的交互以及全局控制器之间的交互。对于不同运营商所属的区域来说,仅需协商好全局控制器之间的信息交互方式即可。ON. LAB 推出的 ONOS(Open Network Operating System)实现了层次分布式架构。当交换机转发报文时,将首先询问距离较近的局部控制器,若该报文属于局部信息,局部控制器可立即做出回应。若局部控制器无法处理该报文,它将询问全局控制器,并将获取的信息下发给交换机。该方式避免了全局控制器之间的频繁交互,有效降低了流量负载。由于这种方式的性能依赖于局部控制器所处理报文信息的命中率,因此在局部应用较多的场景中具有较高的执行效率。

为了满足网络应用场景对控制器的需求,SDN 控制器应当具有实时运行所开发应用的能力,即能够达到应用开发与执行的平衡。作为世界上第一个 SDN 控制器,NOX 在 SDN 发展初期得到了广泛的使用。但由于 NOX 使用的开发语言是 C++,对开发人员的要求较高,限制了网络应用开发的效率。为了解决这一问题,Nicira 公司于 2011 年推出了 NOX 的增强版本 POX。POX 基于 Python 语言开发,代码相对简单,适合初学者使用,所以 POX 很快就成为 SDN 发展初期最受欢迎的控制器之一。后来,由于 POX 本身的性能问题(如执行效率低),逐渐被边缘化。OpenDayLight 是一个基于 Java 语言编写的通用控制器平台,其向用户提供了一系列的库和接口用于开发,并提供运行时模块化的功能,使其在保证性能的情况下具有了实时运行的能力,实现了开发与执行之间的平衡。除了许多组织推出的不同特色的开源控制器外,主流网络设备与服务供应商也相继尝试规模更大、特性更丰富、性能更好的商用 SDN 控制器产品,包括 VMware NSX、Google Orion、华为 Agile Controller 等。部分典型 SDN 控制器的对比情况见表 5-4。

表 5-4　部分典型 SDN 控制器的对比

控　制　器	线程	分布式	编写语言	开 发 团 队
NOX	单	否	C++	Nicira
POX	多	否	Python	Nicira
Maestro	多	否	Java	Rice
Onix	单	是	C++/Python/Java	Nicira
HyperFlow	单	是	C++	Toronto
Kandoo	单	是	C、C++、Python	Toronto

控　制　器	线程	分布式	编写语言	开发团队
Beacon	多	是	Java	Standford
Ryu	多	是	Python	NTT
Floodlight	多	是	Java	Big Switch
OpenDaylight	多	是	Java	Linux Foundation
ONOS	多	是	Java	ON. LAB

2）控制平面特性

控制平面存在一致性、可用性和容错性等特性，而这三方面特性的需求难以同时满足，如何实现它们之间的平衡是控制平面设计面临的一个重要问题。下面对 SDN 控制平面的一致性、可用性和容错性分别进行分析。

（1）一致性。

集中控制是 SDN 区别于其他网络架构的核心优势之一，通过集中控制，用户可以获取全局网络视图，并根据全网信息对网络进行统一设计与部署，理论上保证了网络配置的一致性问题。然而，分布式控制器的部署场景仍然具有潜在的不一致性问题。由于不同控制器的设计对网络一致性的要求可能会有所不同，严格保证分布式状态全局统一的控制器，将无法保证网络性能。相反，如果控制器能够快速响应请求，下发策略，则无法保证全局状态一致性。性能无明显影响的情况下，保证状态一致性成为 SDN 控制器设计的重要工作之一。

并发策略同样会导致一致性问题，可由控制层将策略形成规则，并按两阶段提交方式解决。为了避免数据平面过多的参与，控制平面可直接通过并发策略组合的方式来解决，并可利用细粒度锁确保组合策略无冲突发生。

（2）可用性。

控制器作为 SDN 的核心处理节点，需要处理来自不同交换机的大量请求，过重的负载将会影响 SDN 控制器及网络的可用性。利用分布式的控制器可以均衡网络负载，提升 SDN 的整体性能。特别地，对于层次控制器（如 ONOS）来说，利用局部控制器承载交换机的大部分请求，全局控制器则可以更好地为上层业务应用提供服务。然而，分布式控制器架构也存在可用性问题。由于每个控制器需要承载不同交换机的请求，控制器上的网络流量可能分布不均匀，从而降低了某些控制器的可用性。针对这一问题，可以采用负载窗口的方式来动态调整各控制器上的网络流量，并周期性地检查负载窗口，当负载窗口的总体大小变化时，可动态扩容或收缩控制器池，以适应当前数据平面的实际需求。如果总体负载超过控制器池的最大容量时，则需要另外部署新的控制器，以保证网络的可用性。

此外，减少交换机的请求次数，可以提升控制平面的可用性。例如，避免数据平面转发规则粒度过细和对集中控制的过度依赖，将 SDN 正常的网络流交给数据平面处理（如交换机不再将每流的第一个数据包上传到控制器等）。而控制器的任务仅仅是划分规则，并将规则主动下发到数据平面。还可以按粒度把网络流分成长短流，并在转发设备上建立一些特定规则，使数据平面能够直接处理短流，仅有少量的长流才交由控制平面处理。

（3）容错性。

与传统网络类似，SDN 同样面临着网络节点或链路失效的问题。然而，SDN 控制器可以通过全网信息快速恢复失效节点，具有较强的容错能力。网络节点的恢复收敛过程如图 5-33 所示：①当某个交换机失效时，其他交换机在一段时间后将察觉出路由变化；②交换机将变化情况通知控制器；③控制器根据所掌握的信息，计算出需要恢复的规则；④将更新发送给数据平面中受到影响的网络设备；⑤数据平面中受影响的设备分别更新本地流表信息。

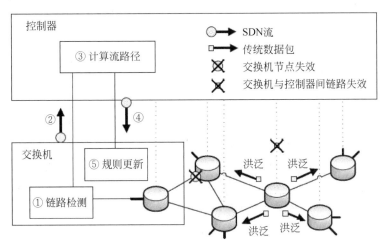

图 5-33　SDN 中失效节点及失效链路的收敛过程

从数据平面失效节点（或数据平面失效链路）的恢复过程可以看出，SDN 架构中失效信息一般不通过传统洪泛方式通知全网，而是直接发送给控制平面，并由控制器来做恢复决策，因而不容易出现路由振荡的现象。如果是交换机和控制器之间的链路失效，导致无法通信，则其收敛过程变得相对困难。此时可以采用传统网络的 IGP（如 OSPF 协议）通信，并通过洪泛方式恢复，也可以采用故障转移（failover）方式，同样能够缓解交换机和控制器之间链路失效的收敛时间问题。通过在交换机上安装用于验证拓扑连接性的静态转发规则，可以更好地实现网络故障的快速收敛。

5.4.4　关于软件定义网络的几个认识误区

自 SDN 概念从 2009 年诞生至今已经有十几个年头了，无论在学术界还是产业界，SDN 都引起了广泛的关注。作为一种新的网络体系结构，SDN 有助于重塑网络行业的竞争格局。在研究人员和技术从业者拥抱这场网络变革的过程中，对 SDN 的含义和架构实现等方面存在着不同的理解。

误区 1：SDN 就是控制和转发分离，SDN 就是 OpenFlow，只要支持软件编程控制的网络就是 SDN。

上面这些观点都代表了 SDN 的某方面的功能或机制，不是 SDN 本身。实际上 SDN 并没有一个明确的官方定义。ONRC(OpenFlow Network Research Center，开放网络研究中心)给出的解释："SDN 是一种逻辑集中控制的新网络架构，其关键属性包括：数据平面和控制平面分离；控制平面和数据平面之间有统一的开放接口 OpenFlow。"在 ONRC 的定义中，SDN 的特征表现为数据平面和控制平面分离，拥有逻辑集中式的控制平面，并通过统一而开放的南向接口来实现对网络的控制。ONRC 强调了"数控分离"，逻辑集中式控制和统一、开放的接口。

相比 ONRC 对 SDN 的定义，ONF 对 SDN 定义做出了不同的描述："SDN 是一种支持动态、弹性管理的新型网络体系结构，是实现高带宽、动态网络的理想架构。SDN 将网络的控制平面和数据平面解耦分离，抽象了数据平面网络资源，并支持通过统一的接口对网络直接进行编程控制。"ONF 强调了 SDN 对网络资源的抽象能力和可编程能力。

从 ONRC 和 ONF 对 SDN 的定义中可以看到，SDN 不仅重构了网络的系统功能，实现了数控分离，也对网络资源进行了抽象，建立了新的网络抽象模型。因此，只要符合网络开放可编程、控制平面与数据平面分离和逻辑上集中控制特征的网络都可以称之为软件定义网络。在这三个特征中，控制平面和数据平面分离为逻辑集中控制创造了条件，逻辑集中控制为开放可编程提供了架构基础，而网络开放可编程才是 SDN 的核心特征。

OpenFlow 协议允许控制器直接访问和操作网络设备的转发平面，它是实现 SDN 网络转发和控制分离的关键部分。通过 OpenFlow 协议，SDN 控制器与数据转发层之间建立了一个标准的通信接口。因此，OpenFlow 和 SDN 虽然有着密切的联系，但也存在一些区别。首先，OpenFlow 是 SDN 的一种实现方式，它是一种协议，用于控制网络交换机的流量；而 SDN 则是一种网络架构，它通过将网络控制平面和数据平面分离，实现了网络的可编程性和灵活性。其次，OpenFlow 和 SDN 的目标不同。OpenFlow 的目标是实现网络数据平面的可编程性，使其能够根据控制器的指令进行流量转发。而 SDN 的目标是实现网络的可编程性，使其能够根据应用需求进行网络配置和管理。最后，OpenFlow 和 SDN 的应用场景也有所不同。OpenFlow 主要应用于数据中心网络和校园网等局域网环境，用于实现网络流量的控制和管理。而 SDN 也可以适用于广域网和无线网络环境，如蜂窝网络、物联网等场景，用于实现网络的灵活性和可编程性。

误区 2：SDN 就是网络虚拟化，网络虚拟化等同于 SDN。

由于早期 SDN 应用案例中网络虚拟化场景较多，有的学习者可能会将 SDN 和网络虚拟化相提并论，但 SDN 和网络虚拟化并不在同一个技术层面。SDN 不是网络虚拟化，网络虚拟化也不是 SDN。SDN 是一种集中控制的网络架构，其数据平面和控制平面相分离。而网络虚拟化是一种网络技术，可以在物理网络资源上创建多个虚拟网络。传统的网络虚拟化需要手动依次部署，其效率低且成本高。然而，在数据中心等场景中，为了实现快速部署和动态调整，必须使用自动化的业务部署方式。SDN 的出现给虚拟网络部署提供了新的解决方案。基于逻辑上的集中控制，网络管理员可以在控制器上编写程序，实现对网络的自动化配置和管理，从而显著缩短业务部署周期，提高网络运维效率。因此，基于 SDN 的体系架构可以更容易地实现网络虚拟化。

5.5　网络功能虚拟化

在软件定义的数据中心里,由硬件设备(如负载均衡器、防火墙、路由器、交换机等)执行的网络功能正在越来越多地被虚拟化为虚拟设备。服务器虚拟化和网络虚拟化自然而然地演化出这种网络功能虚拟化(Network Function Virtualization,NFV)。虚拟设备正在迅速崛起,打造了一个全新的市场,它们在虚拟化平台和云服务领域引起人们的兴趣,且发展势头良好。本节将首先简要介绍网络功能虚拟化 NFV 诞生与发展的背景,接着介绍欧洲电信标准协会制定的 NFV 技术标准架构,并根据其分类总结 NFV 系统实现中存在的问题和挑战。SDN 和 NFV 技术可以相互弥补促进,本节最后对它们之间的关系进行了分析。

5.5.1　NFV 诞生与发展的背景

当前全球互联网的发展持续加速,一方面表现在用户数量急剧增长和接入数据速率越来越快,另一方面也呈现出应用多样化的趋势:机器与机器连接数量的增加,视频、语音服务的流行,虚拟现实、增强现实的推广,移动智能可穿戴技术、物联网技术蓬勃发展等。为了满足用户对网络的多样化需求,网络中通常以专用设备来实现各式各样的网络功能,这些设备被称为中间设备(middlebox)或网络功能(network function)设备。根据 RFC3234 的定义,中间设备是一种计算机网络设备,用于转换、检查、过滤或以其他方式操纵流量,而不用于包转发。常见的中间设备包括提高网络安全性的设备(如防火墙(FW)、入侵检测系统(IDS)、入侵防御系统(IPS)、深度包检测(DPI)等),也包括提高网络性能的设备(如缓冲代理、广域网优化器、负载均衡器等)。

中间设备大量应用于数据中心网络,在移动网络、企业网络、互联网中也起着非常重要的作用。在典型的企业网络中,中间设备的数量甚至与路由器的数量基本相当。然而,由于中间设备大多采用专用设备,其提供的网络服务与底层硬件具有很强的耦合性,导致了以下一些突出的问题。

(1) 部署中间设备开销大:企业需要支付巨额的资金对网络中的中间设备进行部署、更新和维护,尤其是在移动互联网等技术迭代和业务扩展快的场景下,从 2G 到 3G,再到 4G、5G,每过几年都需要运营商投入巨额资金来更换新设备。

(2) 中间设备管理困难:网络中不同的中间设备通常来自不同的供应商,其实现的差异性较大,策略配置复杂,因而管理网络中不同的中间设备需要广泛的专业知识和庞大的管理团队。另外,随着中间设备种类和数量越来越多,整个网络拓扑的接线也越来越复杂,网络管理员进行网络配置和调试也越来越困难。

(3) 中间设备体系结构缺乏可扩展性:每台设备固定容量,不能按需分配资源,不同设备间更不能实现资源共享。

(4) 新服务上线周期较长:为了增加一个新的网络服务,不仅要重新开发软件,还得专门设计新硬件、新设备,无法快速实现定制化的网络服务。

综合以上四点可以看出，当前这种软硬件强耦合的中间设备架构难以满足现有业务应用需求，已经成为网络发展的瓶颈之一。为了解决当前中间设备所面临的开放性和通用性低、灵活性不强、缺乏高效统一的管理、部署成本高、资源利用率低等问题，全球几大电信运营商在 2012 年的 SDN 和 OpenFlow 大会上首次提出了 NFV 的概念。NFV 的基本思想是改变将网络功能实现在专用硬件设备上的现状，而将网络功能实现到通用的 x86 硬件设备上，从而帮助运营商和数据中心更加灵活地为客户创建和部署网络特性，降低设备投资和运营成本。如图 5-34 所示，对计算、存储和网络资源进行分离，通用服务器负责提供计算资源，商用交换机负责流量在网络环境路由，存储器负责高速缓存。通过使用 NFV 技术，传统的网络功能设备都能以虚拟化网络功能（Virtual Network Function，VNF）的形式在标准服务器上运行且无须部署新的专用硬件设备，如图 5-34 所示。

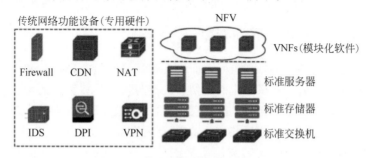

图 5-34　传统硬件网络功能与 NFV

NFV 允许独立的软件开发人员基于标准服务器、存储设备和交换机等现有设备进行网络功能的实现和部署，利用云数据中心的规模效应，显著降低生产开销。同时使得网络功能软件支持协同、自动、远程安装，有利于打造一个有竞争力、创新开放的网络功能生态系统。NFV 技术以其部署资金开销小、管理简便与部署灵活等优势，成为网络领域关注的一个重点，带动了相关从业人员的踊跃尝试和积极研究。

5.5.2　NFV 体系架构

2012 年 10 月，多家世界领先的内容服务提供商联合撰写了 NFV 白皮书，标志着 NFV 概念的正式诞生。同年 11 月，其中 7 家服务提供商选择欧洲电信标准协会（European Telecommunications Standards Institute，ETSI）作为 NFV 行业规范的制定组织（Industry Specification Group for NFV，NFV ISG）。ETSI 的成员数目在短短两年内增长至包括 37 家世界主要服务提供商、电信运营商和 IT 制造商在内的 245 家公司。

NFV 作为一种虚拟化技术，通过将软件网络功能部署在稳定的商用计算资源平台上，避免了传统的异构硬件网络功能部署过程中复杂的连接配置工作，再结合灵活的负载均衡等管理机制，有效解决了传统网络功能硬件设备存在的部署开销大、管理困难以及由连接配置复杂和网络流量过载等引起的失效率高问题。然而使用不同的方式实现 NFV 技术会形成不同的 NFV 体系架构，混乱的 NFV 体系架构不利于 NFV 技术的发展和普及。此外，不同于传统物理设备中软件与硬件强绑定的关系，在 NFV 架构中，实现各种网络功能的标准化软件必须能够应用在同一台硬件设备上。这就要求 NFV 需要有一个统一的标准。因此，ETSI 对 NFV 架构进行标准化，旨在形成统一的 NFV 标准架构，提高 VNF 的开发效率，促进 NFV 的普及和部署。如图 5-35 所示，NFV 架构主要包含虚拟化网络功能、网络功能虚拟化设施以及网络功能虚拟化管理和编排三部分。

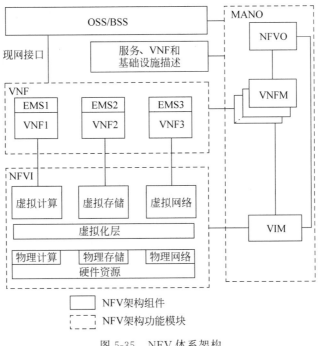

图 5-35　NFV 体系架构

（1）虚拟化网络功能（VNF）：与传统网络基础设施中的功能模块对应，VNF 就是能够部署在虚拟资源上的各类软件网络功能。实际应用中，VNF 通常表示虚拟机及部署在虚拟机上的业务网元、网络功能软件等。网元管理系统（Element Management System，EMS）与 VNF 共同构成了 NFV 域。其中 EMS 对 VNF 进行管理，包括 VNF 的安装、监控、日志记录、配置、性能和安全等。VNF 运行于 NFV 基础设施（NFV infrastructure，NFVI）之上，以软件形式实现各种特定的网络功能，如地址转换、Web 代理等。不同的 VNF 通常由相互独立的软件开发商根据 NFV 标准进行开发。单个的 VNF 可以由多个内部组件构成，因此单个 VNF 可以分布在多个虚拟机上，不同的虚拟机托管不同的 VNF 组件。

（2）网络功能虚拟化基础设施（Network Functions Virtualization Infrastructure，NFVI）：为 VNF 提供虚拟的计算、存储和网络资源，以及 VNF 部署、管理和运行所需的环境。NFVI 自下而上包括硬件资源、虚拟化基础设施和虚拟化资源。

硬件资源主要包括由计算硬件设备组成的计算资源、存储设备构成的存储资源以及由物理节点和连接链路组成的网络资源。这些硬件资源通过虚拟化基础设施（例如虚拟机管理器 Hypervisor、容器等）向 VNF 提供计算能力、存储能力及网络连接。

虚拟化基础设施主要负责抽象硬件资源，并将 VNF 和底层硬件资源解耦。VNF 通过使用经过虚拟化基础设施抽象和逻辑切分的物理资源,可以运行在逻辑独立的物理硬件资源之上。

虚拟化资源是对计算资源、网络资源和存储资源的抽象。与硬件资源相对应,虚拟化资源包括虚拟化计算资源、虚拟化存储资源和虚拟化网络资源。在数据中心环境中,虚拟化计算资源和虚拟化存储资源通常以虚拟机的形式向上层 VNF 提供计算资源和存储资源。虚拟化网络资源则通常表示为虚拟节点和虚拟网络链路。其中虚拟节点是具有托管或路由功能的软件(例如,虚拟机中的操作系统和路由软件),而虚拟链路则为虚拟节点之间提供相互之间的连接性,使虚拟节点拥有可以动态变化的物理链路属性。

(3) 网络功能虚拟化管理和编排(Management and Network Orchestration,MANO):用于管理各 VNF 以及 NFVI 的统一框架,向 NFV 平台提供协调及控制全部 VNF 所需的功能和操作(例如对 VNF 和虚拟资源的配置),使所有 VNF 能够有序运行。MANO 主要包含 NFV 编排器(NFV Orchestrator,NFVO)、VNF 管理器(VNF Manager,VNFM)和虚拟化基础设施管理器(Virtualized Infrastructure Manager,VIM)三部分。其中,NFVO 负责对整个 NFV 基础架构、软件资源、网络服务的编排和管理,协调 VNFM 和 VIM 来实现网络功能服务链在虚拟化基础设施上的部署实施。VNF 管理器为 VNF 管理模块,主要对 VNF 的生命周期进行控制,例如 VNF 的初始化、更新、扩展、终止等。虚拟化基础设施管理器为 NFVI 管理模块,负责对 NFVI 资源的管理和监控,包括资源的发现、虚拟资源的管理分配、故障处理、状态上报、向上层提供部署接口等。

此外,MANO 中还设置有数据库,并提供了一系列标准接口,数据库用来存储由网络管理员提供的 VNF 部署规则和 VNF 生命周期属性等信息。标准接口用于实现 MANO 中不同组件之间信息交互以及 MANO 和现有网络管理系统(例如运营和业务支持系统(Operation Support System/Business Support System,OSS/BSS))之间的协调合作。通过对数据库和这些接口的结合使用,MANO 可以实现对 VNF 和传统设备的协调管理。

NFV 的标准化工作是由用户及电信运营商而非设备制造商来主导的,ETSI 所提出的 NFV 体系架构在很大程度上参考了一些比较成熟的开源项目,例如云管理平台 OpenStack。随着大量开源项目的出现和虚拟化技术的演变,真实的系统可能会与上述体系架构存在不完全一样的地方,未来 NFV 体系架构标准也可能会随着实际情况进行调整。

为了更好地理解 NFV 架构的特点,可以将 NFV 和传统物理网络功能设备进行比较,如表 5-5 所示。

表 5-5　NFV 与传统网络功能设备对比

对 比 项	NFV	传统网络功能设备
硬件资源	使用标准的 x86 服务器、通用存储和交换机等网络设备	使用专用设备,通用性差
软硬件耦合性	软硬件解耦,软件功能化、模块化,不依赖专用硬件	软硬件紧耦合,网络设备软件功能依赖特定硬件

对 比 项	NFV	传统网络功能设备
开放性	通用的硬件平台和标准化接口,有利于多方合作构建开放的生态系统	传统网络设备是专用的,封闭程度高,很难引入第三方合作伙伴
网络弹性	采用通用硬件和资源虚拟化技术,可以根据业务需求动态调整软硬件部署	专用设备,无法采用虚拟化技术实现资源共享和弹性伸缩
升级便利性	由于采用通用硬件,设备升级主要是软件更新,升级周期短	升级需要软硬件同时开发,设备升级和部署时间长
自动化运维	基于硬件资源虚拟化,运维更加自动化、智能化	预先规划,通过命令行或网络管理系统手动配置,网络设备的更新替换流程复杂
与业务关联	NFV 网络的部署由业务驱动,实现统一编排和部署	相对独立,业务需求向网络传递慢,网络响应周期长

值得说明的是,并不是所有的网络功能都适用于 NFV 模式,NFV 适合运行计算密集型的网络服务,而对要求低延时、高吞吐的网络设备则不适用,相反这些设备当前大多通过专用集成电路或者网络处理器实现(例如高性能交换机/路由器),否则其性能难以满足要求。此外,NFV 适用于多种网络解决方案,目前使用较多的包括数据中心网络、软件定义广域网、网络切片、移动边缘计算等。由于 NFV 将软件功能与硬件设备进行了解耦,随着标准化架构的完善,NFV 带来了如下诸多优势。

(1)站在网络功能使用者的角度看,NFV 可以提供良好的可扩展性和弹性服务。随着业务需求的增加,网络功能不仅可以扩展到统一数据中心的其他服务器,还可以扩展到网络中的其他数据中心,以满足变化的服务请求。通过优化的软件设计方案,可以保证扩展过程中服务的连续性,并尽力减少扩展所消耗的时间和网络资源。类似地,NFV 还可以通过自动重建或预留备份的方式来支持故障下的服务保障。

(2)站在运营商的角度看,NFV 可以节约大量的采购成本和运营开销,实现方便灵活的网络管理与配置,更快的升级和更新软件,并有效地提高资源利用率。通过网络功能在多厂商环境中加载、执行和迁移,NFV 可以实现资源的实时整合,从而应对可用资源不足、服务质量下降等问题。

(3)站在设备制造商和软件市场的角度看,NFV 虽然会对传统的专用设备制造带来巨大的冲击,但其带来的好处也是显而易见的。更加通用、高效的商用服务器将受到青睐,避免了大量专用、低效设备的研发带来的资源浪费,为设备制造商提供了从出售设备转型为出售服务的契机。提供灵活配置、智能管理等一系列优化功能的管理软件和平台将受到运营商的追捧,尤其是不同厂商的 VNF、虚拟软件、通用硬件设备可能会存在兼容性和互操作性的问题,且存在虚拟网络功能与原有的专用网络功能设备共存的情况,这无疑为设备制造商开发高效的解决方案提供了商机。同时 NFV 还降低了网络功能开发的门槛,加速了新兴网络功能投入应用的进程,使网络功能软件生态更加活跃。

5.5.3　NFV 与 SDN

1．NFV 与 SDN 的关系

NFV 的概念是在一次 SDN 和 OpenFlow 的研讨会上首次被提出来的，所以它跟 SDN 有着一定的联系。两者的相似之处主要体现在如下方面。

（1）都以实现网络虚拟化为目标，实现物理设备的资源池化。

（2）都提升了网络管理和业务编排效率。

（3）都希望通过界面操作或者编程语言来进行网络编排。

然而，从要解决的问题来看，NFV 和 SDN 的重点是不同的。NFV 是一种用软件方式来实现传统硬件网络功能的技术。它通过将网络功能与专有硬件分离，实现网络功能的高效配置和灵活部署，减少网络功能部署、更新和维护的开销，包括物理空间、功耗等带来的成本。NFV 的目标是将所有物理网络资源进行虚拟化，允许网络在不添加更多设备的情况下扩展，这依赖于标准的硬件设备。SDN 是一种新型的网络架构，通过解耦网络设备的控制平面和数据平面，实现灵活、智能的网络流量控制。SDN 抽象物理网络资源（交换机、路由器等），并将决策转移到网络控制平面。控制平面决定将流量发送到哪里，而硬件负责引导和处理流量，无须依赖特殊硬件设备。表 5-6 总结了 NFV 和 SDN 的不同点。

表 5-6　NFV 与 SDN 的不同点

维　　度	NFV	SDN
概念	将网络功能与专用硬件进行解耦，实现网络功能的虚拟化	将网络的转发平面与控制平面解耦，实现自动化、可编程的网络控制
目标	由服务供应商提出，用统一的硬件设备来替代分离的网络设备	由设备制造商参与提出，让网络硬件设备可编程化，实现集中管理和控制
关键点	• 传统网络功能封装成独立的模块化软件 • 网络功能不再依赖特定硬件设备	• 开放可编程的控制平面 • 数据平面硬件设备仍负责流量转发，控制平面负责网络决策

NFV 并不一定要建立在 SDN 的基础上，反之亦然。但是两者可以结合在一起，为新的网络模型打开一扇大门。为了满足多样化的服务要求，SDN 数据平面设备需要进行通用流量的匹配和数据包转发，从而增加了 SDN 交换机的成本和复杂性。另外，SDN 架构对异构控制器之间交互的支持比较有限，使之无法灵活提供跨自治域的端对端服务。SDN 数据平面和控制平面上软件网络架构和硬件基础设施之间的紧耦合限制了 SDN 的广泛应用，而仅依靠数据平面和控制平面的解耦已经无法有效地解决上述问题。因此，在 SDN 中使用 NFV 技术，可以实现软件架构和硬件设施的进一步解耦，为 SDN 提供更加灵活的网络服务。例如，使用 NFV 技术实现虚拟化 SDN 控制器，通过 NFV 管理和编排模块（MANO）的一致性接口实现异构 SDN 控制器之间的交互。使用 NFV 技术实现虚拟化 SDN 数据平

面,从而可以根据不同的服务要求实现灵活的流量匹配和数据包转发。

在 ETSI NFV 架构中,MANO 是整个 NFV 平台有序及高效运行的保障。在动态网络环境中,需要复杂的控制和管理机制来对虚拟资源及物理资源进行合理的分配和管理,因此可编程的网络控制显得尤为必要。SDN 结合 MANO 可以高效地控制网络流量转发,为 NFV 平台提供 VNF 之间的可编程网络连接,以此实现灵活的流量调度。

2. NFV 与 SDN 结合的网络系统架构

NFV 与 SDN 相结合的网络系统架构如图 5-36 所示,其主要包含流量转发设备、NFV 平台以及逻辑控制模块。

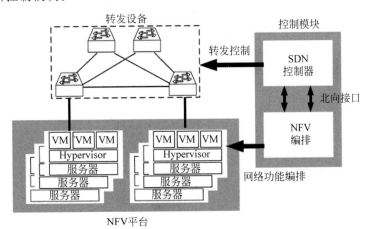

图 5-36　NFV 与 SDN 结合的网络系统架构

转发设备主要负责数据包的转发,其中数据包转发规则由 SDN 控制器决定,并以流表项的形式下发到交换机。SDN 控制器和分布式转发设备一般采用高效的协议(例如 OpenFlow)作为相互通信的接口。

NFV 平台利用标准商业服务器以较小的成本承载高性能的网络功能。托管网络功能的虚拟机由运行在物理服务器上的虚拟机管理器 Hypervisor 提供支持。因此,网络管理员只需要提供纯软件的网络功能,NFV 平台即可提供可定制、可编程数据平面处理功能,例如防火墙、入侵检测、代理等。

逻辑控制模块由 SDN 控制器和 NFV 编排系统组成。NFV 编排系统负责管理 VNF,SDN 控制器负责管理转发设备并通过标准接口和 NFV 编排系统进行交互。控制模块基于网络管理员定义的网络拓扑和策略需求,使用最优的资源分配方案和流量路由路径。其中,资源分配方案由 NFV 编排系统计算执行,SDN 控制器通过在转发设备上安装转发规则来实现流量调度。

概括而言,在 NFV 的环境中结合 SDN 网络架构,基于 NFV 对业务的灵活编排和 SDN 对数据平面网络功能的统一配置,有助于优化网络整体性能,更简捷高效地对网络进行管理和操作。

5.6 虚拟网络实践

前面几节介绍了通用的网络虚拟化原理和技术细节,本节结合华为 DCS 数据中心解决方案介绍网络虚拟化的具体实践。DCS 虚拟网络平台(eNetwork)基于 FusionCompute 分布式虚拟交换机和华为数通网络产品 iMaster NCE-Fabric,实现软件定义网络(SDN)能力。eNetwork 提供弹性虚拟交换机(Elastic Virtual Switch,EVS)、虚拟私有云(VPC)、弹性 IP (EIP)、网络地址转换(NAT)、弹性负载均衡(Elastic Loadbalancer,ELB)、域名解析(DNS)、虚拟私有网络(VPN)和安全组(Security Group,SG)等网络功能,实现数据中心内外网络互通、隔离和安全能力。相比于传统网络修改、新增业务必须在相关的网络设备上逐台进行配置,业务变更困难,eNetwork 通过 SDN 实现了管控分离的网络架构,可以实现网络业务的自动化部署,显著提升业务上线效率,很好地满足业务快速部署、快速创新的要求。

5.6.1 eNetwork 架构设计

eNetwork 采用典型的 SDN 网络架构,如图 5-37 所示,以组件化和分层解耦的方式构建整个网络平台。从上到下,eNetwork 包括四个平面,平面之间通过消息中间件(RabbitMQ)或 RESTful API 接口进行通信。

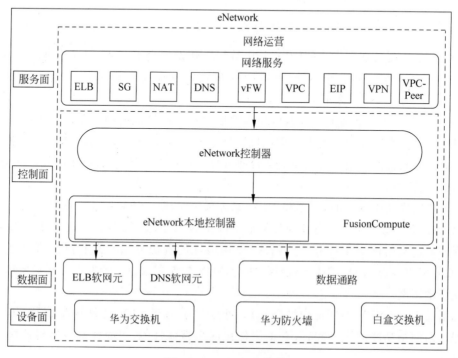

图 5-37　eNetwork 架构

（1）服务面：和标准 SDN 架构中的网络管理面的功能一致，主要负责网络设备的配置、故障监控及资源管理。同时，它还可以检索设备的运行状态，并根据运行状态推送配置来更新设备的行为。服务面和各种网络应用对接，其通过服务面下发自己的配置，比如安全相关应用（vFW、安全组、VPN 等）、网络基础应用（VPC、EIP、NAT 等）和各种业务相关应用（ELB、DNS 等）。

（2）控制面：主要功能是确定数据流经设备时的路径，决定是否允许数据通过设备、数据的排队行为及数据所需的各种操作等。控制平面也就是我们常说的 SDN 控制器，eNetwork 控制器包括中心控制器（eNetwork Controller）和本地控制器（eNetwork Local Controller，也称为控制器代理，部署在服务器端，控制服务器上各种网元实例的行为）。为了实现可扩展和高可用，eNetwork Controller 一般以主备方式部署，形成控制集群。eNetwork Controller 在整个网络平台中处于核心地位，通过北向接口对接服务面，通过南向接口对接数据面。

（3）数据面：根据控制面的指令在设备上实现数据的转发、排队与处理，在 eNetwork Controller 指导下执行具体的操作。eNetwork 数据面主要由各种网元组成，包括 FusionCompute 虚拟交换机、Linux 虚拟网桥、Linux iptables、ELB 软网元、DNS 软网元等。通过这些网元实现各种具体的网络功能，比如通过 ELB 网元实现实现 L4/L7 负载均衡。eNetwork 数据面除了数据包处理之外，还有一个重要的功能是解析和处理 eNetwork Controller 下发的配置指令，将指令解析成网元能识别的规则并安装在其上，实现对各种网元的编程从而控制数据转发行为。

（4）设备面：eNetwork 设备面主要是各种硬件转发和安全设备，包括华为 CloudEngine 系列交换机、华为 USG 系列防火墙和其他指定的兼容交换机。设备面的硬件负责承载 Underlay 网络，为其上的 Overlay 网络提供基本的网络二层和三层连接能力。eNetwork 设备面使用数据中心流行的脊叶（Spine-Leaf）架构进行组网，如图 5-38 所示。其中，边界（Border）交换机负责和外部的运营商网络端点（PE）进行连接，打通内外网的流量。脊（Spine）交换机是核心，负责连接数据中心内部的边界交换机和叶子交换机。叶（Leaf）交换机是 ToR（Top of Rack）交换机，连接各种物理服务器和存储等设备。边界交换机和业务 ToR 交换机需要处理 Overlay 流量，具备 VTEP 封装和解封 VXLAN 能力。从 Spine 的角度看，Border 也是叶交换机，不过连接的对象是外部网络 PE，不是数据中心的计算或者存储节点，这种组网结构一般叫作 Spine-Leaf 二层组网。如果数据中心比较简单，由 Spine 直接和外部网络 PE 连接，减少交换机数量和数据转发跳数。

eNetwork 架构通过分层设计达到组件之间充分解耦，实现了各个组件模块独立开发和演进。eNetwork 组件之间通过 API（消息中间件和 RESTful API）进行交互；大大减少了组件之间的依赖。随着版本的迭代，只需保持 eNetwork 版本之间 API 的兼容性，即可实现组件之间的交互，便于各组件的替换和重构，持续演进。另外，为了保持 eNetwork 的可服务性，在控制面、数据面和设备面进行了很多高可用设计。eNetwork Controller 以主备方式进行部署，可以实现秒级主备切换，真正实现了客户无感知容错能力。eNetwork 数据

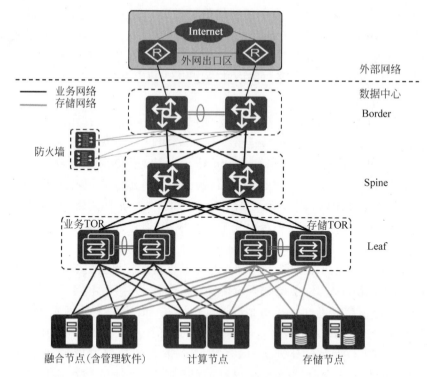

图 5-38　eNetwork 物理组网拓扑

面的网元也以主备或集群方式部署，比如 ELB 网元以主备方式部署，DNS 网元以集群方式按需扩展部署，可根据业务流量弹性伸缩，且解决了单点故障导致的可服务性问题。在 eNetwork 设备面，也采用了类似的设计策略。网络设备（交换机、防火墙）都采用双机方式部署，防止单点故障带来的断网问题，提高整个数据中心的硬件可用性。

5.6.2　eNetwork 功能特性

　　DCS 主要为数据中心和超融合场景提供资源发放和管理的解决方案，需要具备计算、存储和网络自动化运营和运维能力。具体到 eNetwork，网络运营包括常用的 VPC、SNAT/DNAT、EIP、VPN、ELB、VPC-Peering、DNS、vFW、SG 等多租户服务化能力，网络运维包括网络抓包、网络拨测、网络服务信息查询、主动故障检测等能力。

　　下面分别从网络运营和运维的角度介绍 eNetwork 的功能特性，运营能力包括以下九个特性。

　　（1）VPC。VPC 是一套逻辑隔离、用户自主配置和管理的虚拟网络环境，旨在提升用户资源的安全性，简化用户的网络部署。VPC 是 eNetwork 最重要的特性，用于隔离租户之间的网络访问。VPC 之间不能直接访问，通过 VPC 可以实现租户隔离，保证租户之间的安全。VPC 可以创建多个 Overlay 子网（VXLAN），云主机（虚拟机、容器和裸金属服务器等）都工作于 VPC 子网内，子网内部网络二层互通，子网之间通过 VPC 虚拟路由器实现网络三层互通。另外,eNetwork VPC 还支持 DHCP 自动 IP 地址配置和管理,静态路由注入。

(2) SNAT/DNAT。VPC 子网一般都是私有网络(比如 192.168.1.0/24),可以 VPC 内二层和三层互通,但是不能直接访问因特网。eNetwork 支持 SNAT 和 DNAT 功能,实现 VPC 云主机和因特网交互。其中,SNAT 实现云主机访问因特网,而 DNAT 可以实现云主机对因特网暴露服务,让因特网访问云主机。关于 SNAT 和 DNAT 技术细节,感兴趣的读者可以自行研究,这里不再赘述。

(3) EIP。EIP 是 VPC 外部网络上的静态且可以直接访问的 IP 地址。eNetwork EIP 通过 NAT 方式绑定到云主机或 SNAT/DNAT 上,实现云主机和 VPC 外部网络的打通。需要注意的是,EIP 是双向的,通过 EIP 云主机可以访问外网,外网也可以通过 EIP 访问云主机。另外,这里的外网不一定是因特网,只要是 VPC 外部的网络即可,比如数据中心内部的其他网络。

(4) VPN。eNetwork VPN 是基于 IPSec 实现的一种隧道加密技术,通过使用加密技术在不同的网络之间建立保密而安全的通信隧道。使用 eNetwork VPN,客户通过简单的配置即可实现安全的数据传输能力。

(5) ELB。ELB 是将访问流量根据 ELB 转发策略分发到多台后端云主机的流量分发控制服务。eNetwork ELB 可以通过流量分发扩展应用系统对外的服务能力,消除应用系统单点故障,提高整个系统的可用性,实现更高水平的应用程序容错能力。eNetwork ELB 支持 VPC 内网和外网统一部署,支持 VPC 内网及外网同时访问的能力。另外,eNetwork ELB 支持 L4(TCP、UDP)和 L7(HTTP、HTTPS)负载均衡,支持多种负载均衡算法(轮询算法、最少连接算法和源 IP hash 算法等)。关于负载均衡算法,有兴趣的读者可自行研究,不再赘述。

(6) VPC-Peering。eNetwork VPC 是一套逻辑隔离的虚拟网络环境,VPC 之间不能直接通信。eNetwork VPC-Peering 实现 VPC 之间的通信能力。DCS 数据中心内部 VPC 都被相同的云管平台(eDME)管理,可以通过 eDME 进行路由编排,实现不同 VPC 之间的网络互通,且能在 eDME 控制下进行权限管理,实现安全的 VPC 之间通信。需要注意的是,eNetwork VPC-Peering 只能打通 DCS 数据中心内部不同 VPC 之间的通信,不能实现 eNetwork VPC 和外部网络或因特网的通信。

(7) DNS。eNetwork DNS 做域名解析服务,将 VPC 内网域名与私网 IP 地址相关联,为各种服务提供 VPC 内的域名解析服务。当 VPC 内云主机访问内网域名时,eNetwork DNS 直接对域名进行解析,向云主机返回被访问服务对应的私网 IP 地址。当 VPC 内云主机访问因特网上的公网域名时,eNetwork DNS 会将对公网域名的解析请求转发至公共 DNS 服务器进行解析,待收到公共 DNS 服务器返回的公网 IP 地址后,再将公网 IP 返回给云主机。

(8) vFW。eNetwork vFW 为 VPC 提供安全服务,对 VPC 进行访问控制和流量过滤。其支持黑白名单(即允许和拒绝策略),根据与 VPC 关联的出方向/入方向 ACL 规则,判断数据包是否被允许流出/流入 VPC。eNetwork vFW 支持南北向集中式和东西向分布式虚拟防火墙能力,提供多层次、灵活的网络 ACL 功能,可以通过其方便地管理 VPC 的访问规则,加强云主机的安全保护。

（9）SG。eNetwork SG（即安全组）是一个逻辑上的分组,为具有相同安全保护需求的云主机提供保护。eNetwork SG 创建后,用户可以在其上定义访问规则,当云主机加入该安全组后,即受到这些访问规则的保护。

eNetwork 网络运维能力包括以下四个主要特性。

（1）网络抓包。网络抓包用于 eNetwork 运维场景,面向网络管理员提供网络包抓取和保存能力。用户可以根据抓到的包进行网络问题定界定位分析。考虑到网络包的负载可能包含敏感信息,eNetwork 网络抓包只抓取包头,这样可以防止敏感信息泄漏,同时也可以节省抓包文件所占的空间。

（2）网络拨测。网络拨测是 eNetwork 网络运维的诊断功能,通过网络拨测可以在网络发生故障时检测网络丢包、时延和断流信息,从而帮助客户快速定界故障。再结合网络抓包能力,可以快速分析问题发生的原因。eNetwork 网络拨测使用包染色技术,通过在系统中注入染色报文并在相应网元上抓取和分析该染色报文,实现网络丢包率、时延和断流信息的检测。

（3）网络服务信息查询。如前一部分所示,eNetwork 已经构建起很强的网络服务能力,包括 VPC、ELB、EIP 等。这些网络服务除了需要上面的运营能力,也需要实现信息展示和检索的运维能力。eNetwork 为每个网络服务都提供了信息丰富的展示和检索功能,同时还有告警能力,比如服务容量超标告警等。

（4）主动故障检测。传统的网络故障定位方法,比如上面的网络抓包和网络拨测,一般依赖故障现场,只能在故障发生时进行诊断和定位,不能提前或实时发现故障并进行定界诊断。eNetwork 主动故障检测以可视化的方式实时展示选定的网元之间的网络状态,根据需要对重点服务和链路进行实时监控,根据监控及时发现网络拥堵、断流和策略是否生效等状态。通过 eNetwork 主动故障检测,客户可以随时监控任意两个网元之间的网络健康状况,实现网络运维的高度自动化和故障预防能力。

5.7　虚拟网络未来发展方向

虚拟网络当前已经成为 IT 基础架构中的重要组成部分,特别是在数据中心场景。鉴于虚拟网络在数据中心的重要性,本节尝试预测其在未来的发展方向,为网络从业人员提前做好相关的技术储备和前瞻性研究提供一定的参考。请注意,这部分只代表本书作者的观点,不对虚拟网络未来真实发展情况负任何责任。

5.7.1　高效灵活的虚拟网络

未来的虚拟网络将更加高效,可以通过动态调度资源优化网络性能,提高网络带宽利用率和可靠性。同时,未来的虚拟网络还将实现更加灵活的网络拓扑结构和网络配置,以适应越来越复杂的网络应用场景。

（1）动态资源调度。未来的虚拟网络将采用动态资源调度技术，以实现更加高效、灵活的网络资源利用。虚拟网络可以根据网络负载和用户需求来动态调整网络资源，从而提高网络性能和资源利用率。

（2）网络拓扑自适应。未来的虚拟网络将采用网络拓扑自适应技术，以实现更加灵活、高效的网络拓扑结构。虚拟网络可以根据网络负载和用户需求的变化，自动调整网络拓扑结构，从而实现网络资源的最大化利用。

（3）智能流量管理。未来的虚拟网络将采用智能流量管理技术，以实现更加高效、精准的网络流量管理。虚拟网络可以通过智能路由算法和流量控制技术来控制网络流量、优化网络性能，从而提高网络的带宽利用率和可靠性。

（4）网络安全优化。未来的虚拟网络将采用网络安全优化技术，以实现更加安全、可靠的网络运行。虚拟网络可以通过网络安全策略和控制技术，保护网络免受各种攻击和威胁，从而提高网络的安全性和可靠性。

（5）自动化管理。未来的虚拟网络将采用自动化管理技术，以实现更加高效、便捷的网络管理。虚拟网络可以通过自动化脚本和自动化工具来实现网络配置、监控和维护等操作，从而提高网络管理的效率和精度。

总之，高效灵活的虚拟网络将采用多种技术和方法，实现更加高效、灵活、安全、可靠的网络系统。这些技术和方法将不断提高虚拟网络的性能和自动化能力，为虚拟网络的发展和应用注入新的活力。

5.7.2 虚拟网络和 AI

未来的虚拟网络将是一个高度智能化的网络，而 AI 将成为虚拟网络智能化的关键。通过 AI 技术，比如机器学习、深度学习、自然语言处理及大数据分析等，虚拟网络可以自适应地学习和优化网络性能，提高网络的可靠性和安全性。同时，AI 技术还可以帮助虚拟网络管理员更好地识别和解决网络故障，提高网络管理的效率和精度。

（1）网络智能监控。虚拟网络与 AI 的结合可以实现网络智能监控技术，通过对网络流量、性能、安全等方面的监控和分析，及时发现和解决网络问题。通过深度学习和神经网络等 AI 技术，分析网络数据流量特征和用户行为，从而预测网络故障和优化网络性能。

（2）网络智能优化。虚拟网络与 AI 的结合可以实现网络智能优化技术，通过对网络性能的分析和预测，优化网络资源的利用和分配。通过机器学习和遗传算法等 AI 技术，优化网络拓扑结构、路由协议和流量控制等，从而提高网络的性能和可靠性。

（3）网络安全增强。虚拟网络与 AI 的结合可以实现网络安全增强技术，通过对网络攻击与威胁的识别和分析，增强网络的安全性。通过机器学习和自然语言处理等 AI 技术，分析网络攻击和恶意行为，从而防范各种网络威胁和攻击。

（4）网络智能调度。虚拟网络与 AI 的结合可以实现网络智能调度技术，通过对网络资源的分析和调度，优化网络的性能和响应速度。通过智能算法和优化算法等 AI 技术，动态调整网络资源，从而实现网络的性能优化和响应速度提高。

5.8　小结

　　本章详细介绍了网络虚拟化的相关概念、原理和实践，并展望了虚拟网络未来可能的发展方向。在介绍基本概念和原理的基础上，介绍了 L1 虚拟网络设备（虚拟网卡）、L2 虚拟网络设备（虚拟交换机）和 L3 虚拟网络设备（虚拟路由器）。接着根据虚拟网络边缘节点形态的不同，分别介绍了基于交换机的虚拟网络、基于主机的虚拟网络和混合式虚拟网络三种虚拟网络实现方案。另外，本章还详细阐述了软件定义网络（SDN）和网络功能虚拟化（NFV）相关的技术和架构，并对 SDN 易混淆的相关概念进行了澄清和解释，比较了 SDN 和 NFV 的异同。

　　通过本章内容，读者可以对虚拟网络要解决的基本问题和提供的能力有更为全面的理解，对复杂的数据中心网络有初步的认识；基于虚拟网络的原理和实践，能够进行简单的虚拟网络设计，实现基础的虚拟网络功能。

第 6 章

超融合技术

前面章节已经阐述数据中心在计算、网络、存储等不同层面的虚拟化相关概念和实现方法。数据中心以虚拟化为底座进行业务部署。随着时代发展,IT 业务变化越来越快,集群管理复杂性突增,对传统架构产生了极大挑战,超融合就是在这样的背景下诞生的。

从运维角度看,传统架构的数据中心方案通常采用烟囱式建设模式,部署有计算集群、网络集群、存储集群。随着业务发展,运维团队面对多厂家设备、多管控面时,需要投入大量精力去学习产品知识和单独运维各厂家设备。超融合架构过整合计算、存储和网络资源可显著简化 IT 基础设施的管理和维护工作,在安装部署、日常运维上减少对专业技能依赖,并提高运维效率。从运营角度看,超融合将 CPU、内存、硬盘、网络资源虚拟化,在扩展时可获得线性的性能/容量提升,并能从 2 节点扩展到大规模集群(如 256 节点),有效地保护初始投资,应对业务量不确定性。结合内置的分布式存储和高可用性设计,提高了系统的容错能力和业务连续性,这对于确保关键业务的运行至关重要。

6.1 节对超融合技术的出现和发展进行概述,包括传统数据中心面临的挑战、超融合技术的兴起和常见超融合产品。6.2 节介绍超融合通用基础架构,以及超融合领导厂商——华为 FusionCube 超融合架构。6.3 节介绍超融合在实现高可靠、高性能、高效率和易运维方面的关键技术。6.4 节介绍超融合技术在不同业务场景下的应用实践。

6.1 超融合概述

6.1.1 传统数据中心的挑战

在过去的 10 多年的时间里,虚拟化技术是数据中心的主流,传统的数据中心包括如下模块。

(1) 通用服务器:使用 x86、ARM 物理服务器来承载应用,如数据库服务器等。

(2) 专用存储设备:使用专用的存储设备,如磁盘阵列、SAN 设备、NAS 设备等。

(3) 各种网络设备:使用交换机、路由器和防火墙等设备进行数据传输和转发。

(4) 虚拟化技术:将物理服务器划分为多个虚拟机,采用如 VMware、Hyper-V、KVM 等虚拟机以及 Docker、iSula、Containerd 等容器方式,用于承载业务,以提高硬件利用率。

(5) 管理系统:孤立的计算存储资源,缺少统一管理,往往不同的设备、不同集群采用不同的软件管理。

由于传统数据中心的复杂性,传统数据中心面临以下几方面的挑战。

（1）资源烟囱式导致资源浪费：通常是为满足各个业务的最大性能要求而建立的，起始建设就要考虑最大性能要求，造成资源重复建设，人力和财力的大量投入。

（2）业务扩展的困难：在资源扩充时，需对采购对象进行充分评估和测试，无法通过资源需求直接预估预算；新老设备的兼容性、性能差异更是增加了上线风险。

（3）管理和运维的复杂：传统数据中心运维需要专业技术人员操作，企业需要针对性培训赋能，专业的存储/网络等维护人员稀缺，导致运营成本增加。

综上所述，传统的数据中心只有将资源和管理整合，降低运维难度和扩展复杂度，才能减少 IT 建设成本，更加聚焦业务运营并创造价值。

6.1.2 超融合技术的兴起

传统数据中心架构通过高速网络（如以太网、FC 网络）将服务器和存储设备直接连接，每台计算机都独立承载业务（如图 6-1 中"以计算为中心的 Scale-up 架构"）。随着虚拟化技术的成熟，利用计算虚拟化将服务器的 CPU/内存资源池化，利用分布式存储软件将存储容量池化（如图 6-1 中"以数据为中心的 Scale-out 架构"）。通过这种方式，企业可以灵活扩展算力和容量，并能够结合故障倒换加强业务可靠性。然而这种方式的管理界面繁多，日常运维操作仍然复杂。

随着云计算技术的不断深入，超融合架构将虚拟化、存储和网络整合到同一个节点中，简化数据中心设备的复杂度（如图 6-1 中"以业务为中心的 Scale-out 架构"），并通过 day0安装部署、day1 业务发放和 day2～N 的日常运维端到端进行易用性优化。

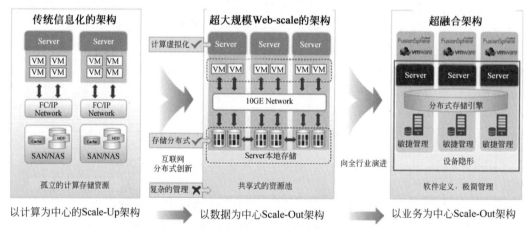

图 6-1 传统信息化架构到超融合架构的演变

从组合角度上，超融合可以分为基础设施硬件、超融合软件、集成应用三部分。

（1）基础设施硬件：硬件配置提供软件所需的 CPU、内存、硬盘资源。超融合基础设施可支持多种指令集硬件，以满足不同业务应用的需求；同时硬件设计上需结合软件架构进行针对性优化，如通常提供高速 NVMe 作为数据缓存层，以加速 I/O 读写性能，并通过 I/O聚合顺序写等方式，降低数据下盘中磁盘寻道时延。

（2）超融合软件：超融合软件使得一台物理服务器上提供了计算、存储和网络的能力，通过软件定义减少了设备的采购成本即 CAPEX（资本性支持，一般指初期采购成本）；提供统一管理、一键式运维和自动化运维的能力，提高了资源利用率，降低能源消耗和运维人员的工作量即 OPEX（持续性、消耗性的运营支持，如电费、人力运维成本）。超融合软件通过丰富的增值特性，实现既可以承载一般业务，也可以承载关键业务。

① 一般业务：如资料网站、内部通信系统、开发和测试环境，这些业务在企业的日常运营中扮演辅助角色，建设需要投资少、上线快，运维方便。超融合的融合部署模式、大规模架构、重删压缩、链接克隆和统一管理运维技术，很好地匹配了这一业务需求。

② 关键业务：如 ERP、CRM、数据库和计费类应用，这些业务在企业日常运营至关重要，尤其是在大型企业、银行金融类中，对于业务性能、业务 7×24 在线有普遍诉求。超融合在此类场景具备高性能和业务高可用，以替代传统方案。超融合的 I/O 加速、亚健康管理、数据冗余、防勒索、集群容灾机制有效应对了这类业务的场景诉求，确保数据的安全和业务的连续性。

（3）集成应用：超融合整套解决方案（turnkey solution）的优势主要体现在预置应用和调优应用，包括以下几方面。

① 快速部署：作为整套解决方案，超融合产品结合应用和部署模式提供了基线化的规格和性能，出厂前可在产线预集成和发货，上线周期可大大缩短；同时部分超融合还具备内部应用商城，通过应用模块和一键发放功能，实现大规模应用快速分发。

② 简化管理：统一的管理使得 IT 管理员可以一键式部署业务应用，免去赋能和减少出错；按需添加节点，这使得系统可以根据业务需求灵活扩展，而不需要大规模的前期投资。

③ 性能优化：计算、存储和网络融合在一起，使得系统资源分配、绑核策略更加灵活，尤其是在虚拟化环境中 I/O 路径可有效缩短，客户资源利用率可有效提高。

④ 可靠性加固：应用主备切换提高业务高可用的同时，超融合能够在亚健康检测、节点故障重构、备份/容灾和恢复上，提高故障容忍度，减少故障时人工干预的依赖。

总体来说，利用软件能使得集群具备统一管理、高性能、高可靠等优势，结合基础设施硬件和生态应用集成，超融合成为一个整套解决方案形式的产品。超融合技术解决了传统数据中心复杂度高、成本高、灵活性差、扩展性差等问题，使得超融合架构在现代 IT 环境中越来越受到青睐。

6.1.3　市场上常见的超融合产品

目前，市场上常见的超融合产品有 Huawei FusionCube、Nutanix、Dell EMC VxRail、HPE SimpliVity 等。

Huawei FusionCube 是华为公司推出的一种软件定义的超融合解决方案，提供安装工具来进行虚拟化平台和分布式存储软件的安装，并统一管理界面进行资源发放和统一运维。它具有如下主要特点。

（1）即插即用：FusionCube 提供出场软件预安装能力，在设备加入集群之前就已经完成了软件安装,大大缩短现场开局时间;设备上电自动发现,参数自动配置,实现业务快速上线;FusionCube一套系统支持超融合、存储、数据库多种节点类型,支持虚拟机/容器双栈,x86/ARM双栈,统一界面管理提供一键式功能,简化日常运维。

(2)可靠性好:FusionCube通过虚拟化内核UVP(Unified Virtualization Platform,华为统一虚拟化平台)实现,在单个物理服务器上构建多个同时运行、相互隔离的虚拟机运行环境,实现更高的资源利用率、更高的性能;全分布式DHT(Distributed Hash Table,分布式哈希表)架构,避免了元数据瓶颈;免锁化调度的I/O软件子系统,I/O路径短、时延低;数据传输支持DIF(Distributed Inter-Device Framing,分布式设备间帧)端到端校验,对静默错误也能有效检出和恢复。

(3)扩展性好:FusionCube能够最小从2节点起配平滑扩展到200节点以上规模,扩展中业务不中断;并能结合数据中心虚拟化软件提供高阶服务,提供统一运维和运营管理能力。

Nutanix是超融合领域长期的领导者,它基于分布式文件系统和虚拟计算架构,提供一种简化的方式来构建和管理数据中心的基础设施。Nutanix正在推进超融合和云原生之间的界限,利用云原生架构便于部署在公有云内或公有云外,具有如下主要特点。

(1)极简易用:Nutanix降低基础设施的复杂性,并将这一理念应用于混合云;Nutanix愿景侧重于构建混合和多云平台以用于业务应用程序,降低了云原生架构的使用复杂度。

(2)合作伙伴众多:它有一个强大的硬件供应商和超大规模商用案例;软件定价简单、灵活,增值服务众多;利用自建社区实现快速伙伴赋能和技术布道。

(3)数据管理能力突出:Nutanix将创新作为核心战略,并以数据服务、多云为中心采用积极进取的功能路线图;Nutanix虚拟化平台包括AHV、VMware ESX;Nutanix容器平台包括OpenShift、Nutanix Kubernetes引擎;Nutanix的桌面云方案包括Horizon、Citrix;它还具有强大的云复制和迁移功能,具备数据加密和高等级安全合规能力。

Dell EMC VxRail是由Dell EMC与VMware公司合作推出的超融合解决方案,结合了Dell EMC硬件、VMware软件和vSAN存储,具有如下主要特点。

(1)生态优势:VMware是混合云的领导者,vSAN 8提高性能、云功能和可扩展性,让VMware+vSAN的方案成为VMware市场上HCI主流方案。VMware VCF提供企业级云计算所需的全部服务和功能,不同用户能够根据自己的需求和角色访问和使用云服务;vSAN与VMware ESXi深度融合,企业级高级特性丰富,如重删、压缩、纠删码、存储QOS管理。

(2)强一致性:VxRail兼具虚拟化层和软件定义存储层,具备FaultTorrent、一致性快照、集群延展能力,使业务运行时和恢复后保持一致性;同时VxRail可集成VCF提供了一系列高阶服务,包括计算、存储、网络和安全服务,这些服务可通过自动化工具和服务确保环境的一致性,从而降低了管理复杂性和出错的可能性。

(3)网络安全功能强:VMware的网络虚拟化和安全能力主要集中在其NSX平台;NSX将网络虚拟化后,可快速创建从简单网络到多层网络拓扑;包括路由器、负载均衡器、防火墙等,满足不同的网络需求;支持跨数据中心网络调度,并可与三方安全解决方案集成,帮助构建一个更加安全的网络环境。

　　HPE SimpliVity 是惠普企业推出的超融合解决方案,集成了计算、存储和数据保护功能。它通过软件定义的方式,将数据压缩、去重和快照等功能嵌入虚拟化平台中,提供高效和可靠的数据管理,具有如下主要特点。

　　(1) 独有重删压缩卡:SimpliVity 将数据重删压缩算法从传统的 GPU 卸载到了专用 ASIC,从而解决重删压缩主机资源占用的同时,获得 10∶1 的高数据缩减率(将存储空间占用率缩减 90%);通过高数据缩减率 SimpliVity 降低了对网络站点件传输数据的压力,在网络较差情况下,也可以完成多站点间的数据同步。

　　(2) 增强型数据保护:SimpliVity 采用全逻辑备份,提高了虚拟机备份性能和恢复速度,可以实现 1TB 的虚拟机进行本地备份/恢复的时间缩短至 1 分钟内。

6.2　超融合架构

　　现有数据中心服务器系统综合效率低下与主要硬件设施效能落后的问题成为信息领域继续向上发展的重大障碍。借助超融合等新一代信息技术对基础架构的优化、硬件利用效能的提升以及系统综合运行成本的控制优化来推动传统数据中心系统的转型升级,对于进一步提高数据中心业务运行管理水平具有重要的现实意义。如 6.1 节所述,目前业界已存在多种不同的超融合解决方案与产品,它们在构建方式和服务特性等方面均存在差异。为了便于说明超融合技术的设计理念和核心思想,本节首先介绍超融合通用基础架构的分层,以及各层级基本功能。接着以 FusionCube 超融合解决方案为例,介绍厂商自研的超融合组件和差异化服务。

6.2.1　超融合通用基础架构

　　超融合架构是一种将计算、存储、网络和虚拟化等关键功能集成在一起的软件定义基础架构解决方案。它通过软件层面的实现,将这些功能合并到一台服务器或节点上,形成一个统一的超融合节点。超融合通用基础架构如图 6-2 所示。

　　超融合作为软件定义基础架构的解决方案,从技术架构的维度上可以分为五个层次,从下往上包括:硬件层、硬件抽象层、技术实现层、资源池层和统一管理层。

　　(1) 硬件层:硬件层由通用 x86 服务器、ARM 服务器和交换机组成,基于超融合软件架构建设的数据中心通常只需要服务器及二层/三层网络交换机,通过软件定义的技术实现方式,对外提供计算、存储和网络能力,降低数据中心的复杂度。

　　(2) 硬件抽象层:超融合技术使用硬件抽象层将底层硬件资源进行抽象和虚拟化,以提供一致的接口和管理方式。硬件抽象层隐藏了底层硬件的细节,使上层软件能够以统一的方式访问和管理硬件资源。

　　(3) 技术实现层:通过软件定义的计算、存储和网络的方式进行深度融合,通过硬件抽象层屏蔽底层硬件的差异,实现计算、存储和网络资源的池化。

　　软件定义存储(Software Defined Storage,SDS)是超融合软件架构中的关键组件之一。

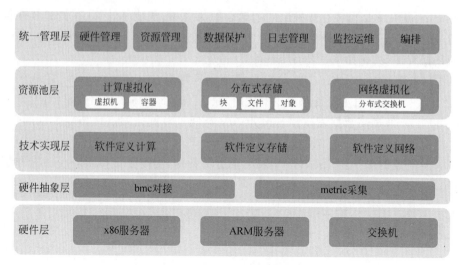

图 6-2 超融合通用基础架构

它利用服务器上的本地硬盘将存储功能虚拟化，并将多个节点的存储资源汇聚成一个分布式存储集群。

软件定义存储通过使用分布式存储技术，实现存储资源的池化，有分布式块存储、分布式文件存储和分布式对象存储这几种主流形式。不少超融合厂商采用开源的分布式存储软件作为超融合软件定义存储的底座，如新华三采用 Ceph 分布式存储、深信服采用 GlusterFS 分布式存储。

超融合软件架构中的另一个关键组件是软件定义计算（Software Defined Compute，SDC）。SDC 通过虚拟化技术将物理服务器资源划分为多个虚拟机或者容器，并为每个虚拟机或容器分配计算资源。这样，一台超融合节点可以同时运行多个虚拟机/容器，实现多个应用的同时部署和管理。

软件定义计算通常采用服务器虚拟化的技术，就是将通用的 x86 或 ARM 服务器通过服务器虚拟化技术，以虚拟机或容器的方式对外提供计算能力。常用的服务器虚拟化产品及技术有 VMware vSphere、Microsoft Hyper-V、KVM、Xen 和 Docker 等。

此外，超融合软件架构还包括软件定义网络。超融合利用网络虚拟化技术，将网络功能从物理设备中解耦，并通过软件进行集中管理和控制。这样，超融合节点之间的网络连接、流量控制和安全隔离等功能可以通过软件进行配置和管理。

（4）资源池层：软件定义计算、存储和网络通过将资源池化，提高了用户业务申请、调整和运维的效率。

（5）统一管理层：通过统一管理软件，实现对整个超融合基础设施的管理（包含硬件和计算、存储、网络资源），并通过编排层实现对基础设施的极简运维。

6.2.2 FusionCube 超融合架构

下面将从系统逻辑架构、系统部署架构和关键服务部署示例三方面，描述 FusionCube

超融合架构设计与部署形式。

1. FusionCube 系统逻辑架构

FusionCube 提供全栈自主可控的超融合基础设施解决方案,硬件、操作系统、软件定义计算/存储/网络以及统一管理软件都是华为自行设计和研发的。图 6-3 展示了 FusionCube 的系统逻辑架构,其包含硬件、操作系统、FusionCompute 虚拟机虚拟化、eContainer 容器虚拟化、eStorage 分布式存储、eNetwork 网络虚拟化、MetaVision 统一管理平台等核心模块。

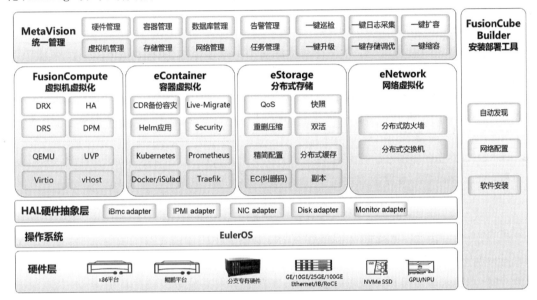

图 6-3　FusionCube 系统逻辑架构

硬件:华为 ARM 鲲鹏服务器,支持 32C/48C 和 64C ARM CPU,对于有训练推理需求的场景可以采用华为昇腾 NPU 训练推理卡。

操作系统:基于华为开源 OpenEuler 操作系统构建的企业级 EulerOS。

FusionCompute 虚拟机虚拟化:华为虚拟化软件,底层采用华为研发的统一虚拟化平台 UVP(Unified Virtualization Platform)。它提供了两种 Hypervisor 模式,一种是 Xen,一种是 KVM,当前 FusionCube 超融合解决方案采用 KVM 模式。UVP 相比 KVM,在热迁移、内存独占、CPU/内存静态亲和、Virtio-net、NetMap 软直通等方面均有支持和优化。

eContainer 容器虚拟化:eContaienr 包括 K8s 集群与节点管理、内容库管理、项目管理、容器镜像管理。管理员可在 FusionCube 系统中创建 K8s 集群,并对其进行管理。eContainer 运行时可选开源软件 Docker 和华为 iSula。iSula 是使用 C 和 C++开发的一种轻量级的容器,具有轻、灵、巧、快等特点,支持 ARM 和 x86 等体系架构,相较于 Go 语言实现的 Docker 的容器运行时,iSula 的底层开销更小,是专门针对资源受限的边缘计算和 IoT 环境设计的轻量级容器技术。

eStorage 分布式存储:eStorage 是 FusionCube 内置分布式块存储,为业务提供存储服务。分布式块存储是一种分布式存储系统,采用独特的并行架构、创新的缓存算法、自适应的数据分布算法,消除了热点也提高了性能,并且能够以超快的重建时间实现自动化自修复,提供卓越的可用性和可靠性。

eNetwork 网络虚拟化:eNetwork 是 FusionCube 内置的网络虚拟化软件,支持创建分布式交换机、端口组、分布式防火墙等网络资源,并对网络资源进行调整和配置。

MetaVision 统一管理平台:MetaVision 统一管理平台支持对超融合整系统的硬件、计算资源、存储资源、网络资源进行统一管理,并通过编排和智能化运维的方式,给用户提供极简运维的管理体验。

2. FusionCube 超融合网络部署架构

如图 6-4 所示,FusionCube 超融合系统分为 4 种节点类型,分别为 MCNA 节点、SCNA 节点、CNA 节点和 SNA 节点。

(1) MCNA 节点:称为管理融合节点,部署的软件包括 MetaVision 管理、FusionCompute 计算、eStroage 存储和 eNetwork 网络,FusionCube 将管理软件通过虚拟机的(VRM/MetaVision)方式部署在 MCNA 节点上。

(2) SCNA 节点:称为计算存储融合节点,部署的软件有 FusionCompute 计算、eStroage 存储和 eNetwork 网络,计算节点通过 FSA 存储代理访问存储集群。

(3) CNA 节点:称为计算节点,部署的软件有 FusionCompute 计算、eStroage 存储。

(4) SNA 节点:称为存储节点,部署的软件有 eStorage 存储。

FusionCube 超融合系统两节点起配(MCNA 管理软件采用主备部署模式,至少部署两个节点),两个节点都为 MCNA 节点。剩余节点可以根据用户实际的诉求进行灵活的组合配置,当计算诉求多时可以多配置计算节点,当存储诉求高时可以额外配置存储节点,当计算存储诉求均衡时,选择配置融合节点。

根据用户不同的资源诉求,配置完 FusionCube 超融合系统节点后,下一步的重点就是网络规划。为了便于超融合节点的管理和通信,FusionCube 超融合系统的网络划分了管理平面、存储平面、业务平面、BMC 平台和复制平面五种类型,如图 6-5 所示。

(1) 管理平面:系统管理网络平面,用于系统的业务操作和运维管理,支持 TCP/IP,支持 GE/10GE 组网。

(2) 存储平面:分布式存储节点间数据读写操作网络平面,支持 TCP/IP,支持 10GE/25GE 组网,网口支持 A-B/A-A 模式的网口聚合。

(3) 业务平面:客户业务通信网络平面,支持 TCP/IP,支持 GE/10GE 组网,可以与管理平面共网卡,通过 VLAN 隔离。

(4) BMC 平面:服务器设备管理 IP 平面,访问 FusionCube 系统服务器设备的运维管理。

(5) 复制平面:容灾方案中,主备站点间的数据同步网络平面,支持 TCP/IP,支持 GE/10GE 组网,建议系统独占网卡,避免与其他网络平面争抢资源。

3. FusionCube 超融合关键服务

基于实际应用需求,FusionCube 在不同的融合节点上提供了不同的计算、存储和网络服务,如图 6-6 所示。

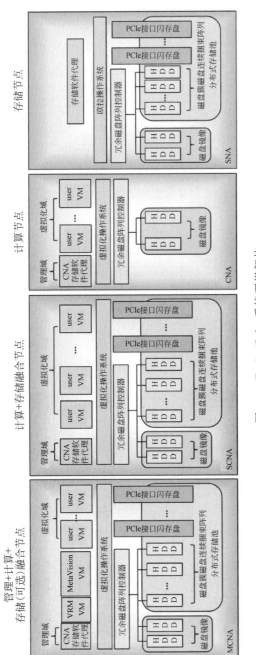

图 6-4 FusionCube 系统逻辑架构

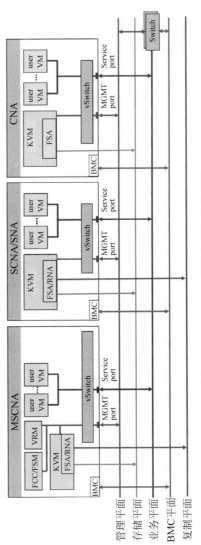

图 6-5 FusionCube 超融合网络部署架构

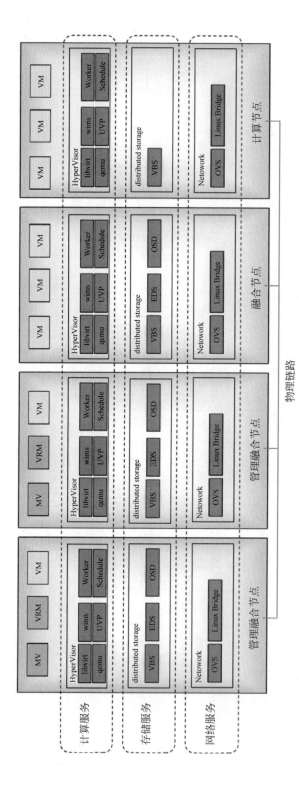

图 6-6 FusionCube 超融合关键服务示意图

存储服务域包含 VBS(Virtual Block Service,虚拟块存储服务)、EDS(Enterprise Data Service,企业数据服务)、OSD(Object Storage Device、对象存储服务)。其中,VBS 对外提供标准的 SCSI 协议方案,在 FusionCube 超融合解决方案里面,它部署在融合节点,也部署在计算节点,计算通过 VBS 访问 FusionCube eStorage 分布式存储资源。OSD 提供数据持久化能力,负责 HDD、SSD 等存储介质的空间分配与故障管理,通过跨节点的 EC 或副本提供可靠的、分布式化的数据管理能力,聚焦于可靠性、性能、扩展性等存储底层相关的能力。

计算服务域采用了华为研发的统一虚拟化平台 UVP,将 CPU、内存、I/O 等服务器物理资源转换为一组统一管理、可灵活调度、动态分配的逻辑资源,并基于这些逻辑资源在单个物理服务器上构建多个同时运行、相互隔离的虚拟机执行环境。

6.3　超融合核心技术

6.3.1　高可靠技术原理

对于 IT 基础设施而言,高可靠是企业数据中心高基本需求,IT 基础设施需要保障不间断的稳定工作,并能对部件异常、节点异常、集群异常进行故障隔离、重构和恢复。从部署位置和使用的技术划分,超融合可靠性总体架构如图 6-7 所示。

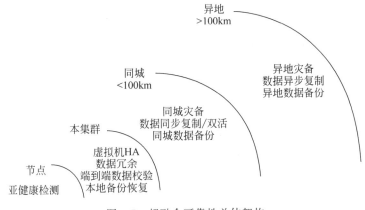

图 6-7　超融合可靠性总体架构

各国都有对数据中心的可靠性指标定义,主要指标有 RPO、RTO 和 MTTR。

RPO 指的是数据恢复点目标(Recovery Point Objective),衡量在一次灾难或数据丢失事件后,一个组织能够承受的最大数据丢失量。它代表了在数据备份策略中,可以接受的最早恢复操作的时间点。

RTO 指的是恢复时间目标(Recovery Time Objective),衡量在灾难发生后,从 IT 系统停机到业务恢复运营所需的最长时间。这个时间段包括系统恢复的所有必要步骤,如数据恢复、系统重启、应用程序重新运行等,直到业务能够再次正常运作。

MTTR 指的是平均修复时间(Mean Time To Repair),衡量从开始修复到修复完成所需的平均时间。它是维修性分析中的一个重要参数,用于描述修复工作的效率。从这个维度来看,结合所使用的技术,可靠性可分为 L1、L2、L3 等级,如图 6-8 所示。当前超融合产品大多处于 L1/L2 级。

L1: 被动响应故障

无检测、人工修复,被动响应
- 生产业务中断: RTO=分钟级
- 预期数据丢失: RPO=分钟级
- 人工恢复耗时: 小时级

L2: 主动识别故障

自检测、人工修复
- 生产业务中断: RTO=秒级
- 预期数据丢失: RPO=0
- 人工恢复耗时: 分钟级

L3: 自动修复故障

自检测、自修复
- 生产业务中断: RTO=0
- 预期数据丢失: RPO=0
- 人工恢复耗时: 0 (恢复操作无人工投入)

图 6-8　超融合可靠性分级

L1 等级可容忍部分故障,故障发生时数据不丢失,业务可人工恢复,主要技术如下。

(1) 多副本/纠删码(Erasure Coding,EC)冗余算法,节点掉电数据盘不丢失。

(2) 机柜级安全,支持整柜掉电。

(3) 虚拟机 HA,故障恢复快速切换,时间为分钟级。

L2 等级在 L1 基础上增加故障检测能力,增强业务恢复能力,主要技术如下。

(1) 亚健康监测,坏块智能扫描、慢盘隔离、网络亚健康监测。

(2) 端到端 DIF,保障静默数据不发生错误。

(3) 虚拟机 HA,故障恢复快速切换,时间为秒级。

(4) 故障诊断和修复功能及工具修复能力。

L3 等级在 L2 基础上继续增强业务恢复能力,主要技术如下。

(1) 组件热恢复,运行状态实时同步节点无状态化。

(2) 内存池化,单集群数据免迁移 HA。

(3) 多套集群智能选路,业务集群化工作。

(4) 联邦集群智能自治,跨集群高可用。

(5) AI 智能分析+故障模式库的自动修复。

下面将对各等级上常用的超融合高可靠技术进行介绍。

1. L1: 数据冗余算法(多副本/纠删码)

分布式集群采用数据多副本/纠删码机制来保证数据的可靠性。

多副本:即同一份数据可以复制保存为 2~3 个副本。针对系统中的每个卷,默认按照 1MB 进行分片,分片后的数据按照 DHT 算法保存集群节点上。

如图 6-9 所示,对于节点 Server1 的磁盘 Disk1 上的数据块 P1,它的数据备份为节点 Server2 的磁盘 Disk2 上的 P1′、P1 和 P1′构成了同一个数据块的两个副本。例如,当 P1 所在的硬盘故障时,P1′可以继续提供存储服务。

纠删码:可以实现数据的自动分布、副本管理和负载均衡。超融合中使用的分布式存储技术之一是 EC 技术,可以提高数据的可靠性和空间利用率。EC 技术的原理是将数据分成多个块,然后对每个块进行编码,生成一定数量的冗余块,这些冗余块可以用来恢复原始数据。EC 技术可以根据不同的场景和需求,选择不同的编码方案和参数。

弹性 EC 是一种增强型数据冗余保护机制,广泛应用于分布式存储领域。EC 在分布式

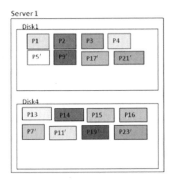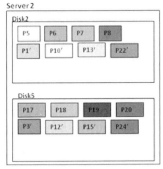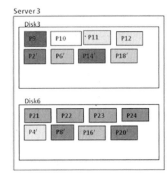

图 6-9　节点数据副本示例

存储系统中使用 N 个数据块和 M 个校验块保证数据的可靠性,这 $N+M$ 个数据块中有任意 M 个块数据损坏,都可以通过其他 N 个块上的数据恢复 M 个块的数据。

相比于副本存储方式,EC 数据冗余保护机制在提供高可靠性的同时也能够提供更高的硬盘利用率,从而降低成本。比如一个 4MB 的 IO,在三副本存储方式下,共占有 12MB 的硬盘空间;而在 4+2 配比的 EC 存储方式下,4 个数据节点每个占用 1MB 空间,2 个校验节点各占用 1MB 空间,共 6MB 空间。在提供相同可靠性的前提下,EC 比三副本节省了 6MB 硬盘空间。

EC 在节点扩容时支持扩列功能,对于 $N+M$ 配比扩至规则为 $2×N+M$,如 4+2 的 EC 扩列时直接扩到 8+2,然后到 16+2。

EC 在节点故障时,如果节点数不满足 EC 最小节点数时,就会采用缩列方式,确保可靠性不下降;对于 $N+M$ 的缩列机制,通常采用 $N/2+M$ 的方式缩列,如 8+2 的 EC 缩列则缩到 4+2,10+2 的 EC 缩列则缩到 4+2(不能采用奇数数据列数,如果为奇数则向下偶数取整)。

EC 的性能通常比副本的性能高 15% 左右,在高比例 EC 配比中,最大能支持到 22+2、20+3 和 20+4 三种最大配比。

EC 技术的优点是可以在保证数据安全的同时,减少存储空间的消耗,提高存储效率。EC 技术的缺点是会增加计算和网络的开销,影响存储性能。

2. L2:亚健康管理

亚健康也称 Fail slow,是指对应硬件可以正常运行但性能低于预期的一种状态。导致亚健康的原因非常多,包含但不限于 Firmware Bug、硬件自身设计缺陷、温度、环境(如振动)、配置错误等。

多种硬件均有可能进入亚健康状态,包含但不限于盘(SSD/HDD)、网络、CPU、内存等。一旦某硬件进入亚健康状态,如果存储系统未采取有效监控和容错,则极有可能会导致存储系统响应主机的时延增大、IOPS/BPS 降低,甚至导致无法响应主机,进而导致主机业务中断。华为超融合存储系统对盘、网络、服务(涵盖 CPU\内存等)等进行全面的亚健康状态监控,并进行智能诊断后实现自动隔离,实现单部件亚健康存储系统性能无感知,让主机享受一致性性能体验。

磁盘亚健康管理：华为超融合存储系统对其使用的主存盘、缓存盘、系统盘、元数据盘均实现了全方位的亚健康状态监控，主要监控包含但不限于如下内容。

（1）SMART 信息（如硬盘扇区重映射数超过门限、读错误率统计超标等）。

（2）I/O 时延（含单 I/O 级时延、I/O 平均时延等）。

（3）I/O 错误（含静默数据错误数等）。

网络亚健康管理：网卡降速、丢包/错包率增加、协商速率不匹配等都会导致集群网络性能降级，进入亚健康状态。系统通过检测网络资源状态的变化，定位受到网络亚健康影响的节点，进行 bond 主备切换或者节点隔离。基本原理如下。

（1）多级检测机制：节点本地网络快速检测闪断、错包、协商速率低等异常，并智能选择节点自适应发送探测包，识别链路时延异常和丢包等问题。

（2）智能诊断：结合组网模型和异常信息进行智能诊断，识别网口/网卡/链路等异常。

（3）逐级隔离与预警：根据诊断结果进行网口隔离、链路隔离、节点隔离等并上报告警。

以网络连接亚健康触发本地网口切换为例，其涉及以下两个过程，如图 6-10 所示。

① 节点 1 持续向集群内其他节点发送探测包，检测是否有丢包或时延增高的现象。

② 节点 1 发现当前网口向多个目标节点发送的探测包都出现异常，进行网口切换的操作；网口切换后，网络服务恢复正常。

分布式集群节点在运行过程中出现软硬件问题是普遍现象。由于节点软硬件问题导致节点进入亚健康状态，比如 CPU 降速，内存反复纠错导致访问降速等。在这种场景下，整系统服务时延受到单个节点影响而降级。针对这类问题场景，系统通过收集时延信息检测出处于亚健康状态的节点，对问题节点或节点的问题资源进行隔离。基本原理如下。

（1）跨进程/服务检测：A 访问 B，在 A 上统计访问 B 的 I/O 时延，如时延超阈值则上报综合诊断。

（2）智能诊断：结合各个进程/服务上报的异常时延，使用基于大多数的判断、聚类算法等诊断出时延异常的进程/服务。

（3）隔离与预警：将诊断出异常的进程/服务上报控制节点进行隔离（业务分摊到集群内的其他进程中）并上报告警。

以块存储服务亚健康检测和隔离为例，其涉及以下三个过程，如图 6-11 所示。

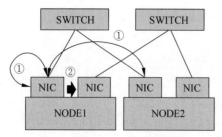

图 6-10 本地网口切换示意图

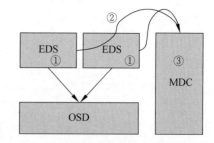

图 6-11 块存储服务亚健康检测和隔离示意图

① EDS 进程检测到 OSD 进程的时延,统计时延是否有持续异常升高的现象。

② EDS 检测到某 OSD 服务时延异常,上报 MDC。

③ MDC 判断是否大多数访问 OSD 的 EDS 都上报该 OSD 服务时延异常,满足条件则对此 OSD 启动隔离操作。

3. L2:数据完整性保护(DIF)

数据在存储系统内部传输中,经过了多个部件、多种传输通道和复杂的软件处理,其中任意一个错误都可能会导致数据错误。如果这种错误无法被立即检测出来,而是在后续访问数据过程中才发现数据已经出错,这种现象叫作静默数据破坏(Silent Data Corruption)。由于静默数据破坏无法实时检测出来,导致被破坏的数据恢复难度很大,甚至不可恢复。

产生静默数据破坏的原因有很多,主要有以下几类。

(1)硬件故障:内存、CPU、硬盘、FC 或 SAS 链路等。

(2)固件(firmware)错误:HBA、硬盘等。

(3)软件问题:产品软件、操作系统、应用程序等。

硬件故障导致的数据错误通常能通过 ECC 或 CRC 等校验发现,而固件错误和软件问题更易产生静默数据破坏。

华为超融合存储系统提供 I/O 级端到端的数据完整性保护方案,能够有效检测跳变、读写偏等各种静默数据破坏场景,当检测到数据静默破坏后会实时对数据使用冗余算法进行纠错自愈,避免数据损坏扩散。

图 6-12 所示为块存储 I/O 路径关键静默数据错误检测位置以及磁盘布局示例。其中,DIA(Data Integrity Area)代表数据完整性校验区域。

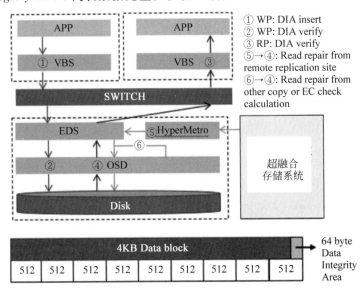

图 6-12　块存储 I/O 路径关键静默数据错误检测示意图

HDD/SSD 上的数据会由于器件老化、电磁/信号干扰、工艺缺陷等原因导致静默数据破坏。通过周期性数据校验可以提前识别风险并进行处理，能有效防止静默数据破坏累积导致数据丢失。华为超融合存储系统采用了后台自适应周期性校验方式来防止数据出现错误，流程如下。

（1）下发读 I/O，从 HDD/SSD 上读取一段数据。

（2）计算读取的 Data Block 的 DIA′，并与读取的 DIA 进行比较。

（3）如果 DIA′ 与 DIA 不相等，则触发再次读校验，以排除由于链路导致的临时性不一致，如果仍不相等，则插入数据纠错自愈队列进行后台自愈写修复。

（4）后台校验任务可以通过手动方式调整速率。其触发的 I/O 优先级低于主机业务，当有主机业务时优先处理主机业务，从而不影响主机业务。

无论在主机 I/O 还是后台周期性 I/O 识别到静默数据破坏时，均会触发自动的用户无感知的损坏数据纠错自愈机制，利用本系统内其他节点上存储介质上的冗余数据进行纠错自愈。

4. L2：故障自恢复（HA）

虚拟机 HA（High Availability）机制可提升虚拟机的可用度，允许虚拟机出现故障后能够重新在资源池中自动启动虚拟机。

在已经创建的集群中，如果高级设置中的 HA 功能已经启用，那么用户在该集群中创建虚拟机时，可以选择是否支持故障重启，即是否支持 HA 功能。

系统周期检测虚拟机状态，当物理服务器宕机等引起虚拟机故障时，系统可以将虚拟机迁移到其他物理服务器重新启动，保证虚拟机能够快速恢复。目前系统能够检测到的引起虚拟机故障的原因包括物理硬件故障、系统软件故障。

重新启动的虚拟机会像物理机一样重新开始引导，加载操作系统，所以之前发生故障时没有保存到硬盘上的内容将丢失。对于未启用 HA 功能的虚拟机，当发生故障后，此虚拟机会处于停机状态，用户需要自行操作来启动这台虚拟机。

动态资源调度（DRS）动态分配和平衡资源，采用智能调度算法，根据系统的负载情况，对资源进行智能调度，达到系统的负载均衡，保证系统良好的用户体验。动态资源调度策略针对集群（Cluster）设置，可以设置调度阈值、定义策略生效的时间段。在策略生效的时间段内，如果某主机的 CPU、内存负载阈值超过调度阈值，系统就会自动迁移一部分虚拟机到其他 CPU、内存负载低的主机中，保证主机的 CPU、内存负载处于均衡状态。

虚拟机自动备份软件配合虚拟机快照和 CBT（Changed Block Tracking）功能实现虚拟机数据备份方案。华为 eBackup 备份软件通过与 FusionCompute 虚拟化平台配合，实现对指定虚拟机的备份。当虚拟机数据丢失或故障时，可通过备份的数据进行恢复。数据备份的目的端为本地虚拟磁盘或 eBackup 外接的共享网络存储设备（NAS）。eBackup 支持通过设置备份策略，实现虚拟机的自动定期备份；同时支持针对不同虚拟机或虚拟机组设置不同备份策略，最多支持 200 个备份策略；支持设置备份策略优先级。此外，eBackup 还具备以下两方面特性。

（1）支持为全量备份、增量备份或差量备份分别设置不同备份周期、备份时间窗口，如支持设置每周进行一次全量备份、每天进行一次增量备份,也可只进行一次全量备份,后续一直进行增量备份。

(2) 支持设置备份数据保留时间以自动清除过期的备份数据。

5. L3:高可用双活集群

超融合存储提供 HyperMetro 双活特性,基于 A、B 两个数据中心的两套超融合存储集群构建双活容灾关系,基于两套超融合系列的卷虚拟出一个双活卷,两数据中心业务的主机能同时对卷进行读写。任意数据中心故障,数据零丢失,业务能自动切换到另外一个站点运行,保证业务连续型。双活实现技术原理如图 6-13 所示。

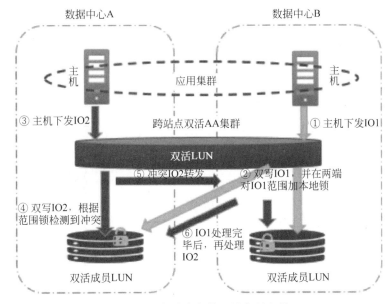

图 6-13　超融合存储双活实现流程

通常超融合存储的双活支持增量同步,当一个站点发生故障时,按照系统的仲裁机制,会由仲裁获胜的站点提供业务,I/O 请求由双写转为单写。

同时,超融合存储增加了对逻辑写错误的处理,在系统正常运行,但是一端 I/O 返回写失败的场景,支持将 I/O 重定向写到正常的站点,写失败的站点故障修复以后,支持将增加的数据同步回来,减少逻辑写错误导致上层应用切换的问题。

超融合存储的 HyperMetro 双活特性可以跟上层 Oracle RAC、VMware 等应用配合,存储双活+虚拟机 HA 配置,也可实现基于 AB 两个站点的两套集群双活容灾。推荐数据库场景部署距离小于 100km,VMware 平台的部署距离小于 300km。

6.3.2　高性能技术原理

对于 IT 基础设施而言,性能是普遍诉求。超融合在硬件上往往采用通用服务器形态,因此性能提升主要依靠软件打薄虚拟化到 I/O 栈的性能损失。分布式架构可以通过规模的扩展来扩充性能,因此在集群均衡性能上也需要重点考虑。

1. 虚拟化加速技术(vhost)

当虚拟机执行 I/O 时,它将执行以下操作。

(1) 虚拟机的操作系统对虚拟设备执行 SCSI 命令。

(2) virtio-scsi 接收这些请求并将它们放入 Guset OS 的内存中。

(3) 请求由 QUEM 处理,将数据追加 iscsi 头并转发。

(4) 网络层将请求转发到本地 CVM(如果本地不可用,则转发到外部)。

(5) CVM 找到所需操作的盘并进行读写。

vhost 直通技术和以上 I/O 路径存在关键差异:实现 VM 到存储客户端的 I/O 直通,绕过 virtio Device(QUME-内核),减少数据复制和两次读写操作,从而降低 I/O 路径时延,如图 6-14 所示。

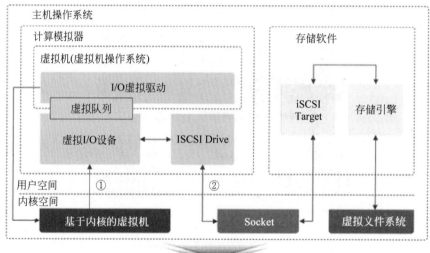

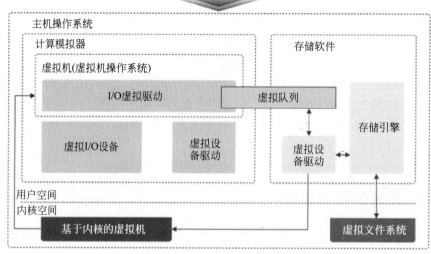

图 6-14   virtio 和 vhost 下虚拟机 I/O 路径对比

2. 存储加速技术（全局 Cache）

传统的 HDD 受机械原理的影响，虽然在容量上有比较大的增长，但在性能方面，几十年来基本上没有任何变化，随机 I/O 时延从几毫秒到十几毫秒，严重影响用户体验和性能的发挥。而 SSD 虽然相对于 HDD 有很大的提升，但是价格比较贵。目前业界使用 SSD 作为系统 Cache 或 Tier 层，实现了性能和成本之间的平衡。具体来看，可以将分布到各个存储节点上的 SSD 组建成为一个共享的分布式 Cache 资源池，供所有的业务共同所用，从而可以充分利用所有 SSD 的资源。

有了缓存加速后，块存储写 I/O 业务流程如下。

（1）VBS 发送的写 I/O 会转发到归属节点写入 L1 Cache（如图 6-15 中主机下发 I/O），如果 I/O 较大直接执行步骤（3）。

（2）写入 L1 Cache 的数据同时以日志的方式（采用固定的 2＋2 小分片 EC）跨节点记录到 WAL LOG Cache 中（如图 6-15 中步骤②），成功后返回。

（3）L1 Cache 中的数据会进行 I/O 排序重整并等待满分条以副本或 EC 的方式跨节点写入数据最终的持久化节点。在 HDD 混配场景下，为提升 HDD 盘的吞吐率，对于大块 I/O 会直接写到 HDD 中，小块 I/O 会先在 Disk Cache 中缓存，凑成大 I/O 后再写入 HDD（如图 6-15 中步骤③）。

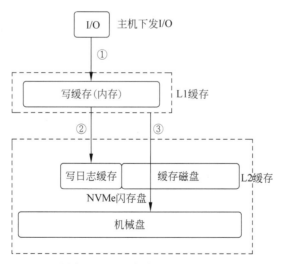

图 6-15　缓存加速下块存储写 I/O 业务流程示意图

3. 集群加速技术（全局负载均衡）

为了让每个 LUN 的数据更均衡，把每个 LUN 按照固定的粒度（如 4MB）划分成若干 Slice（分片），每个 Slice 按照"LUN 对应的哈希因子＋Shard 起始 LBA"，哈希因子为 LUN ID，计算哈希值，将每个 Slice 落到如图 6-16 所示的 DHT（Distributed Hash Table，分布式哈希表）环上，从而映射到分布式数据存储切片（shard）上。

请求经过前端负载均衡打散后，在存储 Service 层归属节点完成处理。对于读请求，需

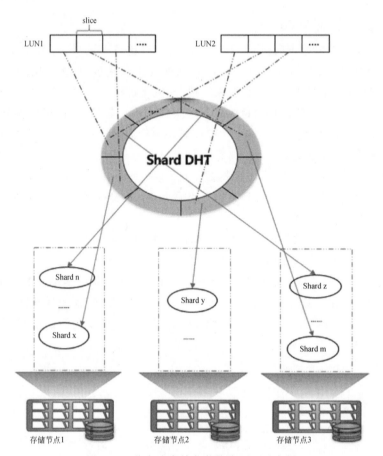

图 6-16　分布式存储负载均衡原理示意图

要快速定位到数据持久化节点，采用 STORE DHT 算法进行快速路由。对于写请求，数据最终以 plog 语义写入 Persistence 层，在选择 plog 时，需要考虑到后端节点及硬盘容量的均衡性，采用动态智能分区和静态选盘算法。

STORE DHT 中的 key 由 PlogID 和 Offset 构成，经过 hash 计算后，确定数据存放在哪个分区（PT），进而映射到硬盘的具体位置。分区支持机柜级、节点级、硬盘级，默认是跨节点组织分区，系统所有容量按分区个数均匀分配容量空间。

6.3.3　高效率技术原理

对于 IT 基础设施而言，能效的提升代表运营成本的节约，包括硬件成本（设备）、能源成本（电力消耗和冷却消耗），因此高效率可分为资源高效和能耗高效。

1. 资源高效：重删＆压缩

重复数据删除（deduplication）和数据压缩（compression）两种技术的结合，可以有效地减少数据占用的存储空间，提高存储效率，降低成本。重复数据删除技术适用于那些包含大量重复数据的场景，比如虚拟桌面、备份、归档等。一个常见的应用重删压缩的场景就是远程备份、容灾,利用异地的数据中心进行数据备份同步,过程中会使用昂贵的数据链路,此时执行重删压缩就很有必要,能够显著地提升效率降低成本。

下面分别介绍重复数据删除和数据压缩技术。

重复数据删除技术是指将存储系统中存在的重复数据块删除,只保留一份数据,并记录数据的位置和引用信息,从而节省存储空间。重复数据删除技术可以在不同的层次进行,比如文件级、块级、子文件级等。重复数据删除主要分为文件级重删和数据块级重删两种类型。

(1) 文件级重复数据删除技术是一种用于识别和删除文件中重复数据的技术。它可以应用于各种类型的文件,包括文本文档、图像、音频和视频等。文件级重复数据删除通常包含以下步骤。

① 文件分块:将待处理的文件分成较小的块或片段。通过将文件划分为块,可以在处理大型文件时提高效率,并减少内存消耗。

② 哈希计算:对每个文件块进行哈希计算。哈希函数将文件块转换为固定长度的哈希值。相同内容的文件块将生成相同的哈希值,因此哈希值可以用于识别重复数据(如图 6-15 中步骤②所示)。

③ 哈希比较:将生成的哈希值进行比较,以识别具有相同哈希值的文件块。如果两个文件块的哈希值相同,那么它们很有可能是相同的数据块或内容。

④ 数据对比:对于具有相同哈希值的文件块,进一步进行数据对比以确认它们是不是真正的重复数据。这可以通过比较文件块的实际内容来完成。

⑤ 删除冗余数据:一旦确认某个文件块是重复的,可以选择删除其中一个副本。删除可以是物理删除(从存储介质中删除文件块)或逻辑删除(例如在文件系统中创建一个指向原始文件块的指针,而不实际删除文件块,如图 6-17 中步骤④所示)。

重复数据删除技术的效率和准确性取决于哈希函数的选择和数据对比的精确性。常用的哈希函数包括 MD5、SHA-1 和 SHA-256 等。此外,对于大型文件或大量文件的处理,可以采用并行计算或分布式计算来提高处理速度。

(2) 数据块级重复数据删除技术是一种用于识别和删除数据存储系统中的重复数据块的技术。该技术可以应用于各种存储设备,包括硬盘驱动器、闪存驱动器和云存储等。数据块级重复数据删除技术通常包含以下步骤。

① 数据分块:将要处理的数据划分为较小的块或片段。这些块的大小可以根据具体应用和需求进行调整。常见的块大小为 4KB、8KB 或 16KB 等。

② 哈希计算:对每个数据块进行哈希计算。哈希函数将数据块转换为固定长度的哈希值。相同内容的数据块将生成相同的哈希值,因此哈希值可以用于识别重复数据块。

③ 哈希索引:将生成的哈希值与已存储的哈希索引进行比较。哈希索引是一个数据结构,用于存储已知哈希值及其对应的数据块位置信息。如果一个哈希值在索引中存在,则表示该数据块已经被存储过。

④ 数据对比:对于具有相同哈希值的数据块,进一步进行数据对比以确认它们是不是

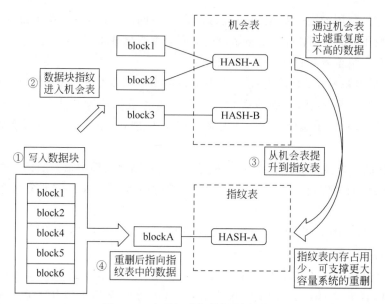

图 6-17　文件级重复数据删除流程

真正的重复数据块。这可以通过比较数据块的实际内容来完成。通常,可以比较数据块的字节内容或使用更高级的比较算法,如差异比较(Diff)或快速哈希函数(QuickHash)等。

⑤ 删除冗余数据块:一旦确认某个数据块是重复的,可以选择删除其中一个副本。删除可以是物理删除(从存储介质中删除数据块)或逻辑删除(例如在文件系统中创建一个指向原始数据块的指针,而不实际删除数据块)。

数据块级重复数据删除技术的效率和准确性取决于哈希函数的选择、哈希索引的管理和数据对比的精确性。较好的哈希函数能够将不同的数据块映射为不同的哈希值,而高效的哈希索引结构可以快速检索和更新哈希值。此外,对于大规模数据块的处理,可以采用并行计算或分布式计算来提高处理速度。

数据压缩技术是指将数据按照一定的算法进行编码,减少数据的位数,从而节省存储空间。数据压缩技术可以分为有损压缩和无损压缩两种,有损压缩会牺牲一定的数据质量,无损压缩则不会。数据压缩技术适用于那些包含大量可压缩数据的场景,比如数据库、文档、图片等。

常见的压缩算法是 LZ4。LZ4(Lempel-Ziv 4)是一种高速压缩算法,旨在提供快速的数据压缩和解压缩性能。它是由 Yann Collet 开发的一种无损压缩算法,适用于各种应用场景,包括数据存储、网络传输和实时数据处理等。LZ4 算法的主要特点是高速压缩和解压缩速度,以及低的压缩和解压缩延迟。它通过使用字典算法和重复字符串消除技术来实现高效的数据压缩。LZ4 算法的一般工作流程如下。

(1) 数据分块:待压缩的数据被分成连续的块。

(2) 数据压缩。

① 块内压缩:对每个数据块进行独立的压缩。LZ4 使用了一种基于字典的压缩方法,

其中字典是一个固定大小的缓冲区,用于存储先前出现过的字符串。

② 前向匹配:LZ4 扫描数据块中的字符,寻找重复的字符串。当发现重复字符串时,它将用指向先前出现的字符串的引用来替换当前的重复字符串,从而实现重复字符串消除。

③ 字典更新:LZ4 根据新的数据块中的字符串更新字典,以便在后续的压缩过程中更好地利用重复字符串。

(3) 数据解压缩。

① 块内解压缩:对每个压缩块进行独立的解压缩。LZ4 使用字典算法和引用替换来还原压缩块中的重复字符串。

② 字典更新:解压缩过程中,LZ4 也会根据解压缩的数据块更新字典,以便在后续的解压缩过程中继续利用重复字符串。

LZ4 算法的优点在于其出色的性能。它具有非常高的压缩和解压缩速度,尤其适合对实时数据进行处理和传输。相比于其他压缩算法(如 Gzip 和 Deflate),LZ4 通常能够提供更快的速度,尽管其压缩比可能稍低。

2. 链接克隆

分布式存储提供链接克隆机制,支持基于一个卷快照创建出多个克隆卷。各个克隆卷刚创建出来时的数据内容与卷快照中的数据内容一致,后续对于克隆卷的修改不会影响到原始的快照和其他克隆卷。比如,链接克隆支持 1∶256 的链接克隆比,这样可提升存储空间利用率。

克隆卷继承普通卷所有功能:克隆卷可支持创建快照、从快照恢复以及再次作为母卷进行克隆操作,如图 6-18 所示。

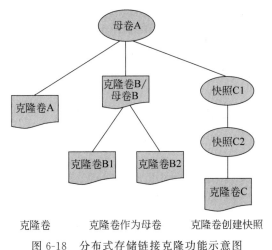

图 6-18　分布式存储链接克隆功能示意图

3. 卷在线迁移

华为公司研发的智能跨池在线迁移特性,命名为 SmartMove 特性,是业务迁移的关键技术,可以实现存储系统内的业务数据跨池在线迁移。SmartMove 工作原理如下。

SmartMove 特性实现了把源 LUN 的数据完全复制到目标 LUN,并在复制完成后将目标 LUN 数据卷和源 LUN 的数据卷在线交换,最终源 LUN 的数据全部迁移至目标 LUN 的数据卷。

LUN 迁移的实现过程分为业务数据同步和 LUN 信息交换两个阶段。

(1)业务数据同步阶段:存储阵列通过后台任务将源 LUN 数据同步至目标 LUN,数据同步完成之后,目标 LUN 和源 LUN 上的业务数据保持完全一致。具体过程如图 6-19 所示。

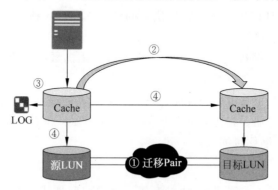

图 6-19　SmartMove 业务数据同步流程

① 迁移前,客户需要配置迁移的源 LUN 和目标 LUN。

② 迁移开始时,数据由源 LUN 后台复制到目标 LUN。

③ 主机此时可以继续访问源 LUN。主机写入源 LUN 数据时,将该请求记录日志。日志中只记录地址信息,不记录数据内容。

④ 写入的数据同时向源 LUN 和目标 LUN 双写。等待源 LUN 和目标 LUN 的写处理结果都返回。如果都写成功,清除日志;否则保留日志,进入异常断开状态,后续启动同步时重新复制该日志地址对应的数据块。返回主机写请求处理结果,以写源 LUN 的处理结果为准。例如,目标 LUN 故障时,写目标 LUN 的 I/O 请求的执行结果不会导致源 LUN 上的业务受到影响。

⑤ 在数据完全复制到目标 LUN 之前,保持上述双写和日志机制,直到数据复制完成。

(2)LUN 信息交换阶段:LUN 信息交换是目标 LUN 能够顺利地代替源 LUN 来承载业务的前提。通过 LUN 信息交换,可以在主机业务无感知的情况下将源 LUN 的业务迁移到目标 LUN,达到目标 LUN 完全替代源 LUN 来运行业务的目的。LUN 信息交换过程如图 6-18 所示。

① 存储系统中,每个 LUN 和对应的数据卷都有属于自己的唯一标识,分别为 LUNID 和数据卷 ID。其中,源 LUN 是逻辑上的概念,源数据卷是物理上的概念,两者之间形成一一对应的映射关系。在业务运行中,主机通过源 LUN ID 来识别源 LUN,源 LUN 则通过源数据卷 ID 来识别源数据卷。

② LUN 信息交换主要是针对 LUN 和数据卷之间的映射关系,即在源 LUN 和目标

LUN 的 LUN ID 保持不变的情况下,将源数据卷和目标数据卷的数据卷 ID 相互交换,这样就形成了源 LUN ID 和目标数据卷 ID、目标 LUN ID 和源数据卷 ID 之间的一一映射关系。另外,除了数据卷 ID 交换,LUN 相关的属性也会同时进行交换,例如所属存储池 ID、所属硬盘域 ID 等。

③ 在主机未中断业务的情况下,主机与源 LUN 的映射关系一直保持不变。虽然主机所识别到的 LUN ID 依然是源 LUN ID,但由于源 LUN ID 和目标数据卷 ID 之间的映射关系,迁移完成后的源 LUN 所指向的物理空间已经变成了目标数据卷,这就实现了用户无感知的业务迁移。

SmartMove LUN 信息交换流程如图 6-20 所示。

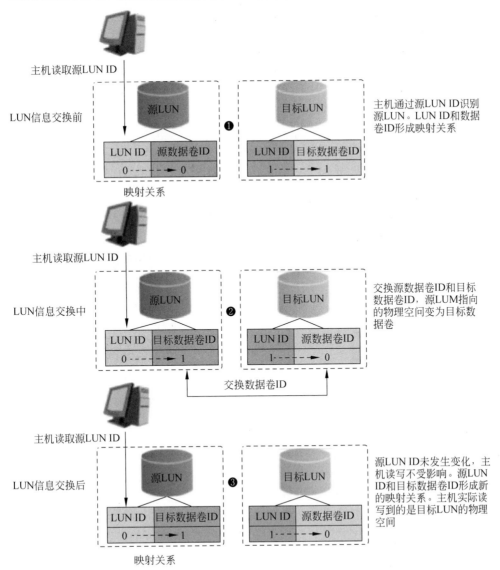

图 6-20　SmartMove LUN 信息交换流程

6.3.4 易运维技术原理

FusionCube 超融合解决方案为了解决传统数据中心建设周期长、业务分发复杂和缺乏统一运维管理平台的问题，将整个数据中心运维管理分成了：day0 安装部署、day1 业务发放和 day2 日常运维。FusionCube 通过 Real One-Click 的管理理念，将一键式运维管理的能力覆盖 day0/day1 和 day2 的运维全场景，提供极简运维管理的能力，让 IT 架构变得简单而强大。

1. Day 0：安装部署

超融合产品通常提供两种交付方式：生产预集成模式和现场安装模式。

生产预集成模式在产线完成超融合软件的预装，客户现场仅需要将超融合设备上架机柜，连好网线，上电后打开 MetaVision 统一管理软件，即可以通过 One-Click 初始化功能，完成超融合产品的开局。

现场安装模式，该模式主要应用在"纯软"的场景，支持使用 One-Click 安装部署工具 FusionCube Builder(简称 FCB)完成整个超融合集群的软件安装，软件自动安装过程中，免人工介入。

超融合提供工具简化纯软场景的安装部署，安装向导和统一的安装配置界面，可协助用户快速完成参数设置，运维人员根据相关的安装配置快速自动完成系统软件的安装。FCB 能够自动发现并识别局域网内的服务器节点，采用 SSDP(Simple Service Discovery Protocol，简单服务发现协议)实现。FCB 通过预先编排好的软件部署策略，依次并发完成服务器节点上的软件安装和配置，如图 6-21 所示。

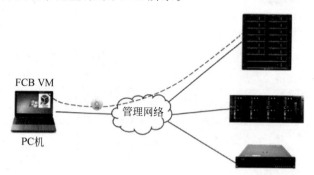

图 6-21　FCB 对服务器节点软件安装和配置示意图

SSDP 是一种基于网络的协议，用于在局域网中发现和识别设备及服务。它是由 UPnP (Universal Plug and Play，通用即插即用)论坛定义和标准化的，旨在简化设备之间的通信和互操作性。SSDP 具有以下主要功能和特点。

(1) 设备发现：SSDP 允许设备在局域网中广播自己的存在，以便其他设备能够发现它们。设备通过发送 SSDP 通告消息(包含设备的基本信息和服务的描述)以便其他设备能够识别和访问它们。

（2）描述服务：SSDP 允许设备通过发送 SSDP 通告消息来描述提供的服务。这些消息包含服务的类型、位置和其他相关信息，以便其他设备能够了解和使用这些服务。

（3）事件通知：SSDP 支持设备之间的事件通知机制。当设备状态发生变化时，设备可以通过发送 SSDP 通告消息来通知其他设备，以便它们可以采取相应的操作或更新自己的状态。

（4）基于 HTTP：SSDP 使用基于 HTTP 的协议进行通信，使用多播或广播方式发送消息。这使得它在局域网中易于实现和部署，并且与现有的网络基础设施兼容。

2. Day 1：业务发放

FusionCube 超融合基础设施在业务发放方面提供了两大类的业务发放能力：基础资源发放能力和应用发放能力。

（1）基础资源发放能力。

FusionCube MetaVision 支持计算（虚拟机，容器）、存储（块、文件）、网络的资源发放，同时支持高可靠业务的策略配置（HA 高可用、DRS 资源动态调度、DRX 资源动态扩展、备份、容灾、双活）。

虚拟机创建与管理：超融合平台允许用户创建和管理虚拟机实例。用户可以通过界面或命令行工具选择所需的计算、存储和网络资源，快速创建虚拟机。平台提供了灵活的虚拟机管理功能，包括启动、停止、暂停、迁移等操作，以满足业务需求。

存储卷分配与管理：超融合平台提供了存储卷的分配和管理功能。用户可以创建、分配和扩展存储卷，将其附加到虚拟机实例上，并进行数据管理和备份。这使得用户能够根据业务需求有效管理存储资源。

网络配置与管理：超融合平台允许用户配置和管理网络资源。用户可以创建虚拟网络、子网和安全组，定义网络策略和访问控制规则，以确保网络的安全性。同时，平台提供了网络监控和故障排除功能，帮助用户及时发现和解决网络问题。

自动化部署与编排：超融合平台支持自动化部署和编排工具，如容器编排平台（如Kubernetes），使用户能够快速部署和管理容器化应用。这简化了应用程序的部署和扩展过程，提高了业务交付的效率。

弹性扩展与负载均衡：超融合平台具备弹性扩展和负载均衡的功能。用户可以根据业务需求自动或手动扩展计算和存储资源，以满足流量和性能要求。平台还提供负载均衡器，能够均衡分配流量，提高应用程序的可用性。

监控与性能优化：超融合平台提供全面的监控和性能优化功能。用户可以实时监测虚拟机、存储和网络资源的使用情况，收集关键性能指标，并进行性能分析和优化。这有助于用户实时了解业务的运行状态，并及时采取措施解决性能瓶颈或故障。

安全与合规性：超融合平台注重安全和合规性。它提供了安全配置和访问控制功能，包括身份认证、权限管理和审计日志。平台还符合相关的安全和合规性标准，如数据隔离、加密传输和合规性报告，以保护用户的数据和业务安全。

故障恢复与备份：超融合平台提供故障恢复和备份功能，以确保业务的连续性和数据的可靠性。用户可以创建备份策略和计划，定期备份关键数据，并能够在发生故障时快速恢复业务。

通过上述功能，超融合平台为用户提供了一个综合的业务发放平台，使其能够轻松创建、管理和交付业务应用，提高业务的灵活性、可靠性和效率。

（2）应用发放能力。

FusionCube 通过 MetaVision 超融合管理软件实现整系统的统一管理，业务发放无须跳转，同时内置本地应用商城，可以快速实现以应用为中心的管理体验。

如图 6-22 所示，FusionCube MetaVision 提供内置的本地应用管理模块和云上的蓝鲸应用商城。FusionCube 超融合与"华为蓝鲸应用商城"深度集成，可以将华为 FusionCube 超融合产品比作一部手机，通过 FusionCube MetaVision 软件即可实现像手机安装应用一样，动动手指就能够实现伙伴应用在超融合上的安装部署，实现 Real One-Click 的应用发放。

图 6-22　FusionCube 超融合蓝鲸应用商城

3．Day 2：日常运维

超融合的日常运维是指在完成超融合基础设施搭建和业务部署后，对超融合基础设施平台进行的日常管理和维护工作。超融合架构通过将计算、存储和网络等资源融合部署在一台服务器上，形成标准的超融合节点。FusionCube 通过统一的 Web 管理平台 MetaVision 实现可视化的集中运维管理，简化 IT 运维的复杂度。

超融合的日常运维可以分成以下几方面：硬件设备维护、系统和软件管理、资源监控与调整、故障处理与事故响应、配置管理等。FusionCube 超融合通过设备、计算、存储、网络和应用的统一管理和一键式自动化运维功能，简化企业运维人员的管理操作和流程，使得运维人员可以通过单一的管理软件和几步简单的 Click 操作，实现对整个超融合基础设施的日常运维管理。

1）统一管理

FusionCube MetaVision 是 FusionCube 超融合统一管理和操作平台，旨在提供简化、集中化和智能化的管理体验。MetaVision 统一管理包含以下几方面。

（1）统一的管理界面。

FusionCube MetaVision 提供了一个集中的管理界面，将物理硬件、计算、存储和网络等各个组件的管理功能整合在一起，如图 6-23 所示。管理员可以通过单一的界面，对整个基础设施进行管理和监控，而无须使用多个独立的工具和控制台。这种统一的管理界面简化了操作流程，提高了管理员的效率和便利性。

图 6-23 FusionCube MetaVision 管理界面示意图

（2）统一的操作模型。

FusionCube MetaVision 使用统一的操作模型，使管理员可以以一致的方式执行管理任务。无论是创建虚拟机、分配存储空间还是配置网络设置，管理员都可以使用相似的操作步骤和界面元素。这种统一的操作模型降低了管理员的学习成本，减少了操作错误，提高了管理的一致性。

（3）自动化和智能化的管理。

FusionCube MetaVision 注重自动化和智能化的管理功能。它通过自动化任务和智能优化策略来简化管理工作。例如，自动化任务可以自动检测和解决常见问题，自动完成例行的管理操作，从而减轻管理员的负担。智能优化策略可以根据资源使用情况和需求进行自动调整，提高资源利用效率和性能。

（4）统一的性能监控和故障诊断。

FusionCube MetaVision 提供全面的性能监控和故障诊断功能，管理员可以实时监测整个基础设施的性能指标和健康状态。通过图形化的仪表板，管理员可以快速定位并解决潜在的性能问题和故障，确保系统的稳定性和可靠性。

2）一键式健康巡检

运维管理员做日常系统维护时，通常需要分别对硬件设备、虚拟化软件、存储软件、系统 OS、已发放的虚拟机资源、业务应用软件做系统的巡检，为获得所需要的系统运行数据，往往需要在多个页签来回跳转进行数据的收集。

FusionCube MetaVision 提供一键式（One-Click）健康巡检功能，仅需要简单几步单击操作，即可完成硬件、虚拟化软件、存储软件、系统 OS 以及应用软件相关的检查，辅助运维人员快速了解和解决系统问题。如图 6-24 所示，MetaVision 通过巡检策略配置控制巡检项范围和节点范围，通过定时任务模块支持自动触发巡检，巡检完成后导出巡检报告，针对巡检异常项给出合理的改进建议。

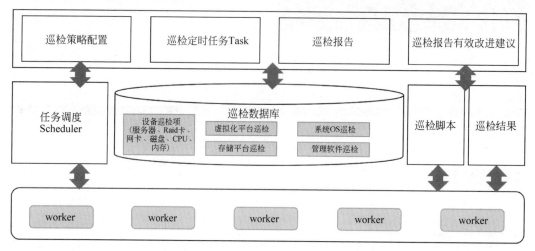

图 6-24　FusionCube MetaVision 一键式健康巡检

3）一键式日志收集

日志是运维人员解决问题的重要依据。传统方式下，收集日志需要经过烦琐的操作，而 FusionCube 超融合通过一键式日志收集（见图 6-25），让问题排查变得更高效。只需点击一下，即可完成日志收集、压缩、导出等操作，让运维人员能够迅速定位问题。

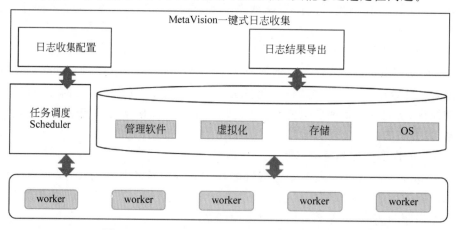

图 6-25　FusionCube MetaVision 一键式日志收集

4）一键式系统升级

随着业务的发展，系统需要不断升级。FusionCube 超融合通过一键式升级（见图 6-26），让系统始终保持最新。无论是系统升级、补丁更新，还是功能增强，都能够迅速完成，确保系统始终处于最佳状态。

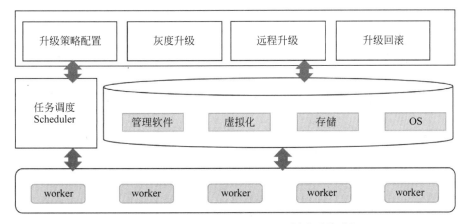

图 6-26　FusionCube MetaVision 一键式系统升级

5）一键式扩容

随着业务的发展，计算、存储、网络等资源需求不断增长，系统扩容成为日常运维中一项重要的工作。FusionCube MetaVision 提供一键式扩容功能（见图 6-27），用户将新采购的节点接入需扩容超融合基础设施的局域网内，即可使用一键扩容节点自动发现的功能，将局域网内的节点自动扫描发现上来，通过配置扩容策略（扩容存储、扩容计算、计算和存储同时扩容、存储是否共资源池等策略），实现一键系统快速扩容。FusionCube 超融合基础设施支持一套超融合集群使用异构节点进行扩容（ARM 服务器、x86 服务器），使用异构服务器时，存储支持共资源池，计算支持共管理（x86 一个计算集群、ARM 一个计算集群）。

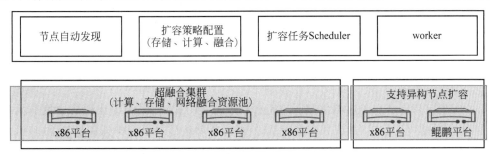

图 6-27　FusionCube MetaVision 一键式扩容

6.4　超融合典型场景和实践

本节解析 FusionCube 超融合解决方案在几种典型业务场景下的应用实践和实施流程，包括混合业务虚拟化部署场景、桌面云场景和私有云场景。

6.4.1　混合业务虚拟化部署场景

随着信息技术特别是互联网技术的飞速发展，信息化成为促进社会发展的重要因素之一，一些新技术的应用和新学科的产生，使得应用领域更加广泛和深入。随着企业信息化，传统数据中心很难满足新业务的发展需求。企业新建或升级业务时，期望其 IT 基础设施承载更多的混合业务，其中包含虚拟机、容器、数据库，以及多个 ISV（Independent Software Vendors，独立软件开发商）应用。企业还需要一个能够快速部署、易于管理且能随业务增长而扩展的解决方案，其总体架构如图 6-28 所示。

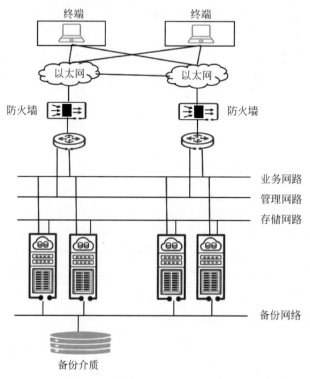

图 6-28　混合业务虚拟化部署架构

为了实现支持混合业务虚拟化部署的超融合系统，项目初期采用新建超融合集群承载业务，跟随业务扩增可通过扩容（或利旧部分基础设施）扩增集群规模承载更多业务。同时，由于业务规模较大，企业考虑建设灾备集群。混合业务虚拟化部署实施示意图如图 6-29 所示。

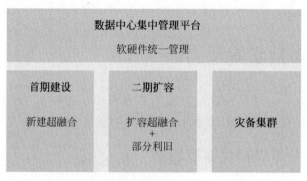

图 6-29　混合业务虚拟化部署实施示意图

混合业务虚拟化部署场景下,超融合方案具有如下优势。

(1) 快速部署和扩展:超融合架构采用计算/存储融合部署使得扩容变得简单,企业可以迅速适应业务增长或变化的需求。通过单一的集中管理,IT 团队可以轻松监控和管理整个数据中心的资源,提高运维效率。

(2) 成本效益:超融合虚拟化和存储共主机部署,减少 I/O 转发路径从而获得更低的时延性能,同时 CPU 核数/内存可根据业务负责调整,对于数据中心运行不确定性应用有更好的承载能力。与传统架构相比,超融合方案减少了对专用存储阵列和复杂网络设备的需求,从而降低了总体拥有成本(TCO)。

(3) 灵活性和可扩展性:企业可以根据实际需求灵活选择硬件和配置,基于超融合集群,虚拟化和存储资源均可以扩展,充分利用硬件的 CPU 和硬盘槽位;同时提供全闪/混闪两种超融合、独立 GPU 计算节点等形态,更好支撑多场景使用的需求。

(4) 高可靠性:超融合平台的虚拟化集群资源池化、分布式存储池化和自动化的数据恢复功能增强了数据的持久性和可用性。通过超融合 HA、数据副本/EC 冗余、热迁移功能,能够有效减少设备故障时间。企业级的容灾特性,例如异步复制、同步复制、双活,确保核心业务的连续性,避免传统 IT 上经常出现故障就导致业务不可用。

6.4.2　桌面云场景

办公数字化转型出现了新趋势,移动轻办公逐渐流行,移动办公和固定办公场景互相融合。企业考虑数据安全、多地域联合办公采用的解决方案就是建设一套企业自有的桌面云系统,为员工提供虚拟桌面同时保护企业核心资产不外泄。系统的建设主要关注以下几点。

(1) 远程工作支持:确保员工无论身在何处都能安全、高效地访问企业资源,并且可以通过桌面云操作外设终端(如视频、打印机等)联动。

(2) 数据安全和合规性:将所有数据保存在数据中心内,加强数据保护和满足合规性要求。

(3) 成本节约:通过虚拟化桌面环境,企业可以减少对物理硬件的依赖,节约硬件采购、能耗和维护的成本。同时,VDI(Virtual Desktop Infrastructure,虚拟桌面基础设施)还可以通过更高效的资源利用率减少数据中心的空间需求。

(4) 简化运维管理:从中心位置集中管理所有的桌面环境,包括补丁管理、软件更新和安全策略的实施,以及设备维护。

(5) 业务恢复和容灾:在发生硬件故障或其他中断时,可以快速恢复用户的工作环境,保障业务的连续性。

(6) 建设成本投入:企业在建设时人员规模扩大或缩减是动态的,同时分布在各个地域的办事处设置和关闭也经常调整,因此需要桌面业务弹性伸缩能力。

方案总体架构如图 6-30 所示。

桌面云场景下,超融合方案具有如下优势。

(1) 开箱即用:出厂预装/独立安装工具,实现客户现场上电即可拉起业务;通过统一

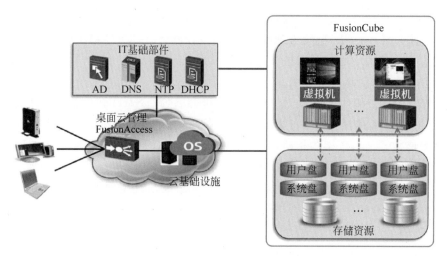

图 6-30　桌面云超融合架构

的管理平台实现物理设备、虚拟设备、应用系统的集中监控、管理维护自动化与动态化。

（2）业务易扩展：基于超融合集群，虚拟化和存储资源均可以扩展，充分利用硬件的 CPU 和硬盘槽位。

（3）建设 TCO 更低：超融合数据中心通过 Scale-Out 快速扩展算力和容量，实现快速自动完成新资源的扩容，只需 15 分钟业务快速上线，一个平台承载全员临床业务系统，满足持续演进的需求；单集群可支撑 2～200 节点平滑扩展能力，一个架构实现业务从小到大；硬件/虚拟机/存储/虚拟网络进行统一管理，上百业务虚拟机的管理只需 1 人。

6.4.3　私有云场景

随着云计算技术的普及，越来越多的企业需要构建灵活、高效的私有云环境以支持业务的数字化转型。企业期望私有云平台能提供高性能的生产就绪能力，以支撑业务应用的稳定运行。与三方服务良好集成，以实现多租户、自动化的资源申请等服务特性，资源应具备"弹性伸缩"特性，可对资源进行生命周期管理，既可迅速扩展资源规模，也可以及时回收"闲置"资源进行重分配。私有云应具备简单的运维、更高的容错性，甚至是一定程度的故障自愈功能，并支持远程站点的灾备方案，其总体架构如图 6-31 所示。

私有云场景下，超融合方案具有如下价值。

（1）一键成云：在用户初始使用时，只需要虚拟化资源，可通过建设超融合满足业务诉求；在超融合集群形成后，通过部署 DCS 数据中心全栈虚拟化软件，使超融合具备多租和服务化能力，从而客户可提升使用体验和运维效率。

（2）建设提效：超融合具备即插即用的建设模式，时间短；应用商城集成 eDME（第 10 章将介绍 DCS 数据中心管理平台），可直接部署管理平台，并拉起服务组件和运营组件。

（3）性能优势：超融合架构实现了计算/存储/网络完全虚拟化和融合，通过虚拟化＋存储层的 I/O 加速实现 I/O 优势，并通过资源动态分配和调整保障关键业务应用具备足够

图 6-31　私有云超融合架构

的资源。

（4）可靠性优势：超融合除了具备基本的 HA、数据冗余等特性，超融合的虚拟机备份技术允许管理员对虚拟机进行全面或增量备份，以便在发生故障时能够快速恢复到任意备份点。两套超融合集群可互为灾备集群，从而支持远距离主备容灾。

6.5　小结

本章站在架构的高度介绍了超融合的话题。超融合给数据中心的设计带来了一场革命，它大大简化了计算、存储和网络之间的集成。本章首先对超融合的基础设施给出定义，概述其在简化数据中心部署、削减数据中心成本、提升数据中心效率等方面的优势。本章同时简要介绍了目前市场上常见的超融合产品，接着探讨了超融合的通用基础架构与功能，以及华为超融合解决方案 FusionCube 的实现方式。本章也对超融合在高可靠、高性能、高效率和易运维方面的实现方法进行了说明，并提供了一些使用场景案例，包括缓和业务虚拟化、桌面云和私有云应用。

虽然超融合系统为 IT 管理员提供了一站式的解决方案，帮助 IT 管理员解决了管理各个资产的困扰，但是这种系统仍然还没有完全解决数据中心领域的痛点。新的架构势必会利用软件定义、虚拟化和 AI 领域带来的成果，让数据中心真正转变为自动化和智能化的"私有云"。

第 7 章

容器与云原生

前面章节描述了虚拟化/超融合的原理与技术，主要是在解决硬件资源池化的问题，让硬件资源利用率得到了提升。云原生和 DevOps 理念的兴起让 Linux 容器技术逐步盛行，容器已成为下一个"虚拟化"发展阶段。容器是一种"进程"级的虚拟化技术，传统虚拟化技术是在一台物理主机上运行多个完整的操作系统实例，而容器则是将应用程序及其依赖项打包成镜像，共享主机操作系统内核，具有更快的启动时间、更低的资源消耗和更高的可移植性。容器技术成熟后，Google、Red Hat、Microsoft 及一些云厂商在 2015 年共同创立了 CNCF(Cloud Native Computing Foundation)云原生计算基金会，衍生了更多的云原生技术，使得应用程序开发和运维效率进一步提升。

7.1 节首先介绍容器与云原生的基本概念和应用场景，便于读者了解虚拟化、容器、云原生的演进过程和应用场景。7.2 节介绍业界典型的容器平台架构，将容器和云原生相关的技术整合起来进行全面解读，使读者理解容器平台架构解决了企业应用云原生转型的什么问题。7.3 节描述容器平台架构所涉及的关键技术，包括容器编排、镜像管理、容器运行时、容器运维等。7.4 节介绍华为 DCS 解决方案在容器技术的实践。最后，7.5 节对云原生未来发展趋势进行了展望。

7.1 容器与云原生概述

7.1.1 从虚拟化到容器

随着 CPU 的计算能力越来越强大，将应用(Application)直接运行在物理服务器(Physical Server)的方式对于硬件资源的浪费越来越大，后来出现的虚拟化技术(Hypervisor)使得大部分应用都可以快速迁移到虚拟化环境中，只是其中的运行环境由物理服务器变成了虚拟机(Virtual Machine)。与此同时，应用的软件架构也在不断演进，从单体架构演进到分布式、微服务、容器等。软件架构在逐步分解为容器(Container)的小颗粒度模式，从而繁荣了容器技术，其泛虚拟化技术的演进过程如图 7-1 所示。

容器技术充分利用了操作系统已有的机制和特性，实现远超传统虚拟机的轻量级虚拟化。因此，有人也把它称为"新一代的虚拟化"技术。容器技术又随着 Docker(Docker 毫无疑问是所有容器技术发展中最耀眼的明珠，本章也将重点以 Docker 的实现来介绍容器技术)的兴起而推广到了各行各业。

容器本身是一个通用性的技术，并不指代某一个特定的软件产品。但正是由于 2013 年

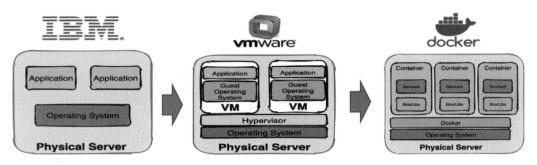

图 7-1　泛虚拟化技术的演进过程

Docker 的诞生带动了容器技术的大火,以至于后面很多时候说的容器都指向 Docker,其实除了 Docker,还有许多其他的容器技术,比如 RKT、LXC、Podman 等。其实在 Docker 诞生之前,容器技术就已经存在了。容器技术的发展历程如图 7-2 所示,下面仅描述一些关键里程事件。

图 7-2　容器技术发展历程

(1) UNIX Chroot:Chroot(Change Root)最早是在贝尔实验室诞生的,能为每个进程提供一个独立的磁盘空间,将一个进程及其子进程的根目录改变到文件系统中的新位置,让这些进程只能访问到该目录。这个被隔离出来的新环境被叫作 Chroot Jail。这标志着进程隔离的开始,隔离每个进程的文件访问权限。

(2) FreeBSD Jails:FreeBSD 操作系统发布的 FreeBSD Jails 隔离环境实现了进程的沙箱化,提供了文件系统、用户、网络等隔离功能。

(3) OpenVZ:OpenVZ 也是一种 Linux 内核容器技术,通过对 Linux 内核进行补丁来提供虚拟化、隔离、资源管理和状态检查。每个 OpenVZ 容器都有一套隔离的文件系统、用户及用户组、进程树、网络、设备和 IPC 对象,进行更加高效的资源利用和管理。

(4) LXC:Linux Containers 是一个 Linux 内核容器技术,能够允许多个独立的 Linux 系统共享同一个内核。

(5) Docker:Docker 是目前市场上最流行的容器技术之一,由 Docker 公司开发。Docker 利用容器技术,允许用户将应用程序和服务打包成独立的运行时环境。

（6）RKT：Rocket 是由 CoreOS 公司主导推出的一个更加开放和中立的类 Docker 容器引擎，得到了 Red Hat、Google、VMware 等公司的支持，更加专注解决安全、兼容、执行效率等方面的问题。

（7）Kubernetes：Kubernetes 是一个由 Google 公司开发，后来开源出来的容器编排和管理系统，目标是简化容器化应用的部署、规划、更新和维护，使创建和管理分布式系统变得更加容易。

（8）Huawei iSula：华为研发的 iSula 容器引擎相比 Docker，是一种新的容器解决方案，提供统一的架构设计来满足 CT 和 IT 领域的不同需求，主要采用 Client/Server 架构的形式。相比 Golang 编写的 Docker，轻量级容器使用 C/C++实现，具有轻、灵、巧、快的特点，不受硬件规格和架构的限制，公共开销更小，可应用领域更为广泛。

（9）Kata Containers：Kata Containers 是轻量级虚拟机的一种新颖实现，可无缝集成到容器生态系统中。Kata Containers 与容器一样轻巧快速，并与容器管理层集成，同时还提供 VM 的安全优势，支持容器行业标准以及传统虚拟化技术。

（10）PodManager：是一个由 RedHat 公司推出的容器管理工具，其定位就是 Docker 的替代品，在使用上与 Docker 的体验类似，它不需要在系统上运行任何守护进程，可以在没有 root 权限的情况下运行，因此访问流程上比 Docker 要短。

（11）Knative：Knative 是一款 Serverless 框架，通过整合容器构建（或者函数）、工作负载管理（和动态扩缩）以及事件模型来实现 Serverless 标准。Knative 社区的主要贡献者有 Google、Pivotal、IBM、Red Hat。

（12）KubeVirt：KubeVirt 是一个 Kubernetes 插件，它为 Kubernetes 提供了在与容器相同的基础结构上提供、管理和控制虚拟机的能力，使得虚拟机可以像容器一样被 Kubernetes 部署、消费和管理，由 Red IIat、IBM、Google、Intcl、SUSE 等多家公司和组织共同推动和贡献。

综上所述，容器技术发展大概经历了四个阶段：第一阶段仅仅是文件系统的虚拟化，比如 Chroot；第二阶段是用户、网络、设备等能力的增强，比如 LXC；第三阶段是系统可用性和可靠性以及资源管理能力做到了可商用，比如 Docker；第四阶段是容器编排、安全性、资源调度等高阶能力的构建，比如 Kubernetes 等。

1．容器简介

什么是容器？在介绍一个新概念的时候，从大家熟悉的东西说起容易理解。幸好容器这个概念还算好理解，喝水的杯子、洗脚的桶、养鱼的缸都是容器。容器技术里面的"容器"也是类似概念，只是装的东西不同罢了，容器装的是应用软件本身以及软件运行起来需要的依赖。可以理解为容器就是一个标准化的软件单元，包含软件运行所需的程序镜像文件、配置文件、环境变量等数据和文件，所以本质上容器就是一个视图隔离、资源可限制、独立文件系统的应用进程集合，如图 7-3 所示。

什么是视图隔离？就是用户能够看到部分进程以及具有独立的主机名等。容器就是一个进程集合，将系统的其他资源隔离开来，具有自己独立的资源视图。

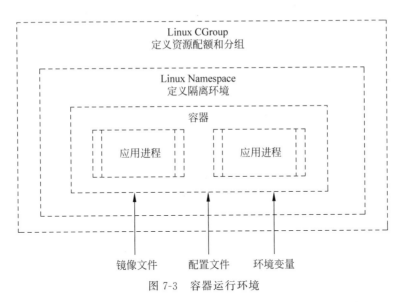

图 7-3　容器运行环境

　　什么是资源可限制？就是可以控制资源使用率，比如对容器的内存大小以及 CPU 使用个数等进行限制。

　　如果要在容器中实现视图隔离和资源可限制就必须要依赖 Linux 的 Namespace 和 Cgroup 这两个内核技术。

　　（1）Namespace 又称为命名空间，主要提供资源隔离，其原理是针对 cpu/mem/network 等资源进行抽象，并将其封装在一起提供给一个容器使用。举个例子：进程 A 和进程 B 分别属于两个不同的 Namespace，那么进程 A 将可以使用 A 的 Namespace 资源，如独立的主机名、独立的文件系统、独立的进程编号等；同样地，进程 B 使用的是 B 的 Namespace 这类资源，与进程 A 使用的资源相互隔离，彼此无法感知。

　　（2）Cgroup（Control Group）又称为控制组，主要是资源控制，其原理是将一组进程放在一个控制组里，通过给这个控制组分配指定的可用资源（比如对这组进程所使用的 CPU、内存等资源）做精细化控制。

　　需要说明的是，Namespace 和 Cgroup 并不是强相关的两种技术，用户可以根据需要单独使用它们，比如单独使用 Cgroup 资源控制，就是一种比较常见的做法。而如果把它们应用到一起，在一个 Namespace 中的进程恰好又在一个 Cgroup 中，那么这些进程就既有访问隔离，又有资源控制。

　　什么是容器镜像？就是容器运行时所需要的二进制文件、配置文件以及环境变量等，那么所有的文件集合就称之为容器镜像。如果说容器提供了一个完整的、隔离的运行环境，那么镜像则是这个运行环境的静态体现，是一个还没有运行起来的"运行环境"。

　　下面以 Docker 为例解释 Docker 镜像、容器、镜像仓库的概念。Docker 镜像是一个只读的模板，可以用来创建 Docker 容器。镜像可以包含操作系统、应用程序、依赖库、配置文件等。

　　Docker 容器是 Docker 镜像的一个运行实例，可以理解为一个轻量级的虚拟机。容器包含了运行应用程序所需的所有组件，包括操作系统、应用程序、依赖库等。

Docker 仓库是用来存储和管理 Docker 镜像的地方，类似于代码仓库。Docker 官方提供了 Docker Hub 仓库，可以在其中存储和分享 Docker 镜像。用户也可以自建私有仓库来存储和管理自己的 Docker 镜像，如图 7-4 所示，最右边 Regisgtry 就是存放镜像仓库的地方。

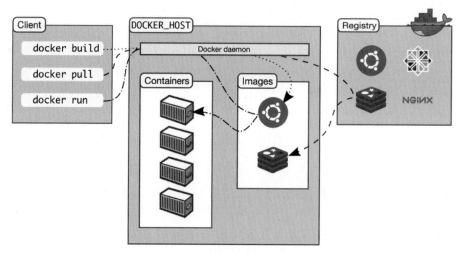

图 7-4　Docker 容器、镜像和仓库概念示意图

综上所述，容器就是一个标准化的软件单元，容器镜像是创建容器的基础，镜像仓库是存储和管理容器镜像的地方。

2．容器的应用场景

随着容器时代的到来，容器是不是适用于所有的软件和应用呢？是否解决了软件开发过程中的所有问题呢？业界专家普遍认为容器技术在轻量化、快速部署、可移植、可扩展、需要对资源隔离和限制的场合会发挥较大的作用。以下是典型的容器应用场景。

（1）服务化架构：在服务化架构中，一般大型的应用程序被拆分成多个独立的服务单元，各个服务可以单独部署与发布，减少了开发组织之间的依赖。容器技术可以将这些服务打包成独立的运行环境，简化了部署和管理过程。

（2）多租场景：如果数据中心的使用者涉及多个用户或组织共享相同的基础设施资源。容器可以实现资源的隔离和分配，确保每个租户的应用程序能够独立运行，不受其他租户的影响。

（3）海量并发场景：在大规模计算和数据处理场景中，容器可以帮助管理和调度并发的海量的计算任务，一方面实现海量并发，另一方面可确保资源的高效利用。

（4）边缘场景：在边缘计算场景中，资源有限，容器可以帮助管理和运行分布在边缘节点上的轻量化应用程序，实现资源节省、资源动态调度和故障快速恢复。

（5）DevOps 场景：容器可以为敏捷开发者提供一致的开发和测试环境，避免了"仅在我机器上可以运行"的问题。此外，容器还可以实现环境的快速创建和销毁，提高开发环境利用效率。

那么有没有容器不适合的场景或应用呢？答案是肯定的。例如，对于需要超高性能的频繁操作持久化存储和超高网络性能直通的场景，同时运行起来后而极少变更的这类系统就不太适合容器。但对于互联网应用，这类应用关注快速创新及客户体验，产品需要快速迭代的场景非常合适容器化技术，可以带来以下优势。

（1）环境一致性：容器将应用程序及其依赖项打包在一个镜像中，可以在任何环境中运行，而无须担心环境差异导致的问题。这减少了开发、测试和部署过程中的错误和问题。

（2）轻量级和快速启动：容器相比于传统虚拟机更加轻量级，占用更少的资源，并且可以在几秒内启动。这使得容器非常适合创建和部署微服务架构。

（3）易于管理和扩展：容器化技术提供了一种标准化的方式来管理和扩展应用程序。可以通过编排工具（如 Kubernetes）来自动化容器的管理和部署，从而简化应用程序的运维过程。

综上所述，容器提供了一种高效、可靠和可移植的软件交付和部署方式，解决了传统开发和部署中的一些问题，提升了开发、测试和运维的效率，促进了应用程序的服务化和可扩展性。

3. 容器与传统虚拟化技术对比

容器与传统虚拟化是互补的。传统虚拟化是用来进行硬件资源划分的完美解决方案，它利用了硬件虚拟化技术（如 Intel VT-x、AMD-V），而容器则是操作系统级别的虚拟化，利用的是内核的 Cgroup 和 Namespace 特性，此功能完全通过软件来实现，仅仅是进程本身就可以与其他进程隔离开，不需要任何辅助。

容器与主机共享操作系统内核，不同的容器之间可以共享部分系统资源，因此容器更加轻量级，消耗的资源也更少。而虚拟机会独占分配给自己的资源，几乎不存在资源共享，各个虚拟机实例之间近乎完全隔离，因此虚拟机更加重量级，也会消耗更多的资源。我们可以很轻松地在一台普通的 Linux 机器上运行 100 个或者更多的容器，而且不会占用太多系统资源（如果容器中没有执行运算任务或 I/O 操作）；而在单台机器上不可能创建 100 台虚拟机，因为每个虚拟机实例都会占用一个完整的操作系统所需要的所有资源。另外，容器启动很快，通常是秒级甚至是毫秒级启动。而虚拟机的启动虽然会快于物理机器，但是启动时间也是在数秒至数十秒的量级。表 7-1 列出了容器和传统虚拟化技术的对比。

表 7-1　容器和传统虚拟化技术的对比

对　比　项	虚　拟　化	容　　器
量级	重量级，占用较多的系统资源，有复杂的生命周期管理和状态维护的特性	轻量级，占用较少的系统资源，生命周期管理和状态维护相对简单
性能	经过虚拟化层，性能低	不带 GuestOS，性能高
安全性	OS 级隔离，因此更安全	进程隔离，安全相对较低
虚拟化层次	物理硬件层虚拟化	操作系统层虚拟化
启动时间	分钟级	秒级

续表

对　比　项	虚　拟　化	容　器
镜像存储	GB-TB 级	KB-MB 级
集群规模	上百台虚拟机	上千/万个容器
应用上线时间	上线流程烦琐，周期漫长：开发、测试、审批、部署、上线，整个过程烦琐、漫长	应用打包、交付部署、更新管理、CICD，测试发布更方便，应用上线时间大幅缩短
弹性扩缩容响应	弹性扩缩容响应不及时	弹性扩缩容响应快
迁移性	对运行环境要求高，迁移性差；相同代码在开发、生产环境可能遇到不同问题	一次构建，到处运行
应用架构	单体应用或微服务	更适应微服务

目前容器还不能完全替代虚拟化的位置，某些高性能、高安全要求的业务如数据库，在生产环境中还是首选虚拟化。因此，我们认为在未来较长一段时间内，虚拟化和容器两者将同时存在和发展，两者相辅相成。

7.1.2　从容器到云原生

容器为开发者解决了传统软件部署、隔离、高效的一些典型性问题，但也带来了开发过程的复杂性，从操作系统、监控运维到海量容器的部署与 DevOps 开发过程都需要自己参与，从而提高了企业及开发者利用容器技术的门槛。但云原生可以简化这个过程（如容器化对弹性的最大释放），通过服务化架构、容器、服务网格、可观察性、敏捷开发等标准化技术来解决以前的"技术包袱"。因此，容器是云原生技术的重要基石，云原生也受益于容器技术的发展，孵化出包括新的开发、测试软件方法在内的适合于云和容器环境的新技术。例如 DevOps，在虚拟机时代一直不温不火，得益于 Docker 的成熟和推广，整个技术链已经非常成熟，在生产中投入使用的比重也越来越大。

一言以蔽之，容器更像是面向单个应用程序的优化，而云原生是面向整个软件全生命周期的优化，本质上都是为了提升效率。

1. 云原生简介

云原生的概念最早是在 2010 年 Paul Fremantle 的一篇 blog 中提出的，目的是构建一种适合云计算特性的标准和指导云计算应用的编写。业界公认的"云原生"（Cloud Native）概念是 Pivotal 公司的 Matt Stine 于 2013 年首次提出的，其把云原生理解为一系列云计算技术和开发管理方法的合集，包括 DevOps、持续交付、微服务（MicroServices）、敏捷基础设施（Agile Infrastructure）和 12 要素（The Twelve-Factor App）等，这推动了云原生技术的快速发展。云原生的发展历程如图 7-5 所示。

（1）2013 年，Docker 项目正式发布。

（2）2014 年，Kubernetes 项目正式发布。

（3）2015 年，由 Google、Redhat、MicroSoft 等联合共同成立了 CNCF 云原生基金会，定义了云原生（仅包含容器、微服务、容器编排）。

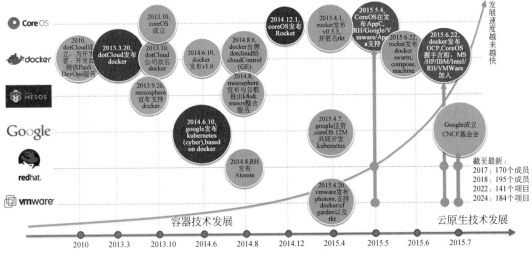

图 7-5　云原生发展历程

（4）2017 年，CNCF 达到 170 个成员和 14 个基金项目。

（5）2018 年，CNCF 成立三周年有了 195 个成员、19 个基金会项目和 11 个孵化项目，重新定义了云原生（扩大了范围，增加声明式 API 与不可变基础设施）。

（6）2022 年，CNCF 基金会共计 141 个项目，贡献者超 100 万人。

（7）2024 年，CNCF 基金会共计 184 个项目，有来自 190 个国家的贡献者超 200 万人。

云原生的概念提出了，可什么是云原生呢？这就不得不提到 CNCF（云原生计算基金会是一个成立于 2015 年在 linux 基金会旗下的开源基金会，是一个非营利性组织），它致力于云原生（Cloud Native）技术的普及和可持续发展。

在 2015 年，CNCF 定义了云原生，仅包含容器、微服务、容器编排这些基本能力。

在 2018 年，在 CNCF 对"云原生"的重新定义中，给出容器、服务网格、微服务、不可变基础设施和声明式 API 五种云原生的代表性技术。

容器是云原生应用程序中最小的单元。它们是将微服务代码和其他必需文件打包在云原生系统中的软件组件。

服务网格是云基础设施中的一个公共软件层，用于管理多个微服务之间的通信。开发人员使用服务网格来引入其他功能，只需在应用程序中编写少量代码，提升开发效率和统一运维能力。

微服务是小型的独立软件组件，它们作为完整的云原生软件共同运行。每个微服务都侧重于一个小而具体的问题。微服务是松散耦合的，这意味着它们是相互通信的独立软件组件。开发人员通过处理单个微服务来更改应用程序。这样，即使一个微服务出现故障，应用程序仍能继续运行。

不可变基础设施是指服务器在部署后永远不会被改变。如果需要以任何方式更新、修复或修改某些内容，只需要对镜像进行修改，然后用新镜像构建新服务器来替换旧服务器。不可变基础设施的好处是在基础设施中有更多的一致性和可靠性，实际上不可变基础设施是在虚拟化和云计算等核心技术出来后才出现的。

声明式 API 也称为意图驱动的 API，这种方式只是告诉计算机想要的，由计算机自己去设定执行的路径，需要计算机有一定的智能。与之对应的是命令式有时也称为指令式，在命令式的场景下，计算机只会机械完成指定的命令操作，执行的结果取决于执行的命令是否正确。

2. 云原生的应用场景

云原生自诞生到今天的广泛普及，一直处于自我演进和丰富的过程中，可以看出云原生是站在虚拟化基础设施之上重新思考软件工程研发模式及企业 IT 架构，以及如何实现大型复杂系统，如何基于基础设施更好地演进和交付。在这个过程中，云原生与虚拟化和容器最大的变化是从以"资源"中心，变为以"应用"为中心，并基于云原生开放的技术标准和生态，构建了大量的 SaaS(Software as a Service，软件即服务)组件，极大地改变用户的开发习惯和增强对云厂商的信任，提升企业对上云的接受度，使技术变革改进了生产关系和解放了生产力。目前，云原生被大量的企业和开发者所接受。云原生技术正在重塑整个软件生命周期和技术栈，加速企业 IT 升级和数字化转型，云原生的应用场景如下。

(1) 降低开发复杂度和运维工作量：云原生技术把三方软硬件的能力变为云服务，使得业务代码的开发人员不需要掌握复杂的分布式或者底层网络技术，构建从开发到运维的一体化管理体系，比如开发态的服务快速部署、运行态的服务高可用能力、运维态的资源优化和应用自动化监控运维。

(2) 缩短业务 TTM(Time To Market)：云原生的本质是帮助业务持续交付和快速迭代。云原生通过自动化交付、容器等技术采用一种标准的方式对软件进行打包，屏蔽不同运行环境之间的差异，让业务快速上线，实现一次开发、到处部署。

(3) 提供非功能特性：让云平台来提供高可用能力、容灾能力、安全能力、可运维性、易用性、可测试性、灰度发布能力等。比如，通过把传统的应用改造为云原生应用，做到弹性扩容和缩容，能够更好地应对流量峰值和低谷，实现降本增效的目的。

(4) 开源生态共建：云原生通过技术开源帮助云厂商打开市场，吸引更多的开发者，并且通过技术易用和开放性实现快速增长，推动企业业务全面上云和自身技术架构体系不断升级和完善。

因此，云原生是生于云、长于云、最大化运用云的能力，依赖云产品和云原生技术构建的通用 IT 架构，让开发者聚焦于业务而不是底层技术，并通过多种架构进行沉淀；从技术发展的价值链来看，云原生是云计算应用价值的延伸，解决更贴近企业业务、架构、组织层面的关键问题。展望未来，我国规模化的应用场景将更好地促进云原生技术的演进与发展，为云原生提供良好的生长"土壤"。不过，应注意的是，云原生不只是技术本身。云原生虽然有很多核心技术，如 Kubernetes、Serverless、Service Mesh 等，但更重要的是对底层技术复杂度的封装，将复杂保留在云原生技术内部，将简单留给业务，让业务更加聚焦。本章后面章节将深入介绍容器平台架构以及云原生相关的技术。

7.2 容器平台架构

一般来说,企业对容器的应用诉求可以分为如下三个阶段。

第一阶段,降本增效。在这个阶段,企业汇总各部门独立采购的物理资源,将 IDC、物理网络、虚拟网络、计算和存储等资源,通过 IaaS(Infrastructure as a Service,基础设施即服务)、PaaS(Platform as a Service,平台即服务)等实现资源的整合和再分配。整合后的资源会形成统一的资源池,对特定服务器资源的依赖度大大降低。

第二阶段,提升服务的可扩展性和弹性。在这个阶段,企业在公有云、私有云等新型动态计算环境中构建和运行可弹性扩展的应用。业务对平台使用声明式 API 调用不可变基础设施、Service Mesh 和容器服务构建容错性好、易于观察的应用系统,同时结合平台的自动化恢复、弹性计算来提高服务的稳定性。

第三阶段,"混合部署"成为常态。这个阶段中,企业需要做好服务依赖的梳理和定义。所依赖的基础组件、基础服务完全不需要关心底层资源、机房、运行和供应商。企业利用开放的生态和标准的云原生应用模型,完成跨地域、跨站点、多云的自动化容灾备份。

目前,大多数企业已经进行到第二、第三阶段。随着更大规模的应用,企业对容器核心技术的启动效率、资源开销、调度效率也有了更高的要求。企业想要快速开发满足企业业务发展的软件和架构,部分组件最好是"拿来即用",重点关心自己的业务开发,而且单机容器只能满足一些小规模的业务,对于数据中心、私有云上大规模的企业业务,仅基于容器技术或 Docker 无法满足业务需求。

容器平台是一种用于管理和运行容器化应用程序的软件平台。它提供了一套工具和功能,使开发和运维人员能够方便地创建、部署和管理容器,从而加快软件交付和应用部署的速度。

此外,容器平台架构还具有以下显著优点。

(1)敏捷环境:容器技术能够比虚拟机更快地创建容器实例,从而提高了开发和部署的速度。

(2)高利用率与隔离:容器通过移除跨服务依赖和冲突,提高了资源利用率,并且每个容器都可以看作一个独立的微服务,可以独立升级。同时,容器拥有不错的资源隔离与限制能力,可以精确地对应用分配资源。

(3)跨平台性与镜像:容器封装了所有运行应用程序所必需的细节,如应用依赖和操作系统,因此具有出色的跨平台性。

(4)安全:容器之间的进程是相互隔离的,这有助于保障应用程序的安全。

典型的容器平台架构如图 7-6 所示,分为四个层次。其中,IaaS 层解决资源的高效利用问题,PaaS 层解决应用的非功能属性和开发效率的问题,SaaS 层解决"拿来即用"的问题,这三层服务于行业层中"千行百业"的应用。

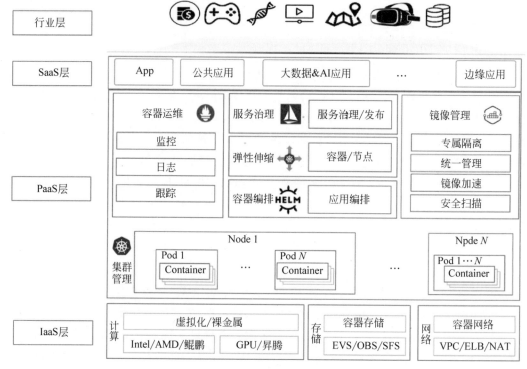

图 7-6　典型的容器平台架构

承载容器服务的 PaaS 层主要包含以下组件。

（1）集群管理：集群管理是容器平台的核心组件，负责管理和运行容器。它可以将容器部署在物理机、虚拟机上，并提供了资源调度和管理的功能。常见的容器管理器包括 Docker Swarm、Kubernetes 等。

（2）容器运维：容器平台提供的一些基础运维能力，包含监控、跟踪、日志分析等。

（3）服务治理：提供服务注册、服务发现、负载均衡、流量削峰、版本兼容、服务熔断、服务降级、服务限流等方面的能力。

（4）容器编排引擎：编排引擎是容器平台的另一个重要组件，用于管理和协调多个容器的部署和运行。它可以根据应用程序的需求，自动将容器部署到可用的主机上，并进行负载均衡和容错处理。

（5）镜像管理：提供容器镜像的存储、管理和分发镜像，并且提供了登录认证能力，建立仓库的索引。

容器平台架构以其独特的优势，在现代化软件开发和运维中扮演着越来越重要的角色。总体而言，容器平台架构是一种汇集各种所需的云原生技术，通过统一平台服务，实现一站式完成大规模容器业务的集群生命周期、容器业务、容器编排、容器运维等业务，使企业开发者可以更简单高效地管理大规模业务。

7.3 容器平台关键技术

7.3.1 集群管理

早期的容器集群管理系统有 Google 公司的 Kubernetes、Docker 公司的 Docker Swarm 和美国伯克利大学的 Apache Mesos。经过数年的发展,Kubernetes 成了容器集群管理系统的事实标准,很多以前不使用 Kubernetes 的厂商也转型到了 Kubernetes 上。因此,本节重点介绍 Kubernetes 系统(由于首尾之间有 8 个字母,经常被简称为 K8s)。

Kubernetes 的管理面由若干 Master 节点组成,业务面由若干 Worker 节点组成。管理面节点由于 Etcd(分布式键值存储系统)的要求,3 节点具备更强的可靠性,其架构如图 7-7 所示。

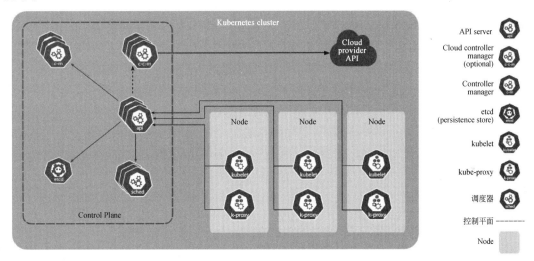

图 7-7 Kubernetes 集群管理架构

从图 7-7 中可以看到,一个 Kubernetes 集群主要包括两部分(控制平面与 Node 节点):控制平面(也称为 Master 节点)是 Kubernetes 集群的大脑,Node 节点(也称为 Worker 节点)主要负责 Pod 的运行。整体上,Kubernetes 集群管理系统包括如下组件。

(1) Api Server:是整个系统的对外接口,供客户端和其他组件调用。

(2) Etcd:Api Server 的后台数据存储,相当于 Kubernetes 集群的数据中心。

(3) Scheduler:负责对集群内部的资源进行调度,会将所发现的每个未调度的 Pod 调度到一个合适的节点上来运行。

(4) Controller-Manager:控制管理器,保证 Kubernetes 集群中的资源按照要求运行。

(5) Kubelet:负责与 Master 节点交互,进而执行具体的任务。

(6) Kube-Proxy:负责 Kubernetes 集群中的负载均衡。

（7）Pod：Kubernetes 的最小调度单元。一个 Pod 由一个或多个容器组成，Pod 中容器共享存储和网络并在同一台主机上运行，Kubernetes 直接管理 Pod 而不是容器。

此外，Kubernetes 提供以下几种内置的工作负载（workload），工作负载可以理解为运行在 Kubernetes 上的一个应用程序。一个应用很复杂，可能由单个组件或者多个组件共同完成。

（1）Deployment 和 ReplicaSet（替换原来的 ReplicationController）。Deployment 很适合用来管理集群上的无状态应用，Deployment 中的所有 Pod 都是相互等价的，并且在需要的时候被替换。

（2）StatefulSet 让集群能够运行一个或者多个以某种方式保存应用状态的 Pod。例如，如果负载会将数据作持久存储，可以运行一个 StatefulSet，将每个 Pod 与某个 PersistentVolume 对应起来。在 StatefulSet 中各个 Pod 内运行的代码可以将数据复制到同一 StatefulSet 中的其他 Pod 中以提高整体的服务可靠性。

（3）DaemonSet 定义提供节点支撑设施的 Pod。这些 Pod 可能对于集群的运维是非常重要的，例如作为网络链接的辅助工具或者作为网络插件的一部分等。每次向集群中添加一个新节点时，如果该节点与某 DaemonSet 的规约匹配，则控制平面会为该 DaemonSet 调度一个 Pod 到该新节点上运行。

（4）Job 和 CronJob 定义一些一直运行到结束并停止的任务。Job 用来执行一次性任务，而 CronJob 用来执行根据时间规划反复运行的任务。

Kubernetes 以 Pod 为最小的管理单位，如果 Pod 中运行多个需要耦合在一起工作、需要共享资源的容器，通常这种场景下 Pod 包含多个应用容器（Application container）和边车容器（Sidecar container）。如图 7-8 所示，Kubernetes 为 Pod 定义 Linux Namespace，Pod 内

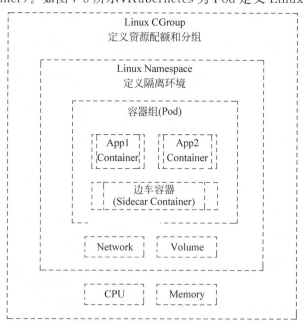

图 7-8　Kubernetes POD 结构

的容器可以共享网络和存储资源,并通过 CGroup 限定整个 Pod 的 CPU 和内存资源(对 Pod 内的每个容器的资源也可以进行单独限定)。一些场景下,用户还可以配置初始化容器 (Init Container),在应用容器启动之前用于初始化数据。边车容器是一个极简的容器(K8s 默认使用 Pause 作为边车容器),仅仅为了提供共享资源命名空间而设计。

　　Kubernetes 提供了服务(Service)的逻辑对象,实现了应用端点暴露和多副本应用的负载均衡机制。其中,Service 通过 selector 自动发现匹配的 Pod,并将 Pod 端点更新到 Endpoints。Service 对外提供多种类型的访问方式,常用的有 ClusterIP(集群内访问)、Node Port(通过 K8s 节点 IP 访问)、Load Balancer(通过负载均衡器访问,需要 LB 控制器支持)。

　　如图 7-9 所示,Kubernetes 提供了 ConfigMap 和 Secrets,它们是两种比较特殊的存储卷,ConfigMap 的主要作用是存储配置信息,Secrets 主要用于存储敏感信息,例如密码、秘钥、证书等。应用启动时,通过 tmpfs 的方式挂载到 Pod,以文件的方式加载对应的配置参数。

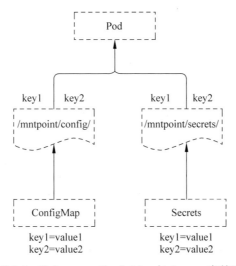

图 7-9　Kubernetes ConfigMap 与 Secrets 存储卷

　　Kubernetes 提供声明式 API,用户只需声明应用的配置 yaml 文件,Controller 就会自动部署并监控应用,在应用的状态不符合期望配置时(如不健康、副本不足、配置不正确、版本不符合预期),通过重启、重建、重调度、伸缩、升级等动作,使应用达到期望状态,如图 7-10 所示。Kubernetes 的终态维护机制,保证了应用的健康运行。

　　Kubernetes 定义了 API 扩展机制,允许用户定义聚合 API,通过 Kubernetes API Server 对外提供业务服务,如图 7-11 所示。

　　Kubernetes 作为容器编排系统的重要性不言而喻。通常情况下,Kubernetes 提供了一系列内建的资源类型,如 Pod、Service、Deployment 等。然而,这些内置资源并不能满足所有业务需求,有时候用户需要根据特定的应用需求扩展 Kubernetes 的功能。为了实现这一点,Kubernetes 引入了自定义资源定义(Custom Resource Definition,CRD)的概念。

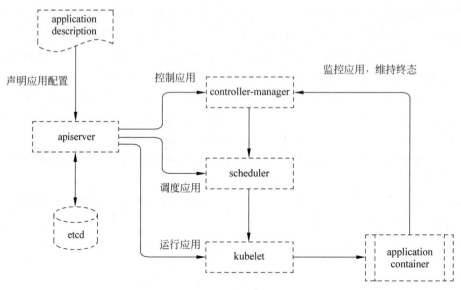

图 7-10　Kubernetes 声明式 API

CRD 其实是 Kubernetes 中一种声明式 API 的扩展机制，允许用户定义和使用非原生的资源类型，并通过实现扩展控制器，对资源进行自动部署、监控、变更，维护自定义的终态，实现资源声明式 API。如图 7-12 所示，CRD 由两个主要部分组成。

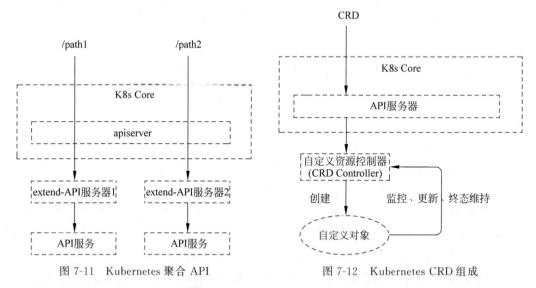

图 7-11　Kubernetes 聚合 API　　　　图 7-12　Kubernetes CRD 组成

（1）自定义资源的定义（API 定义）：它描述了自定义资源的结构、属性和行为。

（2）控制器（Controller）：控制器是一个运行在 Kubernetes 集群中的自定义控制器，负责处理自定义资源的生命周期和行为。

通过定义 CRD，用户可以将自己的应用程序或服务的业务逻辑抽象为 Kubernetes 中的一种资源类型，从而更方便、更一致地进行管理和编排。

7.3.2　容器存储

Kubernetes 之所以流行，一个重要原因就是它的扩展机制很灵活，开发者可以根据插件接口定义规范开发或选择一款业界的计算、网络、存储插件，来满足自己的需求。如图 7-13 所示，Kubernetes 定义了 CRI（Container Runtime Interface，容器运行时接口）、CNI（Container Network Interface，容器网络接口）、CSI（Container Storage Interface，容器存储接口）接口，允许基础设施厂商自定义容器引擎、网络插件、存储插件。在 CRI 和底层的容器之间还有 OCI（Open Container Initiative）标准接口。本节聚焦于对容器存储架构及 CSI 插件的介绍，7.3.3 节将介绍容器网络的相关内容。

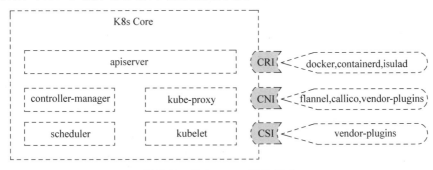

图 7-13　Kubernetes 插件组成

Kubernetes 最初的存储插件都是随着 Kubernetes 发布而发布的，叫作 In-Tree 存储插件，支持 20 多种，例如比较常用的 iscsi、nfs、fc、ceph、azure、aws、gce、glusterfs、openstack 等。由于 In-Tree 存储插件覆盖了一些常用的存储，通过这些插件，特定的存储可以接入 Kubernetes 的容器中。但是这种方式存在如下问题。

（1）更改 In-Tree 类型的存储代码，用户必须更新 Kubernetes 组件，成本较高。

（2）In-tree 存储代码中的 bug 会引发 Kubernetes 组件不稳定。

（3）Kubernetes 社区需要负责维护及测试 In-Tree 类型的存储功能。

（4）In-Tree 存储插件享有与 Kubernetes 核心组件同等的特权，存在安全隐患。

（5）三方存储开发者必须遵循 Kubernetes 社区的规则开发 In-tree 类型存储代码。

以上种种限制导致三方存储想要在 Kubernetes 中为容器提供高可靠、高性能的企业级存储时，必须首先将自己的代码合入 Kubernetes 中，这使得耦合越来越严重。因此，Kubernetes 通过定义标准接口，将存储在 Kubernetes 容器内的使用和存储侧的插件解耦开，使用存储供应商根据标准接口提供的插件，无须将它们添加到代码库。这就出现了 Out-Of-Tree 的插件，现实中用得较多的有 FlexVolume 和 CSI 插件。这两种接口的原理都是通过定义标准的接口，使插件本身和 K8S 核心代码解耦，从而可以各自管理版本发布。而其中 CSI 又以其标准化、通用化、容器化等特点，目前成为 K8s 中容器存储的标准接口。表 7-2 总结了 FlexVolume 和 CSI 插件的对比。

表 7-2　FlexVolume 和 CSI 插件的对比

插　　件	特　　点
FlexVolume	① 只适合 Kubernetes； ② 在主机上的一个二进制文件，相当于执行本地 shell 命令，使得在安装 FlexVolume 时必须安装某些依赖，在安全性上有不好的影响； ③ 无法实现 RBAC 方式调用 Kubernetes 的一些接口去实现某些功能
CSI	① 可满足不同编排系统，如 Kubernetes、Mesos、Swarm； ② 容器化部署，可以减少环境依赖，增强安全性； ③ 可以通过 RBAC 方式调用 K8S 接口实现某些功能

图 7-14 展示了 Kubernetes 容器存储架构以及 CSI 在其中的位置。如 7.3.1 节集群管理所述，Kubernetes 中存在 Master 节点和 Worker 节点。在 Master 节点的 Controller Manager 中有 PV/AD Controller，用于持久化卷发放、挂载，而这些管理动作和实际存储之间的交互就是通过 in-tree 或 out-of-tree 插件来完成的。

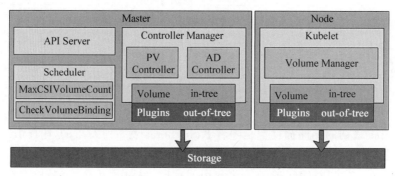

图 7-14　容器存储架构和 CSI

（1）PV/PVC Controller：运行在 Master 上的部件，负责卷的生命周期管理、卷的 provision/delete 操作。

（2）Attach/Detach Controller：运行在 Master 上，负责将卷 Attach/Detach 到节点上。

（3）Volume Manager：运行在 kubelet 中，负责卷的 Mount/Umount、格式化等操作。

（4）Volume Plugins：扩展各种存储类型的卷管理能力，实现三方存储的各种操作能力与 K8s 系统的结合。

（5）Scheduler：实现 Pod 调度能力，存储的调度器实现了针对存储卷配置进行调度。

CSI 存储系统主要由两部分组成：External Components 和 Custom Components，如图 7-15 所示。

（1）External Components：主要包含 Driver Registrar、External Attacher、External Provisioner 三部分。这三个组件源自 Kubernetes 原本的 In-Tree 存储体系，可以理解为 Kubernetes 的一个外部 Controller，负责监听 Kubernetes 的 API 资源对象，然后根据监听到的状态调用 Custom Components 实现存储管理和操作。

① Driver Registrar：CSI Node-Driver-Registrar 是一个 Sidecar 容器，用于从 CSI driver 获

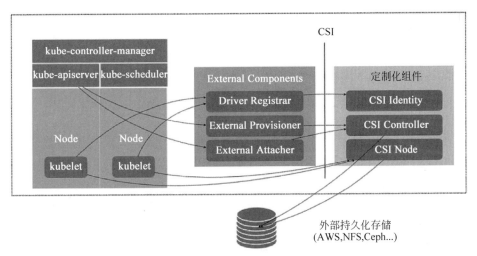

图 7-15　CSI 插件组成

取驱动程序信息（使用 NodeGetInfo），并使用 Kubelet 插件注册机制在该节点上的 Kubelet 中对其进行注册。

②　External Attacher：用于监听 Kubernetes VolumeAttachment 对象，并针对驱动程序端点触发 CSI ControllerPublish 和 ControllerUnpublish 操作。

③　External Provisioner：监听 Kubernetes 中的 PVC 对象，调用 CSI 对应的创建、删除等 Volume 操作。

需要说明的是，External Components 目前仍由 Kubernetes 团队维护，开发者无须关心插件的实现细节。

（2）Custom Components：主要包含 CSI Identity、CSI Controller、CSI Node 三部分，是需要开发者通过编码来实现的，并以 gRPC 的方式对外提供服务。

①　CSI Identity：用于对外暴露这个插件本身的信息，确保插件的健康状态。

②　CSI Controller：用于实现 Volume 管理流程中 Provision 和 Attach 阶段操作，比如创建和删除 Volume、对 Volume 进行 Attach/Detach（Publish/UnPublish）操作等。CSI Controller 里定义的所有服务都有一个共同特点，那就是无须在宿主机上进行操作。

③　CSI Node：用于控制 Kubernetes 节点上 Volume 的相关功能操作。Volume 在节点的 Mount 过程被分为 NodeStageVolume 和 NodePublishVolume 两个阶段，前者针对块存储类型将存储设备格式化后，先挂载到节点的一个全局的临时目录，之后再调用 NodePublishVolume 接口将目录挂载进 Pod 中指定的目录上。

7.3.3　容器网络

容器网络主要解决一个容器如何与其他容器和外部服务进行通信的问题。Docker 提供了七种标准网络模式来执行核心网络功能：Bridge、Host、Overlay、IPvLAN、MACvlan、None、CNI。

（1）Bridge：每个容器连接到一个共享的桥接网络，容器之间可以直接通信。默认情况下，Docker 会创建一个名为 docker0 的桥接网络，并为每个容器分配 IP 地址。

（2）Host：容器与宿主机共享网络命名空间，即使用宿主机的网络栈，容器与宿主机拥有相同的 IP 地址。这种网络模式适用于对网络性能要求较高的场景。

（3）Overlay：Overlay 网络将多个 Docker 守护进程连接在一起，它们可以让这些主机上的容器相互通信，而无须操作系统管理路由。

（4）IPvlan：IPvlan 是一种高级模式，可提供对容器的 IPv4 和 IPv6 地址进行详细控制的能力，它还可以处理第 2 层和第 3 层 VLAN 标记和路由。

（5）MACvlan：MACvlan 是一种更高级的选项，让容器能像网络上的物理设备一样运行。它通过为每个容器分配自己的 MAC 地址来实现这一点。对于此类型的网络，需要将主机的一个物理网络接口分配给虚拟网络。此外，更广泛的网络还应设置为处理来自具有大量容器的 Docker 主机的许多 MAC 地址。

（6）None：容器不连接到任何网络，与外部网络隔离。这种网络模式适用于一些安全性要求较高的场景。

（7）CNI 网络插件：容器通过标准接口调用 CNI 插件执行网络操作，如图 7-16 所示。可以安装和使用标准的 CNI 容器网络插件，常见的有 Flannel、Calico、Weave Net、Canal、Cilium 等。

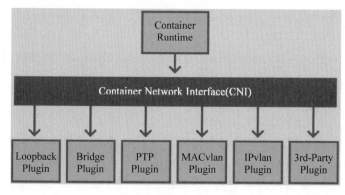

图 7-16　CNI 调用执行网络操作示意图

Flannel 本质上是把 docker 默认的相互隔离的 docker0 网络连起来组成一个更大的网络，实现跨主机通信，所以就失去了网络隔离性。因此，flannel 并没有创建新的 docker 网络，而是直接使用默认的 bridge 网络。

Calico 是一个纯三层的虚拟网络方案，Calico 为每个容器分配一个 IP，每个 host 都是 router，把不同 host 的容器连接起来。与 VXLAN 不同的是，Calico 不对数据包做额外封装，不需要 NAT 和端口映射，扩展性和性能都很好。

Weave 是 Weaveworks 开发的容器网络解决方案。Weave 创建的虚拟网络可以将部署在多个主机上的容器连接起来。对容器来说，Weave 就像一个巨大的以太网交换机，所有容器都被接入这个交换机，容器可以直接通信，无须 NAT 和端口映射。除此之外，

Weave 的 DNS 模块使容器可以通过 hostname 访问。

Canal 是一个基于 Flannel 和 Calico 的组合的 K8s 网络解决方案。它提供了网络策略和网络隔离，能够在 K8s 集群中轻松管理容器之间的通信。

Cilium 是一种基于 eBPF（Extended Berkeley Packet Filter）技术的网络插件，它使用 Linux 内核的动态插件来提供网络功能，如路由、负载均衡、安全性和网络策略等。

表 7-3 是常见 CNI 网络插件的功能对比。其中，路由分发是一种外部网关协议，用于在互联网上交换路由和可达性信息。BGP 可以帮助进行跨集群 Pod 之间的网络。此功能对于未封装的 CNI 网络插件是必需的，并且通常由 BGP 完成。如果想构建跨网段拆分的集群，路由分发是一个很好的功能。Kubernetes 提供了强制执行规则的功能，这些规则决定了哪些 service 可以使用网络策略进行相互通信。这是从 Kubernetes 1.7 起稳定的功能，可以与某些网络插件一起使用。网格允许在不同的 Kubernetes 集群间进行 service 之间的网络通信。具有此功能的 CNI 网络插件需要一个外部数据存储来存储数据。Ingress/Egress 策略允许用户管理 Kubernetes 和外部网络的通信方式。

表 7-3 常见 CNI 网络插件的功能对比

提供商	路由分发	网络策略	网格	外部数据存储	加密	Ingress/Egress
Canal	否	是	否	K8s API	是	是
Flannel	否	否	否	K8s API	是	否
Calico	是	是	是	Etcd 和 K8s API	是	是
Weave	是	是	是	否	是	是
Cilium	是	是	是	Etcd 和 K8s API	是	是

容器网络中为 Pod 配置网络接口是网络插件的核心功能之一，但不同的容器虚拟化网络解决方案中，为 Pod 的网络名称空间创建虚拟接口设备的方式也会有所不同，目前较为主流的实现方式有 veth（虚拟以太网）设备、多路复用及 SR-IOV 硬件交换三种，如图 7-17 所示。

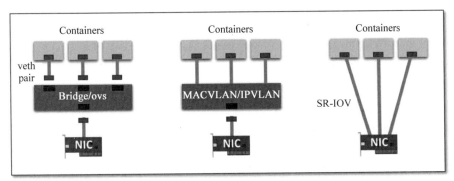

图 7-17 CNI 创建 Pod 网络接口设备的实现方式

（1）veth 方式：创建一个网桥，并为每个容器创建一对虚拟以太网接口，一个接入容器内部，另一个留置于根名称空间内添加为 Linux 内核桥接功能或 OpenvSwitch（OVS）网桥的从设备。

（2）多路复用方式：可以由一个中间网络设备组成，它暴露多个虚拟接口，使用数据包转发规则来控制每个数据包转到的目标接口；MACvlan 技术为每个虚拟接口配置一个 MAC 地址并基于此地址完成二层报文收发，IPvlan 则是分配一个 IP 地址并共享单个 MAC，并根据目标 IP 完成容器报文转发。

（3）SR-IOV 方式：现今市面上有相当数量的 NIC 都支持 SR-IOV（单根 I/O 虚拟化），SR-IOV 是创建虚拟设备的一种实现方式，每个虚拟设备自身表现为一个独立的 PCI 设备，并有着自己的 VLAN 及硬件强制关联的 QoS；SR-IOV 提供了接近硬件级别的性能。

一般说来，在基于 VXLAN Overlay 网络的虚拟容器网络中，网络插件会使用虚拟以太网内核模块为每个 Pod 创建一对虚拟网卡；在基于 MACvlan/IPvlan Underlay 网络的虚拟容器网络中，网络插件会基于多路复用模式中的 MACvlan/IPvlan 内核模块为每个 Pod 创建虚拟网络接口设备；而在基于 IP 报文路由技术的 Underlay 网络中，各 Pod 接口设备通常借助 veth 设备完成。

综上所述，容器网络必须要利用 CNI 插件来增强网络能力，每种 CNI 网络插件都有其独特的优势和局限性，需要根据实际情况进行选择。

7.3.4　容器编排

在传统的单体式架构的应用中，开发、测试、交付、部署等都是针对单个组件，开发者很少听到编排这个概念。而在云的时代，微服务和容器"大行其道"，除了为用户显示出它们在敏捷性、可移植性等方面的巨大优势以外，也为交付和运维带来了新的挑战：开发者将单体式的架构拆分成越来越多细小的服务，运行在各自的容器中，那么该如何解决它们之间的依赖管理、服务发现、资源管理、高可用等问题呢？在容器环境中，编排通常涉及三方面的工作。

（1）资源编排：负责资源的分配，如限制 namespace 的可用资源，scheduler 针对资源的不同调度策略。

（2）工作负载编排：负责在资源之间共享工作负载，如 Kubernetes 通过不同的 controller 将 Pod 调度到合适的 node 上，并且负责管理它们的生命周期。

（3）服务编排：负责服务发现和高可用等，如 Kubernetes 中可用通过 Service 来对内暴露服务，通过 Ingress 来对外暴露服务。

在 Kubernetes 中有 5 种经常会用到的控制器来帮助开发者进行容器编排，它们分别是 Deployment、StatefulSet、DaemonSet、CronJob 和 Job。在这 5 种常见控制器中，Deployment 经常被作为无状态实例控制器使用。一般情况下，并不直接创建 Pod，而是通过 Deployment 来创建 Pod，由 Deployment 来负责创建、更新、维护其所管理的所有 Pods。StatefulSet 是一个有状态实例控制器。DaemonSet 可以指定在选定的 Node 上运行，每个 Node 上会运行一个副本，它有一个特点是它的 Pod 调度不经过调度器，在 Pod 创建的时候就直接绑定 NodeName。最后一个是定时任务，它是一个上级控制器，和 Deployment 有些类似，当一个定时任务触发的时候，它会去创建一个 Job，具体的任务实际上是由 Job 来负责执行的。

Kubernetes 控制器和 Pod 之间的关系如图 7-18 所示。

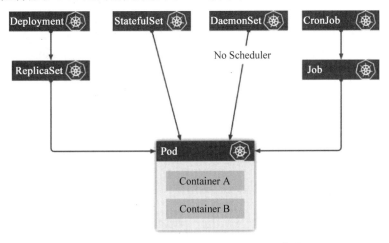

图 7-18　Kubernetes 控制器和 Pod 的关系

　　从图 7-18 可以看到，一个 Deployment 产生三种资源：Deployment、ReplicaSet 和 Pod。ReplicaSet 用于 Pod 副本数量的维护与更新，使得副本数量始终维持在用户定义范围内，即如果存在容器异常退出，此时会自动创建新的 Pod 进行替代；而且异常多出来的容器也会自动回收。Deployment 控制 ReplicaSet，每部署一个新版本就会创建一个新的副本集，利用它记录状态，回滚也是直接让指定的 ReplicaSet 生效。

　　考虑这样一个简单的例子，一个需要使用的数据库的 API 服务在 Kubernetes 中应该如何表示？客户端程序通过 Ingress 访问到内部的 API Service，API Service 将流量导流到 API Server Deployment 管理的其中一个 Pod 中，这个 Server 还需要访问数据库服务，它通过 DB Service 来访问 DataBase StatefulSet 的有状态副本，如图 7-19 所示。由定时任务

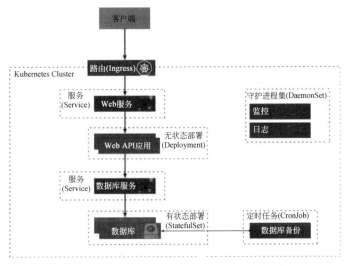

图 7-19　Kubernetes 数据库 API 服务示例

CronJob 来定期备份数据库，通过 DaemonSet 的 Logging 来采集日志，Monitoring 来负责收集监控指标。

Kubernetes 为用户带来了什么？通过上面的例子，可以发现 Kubernetes 已经对大量常用的基础资源进行了抽象和封装，用户可以非常灵活地组合、使用这些资源来解决问题。同时 Kubernetes 还提供了一系列自动化运维的机制（如 HPA、VPA、Rollback、Rolling Update 等）帮助用户进行弹性伸缩和滚动更新，而且上述所有的功能都可以用 YAML 声明式进行部署。但是这些抽象还是在容器层面的，对于一个大型的应用而言，需要组合大量的 Kubernetes 原生资源，需要非常多的 Services、Deployments、StatefulSets 等，用起来就会比较烦琐，而且服务之间的依赖关系需要用户自己解决，缺乏统一的依赖管理机制。

应用单元的组成如图 7-20 所示。

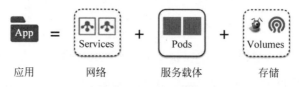

图 7-20　应用单元的组成

一个对外提供服务的应用，首先它需要一个能够与外部通信的网络，其次还需要能运行这个服务的载体（Pods），如果这个应用需要存储数据，还需要配套的存储，所以可以认为

应用单元＝网络＋服务载体＋存储

那么将 Kubernetes 的资源联系起来后，可以将它们划分为 4 种类型的应用。

（1）无状态应用＝Services＋Volumes＋Deployment；

（2）有状态应用＝Services＋Volumes＋StatefulSet；

（3）守护型应用＝Services＋Volumes＋DaemonSet；

（4）批处理应用＝Services＋Volumes＋CronJob/Job。

重新审视一下前面数据库 API 服务的例子，可以确定其包含的每个任务应用的类型，如图 7-21 所示。

随后，可以引出应用层面的如下四个问题。

（1）应用包的定义。

（2）应用依赖管理。

（3）包存储。

（4）运行时管理。

在容器社区中，这四方面的问题分别由如下三个组件或者项目来解决。

（1）Helm Charts：定义了应用包的结构以及依赖关系。

（2）Helm Registry：解决了包存储。

（3）Helm Tiller：负责将包运行在 Kubernetes 集群中。

Helm Charts 本质上是一个 tar 包，包含了一些 yaml 的模板（template）以及解析模板需要的值（values）。

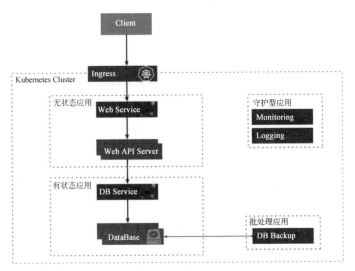

图 7-21　Kubernetes 数据库 API 服务应用类型

Helm Registry 用来负责存储和管理用户的 Charts，并提供简单的版本管理。与容器领域的镜像仓库类似，这个项目是开源的。

Helm Tiller 负责将 Charts 部署到指定的集群当中，并管理生成的 Release（应用）；支持对 Release 的更新、删除、回滚操作；支持对 Release 的资源进行增量更新；支撑对 Release 的状态管理，如图 7-22 所示。

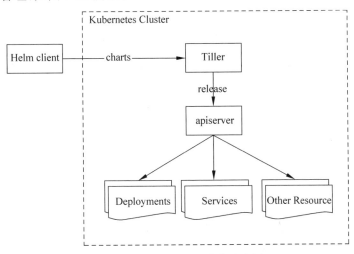

图 7-22　Helm Tiller 功能示意图

7.3.5　容器运维

可观察性已经作为容器运维一个重要的方面，CNCF 在其 Landscape 中将可观察性和数据分析单独列为一个分类——Observability and Analysis。这个分类主要包括监控（Monitoring）、日志（Logging）、追踪（Tracing）、混沌工程（Chaos Engineering）这 4 个子类。

2017 年，Peter Bourgon 在文章 *Metrics*，*Tracing and Logging* 中系统地阐述了可观测性的三大支柱：聚合度量（Metrics）、追踪（Tracing）、日志（Logging），以及这三者的定义、特征、关系与差异，如图 7-23 所示。此后几年间这些定义受到了业界的广泛认可，发展为对可观测性能力的基本要求，并且每方面都有了众多成熟的解决方案。例如，开源组件中就有聚焦于 Metrics 的 Prometheus、Telegraf、InfluxDB、Grafana 等，聚焦于 Tracing 的 Skywalking、Jaeger、OpenTracing 等，聚焦于 Logging 的 Logstash、Elasticsearch、Loki 等。

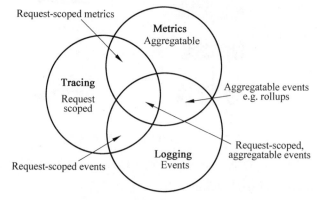

图 7-23　可观测性三个维度示意图

可观测性的三个维度几乎涵盖了应用程序的各种表征行为，开发人员通过收集并查看这三个维度的数据就可以做各种各样的事情，时刻掌握应用程序的运行情况。关于三大支柱的理解如下。

（1）聚合度量（Metrics）：度量是一种计量单位，它是指对系统中某一指标的统计聚合，然后通过聚合信息来揭示系统整体的运行状况。因此，Metrics 是一种聚合态的数据形式，日常中经常会接触到的 QPS、TP99、TP95 等都属于 Metrics 的范畴，它和统计学的关系最为密切，往往需要使用统计学的原理来做一些设计。度量总体上可分为客户端的指标收集、服务端的存储查询以及终端的监控预警三个相对独立的过程，每个过程一般都是由不同的组件来完成。

（2）日志（Logging）：日志用来记录系统运行期间所发生的事件，每个系统都应该有日志。日志是排查问题的重要手段，大部分系统问题最终都会追溯到日志上，所以良好的日志记录有助于快速定位系统问题。但是，目前没办法像单机时代那样简单使用命令就能获取到日志内容，而是需要把日志收集到专门的日志系统，然后再进行查询、分析等。

日志的统一收集、存储以及解析是一个有挑战的事情，比如结构化（Structured）与非结构化（Unstructured）的日志处理，往往需要一个高性能的解析与缓冲器。目前比较受欢迎的开源日志系统是 ELK 或者 EFK。

（3）Tracing：有了度量和日志，在多数情况下已经能满足日常使用，但是它们有一个弊端，就是没办法很直观地查看上下文，也无法有效地记录某个请求的处理状态。所以，就引入了追踪的相关技术。

从目标来看，追踪的目的是为排查故障和分析性能提供数据支持，系统对外提供服务的过程中,持续地接受请求并处理响应,同时持续地生成 Trace,按次序整理好 Trace 中每个 Span 所记录的调用关系,便能绘制出一幅系统的服务调用拓扑图。根据拓扑图中 Span 记录的时间信息和响应结果(正常或异常返回)就可以定位到缓慢或者出错的服务;将 Trace 与历史记录进行对比统计,就可以从系统整体层面分析服务性能,定位性能优化的目标。

直观上看,追踪的实现方式比较简单,然而在实际工作中却比较复杂。主要在于企业业务系统可能采用不同的程序语言,每种程序语言实现的方式都不一样,这就导致工作量非常巨大,而且还要考虑以下几方面。

① 低损耗:如果接入链路监控不仅没有解决问题,反而加大了性能开销,这就得不偿失。

② 透明:尽量在不加大开发工作量,最好能做到无侵入接入。

③ 易用:傻瓜式的使用方式比较受欢迎。

服务追踪的实现思路是通过某些手段给目标应用注入追踪探针(Probe),针对 Java 应用一般就是通过 Java Agent 注入的。探针在结构上可视为一个寄生在目标服务身上的小型微服务系统,它一般会有自己专用的服务注册、心跳检测等功能,有专门的数据收集协议,把从目标系统中监控得到的服务调用信息,通过另一次独立的 HTTP 或者 RPC 请求发送给追踪系统。目前最常用的组件是 Zipkin、Skywalking、Pinpoint 等,它们都是基于服务追踪实现的。

7.3.6 镜像管理

在 Docker 产生之前,容器的基本概念已经流行了一段时间。尽管如此,Docker 还是在 2013 年成为第一个能够将容器打包到镜像中的工具,可以让容器镜像在机器之间移动,这也标志着基于容器的应用程序部署的诞生,从 Docker File 到镜像再到容器的转换关系如图 7-24 所示。

图 7-24 Docker 容器镜像构建与运行

截至目前,容器镜像格式存在着多个版本。Docker 开发人员早在 2016 年就决定弃用版本 v1,而是采用创建镜像清单的版本 v2 架构,v2 镜像规范后来被捐赠给开放容器倡议(Open Container Initiative,OCI)组织,成为 OCI 镜像规范的基础。OCI 就是在容器技术发展过程中出现的容器标准。OCI 由 Docker 公司、CoreOS 于 2015 年 6 月份启动,其提出了如下两个规范。

(1)Image Format Specification 规定应该以何种格式存储、分发镜像。

(2)Runtime Specification 规定如何下载、解压缩、运行 Filesystem Bundle。

简单来说,OCI 规范了镜像如何存储与运行。任何符合 OCI 格式的镜像都可以在符合 OCI 标准的运行时之上工作。这里不得不提到 Docker 公司,Docker 公司将 Docker v2 镜像格式捐赠给 OCI 作为镜像规范的基础,同时 Docker 公司将 libcontainer 移动到 runC 中并贡献给 OCI 作为容器运行时的参考实现。Docker v2 镜像格式和 runC 成为 OCI 的指定参考和实现规范。

OCI 镜像格式标准规定了符合 OCI 标准的镜像格式必须/建议/禁止的格式和处理方式,主要分为以下几部分,如图 7-25 所示。

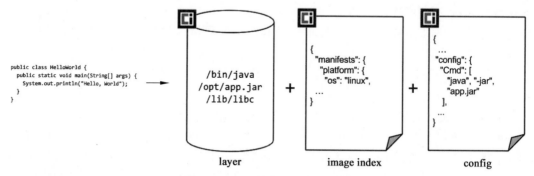

图 7-25   OCI 镜像的组成示意图

（1）layer(changeset)：描述镜像层级的文件系统。每个 layer 保存了和上层之间的差异部分,包括新增、修改、删除文件的表示。

（2）config 文件：镜像的完整描述信息,包括构建环境、构建历史、环境变量、启动命令等所有配置。

（3）manifest 文件：镜像 config 和 layer 的描述文件,可以完成描述镜像的配置为文件内容。

（4）index 文件：manifest 列表,保存同一镜像在不同平台的 manifest。

镜像仓库(Docker Registry)负责存储、管理和分发镜像,并提供登录认证能力,建立了索引能力的仓库。在整个镜像仓库内部,也会管理多个仓库(Repository)。每个仓库中,包含一组或多组镜像。图 7-26 所示是模拟的 Docker 镜像仓库的视图。

（1）镜像仓库(Registry)：表示的是用户要从哪一个镜像仓库拉去镜像。通常通过 DNS 或 IP 定位访问到镜像仓库,一个 Registry 中可以存在多个 Repository,每个仓库可以包含多个 Tag(标签),每个标签对应一个镜像,例如 Docker Hub、清华大学开源软件镜像站。

（2）仓库(Repository)：由某服务或者对象的 Docker 镜像的所有迭代版本组合成的镜像集合。

（3）镜像名称(name)＋标签 (tag)：如 nginx:1.18.1。

（4）认证能力：提供用户注册、登录、登出能力。用户需要登录认证通过后,才能向镜像仓库中提交镜像。

（5）索引：提供镜像的索引信息,方便检索。

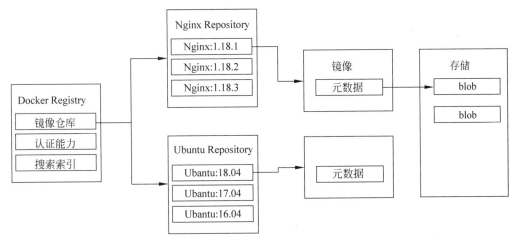

图 7-26　Docker 镜像仓库视图

（6）元数据与 blob：一个容器镜像还包含两部分，一个是元数据用来描述这个容器镜像的层数以及每层内容；另一个部分就是 blob，容器的所有数据真实存储在 blob 中。

可以按照两种方式对镜像仓库进行划分，一类是按照是否对外开发的标准，另一类按照供应商和面向群体划分。按照是否对外开放，镜像仓库可以分为公共仓库和私有仓库两种类型。

（1）公共仓库：Docker 官方提供了一个公共的镜像仓库，称为 Docker Hub。Docker Hub 上存储了大量的公共镜像，用户可以通过搜索镜像名称找到自己需要的镜像，并下载到本地使用。使用 Docker Hub 时，用户需要创建一个 Docker Hub 账号，在命令行或 Docker 客户端中使用自己的账号信息进行登录，并可以上传自己的镜像到 Docker Hub 上供他人使用。

（2）私有仓库：Docker 还支持创建自己的私有镜像仓库，用于存储和共享自定义的镜像。私有仓库可以满足企业或个人对镜像管理的特殊需求，例如安全性、可控性等。常见的私有仓库有 Docker 官方提供的 Docker Registry 镜像、Harbor、Nexus 等。

而按照供应商和面向群体，镜像仓库可以分为以下四类。

（1）Sponsor（赞助）registry：第三方的 registry，供客户和 docker 社区版使用。

（2）Mirror（镜像）registry：第三方的 registry，只让客户使用，例如阿里云必须注册才能使用。

（3）Vendor（供应商）registry：由发布 Docker 镜像的供应商提供的 registry，例如像 Google 和 Redhat 提供了镜像仓库服务。

（4）Private（私有实体）registry：通过有防火墙和额外的安全层的私有实体提供的 registry，仅供内部使用。

7.3.7　服务治理

在微服务架构开发模式下，每个模块都按照特定的方法发布独立的服务，服务与服务之间通过 HTTP 或者 RPC 方式调用。随着业务量的逐步增加，服务的数量也逐步增加。这时维护服务的 URL 地址就变得非常麻烦，所以需要设计一套系统来统一管理每个服务所对应的 URL 地址。这套系统就叫注册中心。

服务治理指的是企业为了确保事情顺利完成而实施的内容，包括最佳实践、架构原则、治理规程、规律及其他决定性的因素。下面针对服务治理过程中的各个环节进行相关说明。

（1）服务。它是分布式架构下的基础单元，包括一个或一组软件功能，其目的是不同的客户端通过网络获取相应的数据，而不用关注底层实现的具体细节。以"用户服务"为例，当客户端调用"用户服务"的注册功能时，注册信息会被写入数据库、缓存并发送消息来通知关注注册事件的"其他服务"，但是其客户端（调用方）并不清楚服务的具体处理逻辑。

（2）注册中心。它是微服务架构中的"通讯录"，记录了服务和服务地址的映射关系，主要涉及服务的提供者、服务注册中心和服务的消费者。在数据流程中，服务提供者在启动服务之后将服务注册到注册中心；服务消费者（或称为服务消费方）在启动时，会从注册中心拉取相关配置，并将其放到缓存中。注册中心的优势在于解耦了服务提供者和服务消费者之间的关系，并且支持弹性扩容和缩容。当服务需要扩容时，只需要再部署一个该服务。当服务成功启动后，会自动被注册到注册中心，并推送给消费者。

（3）服务注册与发布。服务实例在启动时被加载到容器中，并将服务自身的相关信息，比如接口名称、接口版本、IP 地址、端口等注册到注册中心，并使用心跳机制定期刷新当前服务在注册中心的状态，以确认服务状态正常，在服务终止时将其从注册表中删除。服务注册包括自注册模式和第三方注册模式这两种模式。

① 自注册模式。服务实例负责在服务注册表中注册和注销服务实例，同时服务实例要发送心跳来保证注册信息不过期。其优点是，相对简单，无须其他系统功能的支持；缺点是，需要把服务实例和服务注册表联系起来，必须在每种编程语言和框架内部实现注册代码。

② 第三方注册模式。服务实例由另一个类似的服务管理器负责注册，服务管理器通过查询部署环境或订阅事件来跟踪运行服务的改变。当管理器发现一个新的可用服务时，会向注册表注册此服务，同时服务管理器负责注销终止的服务实例。第三方注册模式的主要优势是服务与服务注册表是分离的，无须为每种编程语言和架构都完成服务注册逻辑。相应地，服务实例是通过一个集中化管理的服务进行管理的；缺点是，需要一个高可用系统来支撑。

（4）服务发现。使用一个注册中心来记录分布式系统中全部服务的信息，以便其他服务快速找到这些已注册的服务。其目前有客户端发现模式和服务器端发现模式这两种模式。

① 客户端发现模式。客户端从服务注册服务中查询所有可用服务实例的地址，使用负载均衡算法从多个服务实例中选择一个，然后发出请求。其优势在于客户端知道可用服务注册表的信息，因此可以定义多种负载均衡算法，而且负载均衡的压力都集中在客户端。

② 服务器端发现模式。客户端通过负载均衡器向某个服务提出请求，负载均衡器从服

务注册服务中查询所有可用服务实例的地址,将每个请求都转发到可用的服务实例中。与客户端发现一样,服务实例在服务注册表中注册或者注销。我们可以将 HTTP 服务、Nginx 的负载均衡器都理解为服务器端发现模式。其优点是,客户端无须关注发现的细节,可以减少客户端框架需要完成的服务发现逻辑;客户端只需简单地向负载均衡器发送请求。其缺点是,在服务器端需要配置一个高可用的负载均衡器。

(5) 流量削峰。使用一些技术手段来削弱瞬时的请求高峰,让系统吞吐量在高峰请求下可控,也可用于消除毛刺,使服务器资源的利用更加均衡、充分。常见的削峰策略有队列、限频、分层过滤、多级缓存等。

(6) 版本兼容。在升级版本的过程中,需要考虑升级版本后新的数据结构能否理解和解析旧的数据,新协议能否理解旧的协议并做出预期内合适的处理。这就需要在服务设计过程中做好版本兼容工作。

(7) 服务熔断。其作用类似于家用的保险丝。当某服务出现不可用或响应超时时,已经达到系统设定的阈值,为了防止整个系统出现雪崩,会暂时停止对该服务的调用。

(8) 服务降级。在服务器压力剧增的情况下,根据当前业务情况及流量对一些服务和页面有策略性地降级,以此释放服务器资源,保证核心任务的正常运行。降级时往往会指定不同的级别,面对不同的异常等级执行不同的处理。

(9) 服务限流。服务限流可以被认为是服务降级的一种。它通过限制系统的输入和输出流量来达到保护系统的目的。一般来说,系统的吞吐量是可以被测算的。为了保证系统的稳定运行,一旦达到阈值,就需要限制流量。限制措施有延迟处理、拒绝处理或者部分拒绝处理等。

(10) 负载均衡策略。它是用于解决一台机器无法处理所有请求而产生的一种算法。当集群里的一台或者多台服务器不能响应请求时,负载均衡策略会通过合理分摊流量,让更多的服务器均衡处理流量请求,不会因某一高峰时刻流量大而导致单个服务器的 CPU或内存急剧上升。

7.4　容器平台实践

DCS 数据中心虚拟化解决方案基于 Kubernetes 容器编排领域的事实标准构建了容器应用生命周期管理的容器平台 eContainer,为企业提供高可用和可靠性的数据中心级的Kubernetes 集群自动化部署、扩展和管理能力,提高容器化场景下的资源利用率,充分发挥其灵活性和可扩展性,简化开发和运维人员的工作流程。下面基于 DCS 容器平台 eContainer提供的能力,介绍在多集群管理、容器应用管理、容器镜像管理、监控/运维等场景下的实践。

7.4.1　多集群管理实践

企业或组织可能根据自身的需求(例如满足隔离性、可用性、合规性或使用成本等),将应用程序运行在多个集群中。在某些大规模场景下，单集群节点数逐步达到上限，集群控制面性能成为瓶颈，将大集群拆分为小集群可以缓解集群的性能问题。此外，用户应用开发过程中，往往需要经过开发测试、灰度发布，最终上线生产环境，该过程天然就需要多集群来支持不同的部署环境。

eContainer 的弹性容器引擎 ECE(Elastic Container Engine，ECE)深度整合高性能计算(ECS/BMS)、网络(VPC/ELB/EIP)、存储(SFS)等服务，支持 XPU、ARM 等异构计算架构，提供了一键创建容器集群、一站式管理部署和运维容器应用的能力，客户无须自行搭建容器运行环境，实现开箱即用。针对客户在不同场景下的需求，ECE 支持基于弹性云服务器 ECS、裸金属服务器 BMS 构建 Kubernetes 集群，为客户提供安全、高可靠、高性能的企业级容器应用管理能力，支持 Kubernetes 社区应用及工具/应用级的自动弹性伸缩能力。

ECE 支持管理 50＋套 Kubernetes 集群，每套 Kubernetes 集群的规模可达 128 个节点，可满足开发、测试、生成、边缘等不同使用场景，集群规模可大可小。此外，还支持弹性伸缩，支持通过节点池对节点进行分组，支持可视化管理 Kubernetes 中的多种资源对象，如图 7-27 所示。

图 7-27　ECE 架构

为满足企业应用对可靠性的要求，ECE 支持基于 ECS 发放多控制平面节点的 Kubernetes 集群，保证在大多数控制平面节点状态正常的情况下仍保持正常可用的状态。

如图 7-28 所示,ECE 基于 HAProxy 和 Keepalived 等组件,实现了 Kubernetes 控制平面的
负载均衡及高可用机制,为企业客户带来稳定、可靠的生产级 Kubernetes 集群。

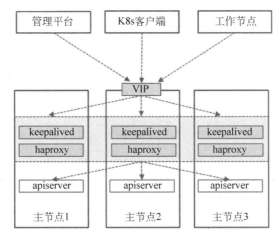

图 7-28　Kubernetes 控制平面高可用原理图

ECE 提供了基于节点池、应用等多维度的弹性伸缩能力,能够让客户根据应用负载自
动调整资源分配,在需要时自动扩展,在不需要时缩减资源,以优化成本、资源利用率和
性能。

集群发放完成后,为了方便用户连接和使用集群,容器平台提供了多种访问集群的方
式。通过统一认证和鉴权机制,用户可使用容器平台账号,利用 UI、WebCLI、Kubernetes
客户端三种方式管理 Kubernetes 资源和应用。如图 7-29 所示,用户通过 Kubernetes 客户
端或者 WebCLI 访问 Kubernetes API Server 时,使用容器平台的认证凭据,Kubernetes
API Server 识别认证凭据,调用容器平台的认证 Webhook 实现用户认证。

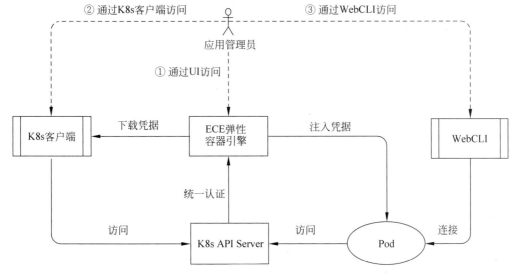

图 7-29　ECE 容器平台的访问认证

　　ECE 提供了一种非常便捷的方式访问集群的方式——WebCLI。应用管理员在容器平台的 UI 就可以访问 Kubernetes 集群。用户在 UI 上启动 WebCLI 时，容器平台自动在被访问集群创建临时 Pod，注入用户访问凭据，分配临时空间，并通过 WebCLI 连接到临时 Pod，基本原理如图 7-30 所示。用户可以通过 WebCLI 上传工作负载文件、应用模板文件，使用 kubectl、helm 等客户端访问 Kubernetes，在 Kubernetes 命名空间内部署应用，管理 Kubernetes 资源。

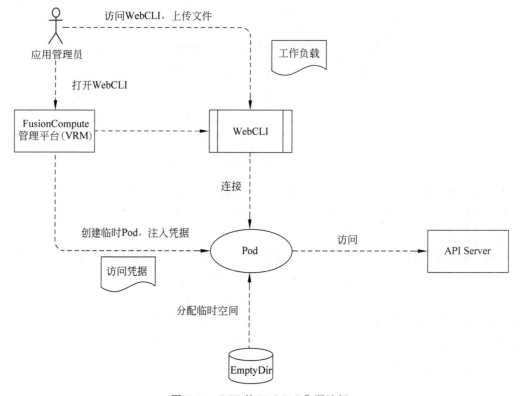

图 7-30　ECE 的 WebCLI 集群访问

7.4.2　应用管理实践

　　DCS 的弹性容器引擎 ECE 以应用为中心，内置了应用编排服务，它提供了从应用模板到应用实例的全生命周期可视化管理。通过 ECE，应用模版可以一键部署到多个集群，大大简化了部署复杂应用的过程。如图 7-31 所示，ECE 实现了基于 Helm Chart 应用模板的可视化管理，用户可上传、查看、编辑、导出、删除应用模板，支持历史版本跟踪，提供应用仓库 API，可通过 Helm 命令行查询和拉取应用模板。

　　容器应用管理员可以在自己的项目下上传应用模板、修改应用模板元数据、查看变更历史等，如图 7-32 所示。

　　ECE 提供 Helm Release 应用实例的全生命周期管理，用户可通过可视化界面部署、变

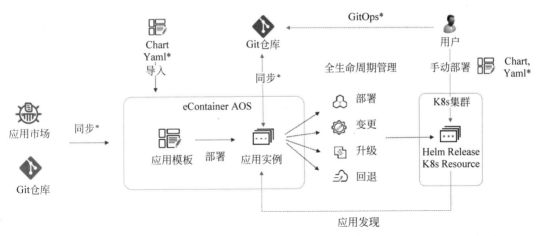

图 7-31　eContainer AOS 应用管理示意图

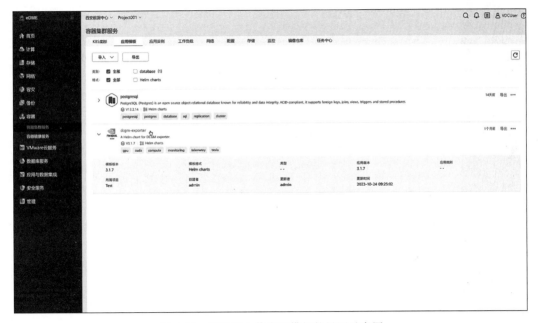

图 7-32　管理员上传应用模板的界面示意图

更、升级、回退应用实例。用户也可通过 Helm 命令行部署、升级、回退应用实例,容器平台可从 Kubernetes 查询 Helm Release,自动发现应用实例变更。

大多数应用都部署在单个 Kubernetes 集群上,但是有时用户可能希望跨不同的集群或项目部署同一个应用的多个副本。ECE 可以跨多个集群部署相同应用,因此可以避免在对每个集群上重复执行相同的操作期间引入的人为错误。使用多集群应用,ECE 可以确保应用在所有项目/集群中具有相同的配置,并能够根据目标项目来覆盖不同的参数。通过 ECE 部署应用的步骤如下。

（1）选择要部署应用的项目。

（2）在模板列表中找到要部署的应用，启动应用部署，如图 7-33 所示。

（3）设置应用实例名、部署参数，如图 7-33 所示。

（4）选择多个集群，及其目标命名空间。

（5）确认信息，提交。

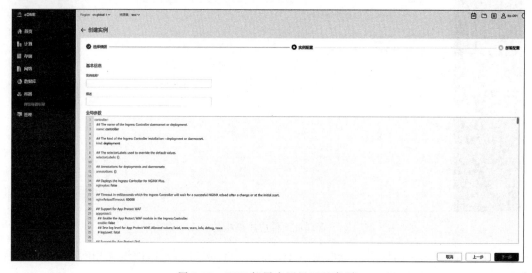

图 7-33　ECE 部署应用界面示意图

7.4.3　镜像管理实践

容器镜像服务在云原生容器平台中扮演着至关重要的角色，它通过提供高效的容器镜像管理和分发机制，支持了应用的开发、部署和运维全周期，使得容器化和云原生应用的构建变得更为简单、可靠和安全。

　　DCS 提供了容器镜像服务(SoftWare Repository For Container,SWR),支持容器镜像全生命周期管理。SWR 提供简单易用、安全可靠的容器镜像管理能力,兼容社区 Registry v2 协议,支持通过可视化、CLI 及原生 API 等多种方式管理容器镜像。如图 7-34 所示,SWR 能够与弹性容器引擎 ECE 无缝集成,帮助客户快速部署容器化应用,打造云原生应用一站式解决方案。

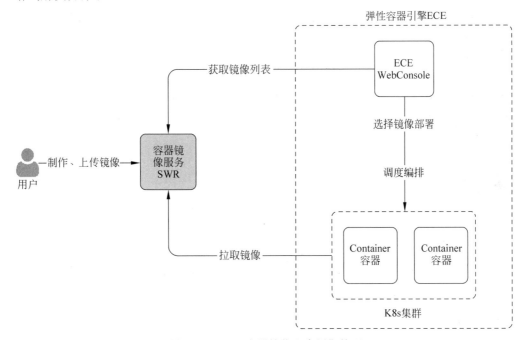

图 7-34　SWR 容器镜像生命周期管理

7.4.4　监控/运维实践

　　容器平台监控在现代云原生架构中扮演着至关重要的角色,可以提供容器、服务和应用实时性能数据,这些数据对于识别瓶颈、进行容量规划和优化资源分配至关重要;通过持续监控,可以及时发现服务中断、性能下降或异常行为,方便快速诊断问题根源;在复杂的容器环境中,自动化的监控和告警机制能够大幅降低人工干预的需求,提高运维效率。

　　DCS 中,弹性容器引擎 ECE 提供了集群、节点、应用、Pod 等多维度的监控,覆盖 CPU、内存、文件读写、网络速率等多个监控指标(如图 7-35 所示),方便用户可以直观地观测到每个 Kubernetes 集群、节点、容器应用及容器本身多个维度的性能数据,随时对应用资源进行合理分配,并及时发现集群、服务的异常状态,协助快速定位异常,极大程度上提升了运维效率。

　　基于多维度的监控数据,用户可以通过 Kubernetes 提供的 HPA(Horizontal Pod Autoscaler,Pod 水平自动扩容)机制,实现对容器应用的自动化水平伸缩,以应对工作负载的变化。HPA 可以增加或减少 Pod 的副本数量,以保证应用的性能和响应能力,同时尽可能高效地使用资源。

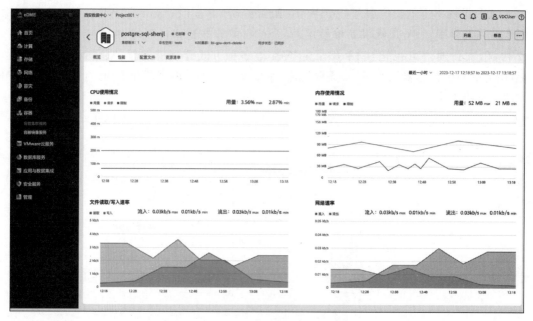

图 7-35　ECE 多维度指标监控示意图

"工欲善其事，必先利其器"，一个完善的监控系统是容器平台构建之初就该考虑的关键要素。监控系统可以贯穿于前端、业务服务端、中间件、应用层、操作系统等，渗透到 IT 系统的各个环节。ECE 监控系统的基本原理如图 7-36 所示。

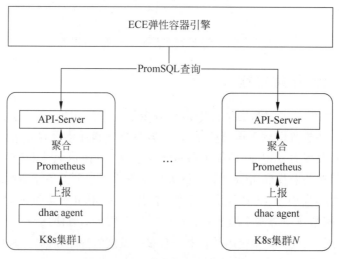

图 7-36　ECE 监控系统基本原理

容器平台的告警能力是维护系统稳定性和响应性的关键部分，它能够帮助开发者及运维团队及时发现并解决问题，确保服务的高可用。在容器编排平台中，告警系统通常与监控系统紧密集成，以提供全面的可观测性解决方案。DCS 中，弹性容器引擎 ECE 结合监控,提供了灵活的告警能力,能够针对集群、节点、命名空间、应用等多个对象,配置多维度的告警策略。如图 7-37 所示,ECE 告警监控涉及如下主要流程。

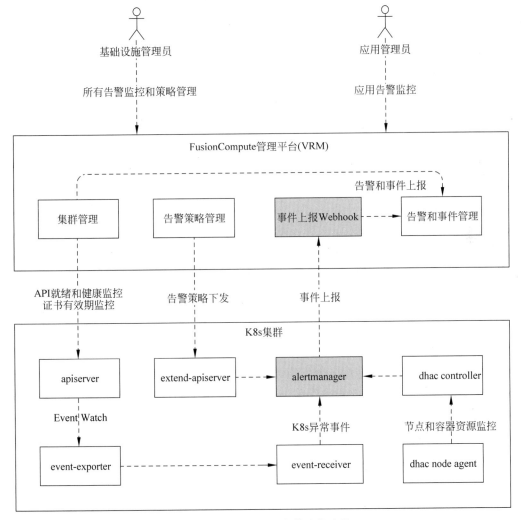

图 7-37　eContainer 告警监控流程

（1）通过 event-exporter 监视 K8s events,通过 event-receiver 筛选异常事件,上报到 alertmanager。

（2）通过 dhac node agent 监视 K8s 节点、Pod 和容器的资源利用率（包括进程、CPU、内存、磁盘空间、磁盘 I/O 利用率、慢盘等）,生成异常事件,上报到 alertmanager。

（3）alertmanager 通过 Webhook 上报事件到管理平台,生成告警或事件。

（4）管理平台监控 K8s API 就绪和健康状态,定期检查证书有效期,发现异常生成告警和事件。

（5）发生告警时,管理平台通过 SNMP Trap、邮件、短信等方式通知系统管理员和用户,对故障进行修复。

需要说明的是,管理员可创建告警静默策略,屏蔽特定集群、节点、工作负载的告警和事件。在接收到管理平台的告警后,可查看其所属项目相关应用和对象关联的告警和事件,对应用异常进行修复。

7.5　云原生未来发展趋势

云原生技术,以其灵活、敏捷的特性,正在逐渐成为企业数字化转型的关键驱动力。容器技术作为云原生生态的核心组成部分,其未来的演进无疑会对整个云原生领域产生深远的影响。本节对云原生的未来发展趋势进行探讨,为读者描绘一个更加丰富多彩的虚拟化世界,也为企业更好地迎接未来挑战提供参考。

7.5.1　服务网格

服务网格(Service Mesh)作为当下云原生领域发展的重点,以透明的方式为微服务架构提供了服务发现、负载均衡、故障恢复、度量收集与监控以及安全控制等功能。随着微服务架构的广泛采用,服务网格在企业中得到快速发展,服务网格技术将进一步向前发展,提供更加便捷、丰富和细粒度的控制能力。例如,更细致的安全策略、流量管理以及服务间通信的可观测性将成为服务网格的标准功能。

当前,以 Istio、Linkerd 等作为服务网格领域的代表性技术和产品,为广大开发者提供了开箱即用的微服务治理能力,但是也引入了操作复杂性、性能损耗、安全及可观测性等问题。未来服务网格将从简化部署和管理、减少延迟、提供吞吐量及优化资源利用、强化服务间的加密通信、细粒度访问控制和安全策略的自动化管理、提供更细粒度和更高级的监控与可观测性功能等多个维度向前发展,为企业带来更加灵活、丰富、安全的服务治理能力。

7.5.2　无服务器计算

从关注度来看,Kubernetes 技术的搜索趋势经历过了高峰期,正逐渐进入商业成熟期,而无服务器计算(Serverless)搜索的趋势正在逐步上升,意味着这种技术正在被越来越多的人关注。Serverless 泛指无服务器的模式,它可能基于容器,也可能基于 WASM 等新技术,为用户提供一种相比于自己维护容器集群来说,更简单、更轻量的业务发放模式。如第 1 章述说,虚拟化、容器和 Serverless 各有所长,将会共同存在很长一段时期,并应对不同的业务场景。很多客户甚至希望在同一个平台中将业务从虚拟化转型到容器,再到 Serverless,并能利用到平台提供的先进的工具以提高生产力。因此,云原生的平台如何无缝地、同时提供这几种底座并无缝结合生产力工具(如 DevOps 等)将是未来云厂商争夺的焦点。华为的 StratoVirt 引擎技术,尝试将虚拟化、容器、Serverless 统一起来,进行资源统一管控,使用户更方便地在同一套环境中根据不同的业务属性使用不同的平台技术,从而更平滑地应对平台技术的变更。

7.5.3　云边协同

随着物联网(IoT)和 5G 技术的发展,边缘计算越来越受到重视,云原生技术将与边缘计算相结合,使开发者能够更有效地在边缘环境中部署和管理应用,Kubernetes 等工具的拓展将支持边缘计算的特殊需求,如低延时、海量地理位置分布和资源限制的管理。

未来将看到更多的用户业务运行在边缘。这些业务需要从中心侧进行统一的纳管,进行统一的业务发放、监控运维、应用的生命周期管理等。因此,云上数据中心如何和边缘进行协同将是一个重要的课题。

7.5.4　虚拟机/容器/Serverless 统一管理平台

当前的虚拟化平台有仅支持虚拟机的,有仅支持容器的,也有支持虚拟机和容器双栈的,如 VMware 和华为 DCS。它们于 Serverless 的支持多基于容器能力之上,是典型的分层构筑模式。对所有虚拟化对象的统一管理有助于统一分配资源,有利于资源管理,消除资源碎片化。因此,三合一统一管理平台也是云原生未来发展的一个方向。简单地说,三合一统一管理平台提供一个 QUME 层次的虚拟化软件,既能发放虚机,又能发放容器,也能发放基于容器的 Serverless 单元,减少了软件栈的分层和深度,使上层应用平台只需做运营运维管理方面的事情,从而降低了工作量和出错概率。

7.6　小结

本章首先简要介绍了容器与云原生的概念、演进过程和应用场景,阐述了容器平台的通用架构和关键技术;接着,以华为 DCS 的容器平台 eContainer 为例,介绍容器平台是如何实现多集群管理、应用管理、镜像管理以及监控与运维的,为容器技术的落地提供了实用的指导;最后,描述了云原生技术的未来发展趋势。

随着容器与云原生技术的不断成熟和生态的发展,企业正越来越多地采用基于容器和云原生的虚拟化解决方案,以应对快速变化的市场需求并提高软件交付的效率及质量。可以预见,容器与云原生技术将继续演化,推动软件开发和运维领域向着更高的自动化、更强的灵活性和更大的规模效益发展。

AI 算力池化技术

前面章节分别从计算、存储和网络虚拟化及硬件基础设施角度阐述了人工智能时代需要的关键技术。本章将从 AI 算力池化角度探讨算力基础设施如何支撑千亿参数规模的大模型训练和推理任务。ChatGPT 的问世标志着人工智能进入大模型时代,开启了发展的新纪元。一时间各种大模型如雨后春笋般不断涌现,相关的各类 AI 应用深刻地影响着人类的生产和生活。在大模型层出不穷的背后,以 GPU 为代表的智能硬件算力扮演着算力底座的重要角色。作为大模型训练和推理的基石,智能硬件算力是构建多要素融合新型信息基础设施的关键,已成为推动数字经济高质量发展的核心引擎,因此智能算力基础设施建设也迎来了发展高潮。

然而,当前现有的硬件算力难以满足如此庞大规模的大模型训练和推理业务需求,且现有 GPU 的资源利用率较低,大量算力资源的浪费进一步加剧了可用算力资源的紧缺。在此背景下,AI 算力池化技术作为一种行之有效的提升资源利用率手段,逐渐受到产业界的广泛关注和重视,并获得了长足的发展。

8.1 节对 AI 算力及硬件架构进行了简要的概述;8.2 节概述大模型时代的算力困境,包括算力的基本概念、大模型对算力的需求以及目前算力资源面临的挑战;8.3 节对 AI 算力池化的特性和演进做简要的介绍;8.4 节对 AI 算力池化技术进行深入剖析,介绍了典型的算力池化架构以及关键的池化技术;8.5 节介绍 AI 算力池化技术的一些实践案例,帮助读者更直观地了解 AI 算力池化的价值。

8.1 AI 算力及硬件架构

8.1.1 算力基本概念

在当前数字经济蓬勃发展的时代背景下,智慧城市、智慧医疗、智慧交通、智慧家庭等多元化的智能场景正逐步迈向成熟阶段。这一发展进程催生了诸多 AI 应用,它们正在为我们带来前所未有的变革与机遇。据 IDC 公布的《数据时代 2025》显示,从 2016 年到 2025 年全球总数据量将会增长 10 倍,达到惊人的 163ZB 规模。这些海量的数据蕴藏着巨大的价值,如何高效地存储、处理和分析海量数据,不仅关乎数据资源的有效利用,更已成为推动数字经济发展的关键驱动力。

在驱动数据处理与价值挖掘的进程中,算力(Computing Power)无疑是至关重要的核心动力引擎,发挥着不可或缺的作用。算力是指计算设备执行各种运算和数据处理的能力,反映了一个计算系统的整体计算性能水平。衡量计算系统算力的一个重要指标是每秒浮点运算次数(Floating Point Operations Per Second,FLOPS),FLOPS越高,表明计算系统每秒可执行的浮点运算越多,处理数据的能力就越强。

一个计算系统的算力由计算单元的数量、运行频率、架构设计、并行能力等多种因素决定。根据硬件架构的不同,算力可分为 CPU 算力、GPU 算力、TPU 算力、FPGA 算力、ASIC 算力等。不同架构的算力硬件擅长处理的数据和数据处理模式呈现出明显的差异。如表 8-1 所示,根据其所擅长的计算任务,算力又可细分为基础算力、智能算力和超算算力三大类别。基础算力主要基于 CPU 芯片的服务器提供基础通用计算所需的能力。智能算力则专注于人工智能计算,主要是基于 GPU、NPU、FPGA、ASIC 等芯片组成的加速计算平台提供人工智能训练和推理的计算能力。而超算算力则致力于科学工程计算,主要是基于众核处理器为超级计算机等高性能计算集群所提供的庞大计算能力,从而满足复杂科学任务的求解,此外也集成 GPU 加速卡从而满足部分高性能计算和深度学习计算的需求。基础算力、智能算力和超算算力共同构成了满足不同计算需求的完整算力体系。

表 8-1　不同算力的硬件架构及典型芯片

算 力 类 型	适合的计算领域	运 算 模 式	典型硬件芯片
基础算力	基础通用计算	高性能串行运算	CPU
智能算力	人工智能计算	密集型数据并行	GPU、NPU、TPU、FPGA
超算算力	高性能科学运算	大规模子任务并行	众核 CPU 处理器+GPU 加速卡

8.1.2　AI算力硬件架构

随着人工智能技术在过去十年的飞速发展,其对高性能智能计算加速能力的需求与日俱增,这一趋势也强烈刺激和推动了面向人工智能任务加速的专用加速硬件的创新和发展。其中以 GPU、NPU 为代表的新型智能算力硬件的崛起尤为引人注目,它们为人工智能计算提供了强大的算力支持,进一步推动了人工智能技术的深入发展和广泛应用。下面以 GPU 和 NPU 为代表对 AI 智能算力硬件的架构进行简要阐述。

1. GPU 芯片架构

英伟达在 GPU 架构的发展历程中,推出了多代产品,通过不断优化和技术创新来满足日益增长的 AI 算力需求。作为当前最新一代的 GPU 硬件,H100 GPU 采用 Hopper 架构,该架构整体上可以视为由两组对称结构拼接而成。

图 8-1 是 Hopper 架构的芯片布局图,Hopper 架构 GPU 由 8 个图形处理集群(Graphics Processing Cluster,GPC)并排"拼接"组成。GPC 与外周的 6 组新型高带宽内存(High Bandwidth Memory 3,HBM3)依靠 Chiplet 技术封装在一起,形成整个芯片模组。片上的每个 GPC 又由 9 个纹理处理集群(Texture Processor Cluster,TPC)"拼接"组成,每个 TPC 由两个流式多处理器(Streaming Multiprocessor,SM)组成,用以并行执行多个计算任务。由 PCIE5 或 SMX 接口进入的计算任务,通过带有多实例 GPU(Multi-Instance GPU,MIG)控制的 GigaThread 引擎分配给各个 GPC。GPC 之间通过位于中间区域的 L2

缓存共享数据，并通过 NVLink 与其他 GPU 连接并交换数据。

图 8-1　NVIDIA H100 GPU 芯片 Hopper 架构

相比于上一代 Ampere 架构的 A100 GPU，Hopper 架构的 H100 GPU 的计算性能提高了大约 6 倍。性能大幅提升的关键原因在于 Hopper 架构引入 FP8 后的张量核心和针对 NLP 任务的 Transformer 引擎，特别是张量内存加速器（Tensor Memory Accelerator，TMA）技术减少了流式多处理器单元在数据复制时的冗余操作，从而大幅提升了 GPU 芯片的整体性能。

2. NPU 芯片架构

图 8-2 是华为昇腾 NPU 的达芬奇架构，其内部主要包括多类型数据计算模块、层次化片上存储及其对应的 load/store unit、指令管理单元等组件。达芬奇架构的一个核心特点是可扩展性，根据所需计算资源的不同可以将达芬奇架构的 NPU 芯片分为 DaVinci-tiny、DaVinci-mini、DaVinci-lite、DaVinci、DaVinci-max，覆盖了从可穿戴设备到云上大算力设备的全部应用场景。昇腾 910 卡可以归类于 DaVinci-max 架构，昇腾 310 卡则属于 DaVinci-mini 架构。

计算模块是达芬奇架构中的特色模块，包含了 Scalar、1D、2D、3D 等四种计算单元，分别用于处理不同的数据结构和神经网络模型。

（1）Scalar Unit 可以类比于传统 RISC 核，适合进行通用且灵活的标量计算。

（2）1D Vector Unit 可类比于 SIMD 指令，这种 Unit 可以完成网络训练和推理中的大部分算子运算，但其缺点是难以利用 DNN 中常见的数据复用性。

（3）2D Vector Unit 能比较好地克服 Vector Unit 的缺点，在数据复用上有一定提升，常用于通用矩阵的矩阵乘法 GEMM。

（4）3D Cube Unit 矩阵计算单元则专为 DNN 设计，可以达到更高的数据复用效率，有效缓解 DNN 应用中提供计算吞吐率时存储带宽受限的问题。

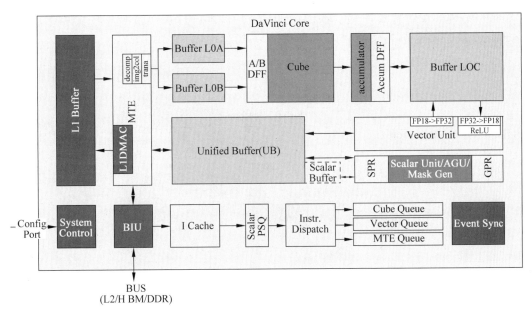

图 8-2　昇腾 NPU 芯片达芬奇架构

8.2　AI 大模型时代算力困境

8.2.1　大模型对 AI 算力的需求

近年来,大语言模型(Large Language Model,LLM)作为一种基于深度学习的最新自然语言处理范式,凭借其卓越的语言理解、内容生成和推理能力,正在全方位地渗透和革新人类与信息的交互方式。这些大模型不仅能够像人类一样流利地进行对话交流,更能胜任写作、问答、代码生成等多种复杂任务。

之所以被称作大语言模型,主要是由于该类模型在参数量和数据量两个维度达到了前所未有的"大"规模。目前典型的大语言模型通常包含数百亿甚至上千亿个可训练参数,远超早期自然语言处理模型的参数规模。其次,为充分挖掘自然语言中复杂的语义、语境和知识关联,大语言模型需在海量的非结构化文本语料库上进行预训练,从而获取广博的语言知识。正是上述两个"大规模"的原因,导致训练大语言模型对 AI 算力资源的需求也呈现出前所未有的庞大规模。

图 8-3 显示了全球大模型参数量在 2018—2024 年的变化趋势,可以看到不断推出的大模型参数量越来越大,呈现出近乎线性增长的趋势。在 2018 年 6 月,OpenAI 的 GPT-1 模型参数量已达到惊人的 1.17 亿。随后,该模型不断演进,其参数量更是呈现出爆炸式增长,平均每 3～4 个月参数量便实现翻倍,截至 2022 年底,其参数量已超过万亿规模。这种指数级的参数量增长态势,直接推动了训练算力需求的急剧攀升。以 GPT-4 为例,其模型参数量

为 1.8 万亿,训练数据集包含 13 万亿个字符序列 token(s),在如此庞大的数据集上训练 1.8 万亿参数的大模型,需使用 25 000 个 A100 GPU 训练大约 100 天。

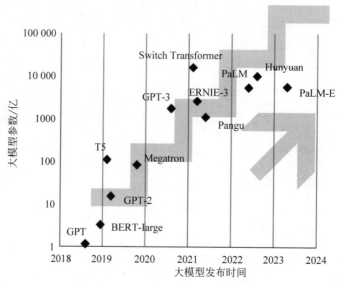

图 8-3　全球大模型参数量变化趋势

大模型热潮的持续高涨推动 AI 产业迅速进入以大模型为技术支撑的 AIGC 时代,巨量训推算力需求让本就供需不平的算力产业结构进一步承压,世界各国逐渐意识到算力作为当今信息时代的核心驱动力,正日益成为影响国家综合实力与经济发展的关键性要素。IDC 发布的《全球计算力指数评估报告 2022—2023》表明,算力指数平均每提高 1 个点,数字经济和 GDP 将分别增长 3.6‰和 1.7‰。

面对算力的供需结构矛盾,各国积极发展算力层基础设施建设。如图 8-4 所示,在算力指数国家排名中,美国和中国分列前两位,同处于领跑者地位,其中美国坐拥全球最多的超大规模数据中心,以 82 分位列国家计算力指数排名第一,中国获得 71 分位列第二。追赶者国家包括日本、德国、新加坡、英国、法国、印度、加拿大、韩国、爱尔兰和澳大利亚等。无论是领跑者国家还是追赶者国家,其算力指数均呈现正增长趋势,由此可见算力基础设施建设已然成为各国高质量发展的战略级方针。

8.2.2　算力资源面临的挑战

尽管世界各国纷纷加大对算力基础设施的建设投入,以期在人工智能角逐中占有一席之地,然而在当前大模型百花齐放的时代,算力资源面临着前所未有的挑战,主要有以下几个维度。

(1) GPU 芯片产能不足。随着各种大模型应用的迅速崛起,AI 硬件需求呈现出爆发式增长的趋势。NVIDIA 作为高性能 GPU 市场的领导者,其产品在 AI 算力市场中占据高达 80% 的份额。然而,由于台积电先进封装产线的产能限制,NVIDIA 高性能 GPU 的出货

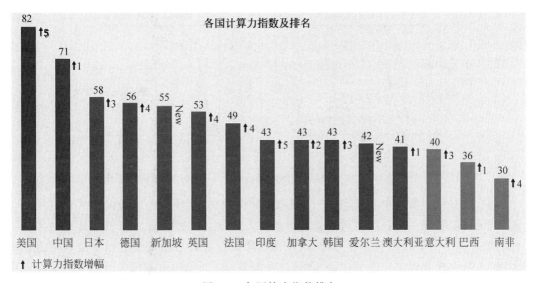

图 8-4　各国算力指数排名

注：数据来源《全球计算力指数评估报告 2022—2023》。

量远不能满足 AIGC 市场需求。

（2）成本昂贵。由于高端 GPU 芯片呈现出供不应求的局面，市场上发售的 GPU 硬件价格也随之暴涨，单张 H100 计算卡的售价高达 26 万元，因此对智算中心的算力基础设施建设带来了沉重的经济负担。GPU 芯片高昂的采购成本不仅增加了企业的运营压力，也限制了智能算力的规模扩张和普及应用。

（3）供应受限。受中美贸易战的影响，中国企业难以获取 Nvidia 最新的高性能 GPU 芯片，而其他国产 GPU 芯片存在性能差、产能低、生态弱等诸多不足，难以完全替代进口芯片。这种供应受限的状况使得中国企业在获取算力方面面临更大的挑战，进一步加剧了算力资源的紧张状况。

（4）资源利用率不高。目前智算中心对于 GPU 的使用方式大多采用传统的独占显卡模式，这种模式对 GPU 资源的分配较为粗放，无法适配不同 AI 任务对 GPU 资源差异化的需求，进而导致 GPU 算力资源整体利用率极低。在实际应用中，许多 AI 任务并不需要整张 GPU 的全部算力，但由于独占式显卡的使用方式，大量的算力资源被闲置浪费。这不仅增加了企业的运营成本，也严重影响了算力资源的有效利用和多任务共享。

在上述的诸多影响 AI 算力基础设施建设的因素中，芯片产能、价格和供应等因素均存在技术上不可抗力，且在短时间内难以解决。而 GPU 资源利用率则是在用户现有的算力设施基础上，影响用户可使用的有效算力，且可以通过软件层面的技术创新有效解决，从而大幅缓解当前算力不足的困境。图 8-5 是字节跳动发布的论文中的 4000 张 GPU 集群算力利用率统计，可以看出有 80% 的 GPU 卡的资源利用率小于 30%。这一结果表明智算中心集群中大量的 GPU 卡资源被闲置或浪费，导致用户智算中心的有效使用的算力规模远低于建设的额定算力规模。

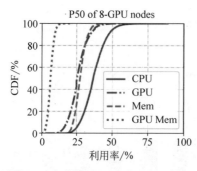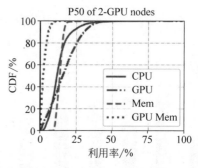

图 8-5　字节跳动 4000 张 GPU 卡集群的算力利用率及累计分布函数的统计曲线

因此，提升用户智算中心现存 GPU 资源的利用效率，实现算力资源的最大化复用和优化调度，无疑能够在一定程度上缓解当前智能算力资源紧缺的状况。AI 算力池化技术作为一种有效提高算力资源利用率的手段，以及其在降低企业算力基础设施投资成本等方面的巨大潜力，获得产业界的广泛关注，并在云计算服务商、AI 解决方案服务商以及传统企业中取得了长足发展，逐渐成为推动 AI 算力基础设施现代化转型的重要技术手段。

8.3　AI 算力池化特性与演进

8.3.1　AI 算力池化特性

AI 算力池化技术是指将众多 AI 硬件计算资源（如 GPU、NPU 等）整合到一个统一的算力资源池中，通过资源虚拟化、节点管理和资源调度等技术手段，高效分配和利用这些算力资源。AI 算力池化技术主要具有以下几个关键特性。

（1）资源集中统一管理。将分散的 AI 加速硬件资源如 GPU、TPU 等集中整合到一个统一的资源池中进行管理，实现资源共享和高效利用。

（2）虚拟化和按需分配。通过虚拟化技术，实现底层硬件算力资源对上层应用透明化。上层 AI 应用只需声明所需算力，就可以从资源池动态获取所需的硬件资源。

（3）智能作业调度。对提交的 AI 任务进行智能调度和负载均衡，将 AI 任务分发到最优的硬件资源上运行，充分利用算力提高整体利用效率。

（4）隔离性和安全性。不同任务运行在逻辑隔离的环境中，互不干扰，从而保证数据安全和模型安全。

8.3.2　AI 算力池化演进

以 GPU 为代表的算力池化技术经历了固定比例虚拟化、任意比例虚拟化、跨节点远程调用和资源统一池化等四个阶段的演变。

（1）固定比例虚拟化。将一张物理 GPU 按照 2 的 n 次方的数值或一些特殊的数值，切分成多个算力和显存固定的虚拟 GPU（Virtual GPU，vGPU），其中切分出的每个 vGPU 的算力和显存完全相同。通过简单虚拟化虽然能一定程度上实现将物理 GPU"一"虚"多"的效果,但是这样"简单粗暴"的 GPU 资源切分方式却带来了很多问题。①灵活性不足:固定比例虚拟化切分出的资源数固定,且每份 GPU 资源的算力和显存不可改变,因此可能无法满足 AI 应用对算力资源的需求。②会造成性能损失:在执行多个 AI 任务时,不同参数量的 AI 任务对算力和显存资源的需求不同,因此会出现不同的 AI 应用对分配的虚拟 vGPU 使用不均衡的情况。例如,用户在虚拟出的各个 vGPU 上分别运行不同的 AI 任务,由于各个 AI 模型的参数量不同,因此对算力和显存的需求存在差异,往往出现参数较小的模型无法充分使用分配的 vGPU 资源,造成算力和显存资源的浪费,而参数规模较大的模型却存在分配的 vGPU 不够甚至无法运行的情况。

(2) 任意比例虚拟化。是指将一张物理 GPU 在算力和显存两个维度按照细粒度进行切分,其与简单虚拟化的最大区别是任意虚拟化的算力切分比例和显存切分粒度可以是用户自定义的任意值,用户甚至可以按照 1% 和 1MB 的粒度对算力和显存进行切分,因此能够根据要运行的 AI 模型对算力和显存的需求,按需进行切分,既保障了对不同规模模型的算力和显存需求,又能有效避免 GPU 资源浪费。此外任意虚拟化也支持资源的动态调整,当分配给 AI 任务的虚拟 vGPU 资源不足时可以动态的获取更多的算力和显存,从而满足 AI 任务的需求。

(3) 跨节点远程调用。是指 AI 应用的部署服务器与实际运行 AI 任务的 GPU 服务器是分离的,通过高性能网络如 RDMA/TCP 远程调用位于远端的 GPU 资源。通过远程调用可以实现上层 AI 业务与底层物理 GPU 的部署分离,一方面可以有效地保障敏感的 AI 应用数据隐私,例如用户将数据敏感的 AI 应用部署在私有云,但调用公有云的 GPU 算力;另一方面可以实现 CPU 服务器和 GPU 服务器的均衡配置,避免因大 I/O 导致 CPU 被占满从而引发 GPU 使用率过低的问题。

(4) 资源统一池化。是指将同构或异构的硬件通过池化技术融合成虚拟的 XPU 资源池,对于用户而言不感知底层的硬件型号、硬件算力以及部署位置等。其关键点在于上层 AI 应用可以根据负载按需调用资源池中的 GPU 资源,甚至可以调用多个节点上的 GPU 资源。在虚拟机或容器创建后,AI 应用仍然可以调整虚拟 vGPU 的大小和数量,从而动态地扩缩算力资源来满足上层应用的负载需求。在 AI 任务停止后,会立即释放算力资源到统一的 GPU 资源池,以便于算力资源的高效流转和充分利用。

8.4　AI 算力池化技术剖析

AI 算力池化技术通过软件层面定义算力,颠覆了原有的 AI 应用直接调用物理 GPU 的架构,通过算力池化技术可以实现上层 AI 应用与底层物理 GPU 的解耦。在实际使用过程中,为了充分发挥算力池化技术的作用,往往还需要和上层资源调度模块协同配合,从而确保虚拟资源池能够被合理地按需分配给上层的 AI 应用,因此通常需要构建一整套完整的池化框架来发挥算力池化技术的价值。

8.4.1　AI算力池化架构

算力池化的整体架构如图 8-6 所示,自底向上分别为异构硬件层、池化能力层、资源调度层、AI 框架层和 AI 应用层。下面对各层进行简要阐述。

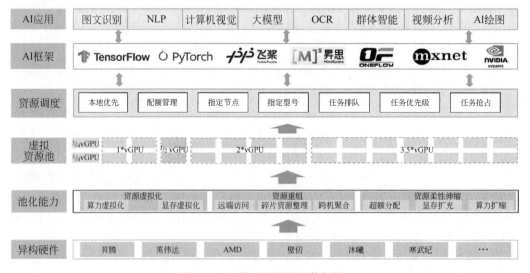

图 8-6　AI算力池化的整体架构

（1）异构硬件层。底层是异构的硬件算力资源,包括 NVIDIA GPU、昇腾 NPU、AMD 的 GPU 以及一些国产厂商如沐曦、壁仞的 GPU 等,用户可以借助算力池化能力将其数据中心的存量异构硬件算力资源进行统一纳管,从而充分利用其现有的硬件算力资源。

（2）池化能力层。池化能力主要由资源虚拟化、资源重整以及资源柔性伸缩等关键技术组成。其中资源虚拟化实现将物理 GPU 资源虚拟成逻辑 vGPU,资源重整实现跨节点 GPU 资源的重新整合,资源柔性伸缩技术则根据上层业务需求按需对 GPU 资源进行扩增和缩减。池化能力将底层的物理 GPU 资源通过软件定义的形式构成统一的虚拟资源池。

（3）资源调度层。资源调度层实现将虚拟的 GPU 资源根据上层应用的需求进行灵活调度,尤其是在算力资源有限的情况下,资源调度能对可用的资源进行合理的分配和管理,并根据用户算力需求和任务负载,动态地分配和调度有限的 GPU 资源,从而提高 GPU 资源整体利用率。

（4）AI 框架层。AI 训练/推理框架如 TensorFlow 和 PyTorch 在 AI 应用和资源调度之间扮演着桥梁和纽带的角色。这些框架不仅简化了 AI 应用的开发过程,还提供了强大的工具来优化和管理计算资源,从而在 AI 应用和资源调度之间建立了紧密的联系。

（5）AI 应用层。顶层是用户侧的各种 AI 应用,包括计算机视觉领域的人脸识别、目标检测等任务,自然语言处理领域的语音识别、音乐生成,以及多模态应用如图文生成、视频合成等。此外也可以是大模型领域的 AI 绘图、数字人等任务,以及科学计算领域的群体智能、类脑算法等。底层的算力基础设施为顶层的各种 AI 应用提供了不可或缺的算力支持。

8.4.2　AI 算力池化关键技术

AI 算力池化主要包括资源虚拟化、资源重组和资源柔性伸缩三个维度的关键技术,其中资源虚拟化负责将底层的硬件资源抽象成虚拟 vGPU,从而为硬件资源的灵活调配和高效利用奠定基础;资源重组负责将异构的 GPU 资源进行统一编排和管理,并根据 AI 业务对算力的需求,合理组合成相应的逻辑算力资源,以满足多样化的算力需求;资源柔性伸缩则聚焦于对算力和显存资源的超额分配和弹性扩缩,确保在面对不同计算负载时,系统能迅速响应并及时调整资源的分配,实现 GPU 资源的精准控制和高效利用。下面将对这三大关键技术进行简要阐述。

1. 资源虚拟化

3.5 节已详细介绍了 GPU 虚拟化从硬件和软件两个维度实现的原理,本节主要对软件层面的资源虚拟化在特性、实现关键点以及优势等方面进行简要介绍。

传统的硬虚拟化技术主要依赖于硬件支持,AI 应用通过访问 GPU 芯片运行时所提供的接口,方能实现对 GPU 运算资源的调用。此种方式下,算力和显存资源完全受制于 GPU 卡的硬件性能,软件层面难以有效介入,从而难以实现对 GPU 资源的敏捷、高效管理。

然而,AI 算力池化技术的出现为 GPU 资源的分配方式带来了根本性的变革。算力池化技术允许从软件层面介入资源的算力和显存供给,进而实现更为便捷的资源管理模式。具体而言,资源虚拟化包括算力资源和显存资源两个维度的虚拟化,通过软件定义的虚拟化手段,可实现将物理 GPU 资源按照算力和显存两个维度进行细粒度的抽象,其中算力能够按照物理 GPU 硬件算力的 1% 为最小粒度进行资源切分,而显存则能以 1MB 为粒度进行资源切分。如图 8-7 所示,资源虚拟化使得上层 AI 应用不再以整张物理 GPU 为单位进行资源的申请和使用,而是以切分出的逻辑上的虚拟 vGPU 为单位,从而实现单张物理 GPU 支撑多个上层 AI 应用的高并发需求,有效地提高了 GPU 资源整体利用率。

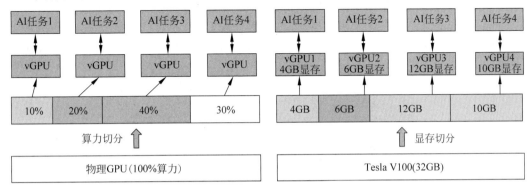

图 8-7　资源细粒度切分示意图

软件定义的资源虚拟化主要通过 API 劫持和应用程序监视器两种技术手段来实现。下面对两种技术进行简要阐述。

1) API 劫持技术

API 劫持技术是目前实现 GPU 资源虚拟化的常用技术手段,它通过劫持对 Runtime API(例如 CUDA API)的调用来实现对 GPU 资源的软件层面的定义和切分,如图 8-8 所示。要实现 API 劫持技术,需要对原生的 Runtime API 进行一定的定制化,从而构建出池化 Runtime,其中池化 Runtime 对上层应用提供的 API 接口完全等同于原生的 Runtime,因此对于上层的 AI 应用来说是透明的。当 AI 任务访问 Runtime 的 API 时,会被池化 Runtime 转发到池化服务代理中进行执行,池化服务代理具备敏捷高效的资源管理能力,例如算力切分、显存细粒度控制以及实现跨节点的远程调用等。

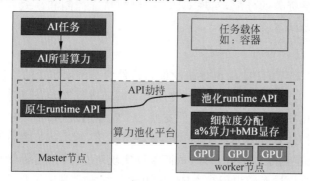

图 8-8　API 劫持技术原理

API 劫持技术的关键在于池化 Runtime 能够高度仿真 GPU 芯片的原生 Runtime。然而由于 GPU 芯片的种类和型号众多,且原生 Runtime 更新和升级活跃,一旦原生 Runtime 更新会导致仿真的池化 Runtime 失效。因此,原生 Runtime API 的仿真工作开发量巨大,且维护难度大。

2) 应用程序监视器技术

应用程序监视器技术不同于 API 劫持技术要仿真 GPU 硬件的原生 Runtime,是一种与 GPU 芯片无关的设备虚拟化和远程调用方法。该技术是通过应用程序监视器工作,其与 Hypervisor 管理虚拟机的方法类似,分为前端监视器和后端监视器,如图 8-9 所示。前端监视器指定 AI 应用的活动,拦截到后端监视器后,后端可以按照 AI 应用申请的 GPU 资

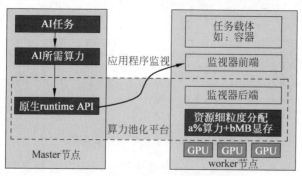

图 8-9　应用程序监视器技术图解

源进行资源分配,或者将 AI 应用程序拆分到多台设备的多张 GPU 卡上运行,从而实现对 GPU 资源的细粒度管理以及远程调用 GPU 资源。

与 API 劫持技术直接介入 AI 应用访问资源流程的方式不同,应用程序监视器不介入 AI 应用访问资源的流程,而是通过更底层的系统调用来广泛支持更多种类、型号的硬件和新的 Runtime 功能,其实现方式与特定的 Runtime API(如 CUDA)无关,具备更加强大的通用性和兼容性。

不论采用哪种技术手段实现软件定义资源,在对算力和显存资源进行细粒度分配时,需要考虑以下几个关键点。

(1) 资源分配策略:需明确如何在物理 GPU 资源和多个 vGPU 实例之间进行合理的资源划分,从而既能充分利用硬件资源,又能最大限度地满足多个不同 vGPU 实例对物理 GPU 资源的需求。

(2) 性能隔离:在对资源进行细粒度切分后,每个 vGPU 实例均应分配独立的计算和显存资源,且做到相互隔离,避免不同 vGPU 在执行 AI 任务时对其他 vGPU 上运行的任务产生性能影响。

(3) 故障隔离:单个 vGPU 在发生故障时需要能隔离故障影响,避免单个 vGPU 故障扩散到其他 vGPU 实例。

相比于传统的独占显卡的使用方式,对 GPU 硬件的算力和显存资源进行细粒度定义出多个虚拟 vGPU 实例,再分配给上层 AI 应用的 GPU 资源使用方式具有如下优势。

(1) 提高资源利用率:通过对算力和显存进行细粒度划分,可以避免资源的闲置浪费,将硬件资源按需分配给不同的工作负载,从而充分利用昂贵的 GPU 硬件。

(2) 降低运营成本:细粒度切分增强了资源调度的灵活性,支持资源动态调整以满足不同应用的需求变化,实现资源的按需分配和收回,提高资源使用效率,从而降低企业对 GPU 硬件的采购成本。

(3) 有效的资源隔离:通过对物理 GPU 硬件虚拟成多个 vGPU,每个 vGPU 实例都拥有独立的计算单元和显存空间,因此在各自执行 AI 任务时能做到资源隔离、互不干扰,进而确保不同工作负载之间的安全性和高性能,也大幅增强系统的容错能力和高可用性。

2. 资源重组

资源重组是指将异构的 GPU 资源进行统一编排和管理,重新组合成可扩展的虚拟 vGPU 资源。这些 vGPU 资源不仅支持本地访问,更重要的是能够通过高性能互联网络实现远端访问 GPU 和跨机器的资源聚合能力,以及碎片化的资源整理。下面将简要介绍远端访问 GPU、碎片资源整合、跨机资源聚合技术。

1) 远端访问 GPU

远端访问 GPU 技术允许计算节点通过高速以太网、IB、RDMA 等互联网络远程直接访问数据中心内的 GPU 资源池,如图 8-10 所示。无论计算节点是虚拟机、裸机还是容器,都可以从资源池请求所需的 vGPU 实例,并像访问本地 GPU 一样透明地使用其算力资源,极大拓展了 GPU 加速应用的覆盖范围。远端访问 GPU 技术，实现了上层应用与物理 GPU 资源的解耦，使得用户在缺乏物理 GPU 服务器的环境上也能使用 GPU 资源运行各种各样的 AI 应用。此外，传统的本地直接访问 GPU 的使用方式常受限于本地硬件的配置与性能，难以满足业务侧对 GPU 资源的多元化需求。远程调用 GPU 能够实现跨越地域和硬件的界限，使用户无论身处何地都能便捷高效地访问和利用 GPU 资源。

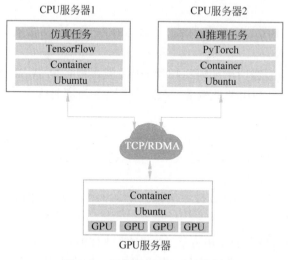

图 8-10　远程访问 GPU 示意图

远程访问 GPU 需要借助远程过程调用（Remote Procedure Call，RPC）框架实现。具体而言，两台服务器 A 和 B，上层应用部署在 B 服务器上，想要调用 A 服务器上应用提供的函数或方法，由于 A 和 B 服务器上的应用不在同一个内存空间，因此不能直接调用，需要通过网络来表达调用的语义和传达调用的数据。常见的 RPC 框架主要有 gRPC、bRPC 等。RPC 框架的典型架构图如图 8-11 所示。

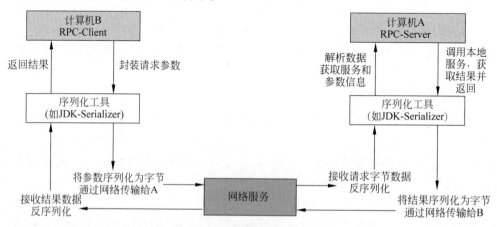

图 8-11　RPC 框架的典型架构图

RPC 框架主要包含序列化工具和网络服务，主要解决以下三个关键问题。

（1）Call ID 映射。

在本地调用中,函数体是直接通过函数指针来指定的,调用 FunA,编译器就自动帮我们调用它相应的函数指针。但是在远程调用中,由于两个进程的地址空间是完全不一样的,因此无法使用函数指针来实现函数体指定。所以,在 RPC 中所有的函数都必须有自己的一个 ID,这个 ID 在所有进程中都是唯一确定的。如图 8-12 所示,客户端 Client 在做远程过程调用时,必须附上这个 ID。然后我们还需要在客户端和服务端 Server 分别维护一个{函数<->Call ID}的对应表。两者的表不需要完全相同,但相同的函数对应的 Call ID 必须相同。当客户端需要进行远程调用时,客户端需要查寻这个 ID 映射表,找出相应的 Call ID,然后把它传给服务端,服务端也通过查映射表,来确定客户端需要调用的函数,然后执行相应函数的代码。

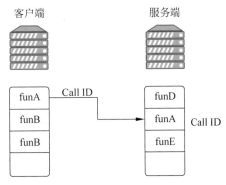

图 8-12　客户端和服务端的 Call ID 映射关系示意图

（2）序列化和反序列化。

在进行远程调用时,客户端需要把参数传递给远端的函数,但由于客户端跟服务端是不同的进程,不能通过内存来传递参数。就需要客户端把参数先转成一个字节流(编码),传给服务端后,再把字节流转成自己能读取的格式(解码)。这个过程叫序列化和反序列化。同理,从服务端返回的值也需要序列化反序列化的过程。对参数进行序列化,一方面可以用字节流的形式进行高效的网络传输,另一方面可以是实现跨平台、跨语言的传输。

（3）网络传输协议。

远程调用 GPU 通过网络实现跨节点的资源调用,客户端和服务端是通过网络连接的。所有的数据都需要通过网络传输,因此就需要有一个网络传输层。网络传输层需要把 Call ID 和序列化后的参数字节流传给服务端,然后再把序列化后的调用结果传回客户端。只要能完成这上述字节流和调用结果传递过程的协议,都可以作为传输层使用。因此,它所使用的协议没有具体的限制。尽管大部分 RPC 框架都使用 TCP,但 UDP 和 RDMA 协议也均能用于 RPC 框架。

通过远程调用,用户即使在缺乏训练条件的 CPU 服务器上,也能迅速、便捷地调用多个 GPU 卡资源,完成模型训练或推理任务。此外,远程调用 GPU 还支持多任务并行处理,多个用户可同时访问和使用同一台服务器上的 GPU 资源,从而实现 GPU 资源的共享与高效利用。为了确保数据在跨节点传输过程中的稳定性和安全性,访问远端 GPU 时通常会基于特定的协议和接口设置,可以选择执行如下操作。

（1）统一 API 接口:制定统一的 API 接口标准,规范远程 GPU 访问的调用方式、参数传递、返回值等。可以提高不同系统之间的互操作性,降低由于接口不兼容导致的不稳定情况。

（2）传输数据加密:在传输模型参数、命令数据和其他敏感数据时,使用加密技术如 SSL/TLS、AES 等进行加密。这可以防止数据在传输过程中被窃取或篡改。

（3）可靠传输协议：采用基于 TCP 的可靠传输协议，如 RDP、VNC 等，可以保证数据的完整传输，有效避免数据丢包。这些协议通常内置了数据重传、错误检测和纠正机制。

（4）网络优化：在访问远端 GPU 时，网络带宽是影响性能的最主要因素，因此可以采用专用网络线路、提高网络带宽等技术保障 GPU 流量传输的速率，减少网络阻塞，提升远端访问 GPU 的性能。

（5）会话认证和授权控制：通过对访问端用户执行严格的认证和访问控制机制，只允许授权白名单中的用户通过网络访问远端指定的 GPU 资源，可以防止非法访问。

远端调用 GPU 虽然能够有效地跨节点实现 GPU 资源的共享和复用，但也存在一些明显的缺点和挑战。

（1）网络延迟和带宽影响。远程调用 GPU 需要通过网络将数据传输到 GPU 服务器端，因此会受到网络延迟和带宽的限制。高延迟会降低 GPU 的实际计算效率，而网络带宽不足则会成为数据传输的瓶颈，影响 GPU 的整体吞吐量。

（2）数据传输开销。将待处理数据从客户端传输到 GPU 服务器端本身就需要额外的开销。对于数据密集型应用场景（如视频处理），这部分网络开销可能会抵消远程 GPU 加速的性能收益。数据压缩等技术可以缓解但无法从根本上解决这个问题。

（3）GPU 利用率下降。由于网络传输延迟，同时访问的客户端越多，单个客户端能获得的 GPU 利用率就越低。当大量小规模任务同时提交时，这种情况下 GPU 利用率下降问题会更加严重，导致 GPU 资源的浪费。

（4）安全性和隔离性挑战。远程 GPU 调用可能会涉及跨网络传输敏感数据，因此需要有足够的安全保障措施。

综上所述，远端访问 GPU 能够为用户按需提供共享 GPU 算力的能力，但其性能、安全性、复杂度等缺陷仍有待进一步改善。对于一些延迟和吞吐量敏感的应用场景，本地 GPU 模式仍是更合适的选择。

2）碎片资源整合

所谓碎片资源，主要是指由于负载波动、资源分配不均导致在 GPU 集群内分布大量闲置且规模较小的 GPU 资源，这些资源呈现碎片化、规模小、数量大的特点，无法被高效利用。碎片资源整合是指通过任务迁移将分布在多个 GPU 上的 AI 任务合理地迁移到尚存空闲资源的 GPU 上，从而实现将碎片化的资源整合成完整的空闲资源。如图 8-13 所示，通过任务迁移可以 GPU1 和 GPU2 上运行的任务迁移到 GPU0 上，从而避免各卡的算力碎片，且实现 GPU1 和 GPU2 为其他应用提供算力，从而有效地提升碎片化资源的利用率。

通过对碎片化的算力资源进行整合，可以提供以下几点优势。

（1）减少资源闲置：通过将碎片化资源动态整合，充分挖掘闲置资源的潜力，避免资源的浪费，提升 GPU 节点整体算力利用率。

（2）支撑更多业务：将碎片化算力合并后的资源池可以根据需求灵活拆分、组合。并能将分散在多个 GPU 卡上的 AI 任务迁移到单张卡上运行，从而将其余 GPU 卡资源空闲出来为其他资源占用更多的业务调用，进而支撑更多的业务。

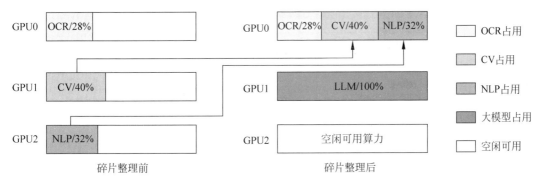

图 8-13 碎片资源整合示意图

（3）降低整体功耗：通过碎片化资源整合，可将 AI 任务聚集到部分 GPU 卡上运行，空闲出的 GPU 卡在低功耗模式运行，避免了节点上所有 GPU 卡都在满功率运行，有效降低了整体功耗。

但碎片资源整合也面临一些挑战，主要是异构的算力资源需要构建一个统一的资源抽象和资源编排模型；此外跨节点的碎片算力聚合需要解决网络通信、数据共享、一致性保证等诸多技术难题；需要合理的碎片算力的调度和资源分配策略，从而平衡不同节点上 GPU 的资源利用和 AI 应用需求。

3）跨机资源聚合

在训练参数量规模较小的模型时，通常单节点上的 GPU 资源便能满足模型的训练算力需求。但面对参数量超过千亿规模的大模型，单节点算力远远不够，因此需要将多个集群的算力资源聚合起来，共同支撑大模型训练。为了并行使用多机资源，传统的做法常采用多机多卡的分布式训练方式进行。但分布式训练由于复杂的配置规则以及跨机梯度参数更新传递方式延迟，导致 GPU 算力资源的利用率很低。此外，在大规模集群模式下，运行的任务时长不同，进而会导致 GPU 资源的碎片化。

如图 8-14 所示，GPU 资源聚合可以将多个独立的 GPU 资源通过特定的技术手段和管理策略，整合成一个统一的、可扩展的虚拟算力资源池，以满足不同计算任务的需求。它的核心思想是实现资源的共享和协同工作。通过将多个 GPU 设备连接在一起，形成一个统一的计算资源池，可以根据任务的需求动态地分配 GPU 资源。这种聚合方式不仅可以提高资源的利用率，还可以实现资源的灵活扩展，满足不同规模的计算需求。

GPU 资源聚合能够突破单节点 GPU 卡的资源上限，提供跨节点的单机多卡能力，并能简化分布式训练的环境部署，缩短训练周期，有效地提升模型训练的效率。其次，它提高了资源的利用率。通过将多个 GPU 设备聚合在一起，可以充分利用每个设备的计算能力，避免资源的闲置和浪费。此外，它实现了资源的灵活扩展。当计算需求增加时，可以通过增加 GPU 设备的数量来扩展计算资源池，满足更大规模的计算任务。

但在 GPU 资源聚合的过程中，需要考虑到硬件层面的连接和通信，以及软件层面的管理和调度等多方面因素。首先是硬件层面的连接和通信，GPU 设备之间需要通过高速的网络连接，并使用专用的通信接口进行数据传输和同步操作，以确保计算任务能够正确执行。

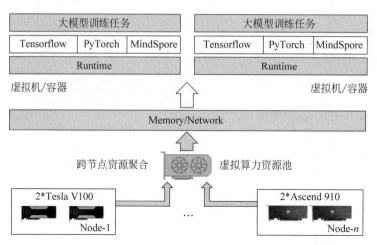

图 8-14 跨机资源聚合示意图

在软件层面的管理和调度方面,需要设计合理的资源管理机制和调度算法,根据任务的优先级、资源的使用情况等因素,动态地分配 GPU 资源,避免资源的浪费和冲突。

3. 资源柔性伸缩

在当今数字化浪潮汹涌的时代,面对复杂多变的业务需求和多样性的工作负载,算力资源的柔性伸缩能力显得尤为重要。它赋予了算力系统灵活调配资源的能力,使得有限的硬件资源发挥出最大潜能。通过实现资源灵活柔性伸缩,算力系统能够充分满足各种场景下 AI 应用对底层算力的多样性需求。具体而言,资源柔性伸缩主要体现在算力资源超额分配、显存的按需扩展以及算力动态放缩等几个核心能力上。这些能力的综合运用,使得算力系统能够灵活应对各种复杂多变的挑战,为上层业务的稳定运行提供坚实的 GPU 资源保障。

1）超额分配

超额分配主要是指算力资源超额分配（Over Subscription）,是资源柔性伸缩的一个关键特性。这一技术允许系统虚拟化出超过物理容量的算力资源,从而突破硬件资源的天然限制。例如,通过虚拟化技术和监控调度策略,可以将单张 GPU 卡分割成多个虚拟 GPU（vGPU）,并在这些 vGPU 上并行运行 AI 任务。当某个 vGPU 处于空闲状态时,其他 vGPU 可灵活利用超出其原始分配的算力以加速运算进程。算力超分技术的核心在于对 GPU 硬件资源的深度挖掘与高效利用,通过优化 GPU 任务调度、内存管理以及并行计算等方面,实现算力的显著提升。

超额分配技术常与任务优先级管理协同运作,使得单个 GPU 的算力能够被多个应用所共享。例如,当每个应用均被分配 100% 的算力资源时,若两个业务的运行高峰不重叠,则 GPU 算力可得到充分利用,同时满足各应用对性能的需求。若两个业务的高峰时段相互叠加,则可根据业务的重要性设定不同的优先级,确保高优先级业务能够获得更多的算力支持,从而保障其稳定运行。

超额分配技术的显著特点在于其支持多个 AI 应用共享算力资源。当某一应用无须进行运算时,其闲置的算力可转而提供给其他应用使用,有效避免了算力资源的浪费,并最大化地发挥了每份算力的价值。此外,超额分配还支持设置多个应用在运行时的优先级,确保在突发高优先级任务出现时,能够提供优质的服务质量。

图 8-15 给出了算力超额分配技术的一个应用案例。在该场景中,一张 16GB 显存的 GPU 卡上同时运行着两个 AI 应用,每个应用均被分配了 50% 的算力资源。当其中一项任务(任务 2)处于闲置状态时,另一项任务(任务 1)便能利用原本分配给任务 2 的算力资源,从而确保任务 1 获取充足的算力高效运行。

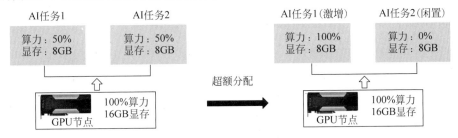

图 8-15　超额分配示意图

尽管资源超额分配技术能显著提升 GPU 运行时的性能,但同时也伴随着一系列挑战与限制。

(1)实现超额分配需要对 GPU 硬件架构和算法原理有深入的理解,因此技术难度相对较高。

(2)资源超额分配可能导致功耗增加和散热问题加剧,需要在实际应用中进行权衡和妥善处理。

(3)资源超额分配的效果受到多种因素的影响,包括任务类型、数据规模以及硬件条件等,因此在实际应用中需要进行充分的测试和验证,以确保其达到预期的效果。

2)显存扩展

显存扩展技术是针对 GPU 显存不足问题而提出的一种解决方案。通过该技术,可以在不增加物理显存容量的前提下,提高 GPU 处理大规模数据的能力。显存扩展技术的思想在 CUDA 中已被采用,NVIDIA 在 CUDA6 版本中引入了一个非常重要的编程模型改进思路——统一内存(Unified Memory),其维护了一个统一的地址空间,在 CPU 与 GPU 中共享,并使用了单一指针进行托管内存,由系统来自动地进行内存迁移。显存拓展技术也利用 CPU 端的内存,通过运行时的任务热切换,向同时运行的多个 AI 应用提供超出物理显存大小的虚拟显存,类似于内存和 SWAP 分区的方式进行显存的扩容。

显存扩展技术适用的场景通常为推理任务,为满足最佳用户体验,模型推理任务通常会将推理模型常驻于显存,并且 24 小时不中断地保持,以便在发起推理任务后拥有最快响应速度。但是这类常驻任务一般算力利用极低,而且潮汐效应明显,使得分配的显存长时间被推理任务占据。

以图 8-16 为例,通过显存扩展技术,池化软件可以调用系统内存补充 GPU 显存,在逻辑上扩大 GPU 显存的承载容量,从而支持多个常驻显存的长尾任务叠加在同一个物理

GPU 上,提高单个 GPU 的承载量,充分利用 GPU 的显存和算力。

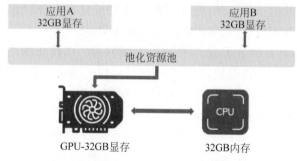

图 8-16　显存扩展示意图

　　显存扩展技术适用于处理大规模数据集或复杂模型的 AI 任务。通过该技术,可以显著减少因显存不足而导致的任务无法运行或性能下降的问题。然而,显存扩展技术也面临着一些挑战,如数据一致性问题、访问延迟问题以及存储设备的性能和可靠性问题等。

　　3）弹性伸缩

　　弹性伸缩技术是 AI 算力池化中的一个关键技术,它可以根据 AI 应用的实际计算需求,动态地调整 GPU 资源的规模和配置,实现资源的灵活利用和高效管理。弹性伸缩技术的核心在于实时感知 AI 任务的计算需求和 GPU 资源的使用情况,并基于这些信息动态地调整资源规模。具体而言,该技术通过监控机制实时收集 GPU 资源的使用数据,包括 GPU 的占用率、内存使用情况、任务队列长度等。同时,结合历史数据和机器学习算法,对未来的计算需求进行预测。基于这些信息和预测结果,资源动态扩缩技术可以自动触发资源的扩展或缩减操作,以适应 AI 任务的实时需求。

　　弹性伸缩技术的实现涉及多方面,包括资源的监控机制、预测机制、自动化调度等。首先,监控机制是实现资源动态扩缩的基础。通过部署监控工具或集成 API 接口,可以实时收集 GPU 资源的使用数据。这些数据不仅包括实时的硬件状态信息,还可以包括任务的执行状态、性能数据等。通过对这些数据的分析,可以准确判断当前资源的利用情况和任务的需求情况。其次,预测机制是实现资源动态扩缩的关键。基于历史数据和机器学习算法,可以对未来的计算需求进行预测。预测模型可以根据任务的类型、规模、历史执行时间等因素,预测未来一段时间内上层业务对 GPU 资源的需求趋势。通过预测机制,可以提前感知到资源需求的变化趋势,为后续的资源调整提供决策依据。最后,自动化调度是实现资源动态扩缩的重要手段。基于监控和预测的结果,自动化调度系统可以自动触发资源的扩展或缩减操作。当预测到计算需求将增加时,调度系统可以自动增加 GPU 设备的数量或提升设备性能,以满足任务的算力需求。相反,当计算需求减少时,调度系统可以自动释放多余的 GPU 资源,降低整体功耗和成本。

　　弹性伸缩技术在实际应用中有很高的价值。如图 8-17 所示,传统的静态绑定方式为每个应用静态绑定一张物理 GPU 卡,然而由于不同任务运行时间不同,必然导致一些执行完毕的任务绑定的 GPU 卡闲置。此外有些 AI 任务在实际运行过程中会随着参数量逐渐变多,静态绑定的 GPU 卡无法支撑任务的运行。因此,以静态绑定方式使用 GPU 会导致资源利用率很低,算力浪费严重。通过动态扩缩技术,可以实现 GPU 资源的动态调用和释放,从而在有限的 GPU 卡情况下,支撑更多 AI 应用对 GPU 算力的需求。并能充分利用 GPU 资源,将空闲的 GPU 卡及时回收,并动态地为资源需求更大的 AI 任务扩展资源,从而有效地提升 GPU 资源利用率。

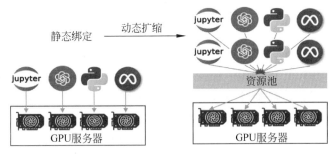

图 8-17　动态扩缩示意图

然而,弹性扩缩技术也面临着一些挑战。首先,资源监控和资源预测机制的准确性直接影响到资源动态扩缩的效果。如果监控数据不准确或预测模型不精确,可能导致资源调整不及时或不合理,从而影响 AI 任务的执行效率和资源利用率。其次,自动化资源调度系统的设计和实现需要考虑到多种因素,如任务的优先级、资源异构性、网络延迟等,以实现高效、可靠的 GPU 资源调度。

8.5　AI 算力池化实践

前面详细介绍了 AI 算力池化的发展、架构和关键技术,本节将结合具体的实践案例进一步阐述 AI 算力池化技术具体如何实施,以及如何帮助企业解决算力资源不足的问题。

以大语言模型为代表的 AIGC 产业的不断成熟和渗透,催生了大量基于大模型的创新应用服务,并在各行业领域不断落地。而训练和推理如此大规模的人工智能模型对于底层硬件算力资源的需求呈现出前所未有的指数级增长态势。在 Algorithm-Hardware Co-Design 的时代背景下,智能算力资源供给的刚性瓶颈日益凸显,业界开始聚焦于智能算力基础设施的现代化转型,越来越多的云计算服务商和相关企业积极投入到 AI 算力池化技术的创新实践中,希望通过该技术的深入应用实现分布式异构算力资源的高效整合和智能编排,充分释放企业存量算力资源潜能,从而在一定程度上缓解当前智能算力资源紧缺的局面。

(1) 谷歌的 TPU 资源池将众多 TPU 芯片虚拟化为可编排的算力,并结合 Kubernetes 编排与 TensorFlow 深度集成,为谷歌公司内部 AI 训练和在线服务提供了强大的算力支撑。然而这种方案天然存在一些缺点。主要体现在:①封闭性与专有化——谷歌的 TPU 资源池高度专有化,只能与其自身的 AI 框架 TensorFlow 和编排系统 Kubernetes 集成,这种封闭性限制了其他框架和系统对 TPU 资源池的访问;②硬件局限性——TPU 作为一种专用硬件加速器,对于一些新兴的 AI 模型和算法,无法提供最佳的硬件加速支持。

（2）英特尔则推出了面向数据中心的分布式 AI 加速平台 AI CloudFabric,旨在提供统一的异构算力池化和资源编排解决方案。该方案支持将多种 AI 加速器,包括英特尔 Habana 系列的 GPU、FPGA、NNP 以及第三方设备,资源池化为可编排的逻辑资源池。尽管该方案提供了资源池化和算力编排能力,但仍存在一些明显的不足:①生态系统限制,目前大多与英特尔自家或部分合作伙伴设备绑定,生态开放程度有限;②动态管理能力弱,目前更多是静态资源池管理,动态调整能力较弱;③供应链依赖,过度依赖英特尔自家供应链,面临一定供应风险。

（3）Run AI 推出了计算管理平台 Atlas software platform,该平台通过汇集可用算力资源,然后根据需要动态分配资源,从而最大限度地提高可访问的计算能力,使得 GPU 和 CPU 集群能够动态地用于不同的深度学习负载。然而,Run AI 的平台在异构资源管理方面存在一些局限性:①只支持特定硬件,主要是常见的 CPU、GPU、和 TPU 硬件,对于一些新兴的 AI 加速器和国产硬件均不支持;②需求单一,主要面向 AI/ML 工作负载,对于一些通用工作负载的支持不足。

（4）华为面向数据中心虚拟化场景推出了 DCS AI 全栈解决方案,该方案支持将数据中心内的 GPU、NPU 等异构 AI 加速硬件资源虚拟化,融合构建为统一的、可灵活调度的算力资源池,实现了对异构算力的统一抽象和编排纳管,为 AI 工作负载灵活地提供按需分配的虚拟算力支持。此外,DCS AI 全栈解决方案引入了开放统一的 openCoDA 框架,使得其在异构硬件支持和生态友好性方面表现卓越,不仅能够整合主流加速器硬件如英伟达 GPU、华为 NPU,同时也可适配多家国产 GPU 硬件,展现了出色的开放兼容能力,并在一些池化关键能力上业界领先。

下面详细介绍 DCS AI 全栈的算力池化能力。

DCS AI 全栈的整体架构图如图 8-18 所示,包括 XPU 算力池化层、智能调度层以及上层的 AI 平台。AI 平台层是一个面向大模型场景的模型引擎 eModelEngine,包括数据使能、模型使能、应用使能三个核心模块,以及底层的资源使能模块。eModelEngine 支持数据集成、数据清洗等数据预处理功能,以及模型训练、模型推理、模型管理等功能。此外通过应用使能模块,用户可以快速构建自己的应用,并对应用进行调测、评估和优化。

资源使能模块则包含调度和 XPU 池化两个关键组件,其中调度组件提供多虚一、一虚多、任务优先级、批调度等资源调度能力。XPU 池化组件向上层各类应用提供虚拟化的算力资源,并借助调度组件实现算力资源和 AI 任务的合理匹配和高效利用。自底向上,XPU 池化模块可以分为异构硬件层、XPU 异构框架、池化控制和虚拟资源运行时模拟。

（1）异构硬件层:DCS AI 全栈的池化能力支持多样化的异构算力硬件。不仅能支持英伟达生态的 GPU 硬件,也能适配华为昇腾 NPU 硬件,此外也支持国产主流的 GPU 厂商生产的硬件,从而能够为客户提供更多样化的硬件算力选择,帮助客户将存量 GPU 硬件和新增的 NPU 或国产 GPU 硬件构建统一的算力资源池。

（2）XPU 异构框架:DCS AI 全栈的池化能力基于 openCoDA 统一算力框架构建。

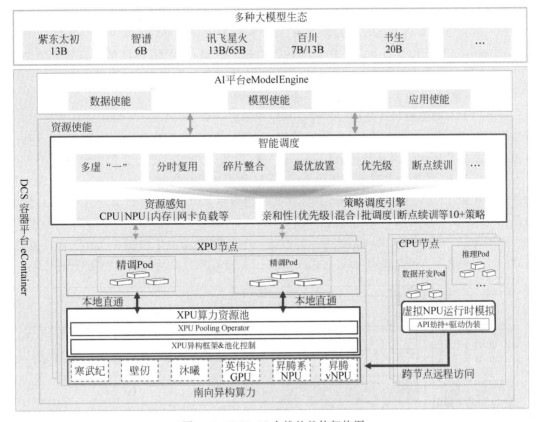

图 8-18　DCS AI 全栈的整体架构图

openCoDA 为各硬件厂商提供一个标准化的算力开源框架,各厂商能基于这一框架适配各自的硬件,从而共同构建一个繁荣的算力开发生态。得益于 XPU 异构框架对各厂商硬件的良好适配,DCS AI 全栈的池化能力得以支持多样算力的共池部署,为用户提供更为灵活、高效的算力服务。

　　(3) 池化控制:池化资源控制和灵活管理的能力主要由 controller 组件提供。池化控制不仅包含对异构算力资源的管理,以及虚拟 vGPU 资源的合理调度分配,还承担 Server 侧与前端界面数据传输的"桥梁"作用。池化控制层为 Server 侧提供注册能力,并收集、汇总、处理来自各 Server 服务器端上报的日志、资源监控等关键数据,并将这些关键的数据存入数据库。此外,池化控制层也为前端界面提供信息展示所需要的数据,从而能在前端界面为用户直观地展示 GPU 资源使用率等信息。

　　(4) 虚拟资源运行时模拟:主要通过驱动伪装和 API 劫持方式来实现。AI 应用在容器内运行的 runtime 并非 GPU 芯片原生的 runtime,基于原生 runtime 做的定制化伪装版本,它模拟了原生 runtime 的接口,对上层应用所提供的伪装 driver 的 API 接口完全等同于原生 runtime,因此对 AI 应用来说是透明的。当 AI 应用访问池化 runtime 的 API 时,API 会被劫持并转发至池化服务代理中执行,池化服务代理具备敏捷化的资源管理功能和跨节点远程调用资源等能力，从而实现了跨节点访问远端 GPU 资源。

针对目前业界算力池化方案生态封闭、硬件实现资源切分复用研发难度大的问题，DCS AI 全栈解决方案率先引入 openCoDA 异构算力统一开放框架，为客户提供在软件层面对 GPU 硬件资源灵活切分的能力，并实现了对英伟达 GPU、昇腾 NPU 以及一些主流国产 GPU 的良好兼容。

openCoDA 的主要目标是制定异构算力资源池统一标准，聚合上下游形成算力生态，并通过开源 XPU 统一框架解决国产 XPU 兼容性问题。目前业界普遍意识到 XPU 资源利用率过低严重阻碍了大模型及各种 AI 应用的发展，但从硬件层面进行资源切分复用的难度大且研发周期长，此外业界没有开源免费的 XPU 利用率提升软件。openCoDA 的出现为各硬件厂商提供了统一的软件切分框架，帮助其快速构建 XPU 资源灵活切分的能力，并帮助用户提高 XPU 资源利用率，降低使用成本。

如图 8-19 所示，openCoDA 的核心组件由统一虚拟化、资源池化和统一 API 三部分组成，共同构成了其资源虚拟化、跨节点远程访问、统一资源池和多样化异构算力兼容等服务。

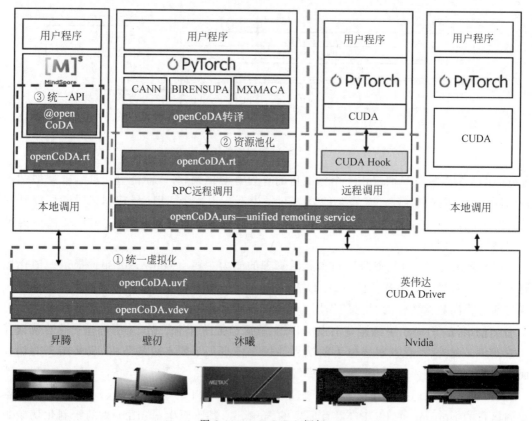

图 8-19　openCoDA 框架

（1）统一虚拟化。主要包括 openCoDA. vdev 和 openCoDA. uvf 两个 API，其中 openCoDA. vdev 将底层的异构硬件资源进行按照算力和显存两个维度进行细粒度的资源虚拟化,形成可调用的逻辑 vdevice。openCoDA.uvf 则实现将虚拟的 vdevice 资源进行统一管理、灵活划分、弹性扩缩、资源聚合以及资源隔离等,从而保证了硬件资源的高效利用和上层业务的稳定性能。UVF(United Virtualization Framework)作为 openCoDA 的核心组件,具备以下特点:①性能开销低,在内核级别管理 GPU 资源的分配和调度,为上层应用提供接近原生性能的虚拟 GPU 性能;②资源隔离强,容器之间的虚拟 GPU 工作负载互不干扰,有效避免上层应用之间的资源争抢,保障了各应用的稳定高效运行;③资源管理灵活,具备 GPU 显存动态划分能力、支持 MB 级划分,支持 GPU 利用率动态划分;④支持功能丰富,同时支持 AI 任务算力加速、视频渲染、超算等 GPU 基本功能。

(2) 资源池化。主要由 openCoDA.urs API、远程调用框架、openCoDA.rt 等组件实现异构算力资源的统一池化。openCoDA.urs API 提供 unified remoting service,实现将虚拟化的硬件资源对接到远程调用框架,openCoDA.urs API 不仅能支持国产 GPU 硬件,也能完美支持英伟达生态的 GPU。远程调用框架主要实现 Call ID 映射、序列化和反序列化以及远程网络协议等,常见的框架包括 bRPC、gRPC 等。openCoDA.rt 是一个函数库,用于管理虚拟 GPU 设备、分配内存、执行和函数等。提供上述三个组件,openCoDA 提供 Pooling-Native 能力,可融入原生池化语义,支持 XPU 跨节点远程访问,无须通过非常规手段(如 API 劫持)便可拥有资源池化能力,降低平台厂商研发难度。

(3) 统一 API。为各家硬件厂商的 XPU 提供标准化接口,向下屏蔽不同 XPU 厂商的硬件差异,向上为模型训练框架如 TensorFlow、Pytorch 提供统一管理接口。从而简单便捷地帮助各硬件厂商的 XPU 接入统一算力框架,为其硬件提供资源软切能力。

凭借在虚拟化领域多年的积累和 openCoDA 框架对异构算力的良好兼容,DCS AI 全栈解决方案在异构算力资源池化上已构筑了多项核心竞争力,不仅具备细粒度的资源软切能力,在资源管理和调度层面也实现了灵活管理和智能调度;此外,也支持英伟达 GPU、昇腾 NPU 和主流国产 GPU 硬件的资源池化和统一管理,为用户提供多样化的算力选择。

8.6 小结

本章首先概括了 AI 算力硬件架构以及大模型时代智能算力面临的需求和挑战,并阐述了 AI 算力池化技术的演进历程及其技术本质。针对 AI 算力池化的典型架构及关键技术进行了系统性介绍,帮助读者理解算力池化技术如何提高 GPU 资源利用率从而缓解当前大模型时代算力短缺的问题。同时,结合谷歌等行业领军企业在算力池化领域的实践经验,以及 DCS AI 全栈解决方案等具体案例,向读者揭示了算力池化技术在企业生产环境中的应用实践及其重要价值。

通过本章内容,读者能够快速了解 AI 算力池化技术的发展脉络,对算力池化架构有一定的认知,了解底层物理 GPU 是如何借助算力池化技术为更多上层应用服务。此外,对资源虚拟化、资源重组、资源弹性伸缩等算力池化关键技术的介绍,有助于读者深入理解算力池化技术的原理和实现途径,以及其提升 GPU 资源利用率的方式。

第 9 章

数据中心的安全和可靠性

本章聚焦于数据中心虚拟化的安全和可靠性。9.1 节概述安全和可靠性的基本能力和特性,9.2 节和 9.3 节分别介绍数据中心虚拟化分层架构上的安全防护以及可靠性关键技术。在安全可信方面,华为把网络安全和隐私保护作为公司最高纲领。本章以 DCS 为例介绍华为数据中心虚拟化在安全和可靠性方面的重要实践,有助于读者深入理解安全和可靠性的实现过程。

9.1 数据中心安全和可靠性概述

随着信息技术的发展和应用层次的深化,业务对整个系统运行安全、运行效率的要求也越来越高,数据中心作为信息系统运行的基础,其安全和可靠性的重要性日益凸显。一旦数据中心出现了问题(如数据丢失、设备故障),将会影响到业务的正常运营,无论从经济效益,还是社会危害等各方面,负面影响都是不容忽视的。因此数据中心的安全和可靠性是其核心竞争力的关键要素,它们共同确保数据中心能够稳定运行并提供高质量的服务。

在过去的一段时间里,数据中心的发展趋势主要是增加物理设备的数量,并将其视为衡量数据中心优劣的重要标准。然而,随着安全攻击的增加,数据中心转而采取部署层层叠加的防护设备策略,深信防护层级的增多能显著提升系统安全性,认为"防御之盾"越厚,安全防线便越坚固。同样,针对单点故障的风险与突发流量的挑战,数据中心又采取了构建庞大设备集群的方法,旨在通过增加节点数量来实现高可用性与负载均衡的优化,希望通过"众志成城"的力量带来更高的系统稳定性和可靠性。

虚拟化对数据中心的构建理念产生了深远影响。网络虚拟化使得网络的物理边界变得模糊,打破了流量必定经过物理设备的传统观念,基于物理设备的封堵查杀变得不再有效。计算虚拟化通过资源共享释放了计算能力,使得数据中心能够处理大量的应用和数据,但同时也带来了更高的可靠性需求。在虚拟化环境下,简单地增加设备数量,已经无法满足业务在虚拟化场景下稳定运行的基本需求,因此数据中心迫切需要适用于虚拟化场景的安全与可靠性技术,以应对不断演进的安全威胁,并为业务提供稳定的运行能力,使其能够与传统的数据中心相媲美。

9.2 数据中心的安全问题

城堡和护城河式的边界防御策略是一种常见的安全防御策略,但是但它存在一些明显的缺点。一旦攻击者通过身份验证,他们就可以遍历网络并访问任何获得授权的资源,因为在这种模型下,内部的访问都是默认可信的。数据中心的安全防御并不局限于边界防御,而是基于"零信任"原则,认为任何用户或设备都可能成为攻击者,包括管理员、使用者,甚至包括硬件 CPU、内存、硬盘等,通过对数据中心基础设施、虚拟化资源、应用等多个层面的权限管理和持续验证来保障数据中心内部系统和数据的完整性、可用性及机密性。

本节主要从攻击者的角度出发,分析数据中心虚拟化面临的威胁和攻击者可能使用的攻击手段。通过结合分层防御和纵深防御的思想,在虚拟化架构的各个层级上,针对特定的威胁和攻击进行防护和消减,从而形成一个全面安全防护体系,让安全变得不再那么杂乱无章。由于篇幅限制,本节仅简要介绍虚拟化领域常见的安全技术,对于一些基础概念,没有过度展开,概念背后的攻击原理请读者自行参考相关资料。

9.2.1 针对虚拟化数据中心的安全攻击

传统数据中心通常位于一个封闭的物理环境中,并通过网络对外提供服务。攻击者可能会尝试通过各种手段突破数据中心防御体系,窃取数据或者破坏数据中心的正常运行,包括但不限于以下几种攻击方式。

(1) 基于网络的攻击。这类攻击可能导致系统瘫痪、网络阻塞、系统效率下降,甚至导致机密信息的泄露。扫描通常是这类攻击的第一步,攻击者通过 ping 扫描和端口扫描来定位潜在的目标,并了解目标系统的服务和潜在的安全漏洞。找到攻击目标后,攻击者通过精心构造的大量报文、畸形报文,来消耗网络、系统资源使数据中心陷入瘫痪。常见的 DDoS(Distributed Denial of Service)攻击是在传统的 DoS 攻击基础之上产生的一类攻击方式,黑客利用控制的多台机器同时攻击,向受害方发送大量数据以增加攻击强度。

(2) 基于软件漏洞的攻击。漏洞包括操作系统漏洞和应用软件漏洞。例如,攻击者利用内核编程中的细微错误或者上下文依赖关系,控制操作系统,或者利用 Web 应用程序中的表单校验漏洞实现 SQL 注入进行数据窃取。在软件漏洞中,零日漏洞是危害比较大的一类漏洞,这类漏洞被公布后,从公布到厂商修复需要一段时间,攻击者在这段时间内,对系统发起攻击,通常可以造成较大危害。

(3) 通过社会工程学进行攻击。攻击者会伪装成合法的机构或个人,通过发送伪造的电子邮件来欺骗受害者提供个人信息或点击恶意链接。此外,攻击者还可能将恶意软件安装在 USB 设备中,并将其留在公共场所,以期望内部管理人员将其插入计算机中。勒索软件是近几年数据中心比较流行的一种木马,它通过骚扰、恐吓甚至绑架用户文件等方式,使用户数据资产或计算资源无法正常使用,并以此为条件向用户勒索钱财。勒索软件通常通过社会工程学手段来攻破数据中心第一道防线。

虚拟化重新定义了数据中心，改变了计算、存储、网络等资源的使用方式和管理方式，也为传统数据中心引入了软件组件的复杂组合，例如 Hypervisor、虚拟化管理软件，这些变化为恶意攻击提供了新目标。常见的基于虚拟化的安全攻击包括但不限于以下几种。

（1）基于虚拟化层的攻击。虚拟化技术可以在一台硬件计算机上创建多个虚拟机，每个虚拟机都可以独立运行操作系统和应用程序。然而，如果一个虚拟机被攻击者控制，它可能会对其他虚拟机和宿主机造成威胁。常见的基于虚拟层的攻击包括虚拟机逃逸攻击、虚拟化劫持和 Hypervisor rootkit。虚拟机逃逸是一种攻击，攻击者利用虚拟化漏洞或不正确的隔离方式，使非特权虚拟机获得 Hypervisor 的访问权限，从而能够入侵同一宿主机上的其他虚拟机。虚拟化劫持是更高级的攻击方式，其不仅攻击原有的 Hypervisor，还将其替换为被攻击者控制的恶意 Hypervisor，从而非法控制并滥用虚拟机，这种攻击方式相比虚拟机逃逸更加隐蔽，难以被识别发现。Hypervisor rootkit 是一种感染 Hypervisor 的恶意软件，允许 rootkit 控制操作系统和应用程序，感染可能在其非常初始的阶段就被引入到系统中，甚至在操作系统安装之前。

（2）基于虚拟机的攻击。这种攻击方式通常源自虚拟机一侧，虚拟机部署的业务可能直接面向用户，同样也对攻击者开放。基于网络的 DoS/DDoS 攻击或者业务层攻击，都可能通过虚拟机作为入口扩展到数据中心内部造成危害。虚拟化蔓延为虚拟机的攻击提供了更多的攻击机会，虚拟化蔓延是指随着时间的推移，管理员丢失虚拟机及其功能的跟踪，导致安全补丁无法及时更新，员工离职遗留大量的管理权限，关键虚拟机无法得到有效备份等诸多安全问题。

（3）基于镜像与快照的攻击。镜像和快照是构建与恢复虚拟机的高效方式，它们如同物理硬盘般存储着关键与敏感的信息，其中快照更进一步地捕获了虚拟机运行时 RAM 中的数据，这使得它们成为攻击者的潜在目标：在虚拟机迁移过程中，流量可能遭遇中间人攻击；而在静态状态下，镜像和快照中包含的丰富信息容易被内容分析技术挖掘，进而泄露敏感数据；通过熟练使用镜像和快照的功能，攻击者甚至能实现对虚拟机状态的隐蔽操控，他们将虚拟机回退到某个快照点，或者只读模式启动，以此时光倒流的方式规避留下明显的入侵痕迹；与虚拟机一样，镜像也存在蔓延问题，镜像中的未修补漏洞逐渐积累，一旦镜像被激活成为运行的虚拟机，其风险随即转换为对整个环境的真实威胁。

需要强调的是，针对虚拟化数据中心的安全攻击远不止于上述几种。由于篇幅限制，这里并未详细列举所有的安全攻击场景，对于对此感兴趣的读者可以参考常用攻击类型的分类数据集 CAPEC（Common Attack Pattern Enumeration and Classification）。

9.2.2　数据中心虚拟化威胁分析

伴随着新兴攻击技术的不断涌现，数据中心面临着前所未有的挑战，繁复的攻击手段让数据中心疲于奔命，难以招架。构建数据中心的安全防御已经不再是一个局部的任务，而是一项需要全方位考量与系统性方法的工程。这一过程要求既要深刻理解现有虚拟化架构的安全问题，又要避免陷入无休止的攻击细节中。威胁建模就是这样一种高效的战略手段，旨在全面识别并分析潜在的威胁，以期制定有效的防护策略，从而构建一个更健壮、更安全的系统。在这一方法论中，有几个关键的概念扮演核心角色，它们组成了威胁模型中的各个利益方，彼此关联与互相影响，形成了一套完整而严密的安全理论体系。请参考图 9-1 国际信息系统安全认证联盟(ISC)^2 定义的威胁模型，该模型深度整合了下列概念，以指导我们在错综复杂的网络环境中构建防线。

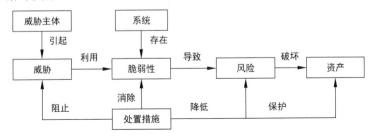

图 9-1　国际信息系统安全认证联盟(ISC)^2 定义的威胁模型

（1）脆弱性：即通常所说的漏洞，指系统中可破坏其安全性的缺陷。

（2）威胁：利用脆弱性而带来的任何潜在危险。

（3）威胁主体：有企图的利用脆弱性的实体，可以是人、程序、硬件或系统。

（4）风险：攻击者利用脆弱性的可能性以及对业务的影响。

（5）资产：任何对组织有价值的信息或资源，是安全策略保护的对象。

（6）处置措施：包括安全角度的消减措施和韧性角度的增强措施，能够消除脆弱性或者阻止威胁，或者降低风险的影响。

在本节中，我们将采用 STRIDE 威胁建模方法，对数据中心虚拟化的所有威胁进行分类。STRIDE 是微软定义的一种结构化和定性的威胁建模方法，将威胁定义为 6 种，其名称 STRIDE 是 6 种威胁的首字母缩写。该方法用于发现和列举系统中出现的威胁，这种方法的优点在于它将注意力从识别每个特定攻击转移到关注可能攻击的最终结果上，而不是考虑具体攻击和攻击技术的几乎无休止的变化。通过将威胁与安全属性相关联，STRIDE 方法可以针对每种威胁制定通用的安全措施，而不需要考虑针对具体攻击的安全防护。表 9-1 给出了 STRIDE 威胁建模方法定义的 6 种威胁。

表 9-1　STRIDE 安全建模方法定义的威胁

威 胁 类 型	描　　述	安 全 属 性	消减措施举例
Spoofing(仿冒)	攻击者假装是某人或某事	真实性	密码认证、SSL/TLS、SSH
Tampering(篡改)	攻击者恶意修改数据	完整性	HMAC、数字签名、访问控制、可信计算
Repudiation (抵赖)	攻击者执行无法追溯到他们的操作	不可否认性	认证、审计日志
Information Disclosure(信息泄露)	攻击者访问传输中或数据存储中的数据	机密性、隐私	数据加密、访问控制、隔离
Denial of Service(拒绝服务)	攻击者中断系统的合法操作	可用性	负载平衡、过滤、缓存
Elevation of Privilege(特权提升)	攻击者执行未经授权的操作	授权	权限最小化、沙箱

在 2.2 节中,本书详细描述了数据中心虚拟化的通用架构,将数据中心虚拟化从下到上依次划分为四个层次：基础设施层、资源层、服务层、管理层。威胁分析的过程是通过分析每个分层提供的基础能力和关键模块是否容易受到 S、T、R、I、D、E 六类威胁的攻击,来确定处置措施的实施方向。表 9-2 枚举了虚拟化在各个层上受到的主要安全威胁与常见的攻击方法。

表 9-2   数据中心虚拟化威胁分析

架构分层	架构对象	价值资产	主要威胁	威胁主体	攻击方法举例
基础设施层	网络设备	服务能力	D	外部攻击者	网络入侵 DDoS 攻击
	计算服务器 存储服务器	系统控制权、系统与用户数据	T、I、E	内部人员 恶意虚拟机	主机入侵 虚拟机逃逸
资源层	计算虚拟化	系统控制权	I、D、E	恶意虚拟机/容器	虚拟机/容器逃逸 侧信道攻击 资源过度占用
	存储虚拟化	虚拟机内用户数据	I	恶意虚拟机	剩余数据分析
	网络虚拟化	网路控制数据、虚拟机通信数据	T、I、D	有控制器访问权限的攻击者、恶意虚拟机	控制 SDN 控制器 篡改流表 ARP 欺骗 IP/MAC 欺骗 DHCP 服务仿冒
	虚拟化资源管理	虚拟机内用户数据、系统控制权	S、T、I	内部人员或者恶意虚拟机用户	虚拟机迁移嗅探与篡改 中间人攻击 镜像快照文件分析
	容器资源池	用户数据、系统控制权	T、I、D、E	恶意容器 特权容器	容器逃逸 镜像篡改与植入 容器间资源竞争
服务层	计算服务 存储服务 网络服务 灾备服务 容灾服务	服务资源	S、T、R、I、D、E	外部攻击者	基于虚拟机 OS 的攻击,例如主机入侵 基于虚拟机内部署应用的攻击,例如 SQL 注入 基于虚拟化网络的攻击,例如应用级的 DoS/DDoS
管理层	多数据中心 运维管理 运营管理	管理账户信息	S、I、E	内部人员和外部攻击者	管理员账号滥用 嗅探数据包获取运维凭据 利用管理系统漏洞非法访问

1. 基础设施层主要威胁

对于网络设备,主要受到拒绝服务的威胁。攻击者通过发动 DDOS 攻击,占用网络带宽或使得设备无法响应合法用户的请求,或者通过网络入侵到数据中心内部。

对于计算服务器和存储服务器,则容易受到篡改、信息泄露、权限提升等威胁。攻击者可能会通过直接访问计算服务器和存储服务器,利用内部人员的权限,通过暴力破解等手段获取管理员账号,窃取或者篡改服务器中的数据。此外,恶意的虚拟机或容器可能会通过虚拟机逃逸等攻击手段,从虚拟机中攻击宿主机,获取宿主机的系统控制权限。

2. 资源层主要威胁

资源层实现计算、存储、网络等基础设施的虚拟化,通过空间上的分割、时间上的分时以及模拟,将下层的资源抽象成另一个形式的资源,提供给服务层使用。虚拟化功能的复杂性,决定了资源层几乎受到所有类型的安全威胁。

计算虚拟化主要受到权限提升、信息泄露、拒绝服务等威胁。虚拟化逃逸是最常见的攻击,攻击者通过逃逸攻击从虚拟机中获取主机的控制权,从而控制整个虚拟化环境。基于共享内存、缓存 Cache 和 CPU 负载的隐蔽通道是另外一种可能的攻击方式,被用于获取其他虚拟机的数据信息,物理 CPU 的漏洞也可能蔓延到虚拟机世界,例如 Meltdown 和 Spectre 漏洞,这些漏洞允许用户进程通过 CPU Cache 读取内核或虚拟机管理程序的内存。此外,虚拟机之间共享同一个物理设备,这可能会导致拒绝服务攻击的风险增加,例如某个虚拟机恶意占用了大量资源,可能会导致其他虚拟机无法获得足够的资源,从而影响其正常运行。

存储虚拟化场景下,物理存储可能在多个租户或者不同系统间资源重分配。攻击者通过不断删除新建虚拟机,重复利用其他虚拟机释放的存储资源,分析虚拟机磁盘数据,捕获剩余数据以窃取其他虚拟机的敏感信息。

网络虚拟化场景,硬 SDN 设备可能被广泛使用,攻击者利用漏洞控制 SDN 控制器,向所有的网络设施发送指令,瘫痪整个网络;也可能通过篡改流表、IP 地址欺骗等手段将数据流重定向到恶意 VM,实现用户数据的获取。

虚拟化资源的管理,可能受到仿冒、篡改、信息泄露类攻击。例如,攻击者运用会话劫持等中间人攻击技术,对虚拟机迁移过程进行嗅探窃取敏感数据,或者利用权限管理的漏洞,对镜像、快照文件进行内容分析,达到敏感数据窃取、镜像篡改等目的。

同虚拟机一样,容器资源的管理也受到逃逸等攻击的威胁。攻击者通过篡改镜像,或者利用容器逃逸,控制容器行为攻击应用程序,主要导致数据泄露;攻击整个容器,可能导致拒绝服务;攻击主机架构,可能会导致主机系统上的任意文件修改和代码执行。

3. 服务层主要威胁

服务层作为物理数据中心在虚拟化世界的替代,在虚拟化环境中运行的虚拟机和物理世界的服务器提供等价的服务。客户在虚拟机或者容器中部署应用向外提供服务,直接暴露于外部攻击者,面临着 STRIDE 所有的安全威胁,以下是常见的几种场景。

针对虚拟化网络,攻击者利用已经控制的虚拟机发动业务侧的 DDoS 攻击,致使虚拟机无法响应合法用户的请求,或者利用资源隔离不当的漏洞,非法入侵其他未授权的网络区域。

针对虚拟机操作系统,攻击者可能会利用虚拟机操作系统的漏洞或者管理配置错误进行攻击,获取虚拟机的管理权限,并植入 rootkit 等恶意软件。这些恶意软件可以隐藏自己的踪迹并保留 root 访问权限,以便在需要时侵入其他虚拟机。

针对虚拟机内部署应用,主要是 Web 服务,攻击者利用编码的漏洞例如 SQL 注入来窃取用户数据,或者通过命令注入漏洞实现任意命令执行,达到控制虚拟机的目的。

4. 管理层主要威胁

在虚拟化环境中,整个基础设施的安全依赖于虚拟化管理系统的安全性。虚拟化管理系统一般部署在独立的网络平面,主要面向数据中心内部,因此其面临的安全风险相对暴露于外部网络的应用较低。然而,尽管如此,它仍然面临着多种安全威胁,这些威胁可能来自内部或外部,包括恶意软件、网络攻击和内部管理漏洞等。

针对多数据中心的运维,可能通过非信任网络承载通信流量,存在数据泄露的风险,攻击者可通过嗅探网络流量,捕获敏感数据例如运维凭据信息。

管理系统通常通过 Web 服务提供,因此其安全风险主要是 Web 攻击,如 XSS 攻击、CSRF 攻击、SQL 注入等。除此之外,非法访问、操作越权、敏感数据泄露也是运维服务面和运营服务面的安全威胁。

9.2.3　数据中心虚拟化安全全景

如 9.2.2 节所描述,数据中心面临各种各样的安全威胁,在虚拟化环境中,安全问题变得更加复杂。因此,单一的安全机制无法解决所有问题,需要采用多种安全措施来保障数据中心的安全。

分层防御和纵深防御是常用的安全防御思想,两者都从架构层面来关注整个系统级别的安全防御。分层防御旨在采用多种方法,在网络中部署多种防御机制执行安全性策略,来共同防御攻击。纵深防御则强调采取多层次的安全防御措施,一种安全措施失效或被攻破后,还有另一种安全防御来阻止进一步的威胁。这两种防御策略都强调了多层次的防御和多重防御机制的重要性。通过这种方式,可以大大降低攻击者成功的概率,或者使他们的攻击尝试失败,即使在攻击者攻击成功后,也能最大限度地降低价值资产受到的损害。基于数据中心虚拟化的基础分层,通过系统威胁分析,为每层受到的威胁进行纵深防御加固,形成数据中心虚拟化的安全全景,如图 9-2 所示。

9.2.4　数据中心虚拟化安全防护

为保障虚拟化环境的安全,虚拟化数据中心采取一系列的安全措施。这些措施包括增强虚拟化软件的安全性,提高虚拟机的隔离性,以及加强虚拟机镜像的安全性。这些措施从宿主机操作系统、虚拟层、虚拟机一直到虚拟机应用,进行了全面安全加固,从而大大增强了虚拟化数据中心的安全性。

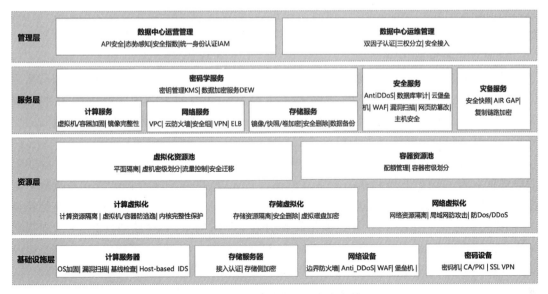

图 9-2　数据中心虚拟化安全全景

1．计算虚拟化安全

在数据中心基础设施层的服务器一侧，通常安装有标准的操作系统，并部署了虚拟化软件平台，如 KVM/QEMU。计算虚拟化安全防御的主要目标是防止主机入侵与防御虚拟化逃逸漏洞，其常见的安全防御手段包括漏洞补丁管理、安全加固、计算资源隔离、虚拟机内核完整性保护等。

漏洞补丁管理针对操作系统和虚拟化基础组件通过定期安装安全补丁以修补漏洞，防止病毒、蠕虫和黑客利用虚拟机逃逸漏洞对系统进行攻击。安全加固的对象包括操作系统、数据库、Web 容器等，一个典型场景是对账号口令进行安全加固，通过设置口令复杂度、有效期、登录失败次数限制来防止暴力破解。此外，在每台服务上部署入侵检测系统（Intrusion Detection System，IDS）也是有效的安全防御手段，它可以及时感知并应对入侵威胁。

基于 SELinux 等强制访问控制、ASLR 等安全编译加固措施也被应用于防止虚拟机逃逸，通过限制其可访问的资源或者增加漏洞利用的难度，来防止恶意虚拟机通过主机漏洞去攻击主机或其他虚拟机。

在计算虚拟化层面，为减少虚拟机逃逸的威胁，主要通过 CPU、内存、I/O 等级计算资源隔离技术为虚拟机提供有效的隔离和安全的共享能力，保证其与主机或相互间的资源不会超出授权，同时也共享一些特定的资源而互相不受干扰。虚拟机启动时，KASLR 是一种常用的虚拟机内核保护技术，用来增加攻击者利用侧信道漏洞获取其他虚拟机数据信息的难度。

在虚拟机热迁移过程中，为了防止嗅探攻击，通常会采用 TLS 安全通道来保护迁移过程。而对于镜像的篡改攻击，可以通过数字签名技术对镜像加入发布者的签名，使用时通过签名验证来保证镜像的完整性。此外，还可以在启动时通过安全启动技术校验各个部件的完整性，防止没有经过认证的部件被加载运行，抵御恶意软件侵入和修改。

1）计算资源隔离

Hypervisor 通过对服务器物理资源的抽象，将 CPU、内存、I/O 设备等物理资源转换为一组统一管理、可灵活调度、可动态分配的逻辑资源，并基于这些逻辑资源，在单个物理服务器上构建多个同时运行、相互隔离的虚拟机执行环境。因此，计算虚拟化资源的隔离主要包括 CPU 隔离、内存隔离和 I/O 隔离三种情况。

（1）CPU 隔离。在宿主机，每个虚拟机以一个进程的形式存在，而每个虚拟机的 vCPU 对应进程中的一个线程，线程是一个独立的调度单元，所以 vCPU 有自己独立的执行上下文。基于操作系统提供分时复用技术，vCPU 可以在相同的物理 CPU 上按时间片交替执行（详细描述参考 3.1 节）。在计算虚拟化发展的数十年时间里，多种软硬件的 CPU 虚拟化解决方案被提出，包括解释执行、二进制翻译、扫描与修补、半虚拟化等软件解决方案，以及硬件辅助 CPU 虚拟化技术。在不同的 CPU 虚拟化技术中，存在不同的 CPU 隔离方式。以 x86 架构下 Intel VT-x 硬件辅助虚拟化为例，Hypervisor 为每个 vCPU 分配一个 VMCS（Virtual-Machine Control Structure）结构，作为线程执行的上下文，用于保存虚拟 CPU 的相关寄存器内容和虚拟 CPU 相关的控制信息。当 vCPU 被从物理 CPU 上切换下来时，其运行上下文会被保存在对应的 VMCS 结构中；当 vCPU 被切换到物理 CPU 上运行时，其运行上下文会从对应的 VMCS 结构中导入到物理 CPU 上。通过这种方式，实现各 vCPU 之间的独立运行。

（2）内存隔离。虚拟化平台负责为虚拟机提供内存资源，保证每个虚拟机只能访问到其自身的内存。为实现这个目标，虚拟化平台管理虚拟机内存与真实物理内存之间的映射关系，保证虚拟机内存与物理内存之间形成一一映射关系。虚拟机对内存的访问都会经过虚拟化层的地址转换，虚拟机无法直接接触实际的机器地址，只能访问 Hypervisor 分配给它的物理内存。

（3）I/O 隔离。I/O 虚拟化的一个基本要求是能够隔离和限制虚拟机对真实物理设备的直接访问。在虚拟机未被分配明确的物理设备时，Hypervisor 不允许客户机操作系统直接与 I/O 设备进行交互。以磁盘设备为例，Hypervisor、宿主机和虚拟机会共享磁盘上的存储空间。如果客户机中的驱动程序拥有对磁盘的直接操作权限，则可能会访问到不属于该虚拟机的磁盘空间，容易导致数据泄露和丢失，严重时会威胁其他虚拟机甚至是宿主机的运行安全，无法满足虚拟化模型中的隔离性要求。为了避免这个问题，Hypervisor 能够截获虚拟机对 I/O 设备的访问请求，并根据预设的策略进行重定向或交由实际的物理设备执行，防止虚拟机访问到不属于它的物理设备。

虚拟化平台采用分离设备驱动模型实现 I/O 的虚拟化。该模型将设备驱动划分为前端驱动程序、后端驱动程序和原生驱动三部分，其中前端驱动在虚拟机中运行，而后端驱动和原生驱动则在 Hypervisor 中运行。前端驱动负责将虚拟机 I/O 请求传递到 Hypervisor 中的后端驱动，后端驱动解析 I/O 请求并映射到物理设备，提交给相应的设备驱动程序控制硬件完成 I/O 操作。换言之,虚拟机所有的 I/O 操作都会由 Hypervisor 截获处理;Hypervisor 保证虚拟机只能访问分配给它的物理磁盘空间,从而实现不同虚拟机存储空间的安全隔离。

2) 防虚拟机逃逸

防虚拟机逃逸的核心理念是将传统计算机系统的访问控制应用于虚拟机进程,阻挠攻击者利用虚拟化漏洞进行程序控制,或者在虚拟化逃逸后降低攻击危害,更好地保障虚拟化系统的安全。

(1) 使用强制访问控制。访问控制为用户/程序对系统资源提供最大限度共享的基础上,对用户/程序的访问权进行管理,防止对信息的非授权篡改和滥用。访问控制模型形式化地描述了一系列访问控制规则集合,涉及主体(Subject)、客体(Object)和访问权限(Access Rights)三个基本元素。主体通常指请求访问资源的用户或程序,客体则是被访问的软硬件资源,如文件、数据库或系统资源等。访问权限定义了主体对客体的操作权限,例如读取、写入或执行等。访问控制模型主要分为三类:自主访问控制(Discretionary Access Control,DAC)、强制访问控制(Mandatory Access Control,MAC)和基于角色的访问控制(Role-Based Access Control,RBAC)。

自主访问控制是一种最为普遍的访问控制手段,对某个客体具有拥有权(或控制权)的主体能够将对该客体的一种访问权或多种访问权自主地授予其他主体,并随时可以将这些权限回收。因此,在只使用自主访问控制模型的虚拟化环境中,主机上运行的恶意虚拟机在逃逸后,可以自主修改权限,存在攻击 Hypervisor 或其他虚拟机的可能。

强制访问控制中主体和客体都有一个固定的安全属性,系统用该安全属性来决定一个主体是否可以访问某个客体。而安全属性是强制的,任何主体都无法变更。安全属性一般由密级(classification)和范畴(categories)组成。SELinux 是一种安全增强型的 Linux 操作系统,它通过强制访问控制模型,为每个主体和客体都提供了虚拟的安全“沙箱”,只允许进程操作安全策略中明确允许的文件。若 Linux 开启了 SELinux 安全策略,所有的主体对客户的访问必须同时满足传统的自主访问控制和 SELinux 提供的强制访问控制模型的安全策略。

sVirt 是基于 SELinux 适用于 KVM 虚拟化系统的安全防护技术。虚拟机本质是主机操作系统上的普通进程,sVirt 机制在 KVM 将虚拟机对应的进程进行 SELinux 标记分类,除了使用密级表示虚拟化专有进程和文件,还用不同的范畴表示不同虚拟机。每个虚拟机只能访问与自身相同范畴的文件设备,使得虚拟机无法访问非授权的主机或其他虚拟机的文件和设备,从而防止虚拟机逃逸,提升主机和虚拟机的安全性。

除了 SELinux,类似的强制访问控制手段还有 AppArmor 或 GRSecurity。AppArmor 是一个与 SELinux 类似的访问控制系统,允许系统管理员将每个程序与一个安全配置文件关联,从而限制程序的功能。GRSecurity 提供了一个基于角色的访问控制系统,通过角色的集合来工作,通过创建一个最小特权的系统来限制进程使用的资源。

(2) 虚拟机进程解除根权限(Root 权限)。宿主机为每个虚拟机分配一个独立的进程,当 Hypervisor 存在缓冲区溢出等漏洞时，可能被虚拟机攻击利用实现虚拟机逃逸，获取在宿主机上进行命令执行的权限。当虚拟机进程以 Root 权限运行时，一旦虚拟机逃逸将导致主机最高权限丢失，严重危害宿主机以及其他虚拟机的安全。为了降低受攻击后的风险，需要将虚拟机进程降权以非 Root 账号和组运行，并将虚拟机进程自身部分业务需要的高权限操作剥离出来，交给辅助代理进程去操作。

（3）启用安全编译加固。安全编译加固同样是为了防御 Hypervisor 软件中缓冲区溢出漏洞，入侵者可以利用堆栈溢出，在函数返回时改变返回程序的地址，让其跳转到任意地址，带来的危害一种是 Hypervisor 崩溃导致拒绝服务，另外一种就是跳转并且执行一段恶意代码，比如获得宿主机的 Shell 权限。防御缓冲区漏洞攻击包含三种常见的技术：堆栈保护（SP）、堆栈不可执行（noexecstack）、地址空间布局随机化（Address Space Layout Randomization，ASLR）。

堆栈保护在缓冲区和控制信息间插入一个检举字（canary word），在不同的操作系统上，这个检举字不完全相同，通常的做法是在程序初始化时产生一个随机数，保存在一个未被映射到虚拟地址空间的内存页中。当缓冲区被溢出时，在返回地址被覆盖之前 canary word 会首先被覆盖。由于随机数的不可预测性，攻击者填入的 canary word 值难以与程序初始化时产生的随机数一致。通过检查 canary word 的值是否被修改，就可以判断是否发生了溢出攻击，从而防止避免栈溢出被攻击者利用。

缓冲区溢出成功后都是通过执行 shellcode 来达到攻击的目的，而 shellcode 一般都是在缓存区里。只要操作系统限制堆栈中的数据只可读写，不可执行，一旦堆栈中的数据被执行立即报告错误并退出，即使溢出成功后也不能执行 shellcode，从而达到对应用安全防护的目的。

ASLR 是一种针对缓冲区溢出的安全保护技术，通过对堆、栈、共享库映射等线性区布局的随机化，增加攻击者预测目的地址的难度，防止攻击者直接定位攻击代码位置，达到阻止溢出攻击的目的。

3）虚拟机内核完整性保护

由于计算机体系自身的设计限制与缺陷，最常见的攻击手段就是利用被攻击系统的漏洞窃取超级用户权限，植入攻击程序或篡改原有程序来改变系统的行为。这种攻击很可能从篡改操作系统内核或早期执行代码来实现，因此仅仅从应用程序甚至软件的层面来进行加固不能完全解决问题。安全启动和可信启动是两个完整性保护功能，使得虚拟机实例具有可验证的完整性，证明其未受到启动级或内核级恶意软件的篡改。

（1）虚拟机安全启动。安全启动（Secure Boot）利用公私钥对启动部件进行签名。启动过程中，前一个部件验证后一个部件的数字签名，验证通过后，运行后一个部件，验证不通过就停下来。安全启动使得只有拥有合法签名的系统镜像可以被引导，从而防范内核级的非法篡改与植入。

物理机上的安全启动由物理 BIOS（Basic Input Output System，基本输入输出系统）完成，虚拟机安全启动基于物理机安全启动。如图 9-3 所示，物理机安全启动时，根据存放在硬件设备中的可信根(Core Root of Trust for Measurement,CRTM),依次校验并加载 Host UEFI、Host Shim、Host Grub、Host Kernel。Host Kernel 加载后会继续校验并加载内核模块,包括 IMA 模块。IMA 模块为 Linux 内核提供的一种完整性度量能力,在系统访问文件时对文件进行完整性度量。

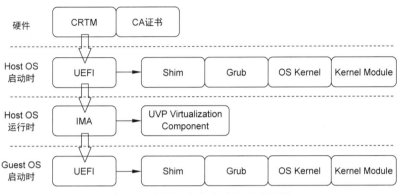

图 9-3　虚拟机安全启动校验时序图

在虚拟化组件(如华为 DCS 虚拟化系统的 UVP 组件)启动虚拟机并加载 UEFI 组件时,使用 Linux 内核的 IMA 能力校验虚拟化组件和 UEFI 组件的完整性。与物理机安全启动类似,UEFI 组件加载到虚拟机后会继续校验并加载 Guest Shim、Guest Grub、Guest OS Kernel 和 Guest Kernel 模块,从而实现虚拟机安全启动,建立从硬件设备到虚拟机的可信链(CRTM→Host UEFI→Host Kernel(包含 IMA)→Guest UEFI→Guest Kernel),保证系统启动过程中各个部件的完整性。

(2) 虚拟机可信启动。可信启动又称度量启动(measured boot),它包含可信度量和远程证明两个阶段。如图 9-4 所示,主机启动过程中前一个部件度量后一个部件,然后把度量值(Hash 值)保存下来,后续辅以远程证明进行度量值合法性验证。

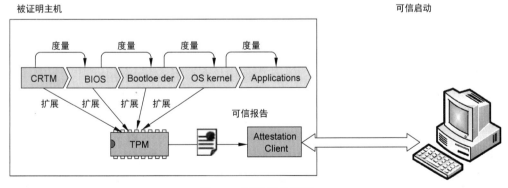

图 9-4　可信启动原理

可信计算技术能够保障物理计算平台的可信性,在可信计算技术的基础上,将可信计算处理器虚拟化,即产生了虚拟可信计算技术,虚拟可信计算技术可为每个虚拟机维护一个虚拟的 TPM(vTPM)。

由于虚拟化场景中没有物理服务器中的 TPM 安全芯片的保护能力，为了让虚拟机能够支持可信启动，需要将可信计算从物理服务器扩展到虚拟机。简单来说，就是通过虚拟化技术，在 Hypervisor 中虚拟出 TPM 芯片的能力。通过在 Hypervisor 层集成 TPM 驱动，按照 TPM 规范，借用物理主机的 TPM 能力，将基础信任链从硬件 TPM 延伸到 vTPM。

2. 存储虚拟化安全

为了保障用户的数据安全，虚拟化数据中心从访问控制、数据隔离、安全删除、加解密等多方面采取措施进行加固。

在基础设施层，存储节点多采用 iSCSI 协议进行访问，而认证是防止数据破坏最有效的手段，可以通过询问握手认证协议（Challenge Handshake Authentication Protocol，CHAP）等方式，提高应用服务器访问存储系统的安全性。部分高级存储设备提供了透明加密功能，这种功能可以在磁盘使用者无感知的情况下对数据进行加密。

在虚拟化层，基于 Hypervisor 对虚拟机 I/O 请求的截获实现 I/O 虚拟化，保证虚拟机只能访问分配给它的物理磁盘空间，从而实现不同虚拟机存储空间的安全隔离。同时服务质量（QoS）通过合理地管理和分配存储资源，确保将单个虚拟磁盘的性能控制在指定的范围内，减少对同一物理磁盘上其他虚拟机磁盘性能的影响。此外，虚拟化层还可以提供内核态磁盘加密技术，该技术根据给定加密算法对数据进行加密后写入磁盘，即使存储系统受到攻击，用户数据也无法被窃取，从而保障重要数据的机密性。

在虚拟机生命周期管理阶段，服务层提供安全删除功能保护用户数据的安全性。当用户把虚拟卷卸载释放后，系统在把该卷进行重新分配之前，可以选择对该卷进行彻底的数据格式化。存储的用户文件/对象删除后，对应的存储区进行完整的数据擦除，并标识为只写（只能被新的数据覆写），保证不被非法恢复。

同时，服务层提供密钥管理 KMS、数据加密 DEW 等基础密码学服务，方便虚拟机内的应用使用平台提供的基础服务来实现密钥的管理和数据加解密，而不需要用户自行考虑数据加解密基础设施的实现。

1）安全删除

在虚拟化领域数据存储中，虽然有多种解决方案可用于清理整个硬盘，例如消磁、粉碎等，但为单个虚拟机正确清理磁盘的方法有限。如果删除虚拟机，必须清理整个磁盘才能以合规的方式有效地擦除与虚拟机关联的数据，在虚拟化场景这种处理方式无疑是不具有操作性的。

目前业界通用的做法是按照 NIST（美国国家标准技术研究所）800-88 的标准对虚拟磁盘进行全盘覆写（Full Disk Override，FDO）。全盘覆写通常涉及在磁盘上写入随机数据或特定模式的数据，以覆盖旧的数据，并确保即使磁盘被物理移除也无法读取敏感信息。通过覆写磁盘上的所有数据，可以确保旧的数据被新的随机数据覆盖，使得恢复旧数据的尝试变得极其困难或不可能。

对于创建了快照的虚拟机，在删除该虚拟机时需要同时清理虚拟机相关的快照文件，以免存于在快照中的陈旧数据泄露敏感信息。

2）虚拟磁盘加密

磁盘加密是在虚拟机的存储 I/O 路径上进行加密，分为数据存储侧加密、计算节点侧加密两种。数据存储侧加密需要存储服务提供商支持加密特性，且能够提供细粒度的加密（例如支持多个密钥）才能满足不同安全级别虚拟机在同一个物理设备上的数据保密需求。本节仅讨论通用加密方案，即通过计算节点侧加密来支持不同数据存储上的加解密功能。

LUKS（Linux Unified Key Setup）是 Linux 磁盘加密的通用标准，也是计算节点侧磁盘加密常见的一种解决方案。卷是一个逻辑存储区域，可用于存储数据。在磁盘加密的场景中，卷指的是已加密以保护其内容的磁盘部分。LUKS 为每个虚拟磁盘（虚拟机中虚拟磁盘对应一个操作系统中的卷）随机生成一个数据加密密钥 MasterKey，并采用数据分割技术来保存 MasterKey，保证密钥的安全性。另外，LUKS 卷通过密码控制访问授权，一个 LUKS 加密卷可以允许设置至少 8 个密码。用户挂载使用时只需正确填写密码即可，系统将根据密码从卷的头部信息中解析得到加密算法、加密模式以及解密得到数据加密密钥 MasterKey，从而对卷进行对称加解密访问。

在虚拟化场景中，LUKS 加密卷一般在宿主机或者 Hypervisor 层进行解密。若 LUKS 加密卷内已创建有文件系统，用户在虚拟机内无须额外操作即可直接挂载使用，进行目录和文件的读写访问。一般情况下，用户并不感知 LUKS 加密卷密码，密码由管理平台生成并管理，可能的一个选项是密钥管理系统 KMS（Key Management System）。

使用 LUKS 加密虚拟磁盘有诸多好处。首先，加密密钥不依赖密码，可以改变授权密码而无须重新加密数据。其次，头部是加密卷开头的特殊区域，包含有关加密的信息，例如所使用的加密算法和加密密钥。将所有必要的设置信息存储在分区信息头部中，使用户能够无缝传输或迁移其数据。

除 LUKS 外，TrueCrypt、BitLocker 等也是常见的虚拟磁盘加密解决方案，TrueCrypt 提供了整个磁盘、引导卷的加密。BitLocker 是 Windows 自带的一项特性，可通过活动目录来进行集中管理。

3. 网络虚拟化安全

虚拟化的网络安全防护包含两部分，即 overlay 网络和 underlay 网络，其中 underlay 是指物理网络，而 overlay 是指虚拟化网络（具体含义可以参考第 5 章网络虚拟化的介绍）。

在 underlay 网络安全中，核心措施是进行适当的网络规划，安全设备在虚拟化数据中心中仍然扮演着至关重要的角色。常见的安全设备有边界防火墙、WAF、IPS、Anti_DDOS 等，这些设备被用来在数据中心的安全边界区域做隔离和过滤，用于防止来自外部的网络攻击。

对于数据中心内部网络，安全域的划分和隔离仍然是最有效的手段。通过 VPC（Virtual Private Cloud）提供隔离的虚拟机和网络环境，满足不同部门网络隔离要求，可以为每个 VPC 提供独立的虚拟防火墙 VFW、弹性 IP、IPSec VPN、NAT 网关等基础网络设施，精细化控制 VPC 内的数据流出和流入。

在单个 VPC 内，像传统的局域网一样，相同 VLAN 的虚拟机之间可以互访，网络虚拟化提供安全组功能,对流入流出虚拟机网卡数据包的进出方向、协议类型、端口范围和 IP 地址范围进行白名单过滤,可以减少针对当前虚拟机的恶意网络攻击。

然而,安全组的放行规则设置不可能总是合理,即使合理也可能存在针对合理规则的安全攻击。针对局域网的 ARP 欺骗、嗅探、广播风暴等攻击方式会对这些虚拟机带来安全威胁。为了防止恶意虚拟机攻击同一局域网内的虚拟机和网络基础设施,基于传统物理网络的安全防御策略,被广泛应用于虚拟化网络基础设施,例如 DHCP 隔离、IP Source Guard 等。

1) DHCP 隔离

DHCP(Dynamic Host Configuration Protocol)是物理网络和虚拟化网络中都存在的一个重要基础设施,主要是用来给网络上的主机分配动态的 IP 地址。使用 DHCP 时必须在网络上有一台 DHCP 服务器,而其他机器作为 DHCP 客户端。当 DHCP 客户端程序发出一个信息,要求一个动态的 IP 地址时,DHCP 服务器会根据目前已经配置的地址范围,提供一个可供使用的 IP 地址和子网掩码给客户端。

DHCP Client 请求地址时,并不知道 DHCP Server 的位置,因此 Client 会在本地网络内以广播的方式发送请求报文,这个报文称为 discover,目的是发现网络中的 DHCP Server,所有收到 discover 报文的 Server 都会发送回应 DHCP-OFFER 报文,Client 据此可以知道网络中存在的 Server 的位置。攻击者通常在恶意虚拟机内部启动一个仿冒的 DHCP 服务器,向 DHCP 客户端回应 DHCP-OFFER 报文,而 DHCP 客户端只接收第一个收到的 DHCP-OFFER 报文,最终虚拟机无法获取有效的 IP 地址。

为了防止 DHCP Server 仿冒,通过在虚拟交换机上为每个端口组(每个端口组对应一个 VLAN,对应一个虚拟机局域网)禁用 DHCP-OFFER 报文,确保使用该端口组的虚拟机无法回应 DHCP-OFFER 报文,以防止用户无意识或恶意启动 DHCP Server 服务,影响其他虚拟机 IP 地址的正常分配。

2) 防 IP/MAC 地址欺骗

IP/MAC 欺骗是一种既存在于物理网络,又存在于虚拟化网络的攻击手段。攻击者仿冒合法用户发送 IP 报文给服务器,或者伪造其他用户的源 IP 地址进行通信,从而导致合法用户不能正常获得网络服务。由于虚拟机相比物理服务器更容易获得,攻击者可以快速隐藏攻击痕迹,所以虚拟化网络更加容易受到此类攻击。

图 9-5 为 IP/MAC 欺骗攻击的一个典型场景。网络中存在攻击者向服务器发送带有合法用户 IP 和 MAC 的报文,令服务器误以为已经学到这个合法用户的 IP 和 MAC,但是真正的用户不能从服务器获得服务。另外,交换机会把合法用户的 MAC 信息刷到攻击者所在的端口,导致原本发往合法用户的流量被都被发送给攻击者。

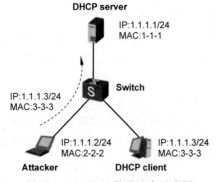

图 9-5　IP/MAC 欺骗攻击示意图

IP Source Guard 是针对此类攻击的一种对抗方法,原理是利用绑定表来防御 IP 欺骗攻击。Hypervisor 的 vSwitch 根据 DHCP ACK 报文生成用户的绑定表,绑定表包括用户的源 IP、源 MAC、端口、VLAN 信息。当设备在转发 IP 报文时,将此 IP 报文中的源 IP、源 MAC 等信息和绑定表的信息进行比较。如果信息匹配,说明是合法用户,则允许此用户正常转发,否则认为是攻击者,丢弃该用户发送的 IP 报文。

4. 容器安全

容器技术在操作系统层面实现了对计算机系统资源的虚拟化,在操作系统中,通过对 CPU、内存和文件系统等资源的隔离、划分和控制,实现进程之间透明的资源使用。容器、容器编排技术和微服务应用模式是企业 IT 创新和数字化转型的三大驱动力,很多公司已经采用这些技术,发挥其在应用程序开发和部署方面的优势,随着容器技术的快速发展和广泛应用,其面临的安全问题也越来越突出。

Docker 开源技术能实现对容器的治理和编排,已成为容器管理领域事实上的行业标准。本节将从容器镜像安全、资源隔离与控制两方面来阐述容器安全问题及对应的防护技术。

1) 镜像安全

镜像是容器运行的基础,容器镜像由若干层镜像叠加而成,通过镜像仓库存储、分发和更新。公共镜像仓库中的镜像可由个人开发者上传,其数量丰富、版本多样,但质量参差不齐,甚至存在包含恶意漏洞的恶意镜像。因此,可以从镜像构建过程、镜像仓库的使用、镜像分发三方面介绍镜像安全的实现。

(1) 镜像构建安全。镜像构建的过程中,通常使用一个基础镜像,再通过 Dockerfile 中的每行操作命令(COPY、RUN、CMD)生成新的一层镜像,叠加在上一个命令生成的文件系统之上,最后所有镜像层叠加就构成了镜像的文件系统。

为降低镜像本身存在后门的风险,需要验证镜像来源。Docker 通过内容信任机制保证镜像由可信的组织和人员发布,内容信任机制为向远程镜像仓库发送和接收的数据提供了数字签名功能,这些签名允许客户端验证镜像标签的完整性和发布者。

在镜像构建过程中,Dockerfile 中可能存储敏感信息,例如密码、令牌、密钥等,即使在创建好容器后再删除这些数据也会造成风险,因为镜像的历史记录中仍能检索到这些数据,使用容器编排系统(如 Kubernetes、Docker Swarm)的加密管理功能,可以有效地对信息进行加密,以加密格式存储,并且在查找时只能由授权的用户去解密。为减少攻击面,镜像构建时只安装必要的软件包,这不仅有助于减少软件漏洞,也可以减少不必要的资源占用,从而提升容器的启动速度。在 Dockerfile 中使用 ADD 指令可以从远程 URL 下载文件并执行诸如解压缩等操作,这可能会带来从 URL 添加恶意文件的风险,可行的解决方案是使用 COPY 指令将文件从本地主机复制到容器文件系统。

(2) 镜像仓库安全。使用公共容器镜像仓库时,为保证下载镜像的安全性,应使用官方发布最新版本的镜像,并保持定时更新。下载镜像时,需要对容器操作系统和应用层分别进行漏洞扫描。如果镜像提供了 Dockerfile,优先选择自行构建可避免镜像后门的植入,保证镜像构建过程的可控。

如果使用了私有镜像仓库,需要为私有镜像仓库做安全加固,例如配置安全证书、启用 HTTPS、严控镜像的读写权限。如非必要,私有仓库不应被开放在互联网上。对于暴露在互联网上的私有仓库,一般只对特定组织开放存取镜像权限,并对使用该私有仓库的客户端做双向认证,确保客户端身份的真实性。

（3）镜像分发安全。容器镜像在仓库下载和上传时可能受到中间人攻击,被恶意篡改和植入。数字签名机制可以有效防御这种攻击,上传者主动给要上传的镜像进行签名,下载者获取镜像时先验证签名再使用,防止其被恶意篡改。为避免引入可疑镜像,用户需谨慎使用镜像仓库,防止连接来源不可靠的 HTTP 镜像仓库,尽可能使用支持 HTTPS 的镜像仓库。

2）资源隔离与控制

与传统虚拟机相比,Docker 容器不拥有独立的资源配置,且没有做到操作系统内核层面的隔离,因此可能存在资源隔离不彻底与资源限制不精细所导致的越权与信息泄露。

容器虚拟化基础安全依赖 Linux 内核的相关功能模块实现,包括容器资源的隔离与管控等。容器技术(如 LXC、Docker)在设计之初都具有类似的内核安全考虑。例如通过 Linux 内核命名空间(Namespace)构建一个相对隔离的运行环境,保证了容器之间互不影响;通过控制组(CGroups)对 CPU、内存、磁盘 I/O 等共享资源进行隔离、限制和审计等,避免多个容器对系统资源的竞争。

（1）内核命名空间。内核命名空间是 Linux 内核一个强大的特性。Namespace 技术是用来修改进程视图的主要方法,是 Linux 创建新进程的一个可选参数。Namespace 的作用是"隔离",它让应用进程只能看到该 Namespace 内的"世界",只能"看"到当前 Namespace 所限定的资源、文件、设备、状态或者配置,看不到其他 Namespace 里的具体情况。

新创建一个容器时,后台会为其创建一组命名空间和控制组的集合,命名空间提供了 PID 命名空间、网络命名空间、IPC 命名空间、mnt 命名空间、uts 命名空间和用户命名空间等几种不同类型。命名空间提供了最基础也是最直接的隔离,在容器中运行的进程,不会被运行被本地主机上的进程和其他容器通过正常渠道发现和影响。例如,容器网络的隔离通过网络命名空间实现,每个网络命名空间拥有独立的网络设备、IP 地址、路由表等。每个容器也都拥有自己的网络协议栈,意味着它们不能访问其他容器的套接字或接口。当然,容器默认可以与本地主机网络连通,如果主机系统上做了相应的交换设置,容器可以像跟主机交互一样的和其他容器交互。启动容器时,指定公共端口或使用连接系统,容器可以相互通信。

（2）控制组。控制组 CGroups 负责实现资源的审计与限制,docker run 启动一个容器时,docker 将在后台为容器创建一个独立的控制组策略集合。

控制组机制始于 2006 年,Linux 内核从 2.6.24 版本开始引入。它提供了多种度量标准,以确保每个容器获得公平的 CPU、内存和 I/O 等资源,并对容器资源进行限制和审计,同时限制一个容器的最大资源使用量,防止其耗尽资源导致系统性能降低。

尽管控制组不负责隔离容器之间相互访问、处理数据和进程,但是它在防止拒绝服务攻击(DDoS)方面是必不可少的。尤其是在多用户平台(比如公有或私有的 PaaS)上,控制组十分重要。例如,当某些应用容器出现异常的时候,可以保证本地系统和其他容器正常运行而不受影响。

5．安全服务

传统环境下,大部分安全产品以硬件的形式交付给客户,安全产品也是采用分散管理的形式,而在虚拟化与私有云环境下,所有的资源虚拟化,安全产品大部分以虚拟机的形式部署到虚拟化平台上,数据中心不同的应用对安全资源的需求不尽相同,如何统一的分配、利用和管理安全资源成为一个难题。为此,虚拟化产品将安全能力服务化,根据用户需求在资源池中划分出逻辑独立的虚拟化安全能力提供给用户使用,在用户看来,用户正在使用的是一个完全独立的安全设备和软件。与虚拟化其他服务一样,安全服务具有诸多优点,支持统一管理、自动化部署、按需分配、弹性扩容,提升服务水平的同时还可以为客户降低成本。

如图 9-6 所示,按照安全服务的功能可以将安全服务分为四类。第一类是密码学服务,包括密钥管理服务 KMS、数据加解密服务 DEW 等,此类安全服务将传统的密码学基础设施带入虚拟化环境,为用户应用层加密提供基础能力。第二类是安全监测类服务,包括漏洞扫描和配置核查等,此类安全服务的特点是通过审查用户资源的安全配置从而增强用户的事前预防能力。第三类是安全防护类,包含主机入侵检测和防护、云防火墙、Web 应用防火墙、网页防篡改等特定应用的安全检测、在线病毒和木马查杀、安全事件的监控和分析、在线终端安全性检测等,此类安全服务提供对安全入侵的实时防御来防止可能的破坏。第四类是安全审计类服务,包含云堡垒机、日志审计、数据库审计等功能,便于事后追查原因和界定责任。

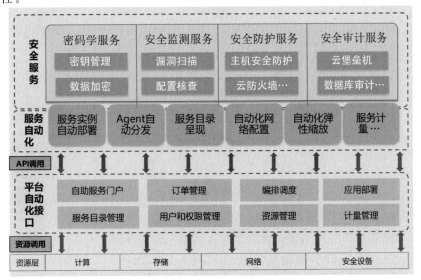

图 9-6　安全服务资源池主要组件

1）密钥管理服务

数据中心存储着大量的敏感数据，如客户信息、财务数据、知识产权等，数据加密诉求普遍存在。在传统数据中心通过部署 HSM（Hareware Secure Module）为各个业务提供基础的密码学服务，HSM 厂商提供管理界面实现密钥的生命周期管理。在数据中心虚拟化多应用、多租户的场景下，HSM 的密钥容量和性能有限，无法支撑海量数据的加解密调用，也无法支撑多应用密钥独立的诉求。

密钥管理服务（Key Management Service，KMS）是一个安全存储、创建、使用和管理密钥的系统，采用软硬结合的方式管理和保护在数据中心内使用的加密密钥，通常这些密钥用于加密和解密敏感数据、身份验证以及数字签名等重要功能。KMS 提供了强大的基于密钥的保护、访问权限控制、托管、版本控制、回收等功能，确保密钥的机密性、完整性和可用性，并防止未经授权的访问或滥用。

在 KMS 的典型实现中，为了区分与保护，通常将密钥按照作用划分为三级，HSM 设备只提供一个根密钥 RootKey，其他密钥按需存放在数据存储中，如图 9-7 所示。二级密钥由 RootKey 保护，通常为每个应用或者租户分配一个，称为用户主密钥 CMK。三级密钥是最终用于加解密数据的密钥，通常被称为 DEK（Data Encrypt Key）。对较大的数据，通常采用信封加密方式加解密数据，这种一次一密钥的技术方案，将随机生成的密钥加密后和内容一起保存，解密时先还原密钥，再对内容进行解密，既提供了一种在本地加解密大量数据的一种安全方式，又降低了重复使用同一 DEK 带来的安全隐患。

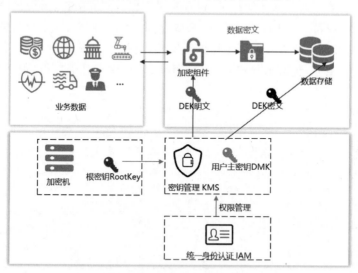

图 9-7　三层密钥 KMS 服务设计

2）Web 应用防火墙

Web 应用是数据中心重要的一类应用，组织的门户网站都是基于 Web 技术构建的。其用户群体广泛，可能直接暴露在互联网上，部分系统还包含了大量的用户信息和业务数据，因此 Web 应用一直是安全攻击的高发区。Web 应用防火墙（Web Application Firewall，

WAF）是专门针对网站和 Web 应用系统的应用层安全防护，可以有效地缓解网站和 Web 应用系统面临的常见威胁，减少恶意攻击者对 Web 业务的冲击。

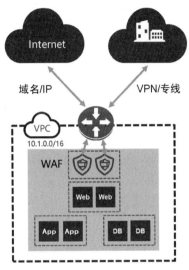

图 9-8　WAF 在虚拟化数据中心的
部署位置

用户在将 Web 业务开放到外网后，攻击者会对开放的合法端口进行网络攻击，利用合法端口协议漏洞、应用层缺陷攻击 Web 应用。这类攻击主要通过网络入侵防御系统 IPS（Network-based Intrusion Prevention System）进行初步防御，其原理是对流经的每个报文进行深度检测，例如协议分析跟踪、特征匹配等，但 IPS 只能分析传输层和网络层的数据，依靠识别攻击特征之后匹配进行防御，是一种被动安全模型，攻击者只需将攻击变形，例如转换编码、拼接攻击语句等数据包就可绕过 IPS 的基础检查而直接提交给应用程序。如图 9-8 所示，WAF 能够拦截流入数据中心的 Web 流量，并提供 Web 应用层数据的解析能力，特别是对 HTTP 的解析能力尤其出色。它具备检测变形攻击的能力，能够对不同的编码方式做强制多重转换还原为攻击明文，把变形后的字符组合后再进行分析，从而有效地抵御来自 Web 层的组合攻击，例如跨站脚本（XSS）、网页木马、跨站请求伪造（CSRF）等。

另外，当面临 CC（Challenge Collapsar，挑战黑洞攻击，是 DDoS 的一种）攻击时，大量恶意请求长时间占用网站计算资源，导致网站业务响应缓慢甚至无法提供正常的服务。Web 应用防火墙可以精准识别 CC 攻击并过滤恶意请求，从而使普通用户能够正常访问网站提供的业务。

6. 安全管理中心

虚拟化管理系统作为虚拟化数据中心的控制中枢，实现虚拟化环境的集中管理和监控。通过虚拟化管理系统，管理员能够创建新的虚拟机和镜像，并按需修改虚拟机的安全策略。考虑到这些操作可能带来的安全风险，虚拟化管理系统通常位于纵深防御的中心。数据中心通常采用如下安全措施，来保证虚拟化管理系统的访问与操作的安全。

（1）网络隔离。通过划分独立的网络区域，将管理操作与其他操作隔离开来，从而提高网络的安全性。在这种网络架构中，管理网络与普通网络是分开的，管理网络只允许授权用户进行管理操作，而普通网络只允许用户进行普通操作。

（2）访问控制。只有经过授权的管理员才能进行管理操作。基于 RBAC 权限模型管理角色和管理员，通过灵活的角色设置，并灵活赋予角色拥有的权限，来保证维护团队内分职责共同有序地维护系统；采用三权分立模型来防止单个管理员权限过大；记录管理员的操作日志，以便追溯和审计；登录过程采用双因子认证，要求用户提供除了密码之外的另一个安全因子（如手机验证码、指纹、USBKey），防止管理员被仿冒。

（3）加密通信。管理员接入数据中心、管理员访问管理系统、管理中心和虚拟机监控器之间的通信使用加密协议和安全通道，防止数据在传输过程中被窃听或篡改。

（4）安全审计。管理中心可以对虚拟机的使用情况进行审计，包括虚拟机的创建、启动、停止、删除等操作，以及虚拟机中的网络流量、磁盘访问等信息，以便及时发现安全问题。

（5）漏洞修复。管理中心需要定期更新和修复虚拟机监控器和管理中心本身的漏洞，以防止黑客利用漏洞攻击虚拟机系统。

（6）备份和恢复。管理中心需要定期备份虚拟机的镜像和数据，以便在系统故障或攻击事件发生时能够及时恢复虚拟机系统。

三权分立（checks and balances）亦称三权分治，是资本主义国家的基本政治制度的建制原则，其核心是行政、司法、立法三大权力分属三个地位相等的不同政府机构，由三者互相制衡，以避免独裁者产生。对于数据中心这种安全性要求比较高的场景，超级管理员拥有系统的全部权限，如果管理不善极易造成权限的滥用，采用"三权分立"原则可以有效限制各角色权限的使用，这也是大多数数据中心采用的权限管理策略。

在三权分立模型中，系统默认包含三类角色：系统管理员、安全管理员和安全审计员，如图9-9所示。系统管理员负责系统维护运行、创建和管理用户，但是无法为用户分配角色，所创建的用户默认锁定。安全管理员创建、管理角色，管理用户的通用密码策略，但是却无法给某个具体的账号修改密码。系统管理员新建的账号需要由安全管理员授权、解锁后，账号才正式投入使用。安全审计员对系统管理员、安全管理员的操作行为进行审计与监督，只能对系统日志进行操作不具备其他系统管理权力。

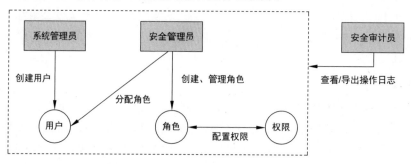

图9-9　三权分立模型

9.2.5　数据中心虚拟化安全实践

在企业安全建设方面，真正进行安全规划的企业并不多，大多数仍属于"事件驱动"和"项目驱动"型建设。发生信息安全事件后才进行信息安全的资源投入建设，在建设时又由于项目目标需求明确和事件急迫，仓促上马，而忽略对体系化的针对性考虑和设计。最终导致安全设备堆叠，极度依赖设备堆叠部署解决某个具体安全事件问题，重复建设严重，设备成本过大。

华为始终致力于构筑安全可信的数字化产品与服务,不断优化端到端保障体系,确保各领域的网络安全和隐私保护工作持续夯实并与时俱进。本节结合 DCS 的方案设计,探讨虚拟化数据中心面对常见勒索攻击场景时的防护实践。

勒索软件是近几年数据中心比较流行的一种恶意软件,其对数据中心的重要数据窃取与加密,导致计算机或特定文件不可用或不可读;只有受害人支付了赎金,才有可能获取用于恢复电脑或解密被加密文件的密钥。根据世界经济论坛 2022 年全球网络安全展望的研究,勒索软件攻击已经成为全球网络领导者最关心的问题。

勒索软件隐蔽性强,善于伪装,它可以通过零日漏洞入侵,也能通过存储介质、钓鱼邮件等手段入侵,变得难以防御。据外媒 Cybersecurity Ventures 的报告,2021 年,每 11 秒就有一个组织遭到勒索软件的攻击,预计到 2031 年,每 2 秒就有一起攻击发生。勒索软件一旦成功攻击,其破坏对于大型企业来说是颠覆性的。据彭博社报道,2021 年 5 月勒索软件攻击者的平均赎金跃升至 5000 万美元,达到历史最高水平。面对勒索软件攻击,不是支付赎金就能一劳永逸的,80% 支付赎金的组织会再次受到攻击,支付了赎金的组织,有 49% 只拿回了部分数据甚至没有拿回数据。专业 IT 门户网站 ZDNet 在 2020 年初报告称,公司在勒索软件事件后平均遭受 16.2 天的停机时间,即使可以完全恢复数据,停机带来的业务中断的成本可能远远超过满足赎金要求的成本。

勒索软件已经成为一个庞大的黑色产业链。这个产业链包括了黑客、软件开发者、网络犯罪分子、支付处理商和洗钱者等多个环节,如图 9-10 所示。黑客使用各种手段进入企

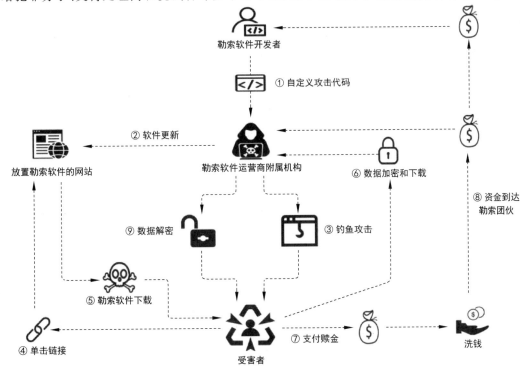

图 9-10　勒索软件完整产业链

业基础设施获取受害者的计算机系统的控制权,然后将勒索软件安装在受害者的计算机上。软件开发者负责开发和更新勒索软件,以应对安全专家和反病毒软件的攻击。网络犯罪分子则负责向受害者发送勒索信息,并收集赎金。支付处理商和洗钱者则负责将赎金转移并清洗资金,使其难以追踪。

如图 9-11 所示,勒索攻击分为三个阶段：第一阶段,攻击者通过网络或者管理漏洞攻击企业的服务器,非法获取服务器权限;第二阶段,植入勒索病毒,并让勒索病毒在企业网络中扩散,尽量感染更多的服务器以便获取企业的价值数据;第三阶段,攻击者启动勒索病毒,对用户的价值数据进行加密。此外,第三阶段会删除客户的未加密数据和备份数据,通过弹窗等方式提示威胁要求客户支付赎金,具有二次投毒功能的勒索病毒还会植入持久化后门渠道用于二次勒索或扩大攻击面。

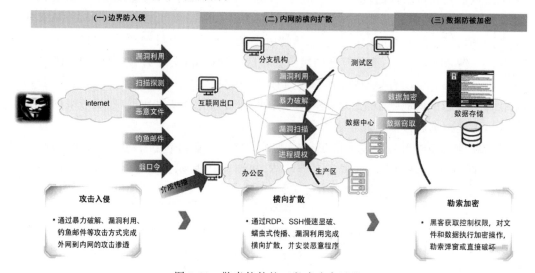

图 9-11　勒索软件的三段式攻击过程

勒索软件攻击几乎总是以金钱为动机,目前国内已经出现针对医疗、制造行业明确的攻击功案例,对企业乃至国家层面安全都带来极大的威胁。DCS 虚拟化系统通过分析勒索软件的攻击行为特征,同时对发生的真实勒索事件进行复盘推演,结合 IaaS 基础设施的现状,推出适用于虚拟化数据中心的网存算一体联动防勒索解决方案。

如图 9-12 所示,DCS 网存算联动防勒索方案主要由四部分组成：DCS IaaS 基础设施、具备防勒索功能的华为存储、具备勒索病毒检测能力的网络安全设备和主机防勒索检测的 EDR 软件。

首先,从 IaaS 基础设施来看,集成 ICT 存储(OceanStor 系列)、计算、网络设备硬件,通过自研的 DCS 软件平台将其池化,满足企业应用虚拟机、容器和裸机算力需求,以及业务高效通信需求和数据高可靠和高性能需求。同时通过 eDME 进行全栈管理、业务发放,并作为防勒索的统一配置管理中心和处置中心。

其次,是支持防勒索功能的存储,存储是最后一道防线,通过存储的防勒索能力,保证始终有一个可用备份可用于业务恢复。华为 OceanStor Dorado、OceanStor Pacific、OceanProtect

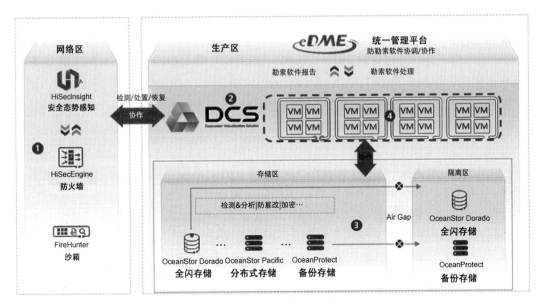

图 9-12　DCS 网存算联动防勒索解决方案结构

等存储设备支持防勒索能力,利用安全快照、AirGAP、复制链路加密等技术确保当被保护资源被攻击后,证始终有一个可用备份可用于业务恢复。安全快照通过快照只读且在设定时间范围内无法被修改和删除来保证备份可用;AirGAP 通过对复制链路自动关断控制,减少备份区域的攻击时间窗。

再次,是具备勒索病毒检测能力的网络安全设备,HiSec Insight 是华为自研的安全态势感知产品,集威胁检测、威胁阻断、取证、溯源、响应、处置于一体,通过 30＋全攻击链智能检测算法,可动态识别 APT、0day、勒索病毒等高级威胁,是连续两年入选 Gartner MQ 象限的唯一中国产品。

最后,是主机防勒索检测的 EDR 软件。VM 的防勒索检测在存储层面实现难度高,所以通过在 VM 中部署第三方 EDR,进行 VM 级别的实时防勒索检测。华为与国内知名病毒厂商深度合作与定制,构建了轻量化病毒查杀方案,不需要为每个虚拟机部署防病毒软件即可实现病毒查杀,借助病毒厂商的安全能力构建 VM 级别的实时防护。

按照勒索攻击攻击路径,外部攻击首先通过网络入侵,所在边界网络需要能够支持防火墙防止入侵检测,通过安全沙箱实时检测南北向勒索恶意攻击,打造边界安全能力。如果边界防护未成功,恶意入侵已经进入,则通过局域网内网络态势感知设备,及时检测入侵恶意防勒索软件的内部网络扩散,通过在办公网络和生厂区网络间部署网络安全组件,进一步检测入侵生产网络的攻击行为,此时的危险等级被定义为中。如果攻击者已经突破虚拟机,此时虚拟机内的第三方 EDR 就会检测到入侵,此时的危险等级被定义为高,此虚拟机已经被认为不安全。最终,所有发现的攻击行为,被攻击资源信息(IP/MAC/网络等)信息会统一通知到 eDME,由 eDME 按照风险级别根据预定义规则进行资源保护。对于中风险,攻击者只进入到了网络内部,此时对网络流量的阻断是最有效的防护,通过 eDME 向防火墙发送一条阻断流量的控制消息,实现攻击流量的阻断。对于高风险,虚拟机对应的生产区数据已经不可信,eDME 通过安全组规则来切换虚拟机与外部的网络通信,防止进一步数据泄露,为了保护该虚拟机,针对该虚拟机的 AIR-GAP 同步会被 eDME 强制关闭,后续威胁清除后由管理员手动开启。

9.3　数据中心的可靠性问题

设备故障、自然灾难、网络过载、维护操作等各种因素都会导致数据中心承载的客户业务受损,造成严重的社会后果和巨额的经济损失。可靠性技术的目标就是在故障场景,保障客户业务不中断、数据不丢失,因此可靠性是虚拟化解决方案能否在数据中心广泛应用的一个关键因素,也是用户选择虚拟化平台的一个重要指标。

接下来,9.3.1 节将介绍业界通用的可靠性定义与特征。9.3.2 节基于 9.3.1 节对可靠性特征的分类,介绍数据中心虚拟化体系架构中各层级上的可靠性通用能力和关键技术。9.3.3 节介绍华为数据中心虚拟化解决方案 DCS 提供的可靠性技术及其使用案例。

9.3.1　可靠性定义与特征

广义的可靠性,可以细分为可靠性、可维修性和可用性三方面,这三方面的定义和指标如下。

(1) 可靠性(Reliability):产品在规定的条件下和规定的时间内完成规定功能的能力。可靠性的度量指标是平均故障间隔时间(Mean Time Between Failure,MTBF)。MTBF 越大,代表业务平均持续运行的时间越长,可靠性越好。

(2) 可维修性(Maintainability):产品在规定的条件下和规定的时间内,按规定的程序和方法维修时,恢复到规定状态的能力。可维修性的度量指标是平均故障修复时间(Mean Time To Recover,MTTR)。MTTR 越小,代表产品从故障到恢复的时长越短,可维修性越好。

(3) 可用性(Availability):产品在任意随机时刻需要和开始执行任务时,处于可工作或可使用状态的程度。可用性的度量指标是可用度,可用度使用 MTBF 和 MTTR 计算得出,表现形式是 0.999 99…或几个 9。在银行、投资、金融、政府等场景,IT 产品的可用度要求达到电信级"5 个 9",即年平均故障时长约 5min。数据中心解决方案的可用度要求达到6 个 9,即年平均故障时长约 30s。

进一步地,广义的可靠性包括如下三方面的特征。

(1) 可靠性:可靠性的特性是故障避免。为了实现不出故障的目的,首先要保证系统或部件自身的健壮性,包括硬件基本可靠性和容错(例如高温、环境和降额设计,以及软件零编码问题),解决方法包括编程规范、软件测试技术等。其次要在发生故障前完成预测和告警,以便维护人员及时更换亚健康部件,例如硬盘即将失效、内存频发 bit 跳变等。最后要针对人因错误进行预防(例如误删资源对象),针对人因错误导致的误配置和误操作,提供防呆和回退设计。

（2）可维修性：可维修性的特性是重启、重建和重生。重启、重建和重生的前提是故障定位，需要在故障发生时，尽量详实地保留问题根因的追溯信息，准确识别到造成客户可感知影响的最小可修复部件。然后针对故障部件，精准、快速地恢复客户业务，例如服务器主板部件更换、服务器重启、进程/容器/虚拟机重启、虚拟机操作系统重装，虚拟机迁移重生等。

（3）可用性：可用性的特性是无单点架构、故障管理和过载控制。无单点架构分为冗余和容灾两方面：冗余是指数据中心内、数据中心间提供冗余机制，任意单点故障不影响业务可用性，容灾本质上是对数据的多副本冗余，包括数据备份与恢复。故障管理包括检测、隔离和恢复三方面。其中，故障检测包括故障自动检测和动态监控，故障自动检测要求故障 100% 检测，动态监控是指故障综合分析和识别。故障隔离要做到最小化影响范围，共享资源划分隔离域（例如三面隔离、去中心化、微服务），局部故障不扩散。故障恢复要求故障自动恢复（区别于可维修性中的手动修复），保证业务不中断或短暂中断。过载控制要做到服务等级控制，首先外部业务量超过系统处理能力时，系统仍然能够提供超过 80% 的业务能力，其次非关键服务故障不影响系统基本业务，最后系统检测到处理能力即将成为瓶颈时，自动启动瓶颈资源的扩展。

9.3.2　数据中心虚拟化可靠性全景与关键技术

基于本书 2.1 节对数据中心体系结构的介绍，本章重点介绍数据中心 L2 层（ICT 设备）和 L3 层（软件平台）的可靠性技术。如图 9-13 所示，资源层提供对虚拟计算、存储、网络资源的池化抽象。管理层提供对数据中心资源的统一管理调度能力，而解决方案层提供将计算、存储和网络虚拟化资源统筹应用的解决方案（如容灾、备份等）。下面将分别介绍数据中心虚拟化架构各层上的可靠性关键技术。

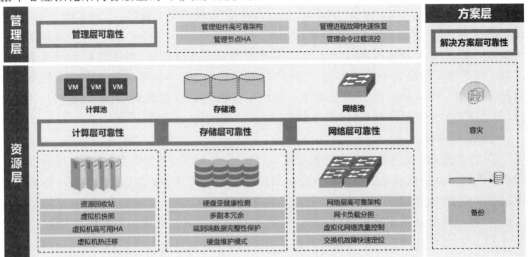

图 9-13　数据中心虚拟化可靠性全景

1．计算层可靠性

按照可靠性特征做分类，数据中心虚拟化计算层的可靠性技术分类如表 9-3 所示。

表 9-3　计算层可靠性技术分类

1 级分类	2 级分类	可靠性技术举例
可靠性	故障避免	资源回收站
可用性	无单点架构	虚拟机快照、虚拟机互斥保护
	故障管理	虚拟机高可用 HA、虚拟机 OS 故障检测
	过载控制	流量控制、QoS
可维修性	重启重建重生	黑匣子、虚拟机热迁移

1）可靠性技术

当管理员误删除虚拟机等资源需要找回时，平台提供资源回收站机制，提供一个"误删除操作缓冲区"的保护机制和一次"反悔"的机会。管理员可以到回收站一键找回未彻底删除的虚拟机和虚拟网络设备，从而保障用户操作的可逆性和正确性。

用户删除的虚拟设备会在回收站暂放一段时间，此时被删除设备占用的磁盘空间并没有释放，数据并没有删除，这种状态下的设备可被找回。被删除设备在回收站的时间超过指定天数之后会自动彻底删除或者用户手动点击彻底删除，此时才释放设备占用的磁盘空间。

2）可用性技术

（1）无单点架构。

① 虚拟机快照：当虚拟机发生非逻辑故障导致业务异常，比如虚拟机变更失败（虚拟机打补丁、安装新软件等），平台提供虚拟机快照技术，可以快速回滚到快照时刻的健康业务状态。虚拟机快照是指对虚拟机某个时刻的状态做一次状态保存，以便后续需要的时候，可以把虚拟机恢复到该时刻的状态（详细实现将在第 10 章介绍）。

② 虚拟机互斥保护：当多个虚拟机是主备或者负载均衡关系时，比如 Oracle RAC 数据库的多个 RAC 节点虚拟机，如果将这些虚拟机放置在一台主机上，如同将所有鸡蛋放在一个篮子里，面临全军覆没风险。平台提供虚拟机安全互斥机制，保证具有互斥关系的虚拟机一定不会运行在同一台主机上，当一台主机宕机时，运行在集群其他主机上的互斥虚拟机可以继续运行，保证业务的连续性。互斥虚拟机在动态资源调度、虚拟机高可用 HA时，仍然遵循安全互斥原则，禁止这些虚拟机在同一个主机上运行。

（2）故障管理。

① 虚拟机 OS 故障检测。由于硬盘故障、硬件驱动错误、软件中毒等原因，可能导致引起虚拟机操作系统蓝屏或黑屏。平台会时刻侦测应用层可用性，当虚拟机 Guest 系统出现应用层不调度（蓝屏、黑屏）时，平台提供虚拟机异常重启机制，及时恢复业务，保障业务连续性，增强系统的自动化维护手段，减少维护人力投入。通过在虚拟机中安装的性能优化工具，该工具每隔几秒向虚拟机运行所在主机发送心跳，主机根据虚拟机发出的心跳、磁盘I/O、网络流量状态，判断是否虚拟机的 Guest 系统应用层不调度，应用层不调度状态持续

数分钟后,可认为该虚拟机发生了黑屏或者蓝屏,将该虚拟机执行 HA 操作,关机并重启。

② 虚拟机高可用 HA:当外部环境故障(比如主机管理网络故障、存储不可访问等)导致业务中断时,通过虚拟化 HA 机制,将故障主机的业务在资源充足的健康主机上自动重启,从而实现业务的快速恢复。在虚拟化集群中,对启用了 HA 功能的虚拟机所在节点进行集群心跳检测,每隔数秒轮询检测所有虚拟机状态是否异常,当发现异常并持续时长达到用户设置的故障检测敏感度时,切换 HA 虚拟机到其他主机运行,保障业务系统的高可用性,极大缩短了由于各种主机物理或者链路故障引起的业务中断时间。虚拟机在其他主机启动之前,需要防止脑裂场景,例如主机管理网络故障,但是能正常访问存储时,不能同时有 2 个存活的虚拟机同时访问存储。通用的技术是存储层面的锁机制。当计算服务器宕机后,由于单个集群内可以运行上千个虚拟机,为避免大量虚拟机迁移造成网络拥塞和目的服务器过载,系统会根据网络流量、目的服务器负荷选择将虚拟机迁移到不同的目的服务器。

③ 进程看门狗:系统进程可能发生未知错误导致的崩溃、死锁等情况,导致进程不对外提供服务,此时平台提供的进程看门狗机制可及时恢复进程。在后台运行一个独立的守护进程,该进程具有最高的优先级,负责监控所有系统进程,一旦某个系统进程出现崩溃、死锁等状况,看门狗机制会强行介入重启该进程,恢复业务的运行,并记录下当时进程的状态信息到黑匣子中,以供事后分析。关键进程僵死保护的机制,可以检查出进程处于僵死状态,并自动将处于僵死状态的进程杀死重新启动,从而让进程正常提供服务。

(3) 过载控制。

① 流量控制:为向用户提供稳定的高可用的并发业务和避免大流量冲击导致系统崩溃,管理节点针对系统关键流程设计了完善的流量控制机制。首先在虚拟化管理平台(如 VMware vSphere、华为 FusionCompute)接入点采用操作流控措施,从前端抑制系统过载,保证系统的稳定性。其次是针对系统内部的瓶颈环节,增加了镜像文件下载流控,鉴权、虚拟机相关业务流控(包括虚拟机迁移,虚拟机 HA,虚拟机的创建,虚拟机的休眠和唤醒,启动和停止),确保各个环节不因为流量过载导致业务失效。

② QoS:虚拟机的 CPU QoS 用来控制虚拟机使用 CPU 资源的大小。不同的 CPU QoS 代表了虚拟机不同的计算能力,主要分为三类:份额、预留和限额。

- CPU 资源份额:定义了多个虚拟机在竞争物理 CPU 资源的时候按比例分配计算资源。CPU 份额只在各虚拟机竞争计算资源时发挥作用,如果没有竞争情况发生,有需求的虚拟机可以独占物理 CPU 资源。
- CPU 资源预留:定义了多个虚拟机竞争物理 CPU 资源的时候分配的最低计算资源。如果虚拟机根据份额值计算出来的计算能力小于虚拟机预留值,调度算法会优先按照虚拟机预留值的能力把计算资源分配给虚拟机,对于预留值超出按份额分配的计算资源的部分,调度算法会从主机上其他虚拟机的 CPU 上按各自的份额比例扣除,因此虚拟机的计算能力会以预留值为准。如果虚拟机根据份额值计算出来的计算能力大于虚拟机预留值,那么虚拟机的计算能力会以份额值计算为准。CPU

预留只在各虚拟机竞争计算资源的时候才发挥作用,如果没有竞争情况发生,有需求的虚拟机可以独占物理 CPU 资源。

- CPU 资源限额:控制虚拟机占用物理 CPU 资源的上限。

③ 动态资源调度:动态资源调度是针对计算、存储和网络资源池,根据不同的负载进行智能调度,达到系统各种资源的负载均衡,在保证整个系统高可靠性、高可用性和良好的用户体验的同时,有效提高了数据中心资源的利用率。动态资源调度支持如下两种调度方式。

- 负载均衡。在一个集群内,对计算服务器和虚拟机运行状态进行监控的过程中,如果发现集群内各计算服务器的业务负载高低不同并超过设置的阈值时,根据管理员预先制定的负载均衡策略进行虚拟机迁移,使各计算服务器 CPU、内存等资源利用率相对均衡。当虚拟机业务压力激增,导致其运行的物理主机可提供的性能不足以承载虚拟机业务的正常运行时,平台提供动态资源调度(Dynamic Resource Scheduler,DRS)功能,通过监控集群中资源池的使用情况,对整个集群的资源情况进行动态的运算,将资源过载服务器上的虚拟机热迁移到资源充足的服务器上运行,保障集群中业务的健康运行状态,均衡集群中的主机负载情况,如图 9-14 所示。

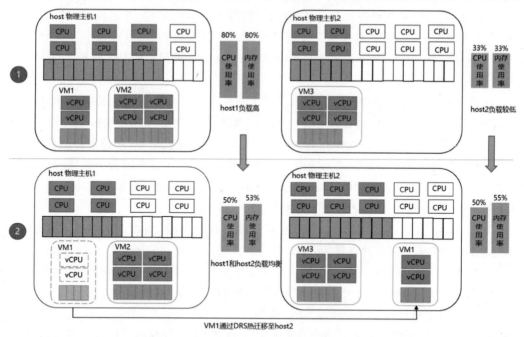

图 9-14 基于 DRS 的集群负载均衡

- 动态节能调度。动态节能调度和负载均衡配合使用,仅在负载均衡调度打开之后才能使用动态节能调度功能。在一个集群内,对计算服务器和虚拟机运行状态进行监控的过程中,如果发现集群内业务量减少,系统将业务集中到少数计算服务器上,并自动将剩余的计算服务器关机;如果发现集群内业务量增加,系统将自动唤醒计算服务器并分担业务。主机资源过载的基准线由用户自定义,包括 CPU 过载、内存过载和过载持续时间,避免造成因 DRS 导致的业务来回切换震荡,并且用户可选择手动和自动进行资源调度。

④ 动态资源扩展:当虚拟机业务压力激增,导致用户创建业务时分配的计算资源不足以承载业务当前的稳定运行时,平台提供动态资源扩展(Dynamic Resource eXtension,DRX)功能,实时监控业务虚拟机的内存、CPU 资源的使用情况。当虚拟机分配的计算资源使用即将达到瓶颈,并且运行的物理主机的计算资源足够时,自动或手动给业务虚拟机增加计算资源(CPU 和内存),以保证业务的正常运行,如图 9-15 所示。而当检测到运行的物理主机的资源过载时,不会进行计算资源热添加操作,避免挤压其他虚拟机的资源空间,此时将根据集群的负载情况进行动态资源调度。

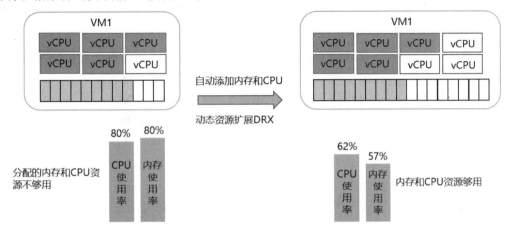

图 9-15　基于 DRX 的虚拟机资源扩展

业务虚拟机资源使用瓶颈由用户自定义,包括 CPU 使用率、内存使用率和计算资源达到使用瓶颈的持续时间,保证资源分配给有需要的应用使用。

⑤ 资源动态复用:虚拟机空闲时,可自动根据可设置的条件将其部分内存、CPU 等资源释放并归还到虚拟资源池,以供系统分配给其他虚拟机使用。用户可在 Web 界面上对动态资源进行监控。

⑥ 资源动态调整:用户可以根据业务负载动态调整资源的使用情况。虚拟机资源调整包括以下几方面。

- 离线/在线调整 vCPU 数目。无论虚拟机处于离线(关机)或在线状态,用户都可以根据需要增加虚拟机的 vCPU 数目。虚拟机处于离线状态时,用户可以根据需要减少虚拟机的 vCPU 数目。通过离线/在线调整虚拟机 vCPU 数目,可以满足虚拟机上业务负载发生变化时对计算能力灵活调整的需求。

- 离线/在线调整内存大小。无论虚拟机处于离线或在线状态,用户都可以根据需要增加虚拟机的内存容量。虚拟机处于离线状态时,用户可以根据需要减少虚拟机的内存容量。通过离线/在线调整内存大小,可以满足虚拟机上业务负载发生变化时对内存灵活调整的需求。

- 离线/在线添加/删除网卡。虚拟机在线/离线状态下，用户可以挂载或卸载虚拟网卡，以满足业务对网卡数量的需求。
- 离线/在线挂载虚拟磁盘。无论虚拟机处于离线或在线状态，用户都可以挂载虚拟磁盘，在不中断用户业务的情况下，增加虚拟机的存储容量，实现存储资源的灵活使用。

3）可维修性技术

（1）黑匣子：在系统出现崩溃、进程死锁或异常复位故障时，为了保障业务的连续性和故障定位与处理，平台优先恢复业务并提供黑匣子技术，将"临死信息"备份到本地目录，用于后续故障分析与处理。黑匣子主要用于管理节点和计算节点上收集并存储操作系统异常退出前的内核日志、诊断工具的诊断信息等数据，以便操作系统出现死机后，系统维护人员能将黑匣子功能保存的数据导出分析。为了让这些系统定位数据不丢失，黑匣子支持把操作系统死机前收集的数据实时发送至远端服务器进行备份，如果网络异常则会保存在本地。

（2）虚拟机热迁移：当管理员要对主机做硬件维护、主机变更等操作时，需要提供虚拟机热迁移机制，在不影响业务运行的情况下，将虚拟机迁移到其他主机上，保证业务持续提供服务。通常有如下虚拟机迁移场景。

① 降低客户的业务运行成本：根据时间段的不同，客户的服务器会在一定时间内处于相对空闲状态。此时若将多台物理机上的业务迁移到少量或者一台物理机上运行，而将没有运行业务的物理机关闭，就可以降低客户的业务运行成本，同时达到了节能减排的作用。

② 保证客户系统的高可靠性：如果某台物理机运行状态出现异常，在进一步恶化之前将该物理机上运行的业务迁移到正常运行的物理机上，就可以为客户提供高可用性的系统。

③ 硬件在线升级：当客户需要对物理机硬件进行升级时，可先将该物理机上的所有虚拟机迁移出去，之后对物理机进行升级，升级完成再将所有虚拟机迁移回来，从而实现在不中断业务运行的情况下对硬件进行升级，保证服务的持续可用性。

虚拟机热迁移支持如下三种场景。

① 集群内热迁移：因为集群内共享存储，虚拟机只迁移运行位置，存储位置不改变，因此只需要进行运行数据同步（内存、vCPU、磁盘和外设寄存器状态）。通过共享存储保证了虚拟机迁移前后持久化数据不变。

② 集群内跨存储热迁移：当需要迁移存储位置时，迁移服务会先将虚拟机的虚拟磁盘镜像文件进行迁移，然后进行数据同步；

③ 跨集群热迁移：需要同步虚拟磁盘镜像文件和运行数据。

虚拟机迁移时，管理系统会在迁移的目的端创建该虚拟机的完整镜像，并在源端和目的端进行同步。同步的内容包括内存，寄存器状态，堆栈状态，虚拟 CPU 状态，存储以及所有虚拟硬件的动态信息。在迁移过程中，为保证内存的同步，虚拟机管理器（Hypervisor）提供了内存数据的快速复制技术,从而保证了在不中断业务的情况下将虚拟机迁移到目标主机。迁移过程中会检查物理主机的资源是否足够(如果资源不够,则迁移失败)和目的端虚拟网络是否和源端一致(如果不一致则告警,用户决定是否继续迁移)保障迁移顺利地进行。

(3)主机维护模式:当管理员要对主机做硬件维护、主机变更等操作时,平台提供主机维护功能,可以达到自动进行虚拟机热迁移的效果,系统会先将启动维护模式主机上运行的业务迁移到其他主机上或者关机,确保替换过程中不对业务造成影响,通过维护模式可以达到自运维的效果;进入单主机维护模式的主机如同冰冻状态,不能读写数据。

没有主机维护功能时,管理员需手动迁移虚拟机并且可能存在数据单点故障;主机维护模式会进行虚拟存储副本检查,保障该主机上的数据副本在其他主机上存有一份,该主机进行下电操作不会影响业务。

2. 存储层可靠性

数据中心虚拟化存储层的可靠性技术分类如表 9-4 所示。

表 9-4 存储层可靠性技术分类

1 级分类	2 级分类	可靠性技术举例
可靠性	故障避免	硬盘亚健康检测、数据延时删除
可用性	无单点架构	多副本冗余、存储多路径访问
	故障管理	端到端数据完整性保护、多故障域设计
	过载控制	I/O QoS 保护
可维修性	重启重建重生	硬盘维护模式

1)可靠性技术

(1)硬盘亚健康检测:当硬盘出现预失效、健康度低、寿命到期、DIE 失效、频繁闪断、误码过多等故障时,硬盘实际上是处于亚健康状态,虽然硬盘可以被识别到进行数据读写操作,但此时硬盘存在读写不成功和数据丢失风险;平台提供硬盘亚健康检测机制,提前检测并规避硬盘故障对业务带来的影响。

预失效的检测方式有两种,一种是周期例测,进行 SMART 即将失效判定,另一种是依赖硬盘的主动上报,包括硬盘通过 command 带回的预失效错误码或者异步事件上报的致命告警。检测到硬盘预失效后,对硬盘启动数据预拷贝和换盘流程。

健康度低的检测,依赖硬盘健康度分析系统,通过建立硬盘故障模型,对硬盘关键指标进行监控,并采用智能算法(多因素模型、单因素模型、TimeOut 模型),评估硬盘的健康度,准确预测硬盘故障。

硬盘具有固定的可擦写次数,当擦写次数过多时,硬盘介质过度磨损,失效概率上升。当硬盘寿命即将到期时,需要启动"预拷贝",并提醒客户尽快换盘。

DIE 是 NAND FLASH 独立封装的最小物理单元,也是失效的最小单位。当 SSD 盘上个别 Flash 颗粒出现 DIE 失效的时候,仅失效的这个 DIE 上的数据会出现异常,不会影响其他 DIE。当某个 DIE 故障或者即将失效的时候,通过 XOR 引擎计算出正确的数据,并重新写入其他 Block 上,从而避免了 Die 失效导致盘不可用的问题,提升了 SSD 的可靠性。

计算节点与硬盘交互过程,可能会因为盘问题或者链路问题,出现频繁闪断或频繁误码的现象,最终导致客户业务返错或性能慢。硬盘驱动层对链路闪断和误码进行统计,上报事件给硬盘管理模块,然后根据该事件对盘进行隔离或修复措施。

(2) 数据延时删除:虚拟设备被彻底删除后,业务占用的磁盘空间将被释放,无法找回设备;平台为了进一步保障用户操作的可逆性和正确性,存储平台虚拟存储层提供数据延时删除机制,可找回存储平台未彻底删除的虚拟设备数据。

当上层业务向数据存储层发出删除数据的指令时(如彻底删除虚拟机镜像指令),存储平台会检查剩余磁盘空间,如果剩余磁盘空间足够,则存储平台并不会立即把这部分删除的空间全部清零、回收,而会把这部分数据放到“待删除队列”,并会向上层应用反馈删除成功的结果,然后继续把这些数据保留一段时间,超过这段时间之后则删除这部分数据。

如果存储平台可用剩余空间不足,而后台存在有需要延时删除的数据,则存储平台会按照时间最久原则依次回收需要删除的数据,而不等待超时时间。

2) 可用性技术

(1) 无单点架构。

① 多副本冗余:当硬件层面发生故障时(硬盘损坏,存储交换机/存储网卡故障等),导致该故障主机上的数据丢失或者不能被访问,影响业务运行;平台提供数据多副本保护机制,确保业务数据在存储池中存有多份,并且互斥地分布在不同的物理主机的不同磁盘上。因此,此时用户数据在其他主机上依然有完好的副本,可以保证数据不会发生丢失,业务可以正常运行。

两副本场景下,在分布式块存储一个资源池内,出现一块磁盘故障,整个系统不会丢失数据,不影响业务正常使用。而在三副本场景下,出现两块磁盘同时故障,整个系统不丢失数据,也不影响业务正常使用。

纠删码(Erasure Coding,EC)支持通过不同的编码方式在存储空间利用率和数据可靠性之间取得平衡。写入存储系统的数据,会按照固定大小划分为一个条带,将数据切为多个原数据分片,然后对每 N 个原数据分片,计算得到 M 个校验分片,最终这 $N+M$ 个条带组成一个分条,写入到系统中。当系统出现故障,丢失了其中的某些分片时,只要一个分条中丢失的分片数目不超过 M,就可进行正常的数据读写,如图 9-16 所示。通过数据恢复算法,丢失的条带可从剩余条带中计算得到。在这种方式下,空间的利用率约为 $N/(N+M)$,数据的可靠性由 M 值的大小决定,M 越大可靠性越高。

当节点数小于配比的 $M+N$ 总值时,可以配置 $(M+N):1$ 模式,此时一个节点可能存在同一分条的多个条带,此时即使 $M=2$、3 或者 4,也只允许一个节点故障。

② 存储多路径访问:虚拟机访问存储设备,需要经过主机网卡、交换网络、存储设备接口卡等设备,其中任意设备故障,可能导致虚拟机业务中断。存储多路径能力,通过冗余的设计思路,保证网络单点故障时虚拟机能够正常访问存储设备。

计算节点支持存储启动器模块的冗余部署,其上虚拟机通过标准协议(如 iSCSI 等)访

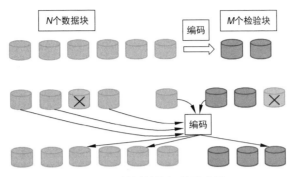

图 9-16　纠删码编解码示意图

问存储系统,并通过多块网卡的负荷分担技术、交换机的堆叠和集群技术提供存储路径的物理冗余。

图 9-17 给出了计算节点和存储节点使用协议通信时的多路径访问流程,任意一个虚拟机对所挂载的任意一个虚拟卷,都将至少有两个完全冗余的路径来实现卷的多路径访问,并通过多路径软件来实现访问多路径的控制和故障切换,从而避免单点故障带来的系统可靠性问题。

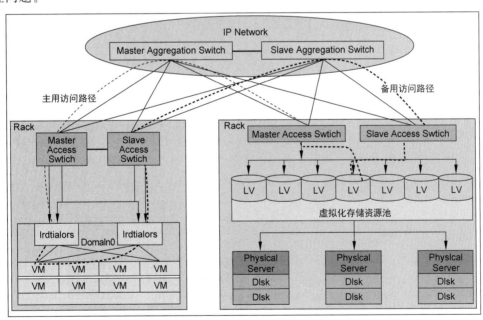

图 9-17　计算节点和存储节点的多路径访问示意图

③ 数据热备盘保护:在主机集群较大、硬盘数量较多的场景下,硬盘故障的情况会时有发生,数据热备盘保护机制让用户不用担心硬盘损坏而没有及时更换,从而造成数据丢失。

当集群内出现某块 HDD 硬盘损坏导致 I/O 读写失败,进而影响业务时,平台提供数据热备盘保护，系统热备盘可以立即自动取代损坏的 HDD 硬盘开始工作，无须用户手动干预。

（2）故障管理。

① 多故障域设计：多故障域设计保证一个资源池为一个故障域，故障域间相互隔离。如图 9-18 所示，存储系统创建了两个资源池，默认为 2 个独立的故障域。当不同资源池（故障域）各出现一块硬盘同时故障时，不会出现双点故障或三点故障，即全系统不会数据丢失，很大程度上降低了双点故障或三点故障的概率。

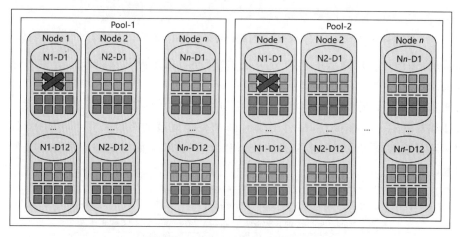

图 9-18　存储系统多故障域示例

② 数据安全设计：同一个资源池内，数据存储支持 Server 级或 Rack 级粒度的安全分布，可有效降低两副本双盘故障或三副本三盘故障的概率。

- Server 级安全级别。系统默认为 Server 级安全界别。同一节点内主副本数据，对应的备副本数据，仅会分布在该节点之外的其他节点上。这样，同一 Server 内任意磁盘故障，整个系统不会丢失数据，不影响正常业务使用，如图 9-19 所示。

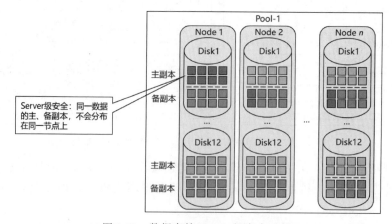

图 9-19　数据存储 Server 级安全示例

- Rack 级安全级别。同一 Rack 内主副本数据,其对应的备副本数据,仅会分布在该 Rack 之外的其他节点。这样,同一 Rack 内任意刀片或磁盘故障,整个系统不会丢 失数据,也不会影响正常业务使用,如图 9-20 所示。

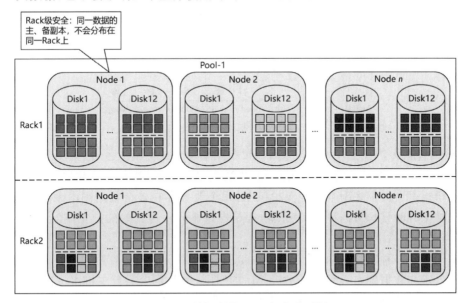

图 9-20　数据存储 Rack 级安全示例

③ 数据快速重建:存储系统中的存储池采用分区打散机制,即 EC 分条数据会按照策 略打散到不同的服务器的不同硬盘。当存储系统检测到硬盘或者节点硬件发生故障时(如 长时间离线),自动在后台启动数据修复。

由于存储系统采用虚拟化方式,每块盘都会有一部分空间与其他盘组成 EC,一旦发生 硬盘故障,参与重构的硬盘数量非常多。同时热备空间不是来自一块硬盘,而是随机分配 在存储池中。

当盘或服务器短时间离线(如盘误拔、服务器重启)后又接入存储系统时,存储系统不 会进行全盘数据重构,而是直接进行状态协商(如有效数据位置),协商完成后便直接使用 上面的数据。此方式相比还需要搬移新增数据到恢复的盘上而言,对系统性能的影响更小 且数据可靠性更高。当盘或服务器离线时间太长时,为了数据可靠性和业务可用性,仍然 会触发数据重构。

如图 9-21 所示,Node4 节点故障,重构时 Node6 和 Node7 同时参与重构,提高重构速度。

缓存盘故障增量重构发生在 HDD 做主存、SSD 做缓存情况下。如果 SSD 发生故障后 更换缓存盘,业界一般有全盘重构和增量重构两种数据重构机制。

- 全盘重构:缓存盘中的数据情况是未知的,重构时需要将写入 HDD 的数据做全盘 恢复,参与重构的数据量巨大,重构时间通常按天计算。

- 增量重构。缓存盘中的数据情况是明确的,重构时仅需要对缓存盘中未写入 HDD 的数据做增量恢复,参与重构的数据量较小,通常可以在短时间内快速完成重构。

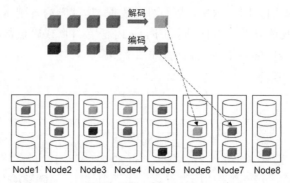

图 9-21　数据快速重构示例

④ 数据仲裁保护：若因网络等原因导致多副本写入数据不一致，并且多个副本均认为自己是有效数据，此时业务并不清楚哪个副本数据是正确的，就发生了数据脑裂，影响业务的正常运行。平台提供多副本仲裁保护机制，每个业务存在多个数据副本＋仲裁副本；通过仲裁副本来判断哪份数据副本是正确的，并告知业务使用正确的数据副本，保证业务的安全稳定运行。

仲裁副本是一种特殊的副本，它只有少量的校验数据，占用的实际存储空间很小；仲裁副本同样要求与数据副本必须满足主机互斥的原则，因此至少三台主机组成的存储卷才具有仲裁副本。仲裁机制的工作核心原理是"少数服从多数"，即当虚拟机运行所在的主机上可访问到的数据副本数小于总副本数（数据副本＋仲裁副本）的一半时，则禁止虚拟机在该主机上运行。反之，虚拟机可以在该主机上运行。

（3）过载控制。

① I/O QoS 保护：QoS 是为了解决混合业务的资源使用问题，改变业务对资源的自然争抢，做到资源隔离的同时保障单个或某些业务的存储性能。当用户压力过大导致系统过载即将崩溃时，QoS 将对业务进行控制，保证系统稳定运行。

QoS 保护支持用户为所有存储服务的非关键业务配置 QoS 策略，限制其最大 OPS 和带宽性能，减小其对关键业务的影响。QoS 保护支持以命名空间、账户、客户端 IP 地址为粒度的 OPS 和带宽的上限控制。

QoS 上限控制采用经典的令牌桶算法。如果本地令牌不足，则以对应 QoS 调控对象的 OPS 和带宽上限为速率不断生成令牌补充进令牌桶。

如图 9-22 所示，客户端发来的 I/O 请求进入存储系统后，将申请令牌，如果访问命名空间的流量未达到用户设置的 QoS 上限值，即消耗令牌的速度小于令牌生成的速度，所有 I/O 请求都能申请到令牌并访问命名空间。如果命名空间流量已达到上限，即消耗令牌的速度大于令牌生成的速度，I/O 请求将不能立即申请到令牌，而是进入流控队列的队尾，等待获取新生成的令牌陆续出队，出队速度受令牌生成速度的限制，从而达到流量控制的效果。

② 数据自平衡：通过数据平衡来保证在任何情况下，数据在存储卷内的各个硬盘上内尽可能地分布均衡，避免产生极端的数据热点和尽快地利用新增硬盘的空间和性能，保证各主机各硬盘的资源得到合理利用。

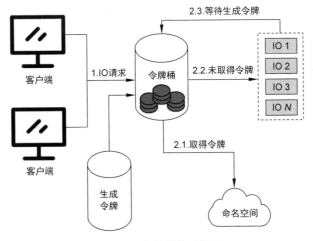

图 9-22   令牌桶算法原理

下面介绍平衡的触发条件。

- 计划内平衡。

计划内平衡会在用户所计划的时间范围发起数据平衡(比如凌晨 12 点到早上 7 点),当存储卷内不同硬盘的容量使用率差异较大时,将对使用率较高的硬盘执行数据平衡,迁移部分数据到容量使用率较低的硬盘上。

在用户所计划的时间范围内,存储平台的数据平衡模块会对存储卷内的所有硬盘进行扫描,若当发现卷内最高和最低的硬盘容量使用率之差超过一定阈值时(默认是 30%)即触发平衡,直至卷内任意两块硬盘的使用率之差不超过一定阈值(默认是 20%)。例如,用户对存储卷进行扩容后,在用户所设的数据平衡计划时间内,就会触发平衡将数据迁移至新增的硬盘上。

- 自动平衡

自动平衡无须用户进行干预,由系统自动发起的数据平衡。避免存储卷内某块硬盘的空间已用满,而其他硬盘仍有可用空间。

当存储卷内存在某块硬盘空间使用率已超过风险阈值时(默认是 90%)即触发自动平衡,直至卷内最高和最低的硬盘容量使用率小于一定阈值(默认是 3%)。

接下来介绍平衡的实现方式。

当满足平衡的触发条件时,系统会以数据分片为单位计算出源端硬盘上的各个数据分片即将落入的目的端硬盘的位置。目的端硬盘位置满足以下原则。

- 必须满足主机互斥原则:迁移后的分片两个副本不允许位于同一个主机上。
- 性能最优原则:优先选择分片迁移后依然满足数据最优分布策略的硬盘。
- 容量最优原则:优先选择容量使用率低的目的端硬盘。

分片在平衡过程中,针对该分片上新增/修改的数据同时写入源端和目标端,即多写一份副本。在平衡结束前,平衡程序会对源和目标的数据进行校验,确保平衡前后数据一致性。平衡完成后,源端的分片会移动到临时目录保留一段时间后再删除。

3）可维修性技术——重启重建重生

当硬盘处于亚健康状态并进行告警后，运维人员需要执行硬盘替换操作；如果有数据同步任务需要从即将替换的硬盘上读取数据，此时操作拔插硬盘可能导致发生双点故障进而影响业务。此时可以先使用硬盘维护/硬盘隔离功能，系统隔离硬盘之前，会对数据进行全面的巡检，保证该硬盘上的数据在其他硬盘上存有一份健康副本，隔离之后的硬盘将不允许数据的读写，确保硬盘隔离时业务不受影响。

3. 网络层可靠性

数据中心虚拟化网络层的可靠性技术分类如表 9-5 所示。

表 9-5　网络层可靠性技术分类

1 级分类	2 级分类	可靠性技术举例
可靠性	故障避免	网络层高可靠架构、网络芯片可靠性
可用性	无单点架构	网卡负载分担
	故障管理	网络连通性探测、网卡故障自动恢复
	过载控制	虚拟化网络流量控制
可维修性	重启重建重生	交换机故障快速定位

1）可靠性技术——故障避免

（1）网络层高可靠架构。图 9-23 所示为一种常见的数据中心网络组网方式。

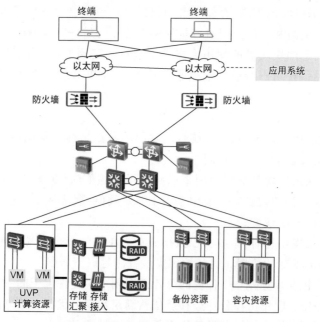

图 9-23　常见的数据中心网络组网方式

整体上，网络包含以下三层。

① 接入层：服务器和存储设备上行接入到接入层交换机。服务器侧建议采用 6 网卡

（业务＋管理＋存储）方式进行组网，业务、管理平面分别通过两网卡聚合确保链路冗余，存储平面通过多路径确保链路冗余。此外，在接入交换机划分 VLAN，将管理、业务、存储三个平面逻辑隔离。

②　汇聚层：接入交换机上行到汇聚层交换机。汇聚交换机建议采用交换机集群的方式，接入交换机采用 ETH-TRUNK 上行至汇聚交换机，汇聚交换机堆叠之后，无须启用 VRRP 功能，如果需要汇聚交换机提供网关功能，则直接将 VLAN IF 接口作为用户网关地址。

③　核心层：汇聚交换机上行接入核心层交换机。

核心交换机也建议采用集群的方式。核心交换机采用 OSPF 或者静态路由的方式同上层设备进行对接：当采用 OSPF 对接时，OSPF 发布地址包括核心交换机互联地址，直连路由地址以及 loopback 地址。当采用静态路由方式时，建议核心交换机同上级设备采用 VRRP 地址为网关地址。

（2）网络芯片可靠性。网络芯片的失效模式，分为硬失效和软失效。硬失效是指异物、污染、外力、老化等导致的芯片功能失效；软失效是指由于粒子、射线撞击，产生电子空穴对，当这些带电粒子的带电量与芯片存储单元的阀值电荷量相当时，将会导致 bit 翻转而引起单 bit 错误、多 bits 错误等，由于它对电路的损害不是永久性的，所以这种现象称为软失效。硬失效的防护手段，主要是在生产阶段的筛选、老化技术。软失效的防护手段，除了改进工艺，提高噪声容限之外，还需要提供软错误的检测手段（Parity 校验、ECC 校验、CRC 校验等），对检测到的软错误进行主动修复。

2）可用性技术

（1）无单点架构。

①　网卡负荷分担：对于物理服务器提供的多块网卡，出于可靠性以及流量负载均衡的考虑，系统采用了 Bonding 绑定模式（支持主备和负荷分担绑定模式）。使用绑定模式之后，网卡被绑定成逻辑上的"一块网卡"后，同步一起工作，对服务器的访问流量被均衡分担到多块网卡上，这样每块网卡的负载压力就减少很多，抗并发访问的能力提高，保证了服务器访问的稳定和畅快，而且当其中一块发生故障的时候，另外的网卡立刻接管全部负载，过程是无缝的，服务不会中断。避免单个网卡或者链路故障引发的业务中断。

服务器绑定多网卡的实际意义在于当系统采用绑定多网卡形成阵列之后，不仅可以扩大服务器网络进出口带宽，而且可以实现有效负载均衡和提高容错能力，避免服务器出现传输瓶颈或者因某块网卡故障而停止服务。

②　交换机堆叠：堆叠是将同一物理位置上的交换机通过堆叠电缆或高速上行口组成一个高可靠的设备组，例如接入交换机设备是通过堆叠口实现堆叠的。通过堆叠，在提高可靠性的同时，可以实现对交换机的集中管理和维护，降低用户的维护成本。

通过堆叠技术，将两台物理交换机作为一台交换机进行处理，交换机之间无须配置 TRUNK，对于接入设备服务器而言，相当于只看到一台物理设备。处于堆叠组中的两台物理交换机处于主备状态，单台设备故障，由另外一台设备接管。

堆叠系统建立之前，每台交换机都是单独的实体，每台交换机有自己独立的 IP 地址，对外体现为多台交换机，用户需要独立的管理所有的设备；堆叠建立后堆叠成员对外体现为一个统一的逻辑实体，用户使用一个 IP 地址对堆叠中的所有交换机进行管理和维护，堆叠协议会通过选举确定堆叠的主交换机、备用交换机和从交换机，可以实现主备交换机之间数据备份和主备倒换。

交换机通过堆叠线缆连接成环型或链型，运行堆叠管理协议，选举出主交换机，负责堆叠系统的管理，包括分配堆叠成员的 ID、收集堆叠的拓扑信息，并将拓扑信息通告给所有的堆叠成员。主交换机指定备用交换机，备交换机在主交换机出现故障的时候升级为主交换机来管理整个堆叠。

③ 交换机互连冗余：Smart Link，中文译为灵活链路，又称为备份链路，是一种为链路双上行提供可靠高效的备份和切换机制的解决方案，常用于双上行组网。相比 STP(Spanning Tree Protocol，生成树协议)，Smart Link 技术能够提供更高的收敛性能；相比 RRPP (Rapid Ring Protection Protocol)和 SEP(Smart Ethernet Protection)，Smart Link 技术提供了更简洁的配置使用方式。

双上行组网是目前常用应用组网之一，该组网下通过生成树协议阻塞冗余链路，起备份作用。当主用链路故障时，将流量切换到备用链路，如图 9-24 所示。虽然这种方案从功能上可以实现客户冗余备份的需求，但是在性能上却不能达到很多用户的要求，因为即使采用快速生成树协议的快速迁移，也只能是秒级的收敛速度。这对于应用于电信级网络核心的高端以太网交换机，是非常不利的一个性能参数。

针对双上行组网，Smart Link 解决方案实现了主备链路冗余备份及快速迁移。该方案为双上行组网量身定做，既保证了性能，又简化了配置。同时，作为对 Smart Link 的一个补充，还引入了端口联动的方案，即 Monitor Link，用于检测上行链路，使 Smart Link 备份作用更为完善。

图 9-24 具体说明如下：

- C、E 交换机分别同时连到 B、D 交换机，构成双上行组网。
- 正常情况下，只使用 2 条主用的链路进行报文转发。
- 当主用链路(如 B、C 交换机间的链路)发生故障时，会自动使用备用链路(如 C、D 交换机间的链路)来转发报文。
- 当主用链路故障恢复时，可以根据实际的策略来选择是使用主用链路还是仍使用备用链路转发报文，默认情况下，为保证网络稳定，仍使用备用链路转发报文，直至备用链路发生故障。

④ 虚拟路由冗余保护：VRRP(Virtual Router Redundancy Protocol，虚拟路由冗余协议)是一种容错协议。该协议通过把几台路由设备联合组成一台虚拟的路由设备，使用一定的机制保证当主机的下一跳路由器出现故障时，及时将业务切换到其他路由器，从而保持通信的连续性和可靠性。

VRRP 将局域网的一组路由设备构成一个 VRRP 备份组，相当于一台虚拟路由器。局

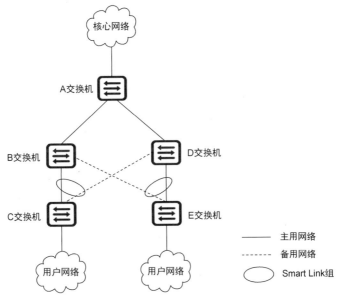

图 9-24 Smart Link 组网

域网内的主机只需要知道这个虚拟路由器的 IP 地址,并不需知道具体某台设备的 IP 地址,将网络内主机的缺省网关设置为该虚拟路由器的 IP 地址,主机就可以利用该虚拟网关与外部网络进行通信。

VRRP 将该虚拟路由器动态关联到承担传输业务的物理设备上,当该设备出现故障时,再次选择新设备来接替业务传输工作,整个过程对用户完全透明,实现了内部网络和外部网络不间断通信。

⑤ 分布式虚拟交换机:分布式交换机的功能类似于普通的物理交换机,每台主机都连接到分布式交换机中。分布式交换机的一端是与虚拟机相连的虚拟端口,另一端是与虚拟机所在主机上的物理以太网适配器相连的上行链路。通过它可以连接主机和虚拟机,实现系统网络互通。另外,分布式交换机在所有关联主机之间作为单个虚拟交换机使用。此功能可使虚拟机在跨主机进行迁移时确保其网络配置保持一致(可以参考 5.2 节虚拟网络设备的介绍)。

虚拟交换机采用分布式方案,集群所有主机上都存在一个虚拟交换机实例,当其中某台主机离线,原本经过这台主机上虚拟交换机实例的流量,由于虚拟路由和虚拟机 HA 到其他主机上,流量也会被其他主机所接管;对上层应用表现为不论业务虚拟机运行在集群中的任意节点上,其桥接的虚拟交换机都是同一个,虚拟机发生漂移、HA 等动作之后,虚拟网络访问关系不受影响,保障了数据转发面集群内跨主机高可靠。

(2)故障管理。

① 网络连通性探测:当虚拟网络配置错误或者网络链路故障导致业务访问异常时,虚拟网络的运维模块提供网络连通性探测功能,通过界面设置需要探测的源虚拟机和目的 IP 地址,管理面把探测的路径下发给控制器,控制器协调多个节点控制 agent 进行连通性探测

和结果上报，并在 UI 上清晰呈现整个探测的逻辑和物理网络路径情况，帮助用户快速和定位分析虚拟网络中的连通性故障。

定时对 VXLAN 网络进行连通性探测，各主机的 VXLAN 口 IP 互相进行 ping 探测，当持续 5s 无法 ping 通时进行 VXLAN 网络故障告警，并呈现各主机的 VXLAN 网络连通情况，帮助用户快速定位集群网络的 VXLAN 链路故障；同时，对于开启了 VXLAN 高性能的用户，支持 VXLAN 网络巨帧探测。

需要说明的是，网络连通性探测（Overlay 网络）和 VXLAN 网络可靠性（Underlay 网络）共同提供虚拟网络断流问题定位与防护。

② 网口故障自动恢复：数据转发面会定时检查网口的收发包状态，当检测到网口连续 30s 无法发包时，对该网口进行复位处理，保证网口可正常使用，确保快速恢复用户业务。

（3）过载控制。

虚拟化网络流量控制提供基于端口组的带宽配置控制能力。支持基于端口组的保留带宽、上限带宽、带宽优先级控制能力，保证虚拟机的网络通信质量，同时避免不同端口组之间的拥塞互相影响。

① 保留带宽：当某一类虚拟机由于业务需要，要求对其某个虚拟网卡使用的带宽提供保证，以保证虚拟机在拥塞的情况下仍然保持高质量的网络通信，可通过设置虚拟机网卡端口组的保留带宽来实现。

② 上限带宽：当管理员需要限制某一虚拟机可占用的带宽的上限时，可通过设置虚拟机网卡的上限带宽来实现。

③ 带宽优先级：在管理员需要拥塞情况下，对于不同的虚拟机有不同的带宽抢占能力时，可通过配置端口组带宽优先级来实现，使优先级高的虚拟机抢到更多的带宽。

3）可维修性技术——重启重建重生

交换机故障的快速定位技术包括：健康状态检查、流量统计、抓包。健康状态检查是指通过排查设备告警、协议状态、转发丢包等基本信息，快速排查交换机设备是否存在故障。流量统计是指通过配置使能设备的流分类规则统计能力，对报文进行报文数和字节数的统计，帮助用户了解流量通过和被丢弃的情况。当转发流量出现异常时，可以配置捕获转发报文。抓取转发的报文进行分析，以便及时处理非法报文，保证网络数据的正常传输。

4. 管理层可靠性

按照可靠性特征做分类，数据中心虚拟化管理层的可靠性技术分类如表 9-6 所示。

表 9-6　管理层可靠性技术分类

1 级分类	2 级分类	可靠性技术举例
可靠性	故障避免	管理组件高可靠架构
可用性	无单点架构	管理节点 HA
可维修性	故障管理	管理进程故障快速恢复
	过载控制	管理命令过载流控
	重启重建重生	智能运维

1）可靠性技术——故障避免

（1）管理组件高可靠架构：管理组件采用全分布式架构，保障平台可靠性。此外，可以采用无中心化的设计，每个节点都是独立对等的工作节点，不存在单节点故障风险；并采用主控模式作为接入点管理集群，平台通过算法自动选举出主控节点，如果主控节点所在主机发生故障，平台会自动重新选举新的主控节点，保证集群的稳定性和可接入。主控节点切换过程中，虚拟机正常运行不受影响。集群配置信息通过集群文件系统以多副本的方式分布在集群的各节点中，任意单节点出现故障，都不会丢失集群配置数据。

（2）访问总线高可用。

① 客户端接入节点 ER 总线热主备冗余保护，硬件故障时快速自动切换。

② 浮动 IP 保证故障切换前后对用户 IP 不变，减少用户对故障切换的感知，如图 9-25 所示。

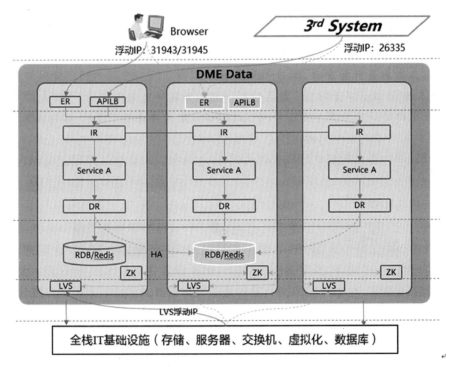

图 9-25　管理组件高可靠示意图

（3）应用进程高可用。

① 应用进程无状态集群是无损切换的基础。

② 请求响应 IR 总线对故障的应用节点自动隔离。

③ DR 路由数据请求到主用数据库，降低应用进程对数据服务故障切换的感知，简化应用开发，如图 9-25 所示。

（4）数据服务高可用。

① 健壮的数据服务支撑应用的无状态化，应用将状态数据外置到数据服务。

② 数据服务热冗余双活，主备之间日志同步复制，支撑故障自动快速微损切换。

（5）南向接入高可用。

南向接入点 LVS 服务全 AA 冗余，任一节点故障快速自动切换，确保告警上报可靠可用。

2）可用性技术

（1）无单点架构。

① 管理节点 HA：主备管理节点采用管理平面的心跳检测，备用节点实时检测主用节点的健康状态，一旦发现主用管理节点故障，备用管理节点将立刻接管主用节点业务，持续对外提供服务。

② 管理组件容灾：多站点容灾场景，管理组件一般只部署在一个站点内，当该站点整体故障，会导致数据中心业务无法管理。

管理组件容灾技术，是将虚拟化管理软件，通过集群的方式跨站点部署，保证站点级故障场景，另一站点提供可用的管理功能。

③ 管理数据备份与恢复：系统文件（平台配置数据）一键备份能力，当平台出现整体性故障，导致系统配置文件丢失时，用户可以从备份文件快速恢复系统相关配置。

系统提供管理节点配置数据和业务数据定期本地和异地备份能力，支持与第三方 FTP/FTPS Server 对接配置的能力。当管理节点服务异常无法自动修复时，通过本地备份的数据立即恢复。若由于灾难性的故障导致管理节点双点同时故障且不能通过重启等操作进行恢复，可使用异地备份数据立即恢复（1 个小时之内完成），减少故障恢复时间，如图 9-26 所示。

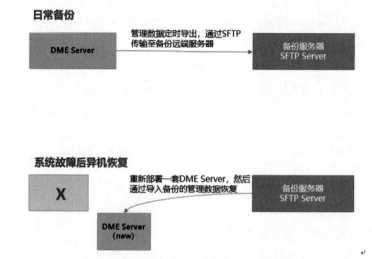

图 9-26　数据备份与故障恢复示意图

（2）故障管理。

针对管理节点上的应用进程，通过采用软件狗的方式对运行在管理节点上的进程进行实时检测，如发现进程吊死或进入死循环，软件狗将会检测到相关进程的异常状态，并触发相关进程的重启恢复;如果发现进程重启后仍不能恢复正常,则进行业务管理节点的主备倒换并出主备心跳异常告警以保证应用进程的可靠性。

(3) 过载控制。

管理组件使用虚拟机或者物理机部署,资源是有限的,大批量的管理命令,很可能超过资源处理上限,导致规格内的业务也无法执行。

管理命令的过载流控,首先在网关入口,通过令牌桶、漏桶等机制,实现并发限制,然后在每个服务的处理入口,根据服务的处理能力,单独定义入口并发限制。

3) 可维修性技术

数据中心由服务器、存储、交换机等多种设备共同构建,故障定界定位需要多设备的维护人员协同处理,人工关联处理效率低。智能运维通过智能风险预测、智能辅助定位和自定义报表大屏的能力,辅助快速定位,将数据中心故障定界定位的时长从小时级缩短到分钟级。

智能风险预测包括统一告警管理、策略检查和健康检查。统一告警管理支持管理员对虚拟化数据中心的各类资源告警进行统一管理,设置告警的屏蔽抑制,或者聚合关联策略。管理员可定义检查策略条件,对配置、容量、性能、可用性、低负载、可回收资源进行检查,在匹配到违规条件时,产生事件。借助 AI 算法,通过周期性的对相关资源进行健康检测,在百分制基础上根据相关的异常指标进行分数扣减,最后通过分数表达资源的健康度,对资源健康度的检测方式包括资源告警、性能异常、性能预警和容量预警。

智能辅助定位包括拓扑视图、性能关联分析。拓扑提供资源间端到端关联关系展示,用户通过浏览端到端拓扑视图可以实时直观地了解和监控资源的运行情况,辅助运维人员快速进行故障的定界和分析。借助端到端的性能分析功能,用户可以通过收集数据进行性能分析,快速定位问题,包括按 I/O 路径从上而下对比分析可能的性能瓶颈、按时间维度展示对象的关联告警和事件、不同对象的同一性能指标的对比等。

报表功能提供数据分析和统计图表展示能力,运维人员可直接在客户端根据业务需求,将多个维度与指标任意交叉组合,并通过灵活的数据过滤,快速聚焦关键数据,实现自助式运维分析、定期汇报等工作。大屏监控通过可视化应用的方式来分析并展示庞杂数据的产品,提供丰富的可视化图表和全面的运维数据,帮助运维人员通过自定义图表构建具有专业水准的可视化应用,满足日常运维和大屏监控等多种业务的展示需求。

5. 解决方案层可靠性

1) 备份与恢复

本节将介绍备份和恢复的基本概念、意义和目标,以便于读者了解为什么备份和恢复是必要的,以及如何制定和实施备份和恢复计划。

(1) 什么是备份和恢复?

备份是将数据从一个位置复制到另一个位置,以便在数据丢失、损坏或不可用时进行恢复。备份通常是在一个或多个存储设备上创建数据的副本,以便在原始数据不可用时恢复数据。

恢复是从备份中恢复数据的过程。恢复是将备份副本复制回原始数据位置的过程，以便数据再次可用。

备份和恢复是保护数据安全的重要手段。它们可以帮助组织和个人保护他们的数据，避免数据丢失和损坏，保证数据的完整性和可用性。

（2）备份和恢复的重要性。

在数字化时代，数据已经成为各种组织和个人的重要资产。随着数据量和价值的不断增加，数据丢失或损坏将会带来巨大的损失。数据丢失可能导致以下结果。

① 业务中断：如果数据丢失或损坏，业务可能会停止运行，导致生产力下降、客户流失和声誉受损。

② 财务损失：如果数据丢失或损坏，可能需要花费大量时间和金钱来恢复数据、重建业务或支付赔偿。

③ 法律责任：某些行业和国家规定数据必须备份和恢复，如果没有进行备份和恢复，可能面临法律责任。

④ 安全问题：如果数据丢失或损坏，可能会导致安全问题，例如数据泄露或数据被黑客攻击。

因此，备份和恢复的重要性不言而喻。备份和恢复可以最大限度地减少数据丢失的风险，保障组织和个人的数据安全。

（3）备份和恢复的挑战和风险。

备份和恢复的过程中可能会遇到一些挑战和风险。以下是一些常见的挑战和风险。

① 数据的增长：随着数据量的增长，备份和恢复需要更多的存储空间和时间，可能导致备份和恢复时间的延长。

② 网络带宽限制：备份和恢复需要传输大量的数据，如果网络带宽不足，可能会导致备份和恢复时间的延长。

③ 人为错误：备份和恢复可能会受到人为错误的影响，例如错误的备份时间表、错误的存储介质选择或错误的恢复过程。

④ 存储介质故障：备份和恢复的存储介质可能会出现故障，例如磁盘损坏、磁带损坏或存储介质丢失。

⑤ 安全问题：备份和恢复的存储介质可能会受到黑客攻击或病毒感染，从而导致数据泄露或丢失。

因此，在制定备份和恢复计划时，需要考虑这些挑战和风险，并选择适当的备份和恢复策略，以确保数据安全和完整性。

（4）备份方案定义。

备份是一种通过复制数据并存储到另一个地方的方法，以便在原始数据丢失或损坏时进行恢复。备份通常是数据保护策略的核心，对于保护数据不受意外删除、硬件故障、恶意软件或其他灾难性情况的影响非常重要。以下是备份的关键技术和说明。

① 完全备份（Full Backup）：完全备份是将整个数据集拷贝到备份媒介（如磁带、硬盘

等)上的过程。完全备份是最基本的备份形式,它可以确保在数据丢失或意外删除的情况下能够恢复所有数据。

② 增量备份(Incremental Backup):增量备份只备份自上次备份后修改或新增的数据,如图 9-27 所示。它只备份改变的数据,这样可以减少备份所需的时间和存储空间。

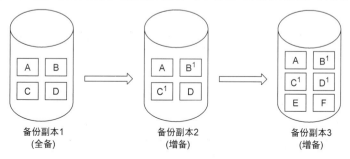

图 9-27　完全备份与增量备份示例

③ 同步备份(Synchronous Backup):同步备份是数据在写入磁盘之前就被备份的方式。这种备份方式可以确保数据在发生故障时不会丢失,但会对性能产生影响。

④ 异步备份(Asynchronous Backup):异步备份是数据在写入磁盘后再进行备份的方式。这种备份方式对性能的影响较小,但在发生故障时可能会丢失一些数据。

⑤ 容灾备份(Disaster Recovery Backup):容灾备份是一种备份策略,旨在保护整个系统免受大规模灾难性事件的影响。这种备份方式通常会将数据备份到远程位置,以确保在本地发生灾难性事件时可以快速恢复数据。

(5)备份策略。

备份策略包括备份的类型、频率、存储和自动化。下面将介绍如何根据数据类型和重要性选择备份策略,并如何实施和监控备份过程。

① 根据数据类型和重要性选择备份策略。

不同类型和重要性的数据需要不同的备份策略。以下是一些常见的备份策略。

- 定期备份:定期备份是指按照固定的时间间隔对数据进行备份,例如每天备份一次或每周备份一次。该策略适用于数据不经常更改的情况,例如归档数据。
- 增量备份:增量备份是指只备份与上次备份后更改的数据,以减少备份文件的大小和备份时间。该策略适用于数据经常更改的情况,例如数据库和邮件服务器。
- 完全备份:完全备份是指备份所有数据,以确保数据的完整性和可用性。该策略适用于数据非常重要的情况,例如财务数据和知识产权数据。
- 多重备份:多重备份是指将备份存储在多个位置,以确保备份的可靠性和可恢复性。该策略适用于数据非常重要的情况,例如关键业务数据和医疗记录数据。

在选择备份策略时,需要考虑数据的类型和重要性,以确保数据的安全和可用性。

② 存储介质选择和使用。

备份的存储介质是备份策略的重要组成部分。以下是一些常见的存储介质。

- 磁带:磁带是备份的传统存储介质,具有较大的存储容量和低成本,但是磁带备份速度较慢,需要耗费较长的时间进行备份和恢复。

- 硬盘：硬盘是备份的常见存储介质,具有较快的备份和恢复速度,但是硬盘备份的成本较高,且容易受到故障和损坏的影响。
- 云存储：云存储是备份的新兴存储介质,具有高可靠性、高安全性和易于扩展的优点,但是使用云存储需要考虑网络带宽和数据隐私等问题。
- 在选择存储介质时,需要考虑备份的容量、速度、可靠性、成本和安全性等因素,并选择适当的存储介质。

③ 备份的自动化和监控。

备份的自动化和监控是备份策略的重要组成部分。自动化可以减少人为错误和节省时间成本,监控可以及时检测备份问题并采取相应措施。

备份的自动化可以通过自动化备份脚本、备份软件和自动备份计划等方式实现。自动化备份可以定期备份数据,减少人工干预,并确保备份的及时性和准确性。

备份的监控可以通过备份日志、报警和备份测试等方式实现。备份日志可以记录备份过程中的问题和错误,报警可以及时通知备份问题,备份测试可以测试备份的恢复能力和可靠性。

在备份过程中,需要自动化备份和监控备份,以确保备份的及时性、准确性和可靠性。

④ 备份主要技术。

- 快照备份。虚拟化平台通常提供快照(Snapshot)功能,允许创建虚拟机的快照点。快照备份是在创建快照后对虚拟机进行备份,以捕获虚拟机在快照点之后的变化,如图 9-28 所示。快照备份可以提供更快的备份和还原操作,但需要注意快照的管理和定期清理,以避免存储空间问题。

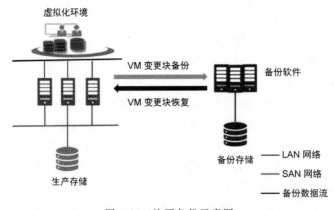

图 9-28　快照备份示意图

- 应用备份。应用备份的主要目标是保护应用程序所使用的数据。这可能包括数据库、日志文件、用户文件、配置文件等。通过备份应用数据,可以确保数据在意外丢失或损坏时能够进行恢复。
- 文件备份。文件备份是指对特定文件或文件夹进行备份的过程,以确保文件的安全性和可恢复性。文件备份是数据备份的一种形式，专注于保护特定文件的副本，以防止数据丢失、文件损坏或其他潜在风险。

- CDP 备份。CDP 备份是连续数据保护（Continuous Data Protection）的缩写，是一种数据备份技术，它提供了实时、持续的数据保护和恢复功能。与传统的周期性备份相比，CDP 备份可以提供更精确和及时的数据恢复点。下面是 CDP 备份的一些关键特点和工作原理的介绍。

实时数据保护：CDP 备份系统以实时的方式持续地捕获和备份数据的变化，而不是按照预定的时间间隔进行周期性备份，如图 9-29 所示。这意味着即使在数据变化之后的短时间内发生故障或数据丢失，也可以从最近的备份点进行恢复。

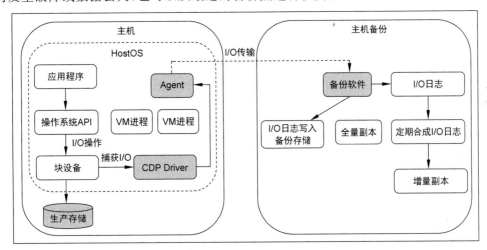

图 9-29　CDP 备份示意图

精确的恢复点：CDP 备份系统可以提供非常精确的数据恢复点。它记录了每个数据块或文件的变化，并记录了变化发生的时间戳。因此，在数据恢复时，可以选择任意时间点进行恢复，而不仅限于备份周期的边界。

减少数据丢失：由于 CDP 备份系统实时记录数据变化，可以最大限度地减少数据丢失的风险。即使在故障发生之前的最后一次备份之后发生故障，也可以从最近的数据变化点进行恢复，减少了数据丢失的范围。

CDP 备份技术提供了更高级别的数据保护和灾难恢复能力，对于需要快速、精确和实时数据恢复的关键业务应用和数据非常有价值。

2）容灾与恢复

下面将介绍容灾的必要性、定义、指标，以及容灾建设的方法论和主要的容灾技术手段。

（1）容灾的必要性。

① 数据集中化，风险加剧：以运营商、政府、金融、电力等行业为主的各行业逐步建立大型数据中心完成数据集中处理，数据的集中也意味着风险的加剧，提高企业的抗风险能

力,已成为急需考虑和解决的问题。

② 业务中断对企业影响重大:企业业务如果缺乏业务连续性,关键业务中断对企业影响重大,包括直接收入损失、生产力损失、名誉损失和财务业绩损失。

③ 容灾建设是国家/行业法规/政策要求,表 9-7 所示为一些国家/行业对系统容灾方面的法规/政策。

表 9-7　国家/行业法规/政策对容灾的要求

分　类	主　体	法规/政策
国家	欧盟	《通用数据保护协议》
国家	美国	《萨班斯法案》
国家	中国	《信息系统灾难恢复规范》
行业	银监会	《银行业金融机构信息系统风险管理指引》 《商业银行操作风险管理指引》
行业	证监会	《证券公司集中交易安全管理技术指引》
行业	保监会	《保险业信息系统灾难恢复管理指引》
行业	中国人民银行	《关于加强银行数据集中安全工作的指导意见》

（2）容灾定义。

容灾(Disaster Recovery,DR)是指在发生灾难性事件(如自然灾害、人为破坏、系统故障等)后,通过采取一系列预先规划的措施,使得系统能够在最短时间内恢复正常运行,保证业务连续性和数据安全性的能力。容灾的目的是保障系统的可用性和数据的完整性,减少因灾难事件造成的损失。

（3）容灾指标。

恢复时间目标(Recovery Time Objective,RTO):主要指的是所能容忍的业务停止服务的最长时间,也就是从灾难发生到业务系统恢复服务功能所需要的最短时间周期,如业务停止 1 小时称 RTO=1 小时。

数据恢复点目标(Recovery Point Objective,RPO):主要指的是业务系统所能容忍的数据丢失量,如丢失 1 小时数据称 RPO=1 小时。

（4）容灾与备份的区别。

① 物理位置:容灾主要针对火灾、地震等重大自然灾害以及病毒入侵等影响业务连续性的场景,因此生产中心和灾备中心之间必须保证一定安全距离,网络规划具备故障隔离的能力;备份主要针对人为误操作、病毒感染、逻辑错误等因素,用于业务系统的数据恢复,数据备份一般是在同一数据中心进行。

② 保护目的:容灾系统不仅保护数据,更重要的目的在于保证业务的连续性;而数据备份系统只保护不同时间点版本数据的可恢复,一般首次备份为全量备份,所需的备份时间会比较长,而后续增量备份则在较短时间内就可完成。

③ 保护时效性:容灾的最高等级可实现 RPO=0;备份可设置每天多个不同时间点的自动备份策略,后续可将数据恢复至不同的备份点。

④ 恢复时效性：故障情况下（例如地震、火灾、病毒入侵），容灾系统的切换时间 RTO 最低可至几分钟或几十分钟（不涉及数据复制）；而备份系统的恢复时间可能几小时到几十小时（涉及数据复制，与数据量相关）。

总结：容灾提供更高等级的数据保护能力，其保护手段包括但不限于备份、快照、复制等技术，针对不同场景的容灾诉求提供容灾保护、恢复能力。

（5）容灾建设方法论。

① 容灾建设总体架构：构建"3 中心"，"2 保障"，完善"1 体系"，实现数据安全的容灾规划设计理念，如图 9-30 所示。其中，生产中心容灾用于解决高频次故障，提升基础可靠性。同城中心容灾用于解决中等频度问题，异地中心容灾用于解决极端情况问题。

图 9-30　"3 中心""2 保障""1 体系"容灾建设架构

根据不同等级的容灾诉求，对业务容灾进行分级保护，容灾和备份相结合，构筑统一的容灾管理体系。在总体架构之下，支持选用不同的容灾技术进行方案落地。

② 容灾规划设计方法：容灾规划设计方法通常涉及分析阶段、设计阶段和实施阶段，如图 9-31 所示。其中每个阶段会分别从业务、技术和管理角度进行相关因素分析与方案设计。

（6）容灾主要技术。

容灾技术主要包含主机层容灾、网络层容灾、存储层容灾，如图 9-32 所示。在实际应用中，不同的容灾技术具有各自的优劣势。

① 主机层容灾：在生产/灾备数据中心的服务器上安装专用的数据复制软件，如卷复制软件、数据库复制软件，以实现远程复制功能。两中心间必须有网络连接作为数据通道。通过在服务器层增加应用远程切换能力，构成完整的应用级容灾方案。

这种数据复制方式预先对应用数据刷盘进行操作，减少故障恢复场景下恢复应用的时间；相对投入较少，主要是软件的采购成本。但这种方式要在服务器上通过软件来实现同步操作，占用主机资源和网络资源，并且需要主机复制软件兼容不同的操作系统。

② 网络层容灾：基于网络层的数据复制技术是在前端应用服务器与后端存储系统之

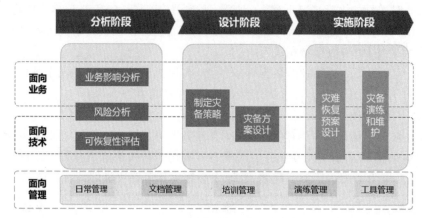

图 9-31　容灾规划设计方法

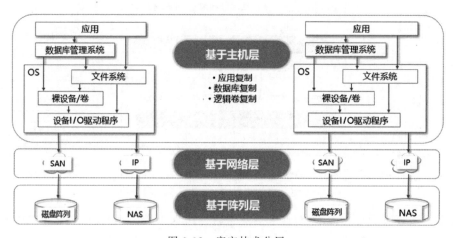

图 9-32　容灾技术分层

间的存储区域网络加入存储网关，前端连接服务器主机，后端连接存储设备。存储网关将在不同存储设备上的两个卷之间建立镜像关系，将写入主卷的数据同时写到备份卷中。当生产存储设备发生故障时，业务将会切换到灾备存储设备上，并启用灾备从卷，保证数据业务不中断。

网络层容灾相对于主机层容灾技术，可以减少对主机资源的占用，具有更好的性能和可靠性。

③ 存储层容灾：主要利用阵列的快照技术和复制技术、双活技术，将数据从本地阵列复制到灾备阵列，在灾备存储阵列产生一份或多份可用的数据副本。当主阵列或生产主机故障时，可以将业务快速切换到灾备阵列，从而最大可能地保障业务的连续性。这种方式相对于主机层的容灾技术和网络层容灾技术，具有更高的可靠性和容错性。

（7）容灾技术对比。

主机层、网络层和存储层上典型容灾技术的具体对比如表 9-8 所示。

表 9-8 典型容灾技术的对比

层 次	典型代表	优 势	劣 势
主机层	VMware SRM、Oracle Data Guard、Veritas VVR、DSG、Quest 等复制软件	在主机端实现,无须考虑底层设备之间的兼容性; 数据库复制时,复制数据量小,链路带宽占用少,切换简单	数据库复制只能对相应数据库实现; 主机层复制会占用一定主机资源,对应用系统会有影响; 实施完全在主机上实现,较复杂,通常需要系统改造
网络层	EMC VPLEX、IBM SVC 等网关设备	具有广泛的兼容性,可对后端多个异构 SAN 存储进行资源整合; 可同时对多台 SAN 阵列进行容灾,不需要构建一对一的阵列; 构建基础容灾平台,扩展性好; 构建成本与主机数量和阵列数量无关,一劳永逸	网关设备组网复杂; I/O 路径变长,影响性能; 所有应用集中在网关,存在可靠性风险
存储层	主流存储厂商	容灾对应用透明,构建简单; 对生产主机资源影响较小,可靠性、容错性高; 基于底层阵列实现,不需要购买额外的复制软件或网关设备,性价比高	两端阵列必须为同一厂家产品,部分可解决异构问题(如华为支持异构虚拟化); 复制数据量较大,占用带宽较大

9.3.3 数据中心虚拟化可靠性实践

1. 虚拟化存储备份

DCS 数据中心虚拟化解决方案为虚拟化平台提供虚拟机、应用等备份方案(如集中备份方案),有效应对人为差错、病毒或自然灾害所带来的数据损坏或丢失的场景。

1) 虚拟机备份

虚拟机备份是使用华为 eBackup 备份软件或 OceanProtect 备份一体机,配合 FusionCompute 快照功能和 CBT(Changed Block Tracking)备份功能实现的虚拟机数据备份方案,如图 9-33 所示。备份软件通过与 FusionCompute 配合,实现指定对象按指定策略的备份。当虚拟机数据丢失或故障时,可通过备份的数据进行恢复。数据备份的目的端为 eBackup 外接的共享存储设备。基于快照特性和 CBT 特性的备份,支持对虚拟机进行全量备份和增量备份。

2) 应用文件备份

OceanProtect 备份一体机可针对数据中心数据提供全面保护的数据保护解决方案,可以针对主流的应用提供大带宽、高性能、大容量的数据保护解决方案。

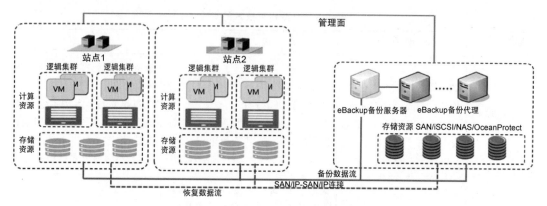

图 9-33   eBackup 对虚拟机数据备份示意图

针对业界主流应用，如数据库（Oracle、MySQL、SQL Server 等）、虚拟化平台（VMware、FusionCompute）、大数据（HDFS、HBase、Hive 等），可以使用 OceanProtect 备份一体机进行数据保护（备份、复制容灾、长期保留）、副本数据恢复和副本数据再利用，如图 9-34 所示。

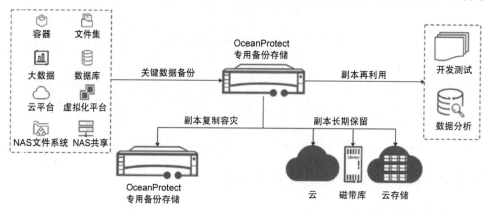

图 9-34   OceanProtect 备份一体机数据保护示意图

2. 虚拟化存储容灾

华为数据中心虚拟化基于存储层容灾能力，为客户提供"一提、一降、零改造、多场景"的容灾解决方案。

（1）一提：将容灾数据保护任务卸载到存储，减少对业务系统的资源占用，提升管理体系的可靠性。

（2）一降：相比主机层、网关层的容灾方案，减少购买复制软件、网关设备的成本，降低 IT 基础设施 CTO 总成本。

（3）零改造：容灾交付方案对业务性能、部署模式没有影响，上层业务无感知，不需要进行业务改造。

（4）多场景：针对本地、同城、异地多场景提供不同组网的容灾交付能力，如图 9-35 所示。兼容集中式存储和分布式存储，满足不同行业、不同规模的容灾要求。

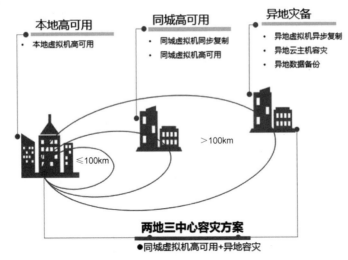

图 9-35　不同场景的组网容灾方案

1）主备容灾解决方案

UltraVR 虚拟化容灾可以应用于同城或异地的容灾需求，生产中心和灾备中心互为主备，基于容灾保护周期策略自动进行容灾保护，如图 9-36 所示。

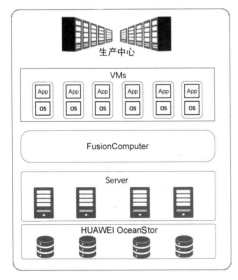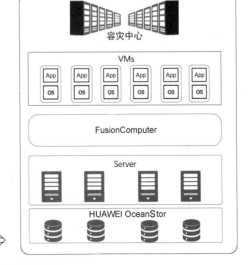

图 9-36　Ultra 主备容灾示意图

（1）支持同步复制、异步复制。同步复制实现 RPO＝0 的主备容灾保护要求，而异步复制实现远距离的异地容灾保护要求。

（2）支持站点级、存储级的 1∶N、$N∶1$ 容灾，如图 9-37 所示。

满足集约式灾备中心的容灾诉求，规划统一的灾备中心，为不同的生产中心、分支机构提供容灾保护能力，便于统一的容灾运维管理，减少运维成本。

（3）支持一键式测试演练、故障恢复、计划迁移。

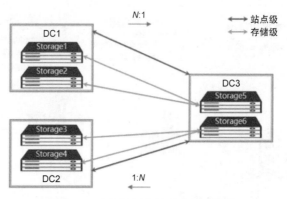

图 9-37　站点级与存储级容灾示意图

2）双活高可用解决方案

支持本地数据中心和同城数据中心的存储双活和虚拟机高可用。存储采用双活部署，上层采用同一套虚拟化平台（FusionCompute）进行部署，虚拟机按需运行在指定的主机组，如图 9-38 所示。当灾难发生时，虚拟机自动快速切换到双活对端的主机组继续对外提供业务。

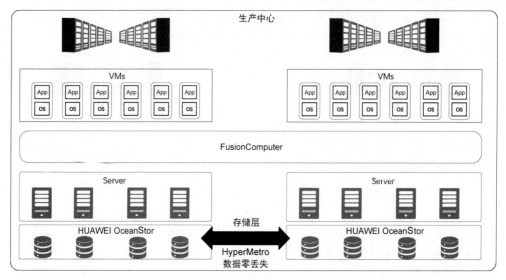

图 9-38　本地数据中心的存储双活和虚拟机高可用

一方面，该容灾方案适用于同一数据中心"风、火、水、电"规划隔离，增部存储双活提升生产数据中心业务可靠性的容灾场景；另一方面，该容灾方案也适用于应对生产数据中心发生火灾、恐怖袭击等突发事件或灾害的情况下，在同城数据中心快速恢复虚拟机的正常运行，实现 RPO＝0 的数据保护，如图 9-39 所示。

3）双活两地三中心解决方案

该方案综合生产高可用和主备容灾能力，兼顾提升生产业务可靠性和异地业务可用性。生产中心的数据同步地复制到同城灾备中心，同时生产中心的数据异步地复制到异地灾备中心，如图 9-40 所示。

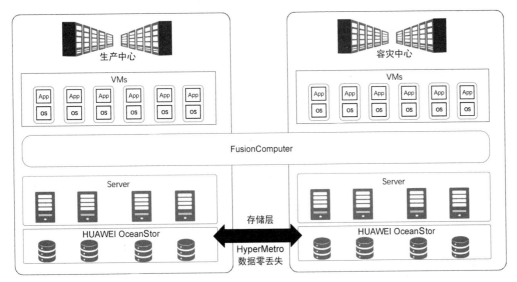

图 9-39　同城数据中心的存储双活＋虚拟机高可用

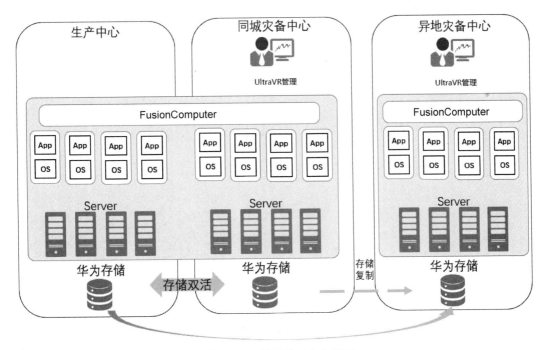

图 9-40　双活两地三中心容灾

同城灾备中心通常具备与生产中心等同业务处理能力,应用可在不丢失数据的情况下切换到同城灾备中心运行,保持业务连续运行。在生产中心和同城容灾中心同时不可用时,可在异地的容灾中心实现业务的恢复,保持业务连续性。

相比仅建立同城灾难备份中心或异地灾难备份中心,"两地三中心"的方式结合两者的优点，能够适应更大范围的灾难场景，对于小范围的区域性灾难和较大范围的自然灾害，都能够通过灾难备份系统较快地响应，尽可能保全业务数据不丢失，实现更优的 RPO 和 RTO。

9.4　小结

本章以数据中心虚拟化安全和可靠性的重要需求为出发点，对虚拟化安全防护和可靠性保障措施进行探讨分析。首先简要介绍了虚拟化数据中心面临的常见安全风险，包括传统数据中心存在的安全攻击和针对虚拟化的新攻击手段。然后依次介绍了为应对这些攻击在虚拟化分层架构上的安全防护技术，包括计算虚拟化、存储虚拟化、网络虚拟化和容器安全防护等。同时本章概述了业界通用的可靠性概念及指标，并基于对可靠性特征的分类介绍虚拟化架构各层级上的可靠性关键技术。最后本章介绍了 DCS 在防勒索攻击、存储数据容灾和备份等典型应用场景上的技术实践。

通过本章内容，读者可以对数据中心虚拟化面临的安全风险、可靠性诉求及对应的防护方法有宏观的了解，在理解数据中心虚拟化架构划分层次和设计理念的基础上，思考如何运用纵深防御和分层防御的思维来构建满足服务需求的数据中心。

第 10 章

数据中心管理

前几章主要介绍了计算、存储、网络虚拟化的设计与关键技术,其核心是如何将物理资源虚拟化为虚拟资源以实现池化共享,从而提升资源利用率,降低客户的运营成本。但计算、存储、网络虚拟化提供的仅仅是原子能力,通过手工进行原子组合效率极低,需要统一的管理与调度提升运维效率,发挥虚拟化技术带来的资源弹性、业务高可用、节能环保等。因此,本章详细介绍数据中心管理。

10.1 节首先从数据中心建设阶段与架构来看对管理的功能诉求;10.2 节总结数据中心管理总体架构和组件划分;10.3 节介绍虚拟化资源的管理与调度,包括虚拟化集群管理、资源编排自动化、动态资源调度、智能监控运维以及开放生态集成;10.4 节介绍服务与运营管理,使读者了解数据中心云化建设中资源申请自助、自运营的实现方式;10.5 节介绍多云管理;10.6 节介绍数据中心软硬件统一运维管理,包括统一监控、预见式运维、智能诊断、智能规划等。除了介绍基本原理,本章还提供了对相关数据中心管理平台的选型建议和实施方式。

10.1 数据中心管理概述

在介绍数据中心管理技术之前,首先简要回顾一下数据中心建设的历史、现状以及未来趋势,以便于明确数据中心建设各阶段的管理架构与功能需求。数据中心的发展历程大致可以分为 3 个阶段,也对应 3 种建设架构:数据中心虚拟化、数据中心云化、多云数据中心。下面分别介绍这 3 个阶段的建设模式以及各建设模式对数据中心管理的总体诉求。

10.1.1 数据中心虚拟化建设模式

在虚拟化技术未出现前,所有的业务应用均部署于物理服务器之上。企业为预防厂商绑定而采购多产商的硬件设备,从而导致了一系列问题,如业务烟囱孤岛、资源利用率极低、故障/运维变更等导致业务中断、资源难统一管理等。为了应对传统数据中心里的这些问题,催生了虚拟化技术的发展与普及,其通过让 IT 基础设施虚拟化实现资源池化。由此,数据中心从数据中心物理机建设模式走向数据中心虚拟化建设模式,如图 10-1 所示。在此期间诞生了如 VMware vSphere、微软 Hyper-V、华为 FusionCompute 等著名的虚拟化产品,这些产品基本上由两部分组成,即虚拟化内核(提供计算、存储、网络虚拟化)与虚拟化资源管理与调度,例如 VMware vSphere 的 ESXi 与 vCenter、华为 FusionCompute 的 CNA 与 VRM。

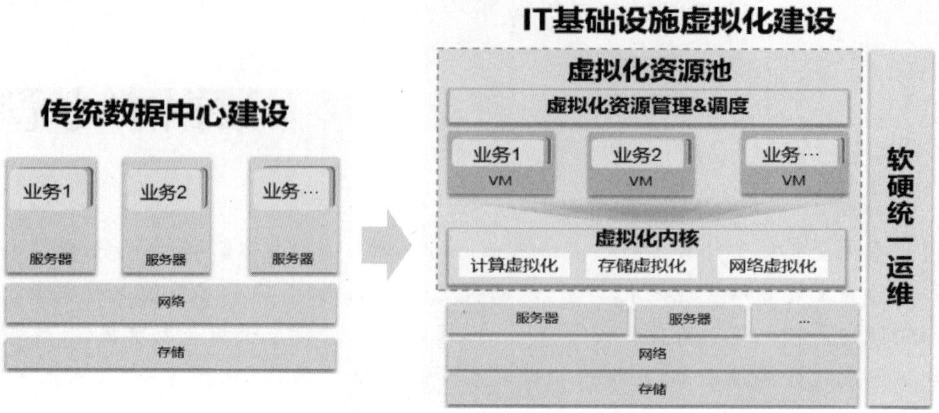

图 10-1　数据中心物理服务器建设模式迈向虚拟化建设模式

虚拟化内核将单台物理服务器虚拟出多个逻辑隔离的虚拟机,提供计算、存储、网络虚拟化资源的原子能力。要发放一个虚拟机需要组合原子的虚拟化资源,该过程是非常复杂的,且效率较低。同时服务器上运行的虚拟机在运维变更、节点/部件故障等情况下仍然会中断业务。此外,多服务器上的虚拟机负载不一致,利用率也不一样,难以均衡服务器负载。总体上,与物理服务器上部署业务进程相比,虚拟化似乎除了完全隔离外并无太大改观。

为此,虚拟化资源管理与调度作为虚拟化产品的关键组件出现,通过该组件实现集群级的资源池化管理。虚拟化资源管理与调度仅仅包含虚拟化集群与资源的范畴,但从整个数据中心虚拟化角度,还包括物理服务器、交换机、存储磁盘等硬件,虚拟机业务依赖于硬件的稳定运行,单点管理对 IT 管理员来说运维效率仍然很低。因此,还需要一套数据中心虚拟化全栈软硬件统一运维平台以简化管理,并提供如下功能。

（1）统一监控:提供统一资源纳管、统一告警监控、统一性能监控等能力,硬件资源包括服务器、存储、交换机等设备及其资源、性能、告警、日志等,软件包括虚拟化平台及其虚拟化资源、性能、告警、日志等。

（2）主动运维:基于资源、告警、性能等数据,分析资源配置、容量趋势、性能趋势等,利用 AI 预测、综合分析判定、对比/环比等手段,预判系统潜在风险并给出修复建议,提前做好故障防范。

（3）智能诊断:利用采集到全栈资源数据,分析其关联关系,绘制出从虚拟机级 I/O 流的 TOPO 视图,关联系统告警、风险、日志等数据,实现快速定界,同时辅以性能关联分析等能力,实现问题快速定位。

（4）自动化运维:基于故障诊断结论、风险修复建议,提供一键式闭环自动化运维能力。

（5）报表:提供报表能力,基于运维需求灵活定制,满足 IT 运维人员实时监控、统计、汇报等场景需求。

（6）开放集成生态:北向开放 API 对接 ITSM/ITOM 等系统管理,东西向开放与客户统一域认证(如 AD、LDAP 等)、NTP、SMTP、SSO 等系统集成,从而提升易管理性。

10.1.2　数据中心云化建设模式

虽然虚拟化技术的发展提升了数据中心资源的整体利用率,但还是由业务部门提出资源申请,IT 管理员受理后进行统一的资源发放。通常一个业务部门的资源申请需要等待 IT 管理部门统一的变更时间点后才能响应,这个过程在不同企业花费的时间并不一样,如某头部股份制银行需 3 天变更一次系统设置,业务部门需要等待 3 天才能获得资源,当获得资源后还需要进行业务软件的安装部署才能上线业务,此过程导致了业务不能快速地得到响应。同时,当业务不再使用资源后,资源并不能释放给其他业务部门使用,导致了资源的闲置。当业务遇到峰值流量时,没有资源弹性响应,传统模式需要预留固定的资源。

上述这些场景导致了数据中心业务响应效率低、资源闲置成本难以降低、业务难以弹性响应等问题。然而企业数字化转型下对业务敏捷响应与降本增效赋有急迫的需求,在此背景下,数据中心虚拟化建设走向了云化模式,如图 10-2 所示。

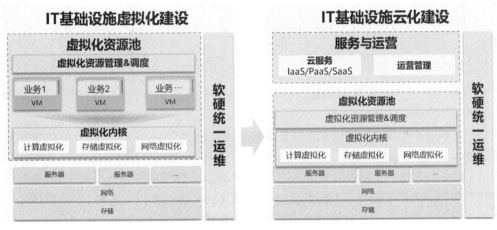

图 10-2　数据中心虚拟化迈向数据中心云化建设模式

数据中心云化架构是在数据中心虚拟化架构基础之上,通过叠加云服务和运营管理两大能力,让业务部门获得 IT 资源不再依赖于传统 IT 管理员,而可以像获取"自来水"式方便快捷申请与使用资源:按需申请资源、0 等待可用、快速弹性扩展。同时由业务部门自管理和自运营,从而大幅度提升业务响应效率,降低企业运营成本。

1. 云服务

传统 IT 支撑模式下,一套完整的业务系统搭建,包括计算、存储、网络资源以及业务软件等,而商用业务软件又存在两种供应方式,一种是提供了包括操作系统、数据库、应用程序等所有软件,部署业务系统仅需要准备计算、存储、网络资源;另一种是仅提供应用程序,但应用程序依赖的操作系统、数据库等中间件需另外购买。业务软件的多样性以及对 IT 资源的需求不一样导致搭建业务系统的复杂度高。而数字化转型要求业务敏捷响应,传统 IT 支撑的模式难以满足,促使 IT 架构云化转型,由此,云服务应运而生。云服务是 IT 资源

（如计算、存储、网络）以及应用软件（如数据库、大数据、AI 等）的一种交付与使用模式，核心通过对 IT 资源与应用软件以 SLA 池化方式分类，以编排自动化方式交付给租户（业务部门）使用。通常将云服务层次划分为 IaaS（Infrastructure as a Service，基础设施即服务）、PaaS（Platform as a Service，平台即服务）和 SaaS（Software as a Service，软件即服务），分别对应硬件资源、软件平台资源和应用资源。

（1）IaaS 层：提供硬件资源（如计算、存储和网络）的虚拟化实例，用户可以像使用传统服务器一样使用这些资源。

（2）PaaS 层：提供运行应用程序所需的环境和服务，如数据库、应用服务器和开发工具。

（3）SaaS 层：提供特定的软件应用程序服务，用户可以通过浏览器访问和使用这些应用程序，无须在本地安装。

IaaS、PaaS、SaaS 三者逐层依赖，层层递进以改变业务交付模式。例如，IaaS 仅提供计算、存储、网络等 IT 资源，业务系统开发、部署、交付包括应用程序、数据库以及中间件等；而 PaaS 依赖 IaaS，在此基础上提供应用平台，如数据库、大数据、中间件等，业务系统开发、部署、交付仅需聚焦应用程序本身；而 SaaS 则更进一步，提供完整的业务系统软件，申请即使用。

2. 运营管理

运营管理为企业内业务组织提供对其使用云服务资源的自管理、自控制、自优化的能力，一般包括如下关键内容。

（1）组织及用户管理：提供符合企业层级业务组织的逻辑定义，以及对组织内用户使用云服务权限、配额等的定义。

（2）订单与审批：云服务的模式下，资源一般为组织按照一定配比分配，由业务部门在该配比下使用。为防止部门下用户随意使用资源导致其他子部门无资源可用，提供按云服务申请订单以及流程审批功能可以在敏捷响应的同时对资源的使用加以约束。

（3）计量与计价：计量用户及组织对资源的使用量，从而方便业务部门进行成本运营结算、盘点以及优化等。

（4）资源管理：提供对用户申请云服务资源的管理，以及对组织内资源的管理等，实现对资源的自运维，保障业务健康运行。

10.1.3 多云数据中心建设模式

近些年，企业数字化转型的强烈需求驱动着数据中心云化建设模式的不断发展，云化架构当前已经成为企业主要的建设模式。但是企业在建设过程中面临以下三大痛点问题。

（1）容易被云厂商绑定：选择云化建设模式基本意味着 IT 全栈被云厂商所绑定，从而失去了与云厂商博弈的资本，会导致系统成本增加。

（2）应用负载（Workload）的需求难以满足：负载对性能、可靠性、安全等要求不一样，单一云厂商的 IaaS、PaaS 层服务难以完全满足这些要求。

（3）业务连续性难以保证：单一的云架构可能由于安全或基础设施等问题难以保证业务的连续性，一旦云架构坍塌会造成难以估量的业务损失。

因此，为防止被云厂商绑定、敏捷响应不同负载需求以及保证业务连续性，越来越多的企业选择多云建设模式。然而选择多云建设，又会出现多个更大的云"孤岛"。在这种背景下，"一朵云"的多云架构未来将成为企业建设数据中心的更佳选择，如图 10-3 所示。

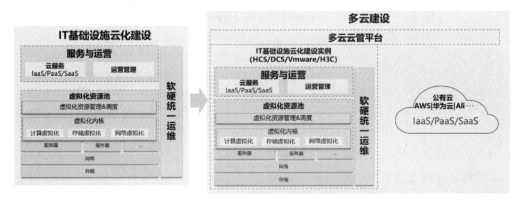

图 10-3　数据中心云化迈向多云数据中心建设模式

在"一朵云"的多云数据中心架构中，核心是多云云管，由其统一抽象与公有及私有云服务对接，提供统一服务与运营、统一运维能力，屏蔽不同资源池的差异性，提供一致性体验，帮助企业进行灵活选择而不被绑定。例如，可以根据需求灵活选择虚拟化资源池、私有云资源池、公有云资源池等。

10.2　数据中心管理总体架构

10.1 节讲述了数据中心演进阶段的 3 种建设模式，以及在每个阶段中对管理的要求。虽然多云数据中心成为一种主流的建设模式，但并不意味着当前数据中心都已采用多云数据中心的架构。实际上，企业有大小之分，其数据中心建设也需要符合自身的需求。例如，在医疗行业，90% 以上医院仅仅需要数据中心虚拟化建设即可；在金融、运营商行业和头部大企业，已建设多云架构，而部分腰部企业仍处于数据中心云化阶段。同时，数据中心建设也伴随着企业的不同发展阶段而呈现不同的需求，早期可能只需要虚拟化，规模扩大后逐步演进为数据中心云化、甚至多云模式。

因此，为适应不同企业在不同时期的数据中心建设需求，需要一个可满足小型企业虚拟化、中大型企业云化与多云建设的方案架构，该方案架构还需满足可平滑演进，满足企业业务逐步成长过程中的平滑升级需求。在这些需求前提下，要求数据中心管理的体系架构能适应不同建设模式，并具备灵活、可组合、可叠加的特点，如图 10-4 所示。

数据中心管理架构自底向上可以分为四个核心组件：虚拟化资源池管理与调度、服务与运营管理、多云管理平台、软硬件资源统一运维。这四个组件相互之间并不重叠，而是面

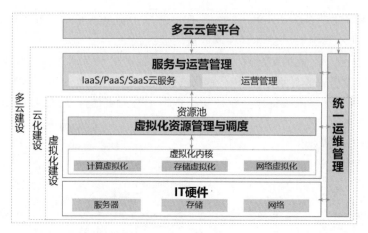

图 10-4　适应多种建设模式的数据中心管理总体架构

向数据中心各种建设模式有机协同、灵活叠加，以适配不同客户及不同建设的需求。

以虚拟化资源管理与调度为基础，将计算、存储、虚拟化原子能力聚合为一体形成虚拟化资源池，满足企业的数据中心虚拟化建设需求。

（1）叠加服务与运营管理，以资源申请自助、自运营满足数据中心云化建设。

（2）叠加多云云管，满足客户多云建设需求，避免业务"云孤岛"。

（3）叠加统一运维管理，满足三种建设模式下，软硬件全栈运维。

接下来，将分别介绍虚拟化资源管理与调度、服务与运营管理、多云管理平台、软硬件资源统一运维管理的实现方式。

10.3　虚拟化资源管理与调度

如 10.1.1 节数据中心虚拟化建设模式所述，虚拟化资源池包括两大核心组件：虚拟内核、资源管理与调度，业界主流虚拟化产品均是如此。如图 10-5 所示，VMware vSphere 的组成包括虚拟化内核 ESXi、资源管理与调度组件 vCenter，而 FusionCompute 由 CNA 虚拟化内核与 VRM 资源管理与调度组件组成。

图 10-5　VMware vSphere 和华为 FusionCompute 的组成

（1）虚拟化内核要实现的关键功能：将计算、存储、网络等物理资源通过虚拟化技术抽象为原子的逻辑虚拟资源。

（2）虚拟化资源管理与调度要实现的关键功能：通过集中管理虚拟资源、按需编排发放、统一监控运维、按需动态调度以及生态开放协同等机制,简化虚拟资源管理复杂度,降低业务的运行成本,保证系统的安全性和可靠性。

10.3.1　管理与调度架构

如图 10-6 所示,虚拟化资源管理与调度的总体架构可以分为 5 个模块:虚拟化集群管理、虚拟资源编排、动态资源调度、智能监控运维和开放生态集成。

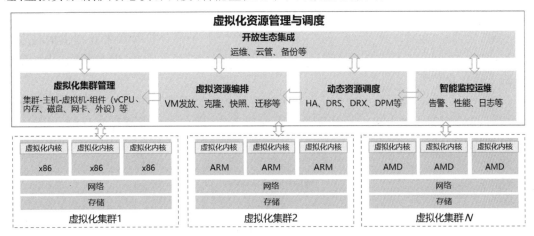

图 10-6　虚拟化资源管理与调度架构

(1) 虚拟化集群管理:纳管一组部署虚拟化内核的物理服务器组成虚拟化集群,支撑虚拟机业务在集群中按需分配最佳资源、均衡部署与迁移、故障恢复等,保障资源利用率最大化提升、业务稳定运行、统一管理等。

(2) 虚拟资源编排:组合计算、存储、网络虚拟化提供的原子接口,通过资源编排自动化方式实现对虚拟机快速发放、克隆、快照保护、迁移等全生命周期的高效管理,提升运维的整体效率。

(3) 动态资源调度:在发放阶段,根据预先设定最优策略部署虚拟机;在运行阶段,对于服务器节点/部件发生故障、业务负载不均衡、系统升级变更等场景,提供 HA、DRS、DRX 等能力,保障业务负载最佳及稳定地运行。

(4) 智能监控运维:通过全面的告警、性能监控、风险分析、资源大屏、资源计量、日志收集等机制,支撑快速的故障定位与排除。

(5) 开放生态集成:开放北向便于 ITSM/ITOM、备份等系统管理,东西向开放与客户统一域认证(如 AD、LDAP 等)、NTP、SMTP、SSO 等系统集成,有助于降低系统管理复杂度。

10.3.2　虚拟化集群管理

计算、存储、网络虚拟化的实现通常以物理服务器为粒度,经虚拟化后可组成逻辑上隔离的虚拟机,提升在物理服务器上部署业务的密度,降低多业务部署的干扰影响。但是以物理服务器为单位的虚拟化存在一些不容忽视的弊端：不同服务器上负载分布不均衡、服务器故障后业务随之故障、运维变更需要停机等，这些弊端的存在使得虚拟化技术带来的好处变得略显黯淡。

以集群为单位进行虚拟化管理，将一组具备相同架构的物理服务器及其虚拟计算、存储、网络资源进行逻辑池化管理，使能业务负载在集群内的最佳放置、动态漂移、故障快速恢复等特性，从而最大限度地发挥虚拟化技术带来的优势。

1. 集群资源模型

虚拟化内核（包括计算、存储、网络虚拟化组件）对物理硬件资源虚拟化提供的是零散的原子能力，并不能被用户直观地理解，难以使用。因此，需要按照物理世界的方式抽象资源，方便用户操作管理。

如图 10-7 所示，业界主流虚拟化产品的集群资源模型整体上包括计算资源（虚拟化集群、主机、物理计算资源与虚拟计算资源）、存储资源（物理存储与虚拟存储资源）以及网络资源（物理网络与虚拟网络资源）3 部分。

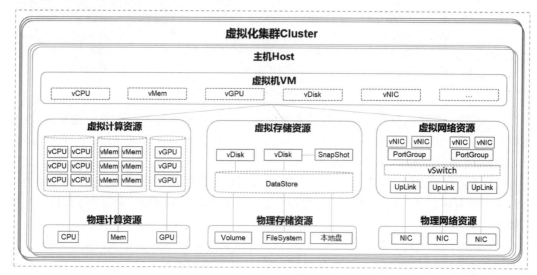

图 10-7　虚拟化集群资源模型

下面将分别介绍虚拟化集群资源模型中计算资源、存储资源、网络资源管理的原理。

2. 计算资源管理

数据中心的计算资源包括虚拟化集群、主机、物理计算资源与虚拟计算资源。

1）虚拟化集群

虚拟化集群由一组具有相同或相似能力架构的物理服务器所组成，如 x86 集群、ARM 集群、GPU 集群等，是一个逻辑管理概念。虚拟化集群在物理上通常是相同集群网存算全互联组网，不同集群可能东西向互通，也可能不互通，具体视集群间业务是否有互通的需求，如图 10-8 所示。

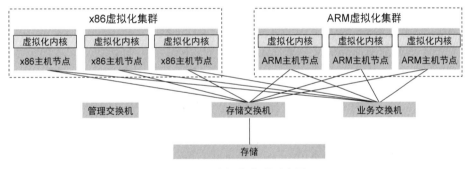

图 10-8　虚拟化集群示意图

通常,基于如下原则设计与规划物理视角的虚拟化集群。

(1) 成本最优原则。以不同性能等级的业务为单位设计,避免以长木板建设集群导致成本增高、以短木板建设集群不能满足业务性能需求,从而最大化节省成本。比如,核心业务配置高性能虚拟化集群,一般业务配置低性能虚拟化集群等。

(2) 故障隔离原则。以避免业务相互影响为单位隔离,以确保业务稳定运行。比如,核心业务数据库与大数据分析两个业务,均是数据密集型业务,对网络带宽、时延要求均很高,为保障业务间不争抢资源导致相互影响,通常会在网存算上进行物理隔离设计等。

(3) 配置一致性原则。为保证虚拟机在集群中正常 HA(高可用)、迁移等保障业务稳定运行,集群的配置需要具备一致性,包括以下方面。

① 主机芯片架构与版本相同或兼容,例如全部是 x86、ARM、AMD、海光、飞腾等。

② 集群使用的存储配置一致(如存储协议为 FC、iSCSI、NoF＋、NFS 等),以及存储提供的性能能力基本一致。

③ 集群中的网络配置一致,比如物理主机上的网卡类型相同、网卡带宽相同等。

虚拟化集群设计的目的是便捷管理集群虚拟资源,以集群为粒度实现业务负载在集群内最佳放置、动态漂移、故障快速恢复等,提升系统资源整体利用率、业务运行的高可用等。

因此,在虚拟化集群设计、规划以及虚拟化平台软件部署完成后,需配置虚拟机在集群中的运行规则,包括亲和性与反亲和性、HA、DRS(动态资源调度)、DPM(动态电源管理)、虚拟机启动策略等。同时,通过虚拟化集群,可以集中监控虚拟机运行状态,便于运维管理。

2) 主机

主机是部署虚拟化平台软件的物理服务器,是虚拟化集群的组成单元,但主机可以加入集群中,也可以不加入虚拟化集群。不加入虚拟化集群的主机上运行的虚拟机缺乏集群级的高阶能力,如主机故障后虚拟机 HA、虚拟机热迁移等。

日常运维中,主机是虚拟机运维的最小粒度,包括主机下电、主机上电、主机维护等模式。

3) 主机资源

主机资源包括物理计算资源、虚拟计算资源。

（1）物理计算资源：包括主机上物理 CPU、内存、GPU 等资源，涉及物理资源的总资源、已使用资源、剩余资源等。

（2）虚拟计算资源：物理计算资源经虚拟化后的虚拟 CPU、虚拟内存、虚拟 GPU 等资源，为虚拟机提供资源。

4）虚拟 CPU

物理 CPU 经虚拟化后形成更细粒度的虚拟 CPU。由于 CPU 归属于物理主机，在当前的技术条件下，仅能服务于物理主机上的虚拟机，所以虚拟 CPU 以主机为维度池化管理。

虚拟 CPU 是以 CPU QoS 来保障为虚拟机分配物理 CPU 的资源配额，主要体现在计算能力的最低保障和资源分配的优先级（具体实现流程可以参考 3.6 节）。

5）虚拟内存

虚拟内存经内存虚拟化技术虚拟化后将物理主机内存以空分复用方式提供给虚拟机使用。由于内存归属于物理主机，在当前的技术条件下，仅能服务于物理主机上的虚拟机，故虚拟内存以主机为维度池化管理。

虚拟内存是以内存 QoS 来保障为虚拟机分配物理内存的资源配额。与 CPU QoS 类似，内存 QoS 主要体现在内存的最低保障和资源分配的优先级。

（1）内存资源份额：定义多个虚拟机竞争内存资源的时候按比例分配内存资源。在虚拟机申请内存资源，或主机释放空闲内存（虚拟机迁移或关闭）时，根据虚拟机的内存份额情况按比例分配。不同于 CPU 资源可实时调度，内存资源的调度是平缓的过程，内存份额策略在虚拟机运行过程中会不断进行微调，使虚拟机的内存获取量逐渐趋于比例。内存份额只在各虚拟机竞争内存资源时发挥作用，如果没有竞争情况发生，有需求的虚拟机可以最大限度地获得内存资源。

（2）内存资源预留：内存预留定义多个虚拟机竞争内存资源的时候分配的内存下限，能够确保虚拟机在实际使用过程中一定可使用的内存资源。预留的内存会被虚拟机独占，一旦内存被某个虚拟机预留，即使虚拟机实际内存使用量不超过预留量，其他虚拟机也无法抢占该虚拟机的空闲内存资源。

（3）内存资源限额：控制虚拟机占用物理内存资源的上限。在开启多个虚拟机时，虚拟机之间会相互竞争内存资源，为了使虚拟机的内存得到充分利用，尽量减少空闲内存，可以设置虚拟机配置文件中的内存上限参数，使服务器分配给该虚拟机的内存大小不超过内存上限值。

为保障内存资源的高效利用，通过综合运用内存复用单项技术（内存气泡、内存交换、内存共享）对内存进行分时复用，从而使得虚拟机内存规格总和大于服务器规格内存总和（具体实现流程可以参考第 3 章计算虚拟化）。

6）虚拟 GPU

虚拟 GPU 资源池目前有两种实现方式：GPU 资源组（实现方法可以参考第 8 章 AI 算力池化）与 GPU 虚拟化（实现方法可以参考第 3 章计算虚拟化），以提升 GPU 资源的利用率，降低 GPU 采购成本。

　　GPU 资源组是一种管理模式,将主机上一组能力相同的 GPU 设备组成一个或多个资源组。给虚拟机分配 GPU 设备,指的是运行态按照配置动态从 GPU 资源组中绑定一个闲置的 GPU 设备,虚拟机关机后将绑定的 GPU 设备释放回 GPU 资源组供其他虚拟机使用。

　　GPU 虚拟化存在两种方式,一种是 GPU 硬件提供虚拟化能力,从硬件上进行算力与显存的隔离;一种是软件定义实现,对物理 GPU 纳管后,给上层虚拟机提供一层虚拟代理,实现算力与显存的细粒度划分与控制,最终以虚拟 GPU 设备方式提供给虚拟机使用。

3. 存储资源管理

　　如第 4 章存储虚拟化所述,存储虚拟化有存储虚拟化模拟和存储语义直通两种类型,如图 10-9 所示。

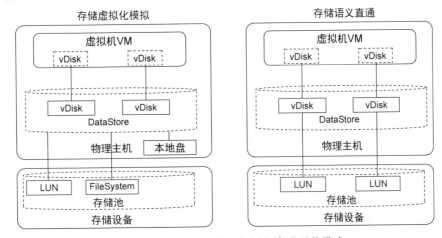

图 10-9　存储虚拟化模拟与语义直通两种模式

　　第一种是对主机上磁盘(可能是本地盘、外挂存储卷或文件系统等)进行虚拟化后,再在虚拟化后的存储上为虚拟机提供磁盘模拟,该模式业界几乎所有虚拟化产品都支持。

　　第二种是存储卷语义直通虚拟机模式,即虚拟机的磁盘与存储设备的卷 1∶1 对应关系,不在主机层对存储进行虚拟化,减少虚拟化带来的性能损耗,该模式是云化产品主要实现方式。当前虚拟化产品业界主要代表是 VMware vVol 方案、华为 FusionCompute eVol 方案。

　　两种模式实现上具有较大差异(见存储虚拟化章节介绍),为方便用户对虚拟存储的管理,存储资源管理提供数据存储 DataStore 与 vDisk 管理模型进行统一抽象,从而屏蔽底层存储及实现方式的差异,简化用户管理操作。

　　但两种模型下 DataStore 与 vDisk 又有区别,图 10-10 所示为存储虚拟化模拟模式下的存储资源管理示意图。

　　存储 LUN 映射给物理主机后,将映射给物理主机的存储 LUN 虚拟化以及分配磁盘的工作由存储资源管理模块负责,包括在主机上扫描存储 LUN、创建数据存储 DataStore,最后为虚拟机分配 vDisk。从图 10-10 中也可以看出其模型关系：DataStore 与存储 LUN 是1∶1 或 1∶N 的映射关系,通常为 1∶1;DataStore 可创建多个 vDisk 挂载给主机。vDisk

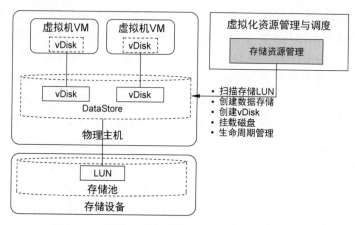

图 10-10　存储虚拟化模拟方式下的存储资源管理

提供的能力依赖 DataStore 数据存储，如精简分配、磁盘快照、链接克隆等。

图 10-11 所示为语义直通存储模式下的存储资源管理示意图。

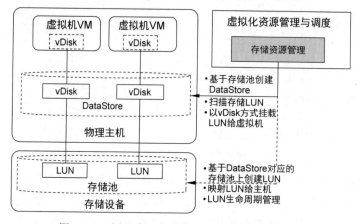

图 10-11　语义直通存储方式下的存储资源管理

语义直通存储模式下 DataStore 实际上是存储设备上存储池的映射，当为虚拟机创建并挂载磁盘时，实际上是自动在 DataStore 对应的存储池上创建 LUN，并映射给物理主机，然后在物理主机上扫描 LUN，将主机上的 LUN 直接以 vDisk 方式挂载给 VM。

从图 10-11 中也可以看出其模型关系：DataStore 与存储池关系为 1∶1；vDisk 与 LUN 的关系为 1∶1。因此，虚拟机磁盘能力依赖于存储设备提供的能力，如存储 LUN 的分配模式、数据加密、数据缩减、数据克隆、数据保护（如快照、复制、双活等）等。

4. 网络资源管理

如第 5 章网络虚拟化所述，网络虚拟化将物理网络资源抽象为虚拟网络资源，实现了虚拟机与外部网络环境的通信。网络资源管理是物理网络资源以及虚拟化后的虚拟网络资源的管理，以实现对虚拟化网络的集中管理与配置。

网络资源包括物理网络资源与虚拟网络资源，物理网络资源包括物理网卡与网口，虚拟网络资源包括分布式虚拟交换机、端口组、安全组等。

1）物理网卡与网口

物理网卡与网口是虚拟机以及物理主机与外部网络通信的通道，因此物理网卡与网口的设置与状态对物理主机及其运行的虚拟机与外部通信性能、可靠性有着重要影响，包括网卡的交换模式、驱动模式、网口绑定等。

网口的交换机模式直接影响虚拟化的交换网络性能。交换模式配置为普通模式时，通过基于服务器 CPU 实现虚拟交换网络达成虚拟机与外部网络通信。如果配置为 SRIOV 直通模式时，在物理网卡中提供虚拟交换网卡直通虚拟机与外部网络通信，此种模式下性能更好，对物理主机上 CPU 资源消耗小。

网口的驱动模式包括用户态、内核态驱动模式。两种模式配合分布式交换机的网络转发，也是影响虚拟网络交换性能的重要因素。

此外，网口还需要绑定聚合，如图 10-12 所示。

聚合绑定使用了聚合链路技术，将多个物理网卡绑定到一起，合成为一个逻辑接口，并通过给聚合网口配置不同的模式，实现负载平衡和故障转移的能力，提高了网络连接的高效性和稳定性。通常聚合策略包括：主备模式、基于源和目的

图 10-12　聚合网口

MAC 地址的负荷分担、基于源和目的 MAC 的负荷分担、基于源和目的 IP 的 LACP、基于源和目的 IP 和端口的负荷分担和轮询模式。

2）分布式虚拟交换机

虚拟交换机使用软件能力模拟了二层物理交换机的功能，一端是与虚拟机网卡相连的虚拟端口，另一端是与虚拟机所在主机的物理以太网适配器相连的上行链路，为虚拟机、主机、外部网络提供了网络连接。

分布式虚拟交换机是管理多台物理主机上的虚拟交换机的虚拟网络管理方式，包括对主机的物理端口和虚拟机虚拟端口的管理，分布式虚拟机交换机可以保证虚拟机在主机之间迁移时网络配置的一致性。

分布式虚拟交换机提供 3 种交换类型，分别是：普通模式、SR-IOV 直通模式、用户态交换模式。

（1）普通模式：即内核态交换模式，该模式的分布式交换机以驱动模式为内核态的物理网口或聚合网口作为上行链路，负责与外部链路建立连接。

（2）SR-IOV 直通模式：该模式下的分布式交换机关联 SR-IOV 直通交换模式的物理网口作为上行链路，虚拟机可以直接连接到物理网卡上，且多个虚拟机之间可以高效共享物理网卡，可以获得能够与物理机媲美的 I/O 性能。SR-IOV 直通模式支持需要物理网卡提供该能力，如 Intel、Mellox 等网卡均提供该能力。

（3）用户态交换模式：该模式的分布式交换机，关联了用户态驱动模式的物理网口作为上行链路，通过使用 DPDK（Data Plane Development Kit，数据平面开发套件，DPDK 是一系列库和驱动的集合）技术快速处理数据包。该模式通过环境抽象层旁路内核协议栈、

轮询模式的报文无中断收发、优化内存/缓冲区/队列管理、基于网卡多队列和流识别的负载均衡等多项技术,实现高性能报文转发能力,提高虚拟机网络性能。

分布式虚拟交换机还具备普通二层 VALN、私有 VLAN 的流量隔离能力,其中私有VLAN 是为解决 VLAN 理论上最大支持 4096 个资源上限而提出来的更细粒度的隔离方案。

如果采用 VLAN 方案,那么就需要为每个二层隔离域都单独分配一个 VLAN。在图 10-13 所示的例子中,对于公共服务区、部门 A 区和部门 B 区,只需要为每个分区单独分配一个 VLAN,这合乎常规。但对于访客区,需要为分区中的每个设备(每个隔离域)都单独分配一个 VLAN,这过度消耗了有限的 VLAN 资源。假设有 2000 个访客,就需要消耗2000 个 VLAN 资源,而访客数量也无法超过 4094 的理论上限。同时,每个 VLAN 通常都需要分配一个单独的网段。而访客区中的每个隔离域通常只有一个设备,即通常只需要分配一个 IP,这将导致同一网段中的其他 IP 被浪费掉。

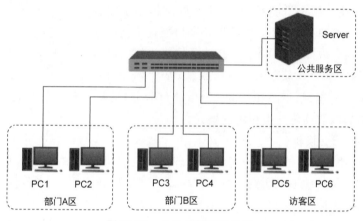

图 10-13　企业内部网络示例

私有 VLAN 提供了一种更细粒度和更灵活的二层隔离机制,能够在 VLAN 下进一步划分二层广播域。一个私有 VLAN 表示一个特殊的二层广播域,其中包括一个主 VLAN、一个隔离型 VLAN 和若干互通型 VLAN,每种 VLAN 都只占用一个传统 VLAN 资源,而三者的互通隔离关系如下。

(1) Principal VLAN(主 VLAN):VLAN 内的用户除了本 VLAN 内互通,同时还可以与 Separate VLAN 及 Group VLAN 中的用户互通。

(2) Separate VLAN(隔离型从 VLAN):VLAN 内的用户之间不能互通,但可以与Principal VLAN 内用户进行互通。

(3) Group VLAN(互通型从 VLAN):VLAN 内的用户之间可以互通,同时还可以与Principal VLAN 中的用户进行互通。

在上述的企业网络案例中,只需要为公共服务区分配 1 个主 VLAN,为部门 A 区和部门 B 区分别分配 1 个互通型 VLAN,为访客区分配 1 个隔离型 VLAN,就可以实现期望的隔离需求。相对于传统 VLAN 方案,私有 VLAN 方案只需要 4 个 VLAN 资源,消耗资源数不会随着访客数量增加而线性增加,这大大节省了有限的 VLAN 资源。同时,一个私有 VLAN 本质上是一个二层广播域,可以只分配一个网段,从而也大大节省了有限的 IP 资源。

3) 端口组

端口组是分布式虚拟交换机中虚拟端口的集合。端口组主要是为了方便用户同时对端口组中的多个端口进行配置,以减少重复配置工作。连接在同一端口组的虚拟机网卡,具有相同的网络属性,例如带宽限速、优先级、VLAN、IP 和 MAC 绑定等。

端口组包括 Trunk 端口和 Access 端口两种类型。

(1) Trunk 端口:虚拟机网卡通过虚端口接入虚拟交换机进行网络数据包的收发。虚拟交换机虚端口支持配置为 Trunk 类型,并允许设置 Trunk 的 VLAN ID 范围,之后虚端口便具备了同时收发携带不同 VLAN 标签的网络数据包的功能,从而满足了虚拟网卡支持 Trunk 类型端口的需求。

(2) Access 端口:虚拟机网卡通过虚端口接入虚拟交换机进行网络数据包的收发。虚拟交换机虚端口支持配置为 Access 类型,并设置唯一 VLAN ID,之后虚端口便只允许收发携带该 VLAN 标签的网络数据包,从而满足了虚拟网卡支持 Access 类型端口的需求。

4) 安全组

安全组是虚拟机网络出入访问的控制规则,包括流量方向、协议、IP 类型、IP 段、允许、拒绝等访问规则。用户根据虚拟机安全需求创建安全组,每个安全组可以设定一组访问规则。当虚拟机加入安全组后,即受到该访问规则组的保护。用户通过在创建虚拟机时选定要加入的安全组来对自身的虚拟机进行安全隔离和访问控制。在图 10-14 中的例子,主机 1 上的虚拟机加入了默认安全组、安全组 A 和安全组 B,而主机 2 上的虚拟机加入了默认安全组、安全组 B 和安全组 C。

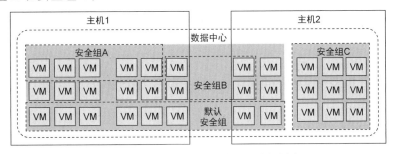

图 10-14　基于安全组的虚拟机访问隔离

除安全组实现虚拟机与外部通信的安全访问控制外,还提供包括防止用户虚拟机 IP 和 MAC 地址仿冒,防止用户虚拟机 DHCP Server 仿冒,以及广播报文抑制等。

5) MAC 地址

虚拟机分配虚拟网卡,需要绑定 MAC 地址,若 MAC 不能很好分配与管理,将导致数据中心内 IP 地址冲突,引起业务异常等。因此,MAC 地址需保证全局唯一,在虚拟化平台上提供 MAC 地址池能有效实现唯一性分配,但由于数据中心内可能部署多虚拟化平台,为保证全局唯一，不同虚拟化平台需相互协同以实现 MAC 地址段分配。

10.3.3 资源编排自动化

在数据中心虚拟化建设之前，部署业务首先需要根据业务的需求准备与配置物理机，为物理机配置访问网络、共享存储等，然后部署业务系统。虚拟化部署类似，首选根据业务诉求需准备虚拟计算、存储、网络资源，然后再部署业务系统。在业务运行的过程中，当某主机处于升级变更、负载较高时，需将虚拟机迁移至负载低的主机上；当虚拟机资源规格不满足业务运行要求时，需要调整虚拟机资源配置；而当虚拟机闲置时，需要释放分配的资源。如此这些情况的出现，使得如何提升虚拟机生命周期（发放、变更、回收、保护、迁移等）的整体管理效率，并降低运维成本成为一个急需解决的数据中心管理问题。虚拟机生命周期管理一键式编排自动化是一种主流的应对方法。

如图 10-15 所示，通过编排自动化方式将虚拟化原子资源/接口进行编排并以全自动化方式执行，实现虚拟机发放、规格变更、回收、保护、迁移等操作的一键式完成，从而降低复杂的原子资源/接口的人工组合效率，提升整体管理效率。

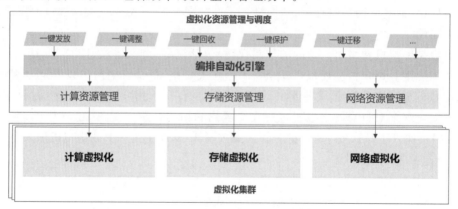

图 10-15　虚拟机生命周期管理一键式编排自动化

下面将从虚拟机生命周期管理的角度分别介绍各个阶段的关键能力。

1. 虚拟机一键发放

1) 总体描述

虚拟机发放通过编排自动化一键式创建虚拟机，完成虚拟化资源的快速准备。通常需要准备的虚拟化资源是根据业务诉求制定的。例如，当创建部署 MySQL 数据库的虚拟机时，可以根据业务负载需求，准备各类资源（如计算资源 8 个 vCPU、内存 16G、系统盘与数据盘分别为 40GB、200GB、管理网卡与业务网卡等）。同时为保障数据库业务的稳定运行，需要形成一份虚拟化资源规格清单（如预留独占 vCPU 和内存、数据盘直通、高性能 SSD、网卡直通、虚拟网卡以及 QoS 保障等），并提交给虚拟化平台。随后平台中虚拟化资源管理与调度模块根据提交的清单进行拆分处理，分别调度计算、存储、网络虚拟化资源。虚拟机发放是资源获取的过程，通常包含计算资源、存储资源和网络资源。

（1）计算资源。

① CPU：NUMA 绑核、CPU 预留、优先级、CPU QoS 上下限。

② 内存：内存预留、内存复用、大页内存、内存 QoS 上限。

③ GPU：GPU 独占、GPU 共享。

④ 外设：vTPM 设备、USB 设备本地直通/远程访问、光驱软驱挂载等。

（2）存储资源。

虚拟化存储磁盘（本地盘、SAN 存储、NAS 存储等）、直通存储型磁盘、普通/普通延迟置零/精简磁盘、裸设备映射磁盘、磁盘挂载的总线模式（VIRTIO、SCSI）、磁盘加密、独立-持久/非持久磁盘模式等。

（3）网络资源。

① 虚拟网卡归属的内核态转发模式虚拟交换机、SR-IOV 直通模式虚拟交换机、用户态转发模式虚拟交换机等及其端口组、网卡 IO 环大小、队列等。

② 安全组：IPv4、IPv6 等虚拟机流量出入的规则等。

2）虚拟机发放方式

为了简化和提升业务部署效率，大多数虚拟化产品均提供三种支持业务部署的虚拟机发放方式：发放空白虚拟机再部署操作系统与业务系统、基于虚拟机模板发放虚拟机、克隆虚拟机方式部署业务系统。

（1）空白虚拟机发放。

所谓空白虚拟机，就是未安装操作系统与业务软件的虚拟机，如同一台已经配置好计算、存储、网络资源的物理机。因此，发放一个空白虚拟机后，还需如同物理机场景一样的操作方式，通过挂载操作系统 ISO 镜像引导完成操作系统部署，然后登录虚拟机内部再部署业务软件。此种方式适用于如下应用场景。

① 系统初始部署时，第一次创建虚拟机部署业务系统。

② 系统中还没有合适的模板或虚拟机（操作系统和硬件配置相同），需创建空虚拟机并在其上安装操作系统，并将该虚拟机转换/克隆为模板，以便使用模板创建虚拟机。

（2）基于虚拟机模板发放虚拟机。

如图 10-16 所示，虚拟机模板实际上是虚拟机的一个副本，包含操作系统、应用软件和虚拟机规格配置。使用模板创建虚拟机能够大幅度地节省配置新虚拟机和安装操作系统的时间。虚拟机模板格式通常包括 ova、qcow2 和 ovf 三种。其中 ova 格式的模板只有一个 ova 文件，ovf 格式的模板由一个 ovf 文件和多个 vhd、vmdk 或 qcow2 文件组成。虚拟机模板获取方式通常包括：通过将现有虚拟机转换为模板、将虚拟机克隆为模板或克隆现有模板的方式来创建模板，或从外部导入虚拟机模板（已在其他环境中完成制作）。其中不管是虚拟机转换或是克隆，都是将虚拟机的系统盘、数据盘复制为一份新的数据副本，同时对虚拟机的配置规格进行复制，最终打包形成一个虚拟机模板镜像。

通过虚拟机模板发放虚拟机的方式基于虚拟机模板中的描述文件准备计算、存储、网络等资源，此过程如同创建空白虚拟机，然后将模板中的磁盘文件一一对应地写入新虚拟

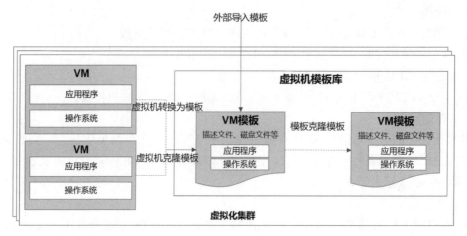

图 10-16 虚拟机模板制作示意图

机磁盘中,如图 10-17 所示。

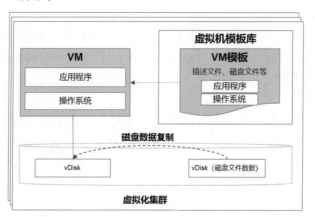

图 10-17 基于虚拟机模板发放虚拟机示意图

（3）虚拟机克隆发放虚拟机。

虚拟机克隆发放虚拟机存在完整克隆虚拟机、链接克隆虚拟机两种模式。

① 与基于虚拟机模板发放虚拟机类似,完整克隆虚拟机是基于源虚拟机的配置规格创建新的虚拟机,也完全复制源虚拟机的磁盘数据,克隆完成后是两个完全独立的虚拟机,如图 10-19 所示。

② 链接克隆虚拟机指的是克隆时创建的虚拟机挂载源虚拟机系统卷(母卷),可以节约磁盘空间。仅对母卷进行软件更新/还原,即可在所有虚拟机上生效,节约维护成本。这种虚拟机发放方式适用于系统卷安装的软件差异不大的场景,如学校教学场景。链接克隆虚拟机的系统卷可以有少量差异,差异保存在差分卷中,如图 10-18 所示。

③ 虚拟机克隆通常是从主机层上发起数据复制,但此时复制效率较低,且影响主机上虚拟机运行的性能。因此,为加快虚拟机克隆发放效率,通常卸载到存储设备上进行克隆。

图 10-19 所示为借助存储能力实现虚拟机快速克隆。

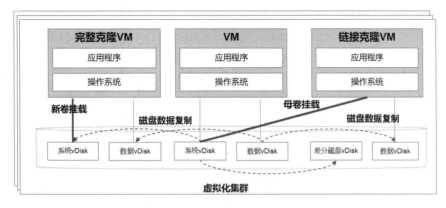

图 10-18　虚拟机克隆发放虚拟机示意图

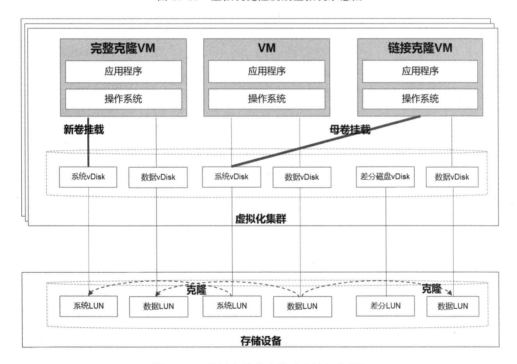

图 10-19　协同存储克隆辅助发放新虚拟机

　　值得一提的是,虚拟机克隆发放不仅可以在集群内部进行,也可以在集群间,甚至跨数据中心、跨站点克隆发放。

2．虚拟机一键变更

　　在虚拟机日常运行过程中,业务负载可能逐渐增长,使得初始发放的虚拟机资源不能满足业务要求。同时业务负载也可能降低,使得初始配置的虚拟机资源空闲,造成资源浪费。因此需要根据业务负载需求及时地调整虚拟机规格,以保证业务能稳定、高效运行。调整虚拟机规格通常包括以下几方面。

（1）调整 CPU：在线增加 CPU、在线减少 CPU、CPU 绑核等。

（2）调整内存：在线增加内存、离线减少内存（由于内存中存放数据，热减少可能导致业务受损）等。

（3）调整磁盘：在线增加磁盘、在线减少磁盘、在线扩容已有磁盘。

（4）调整网络：在线增加网卡、离线解绑定已有网卡等。

3. 虚拟机一键回收

在业务测试完成、老业务逐步下线等场景下，需要进行资源回收，以释放系统资源，提升资源利用率。虚拟机回收存在立即回收、延迟回收、主动回收、安全回收四种方式。

（1）立即回收：当用户执行删除虚拟机时，资源立即释放。此种方式下虚拟机回收后业务不可逆。

（2）延迟回收：为防止误操作导致虚拟机删除后业务数据受损，通过延迟回收将虚拟机先放置在回收站中，经过一段指定时间后由系统自动完成虚拟机删除。

（3）主动回收：在非云化数据中心建设模式下，IT 部门与业务部门是分离的，业务部门业务下线后通常没有释放虚拟机资源，而 IT 部门并不知情，也不能及时去回收虚拟机，从而导致虚拟机资源被长期占用而浪费，导致 IT 开支居高不下。为避免因沟通协调不畅导致的成本开销，通过自动监测虚拟机运行的各种指标状况，如 CPU 利用率、磁盘 I/O 读写、网卡出入流量等情况，基于一段时间的指标状况监测，主动删选出疑似无负载的虚拟机，并以事件通知等方式通知 IT 管理员进行主动回收，主动回收通常与立即回收及延迟回收配合使用。

（4）安全回收：由于企业业务敏感度的要求，以及普通虚拟机回收仅仅是对磁盘上文件系统的删除，并没有完全擦除磁盘上数据，该数据能通过一定数据恢复手段恢复，导致安全性较差。因此，安全回收是通过覆盖性擦写对磁盘空间进行删除，避免数据被恢复，安全性高。但删除速度较慢，且删除时会占用系统资源。

4. 虚拟机一键快照

为防止虚拟机被病毒篡改、勒索，以及人为误删除，可以以虚拟机快照的方式保留多个历史数据副本，一旦出现数据逻辑损坏等场景，通过快照恢复以尽可能减少数据丢失导致的业务损失。因此，虚拟化平台均提供一键快照保护能力，通常包括内存快照、磁盘快照、整机快照等形式。

（1）内存快照：指快照时间点对虚拟机内存数据创建快照副本，数据恢复时可以恢复到创建内存快照时虚拟机的状态。例如，如果是打开 Word 文档做的内存快照，虚拟机通过内存快照恢复后虚拟机处于打开 Word 文档状态。

（2）磁盘快照：指快照时间点对虚拟机的磁盘创建快照副本，通常应用于对虚拟机的某块磁盘（如数据盘）单独做快照保护。

（3）整机快照：指快照时间点创建虚拟机配置数据以及虚拟机所有磁盘数据的快照副本，即当创建快照时，对虚拟机的配置规格数据保存一份副本，同时对所有磁盘数据保存一份快照副本。由于创建快照时，虚拟机在接管业务，如果对每块磁盘分别先后创建快照，恢复数据时由于不是一个时间点上的数据,恢复后虚拟机可能无法启动,或者虚拟机中的应用不能正常工作。因此,整机快照通常又分为崩溃一致性整机快照(Crash Consistency)、文件系统一致性整机快照、应用一致性整机快照。

① 崩溃一致性快照:创建虚拟机所有磁盘快照时,在虚拟化层暂停磁盘 I/O 写,然后对所有磁盘分别创建磁盘快照,快照创建完成后再恢复 I/O 写,确保从磁盘层面上 I/O 数据时间点的一致性。但此种方式下虚拟机操作系统以及虚拟机应用程序中的内存数据未落盘,因此可能出现通过该快照副本恢复后虚拟机出现蓝屏等现象。

② 文件系统一致性快照:创建虚拟机快照时,首先暂停虚拟机,将虚拟机的文件系统内存数据落盘,然后再分别对所有磁盘创建快照,完成后恢复虚拟机。该快照方式可以保证虚拟机恢复不会出现数据不一致导致的虚拟机蓝屏等问题,但弊端是创建快照时,业务有短暂的卡顿,对业务运行有一定的影响。

③ 应用一致性快照:创建虚拟机快照时,通过内部通道调用虚拟机内部部署的 VMtool 工具(不同厂商名字不一样)执行应用 I/O 暂停脚本后创建快照,快照创建完成后再调用 VMtool 工具执行应用 I/O 恢复脚本。该快照恢复后可保障虚拟机及虚拟机内的应用正常恢复,弊端与文件系统一致性快照相同。通常 I/O 暂停服务在 Windows 系统上基于微软的 VSS 框架,由应用提供 VSS Writer,而在 Linux 上需要用户提供应用 I/O 暂停与恢复的脚本,不同应用脚本不一样。目前业界厂商的虚拟化产品(如 VMware vSphere、华为 FusionCompute)默认支持 Windows 以及主流 Linux 虚拟机的应用一致性快照。

5. 虚拟机一键迁移

虚拟机迁移是指虚拟机从当前运行的物理主机上迁移到另一台物理主机上运行,它可以解决如下场景中的问题。

(1) 虚拟化集群中某台物理主机上运行的虚拟机业务负载较重,导致业务干扰及影响业务运行,而集群中其他物理主机上负载较轻。此时需将负载重的物理主机上的虚拟机迁移至负载轻的物理主机上,以实现集群整体的负载均衡,保障业务稳定运行。

(2) 由于网络变更、老设备下线等状况,需要将虚拟机负载迁移。

(3) 系统升级变更场景下,为保障不影响业务,需要将虚拟机负载迁移后再进行升级。

面对不同的场景,虚拟化集群具有多种不同的虚拟机迁移方式。

根据是否中断业务,虚拟机迁移可以分为虚拟机热迁移和虚拟机冷迁移,如图 10-20 所示。虚拟机热迁移是指在不中断业务的情况下,将同一个集群中虚拟机从一台物理主机移动至另一台物理主机。反之,虚拟机冷迁移是指在虚拟机关机的前提下进行迁移,这时业务中断,此种迁移方式通常应用于虚拟机不能热迁移的场景,例如虚拟机 SR-IOV 网卡直通。

根据否迁移存储数据可以分为虚拟机主机迁移、虚拟机存储迁移、虚拟机整机迁移,如图 10-21 所示。虚拟机主机迁移是指虚拟机磁盘位置不变更,而虚拟机的运行位置从一台主机迁移到另一台主机上。只有使用共享存储池的虚拟机,才可以使用此方式进行迁移,且目的主机必须挂载该共享存储池。虚拟机存储迁移是指虚拟机位置不变化,虚拟机磁盘

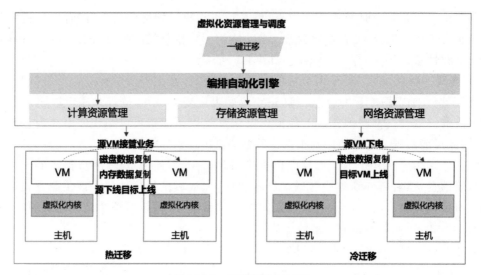

图 10-20　虚拟机冷热迁移

更换，即把虚拟机的磁盘迁移到该虚拟机所在主机的其他存储池中。虚拟机整机迁移是指虚拟机主机位置以及磁盘均更换，即把虚拟机迁移到另一台主机上，并把其磁盘迁移到目的主机所挂载的存储池中。

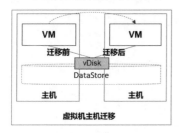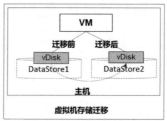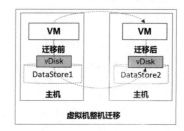

图 10-21　虚拟机主机迁移、存储迁移与整机迁移

根据虚拟机迁移的位置又分为虚拟机集群内迁移、跨集群迁移以及跨数据中心跨集群迁移。虚拟机集群内迁移是指在虚拟化集群内部从一台物理主机迁移到另外一台物理主机。跨集群迁移是指虚拟机从当前运行的虚拟化集群迁移到另一个虚拟化集群上。跨数据中心跨集群迁移是指虚拟机从数据中心 A 迁移到数据中心 B 的虚拟化集群上运行。

根据虚拟化平台是否同构可以分为同构迁移与异构迁移。同构迁移是指在相同虚拟化平台之间迁移虚拟机。异构迁移是指在两个不同虚拟化平台之间迁移虚拟机，例如将 VMware vSphere 上的虚拟机迁移至华为 FusionCompute 虚拟化平台。

10.3.4　动态资源调度

初始部署业务发放虚拟机时，IT 管理员往往是根据经验预估业务量配置相应的虚拟资源，最大化利用虚拟化集群资源。然而，实际上在业务运行过程中，业务系统通常会出现周期性或随机性的波动，可能多个相同负载分布（重负载或者轻负载）的业务所在虚拟机位于同一台物理主机上,从而导致集群中部分物理主机负载重、部分物理主机负载轻的状况,并进一步导致重负载主机业务影响大、闲置主机的资源利用率低、整体运营成本高等突出的问题。同时,IT 软硬件可能出现部件或整机级系统性故障,运行在物理主机上的虚拟机随之故障,影响业务连续性。为了保障稳定、均衡地运行虚拟机承载业务,数据中心虚拟化也提供了一系列的动态调度方案,本节主要围绕典型的 DRS、DRX、DPM、HA 等机制进行介绍。

1. 集群动态资源调度

集群动态资源调度(Dynamic Resource Scheduler,DRS)是为解决物理主机负载不均衡而影响业务运行性能而提出的解决方案,旨在通过监控虚拟化集群内各个主机负载运行的状况(包括 CPU、内存、存储 I/O 等综合评估),并采用负载均衡调度算法,将重负载物理主机上的虚拟机迁移至轻负载主机上,从而使得各个主机上虚拟机业务负载处于均衡状态,保障业务的最佳运行。

DRS 基于负载均衡评价体系,协同虚拟机一键迁移能力实现对资源的动态调度,其方案原理如图 10-22 所示。通过监控虚拟化集群中主机与虚拟机的各项指标,由 DRS 定期检测并综合评估,选择需要迁移的虚拟机与目的物理主机进行虚拟机迁移操作。

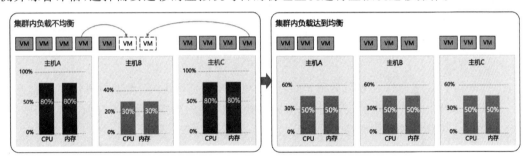

图 10-22　DRS 动态资源调度示例

根据调度评估指标的维度,DRS 可以分为计算 DRS、存储 DRS 以及计算与存储 DRS,如图 10-23 所示。

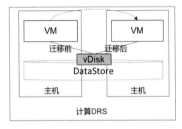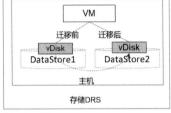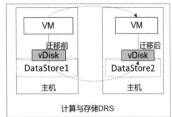

图 10-23　计算 DRS、存储 DRS、计算与存储 DRS

(1) 计算 DRS 主要是从主机与虚拟机 CPU、内存等计算资源维度进行综合评估,根据集群中各主机计算资源的使用状况进行均衡调度。

(2) 存储 DRS 主要是从主机与虚拟机的存储 I/O 的维度进行评估,若存储 I/O 达到瓶颈,在集群中进行均衡调度。

（3）计算与存储的整机 DRS 是综合计算、存储多个维度进行评估,选取最优主机进行均衡调度。

2. 集群动态资源扩展

虚拟机业务在运行过程中,可能出现负载的波峰与波谷,负载波峰需要快速增加资源以满足业务需要,而负载波谷时需要快速回收资源以提升资源利用率。集群动态资源扩展（Dynamic Resource eXtension,DRX）就是一种能够满足业务敏捷弹性的机制。DRX 方案分为纵向 DRX、横向 DRX 两种类型,如图 10-24 所示。

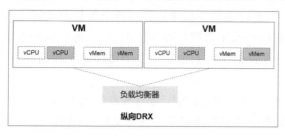
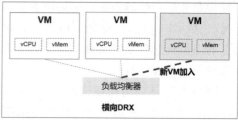

图 10-24　DRX 动态资源扩展

（1）纵向 DRX：监控业务运行状态,当业务负载出现波峰时,动态为业务虚拟机增加CPU、内存、存储等资源,实现纵向扩容;当业务负载处于波谷时,动态释放虚拟机 CPU、内存、存储等资源。

（2）横向 DRX：监控业务运行状态,当业务负载出现波峰时,新增虚拟机供部署业务并加入到集群;当业务负载处于波谷时,动态回收虚拟机释放虚拟化资源,通常横向 DRX 需配合负载均衡机制对外提供服务。

以上方式均为被动型 DRX,它们通常在指定 DRX 时间点,或者通过监控业务组内虚拟机的负载状况来判断何时开始 DRX 调度。由于 DRX 调度时资源准备需要花费一定时间,当业务负载高峰来临时资源可能还未准备完成,从而影响资源扩展的有效性。因此,主动型 DRX 成为一种颇具应用价值的方案,即通过学习业务负载运行特点,提前预测业务波峰的时间点,在该时间点前触发 DRX 应对业务增量需求。

3. 动态电源管理

传统的电源管理方式要求虚拟机要么挂起（suspend）以节省能耗,要么恢复（resume）运行让其正常工作,这个过程通常要用户手工参与（包括确认需要断电的主机上是否还有业务、已有的业务迁移至其他主机后执行断电操作等）,这种管理方式低效,且不能即时响应。因此,动态电源管理（Dynamic Power Management,DPM）方案为解决如上场景而产生。它通过持续不断地监控集群中物理主机的资源利用率,当检测到整个集群资源（如CPU、内存、I/O 吞吐量、传输连接数）利用率持续下降时,系统将会把资源占用率较低的主机上的虚拟机集中至部分主机上,随后关闭空闲主机的电源以降低数据中心集群的能耗,如图 10-25（a）所示。而当集群的负载持续增长时,系统将会自动唤醒处于关闭状态的主机,通过动态资源调度(DRS)将资源占用率较高的主机上的虚拟机迁移到唤醒的主机上,以均衡集群负载,如图 10-25(b)所示。相比于传统电源管理方式,动态电源管理中主机的关闭和唤醒都是自动完成的,不需要用户的干预,并且状态之间的切换非常快。

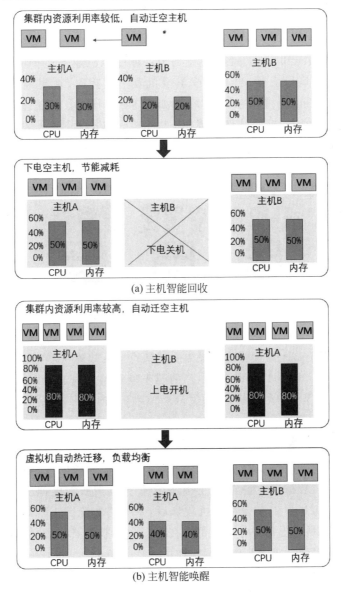

图 10-25　DPM 动态电源管理示例

动态电源管理分为主机智能回收和主机智能唤醒。

(1)主机智能回收。当集群中所有正常状态的主机的负载在一段特定时间内持续小于指定监控策略的阈值时,系统将自动把集群中一台主机上的虚拟机全部迁移到其他的主机上,并自动关闭该主机。当集群中正常运行的主机不多于两台时,则不再触发主机回收操作。

（2）主机智能唤醒。当集群中所有正常状态的主机的负载在一段特定时间内持续大于指定监控策略的阈值时，并且集群中存在处于关闭状态的主机时，系统将自动启动处于关闭状态的主机，再根据动态资源调度设定策略将高负载主机上的部分虚拟机迁移到该主机上。

4. HA 高可用

高可用性（High Availability，HA）机制是为保障虚拟机业务运行的连续性，通过主动检测主机和虚拟机的运行状况，当主机或虚拟机发生故障时，在集群内选择合适的物理主机并重建故障虚拟机，使得业务快速恢复，如图 10-26 所示。通常主机与虚拟机发生故障的场景包括：节点掉电、核心硬件故障（如主板）、虚拟机蓝屏、网络引起的存储 I/O 异常等。

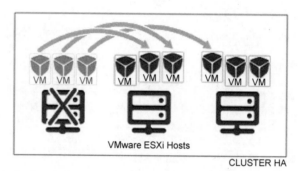

图 10-26　HA 高可用

以上方式为 Passive HA，即当故障发生后才执行业务故障恢复，虽然能快速恢复业务，但是已造成业务中断。除了 Passive HA，当前越来越多的厂商逐步采用 Proactive HA，即通过监控物理主机与部件的运行状态，预测故障风险（如内存异常、I/O 链路异常等），从而提前降风险主机上的虚拟机。

5. 亲和性与反亲和性

一个业务系统，包括前端 Web、后端服务、数据库等应用程序，虚拟化部署时通常要求数据库与前后端服务、数据库主备实例、前后端多服务实例所在虚拟机要求部署到不同的物理服务器上，以保障集群中某台物理机故障后，系统仍然能够正常对外提供服务。Web 服务与后端服务实例所在虚拟机尽可能部署在一台物理服务器，从而提升物理主机资源的利用率，减少跨主机内部请求带来的时延损耗。

亲和与反亲和是在虚拟化集群中体现的行为，如图 10-27 所示。具有亲和属性的一组虚拟机部署到一台物理主机上，具有反亲和属性的一组虚拟机部署到不同的物理主机上。业务虚拟机亲和与反亲和运行，通常是从业务稳定运行、减少通信开销、提升资源利用等多个维度综合制定。

在业务整个生命周期中，通常需要遵从亲和与反亲和规则，在虚拟机发放、系统运行过程中的 DRS、DRX、HA 等阶段也需要遵从亲和与反亲和规则。

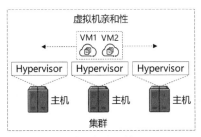
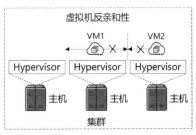

(a)虚拟机亲和性　　　　　　　　　　(b)虚拟机反亲和性

图 10-27　虚拟机亲和性与反亲和性

10.3.5　智能监控运维

虚拟机业务发放后,在业务的运行过程中,经常会出现一些系统性的故障或者潜在运行时风险而影响业务正常工作。因此,对故障、风险事件等需要及时发现、通知、分析、处理,这也是虚拟化产品保障业务健康运行的一项关键能力。

如图 10-28 所示,虚拟化监控运维提供的关键能力包括告警管理、性能与容量管理、主动健康检测、资源优化与回收、日志收集辅助问题定位闭环等。

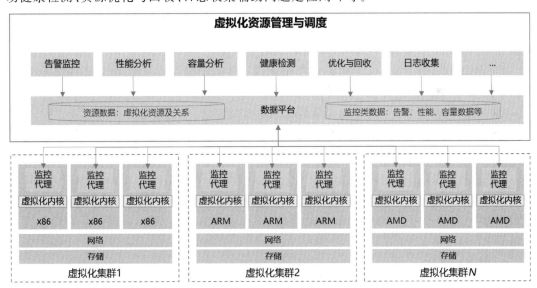

图 10-28　虚拟化监控运维架构与关键能力

1)告警管理

告警是对系统偏离正常状态运行的一种警示,对正常状态的偏离可能导致业务受损或者对业务运行造成风险,及时的告警通知有助于管理员及时地进行处理,减少或避免业务受损。告警管理通常涉及告警监控、根因分析与聚合、告警抑制防振荡、告警通知、告警恢复、告警统计等过程。

(1)告警监控:通过监控集群、主机、虚拟机及其关联的存储、网络虚拟资源等进行全面监控,保障脱离正常运行状态及时通知到虚拟化管理员处理,以保障业务不中断或快速处理恢复。

（2）根因分析与聚合：通常系统出现某一故障,可能引起多种资源运行状态脱离预期正常状态,从而引起多个告警上报,比如主机故障,该主机上所有的虚拟机随之故障,没有根因分析场景下,系统将出现产生多条告警,包括主机故障告警、主机上虚拟机对象故障的多条告警,而本质上该告警的根源为主机故障。因此,通过根因分析识别多个告警引起的故障源是否为同一个,从而抛弃掉由根源故障引起的关联告警,减少告警处理的复杂度。

（3）告警抑制：如 CPU 利用率超过一定的阈值可能引起业务运行异常,通常会发出告警,但由于业务负载为突然高峰,短暂高峰后又恢复正常态,此时引起 CPU 利用率短暂升高后又恢复正常状态,此种场景需延迟告警上报,避免不必要的运维工作量产生。

（4）告警通知：告警发生后,需要及时通知管理员处理以快速恢复业务,通常告警通知包括邮件通知、短信通知等。

2）性能与容量管理

性能是反映系统或业务运行状况的指标,对指标的监控管理可便于在系统或业务出现异常时进行定位定界分析、识别系统的瓶颈等,以对异常进行恢复处理。容量是业务对虚拟化资源使用情况的表征,包括对 CPU、内存、磁盘、端口等,对容量管理可以判定容量使用趋势,提前对容量扩容以消除瓶颈,保障业务的正常运行。性能与容量管理包括性能与容量监控、分析（热点、趋势等）、预测等方面。

（1）性能与容量监控：实时采集虚拟化资源的性能指标和容量使用情况,采集时间粒度越密集越好,有利于进行瓶颈实时分析。

（2）性能与容量分析：通过对采集的性能与容量数据,按照预定的规则进行分析,发现系统热点区域、性能与容量用量瓶颈等。同时在虚拟机业务运行出现异常时,可以通过关联资源、多指标等维度分析辅助问题的定界与定位。

（3）预测：基于过去一段时间的运行数据,采用预测算法对未来运行趋势的判定,提前识别潜在瓶颈,以便于提前处理及避免业务运行异常。例如,基于预测未来 1 周、3 月、6 月的容量走势,管理员可以提前处理,通过迁移、回收等措施释放容量,或提前采购以在容量用完前进行扩容。

3）健康检测

健康检测是按照既定策略对系统多维度（包括运行状态、性能、容量、配置等）地主动巡检、分析,以检测是否存在潜在的风险。它的目的是提前消除风险,保障业务健康运行。通常包含以下方面。

（1）运行状态检测：扫描虚拟机及其虚拟资源的运行状态,分析其状态对业务运行状态的潜在影响,并及时反馈给管理员进行处理。

（2）性能异常检测：包括静态检测与动态检测。静态检测是定义性能指标阈值（上限、下限等）,监控指标是否偏离阈值,偏离阈值时进行预警处理。动态检测是系统自动学习历史趋势,监控实时指标状态,通过纵比、横比、环比等多种手段检测是否偏离历史规律,偏离历史规律时进行预警处理。

（3）容量异常检测：与性能异常检测类似，对虚拟机 CPU、内存、磁盘、端口等资源监控，协同容量预测等能力，判定当前以及未来一段时间的资源使用情况是否超过定义的阈值，超过阈值时进行预警处理。

（4）配置合规检测：检测系统以及虚拟机的配置是否与最佳实践或预定义的规则一致，发现不一致进行预警处理，比如是否双网口冗余配置等。

4）优化与回收

通过监测虚拟机及其资源的使用情况（如对性能、容量、运行状态等的监控），综合判断虚拟机是否空载运行、长期未使用，从而对空闲资源进行列举，以指导管理员及时回收资源，提升资源利用率。

10.3.6 开放生态集成

VMware vSphere 为何能占据全球一半以上的市场份额，除性能、稳定性等因素外，广泛的生态兼容性是其核心竞争力。如图 10-29 所示，虚拟化系统的生态涉及多个层面，包括硬件生态、应用生态、保护生态、自动化与运维生态以及东西向集成生态。

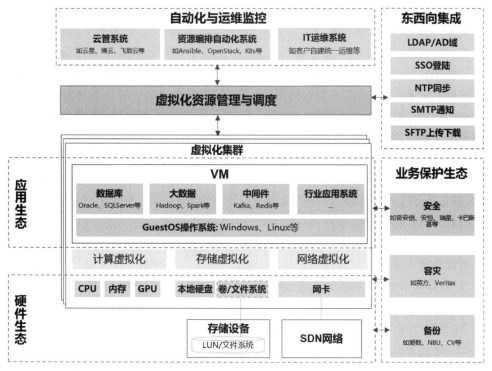

图 10-29　虚拟化系统生态

（1）硬件生态：主要包括物理服务器及其部件、外置存储、SDN 网络等。

① 物理服务器兼容，如 Dell、HP、联想、鲲鹏等。

② 部件兼容，如 Intel CPU、鲲鹏 CPU、AMD CPU、海光 CPU、NVIDIA GPU、昇腾 NPU、本地硬件、光纤/IP 网卡等。

③ 外置存储，不同厂商不同型号 SAN 存储、NAS 存储、分布式存储等。

④ SDN 网络，如思科、华为等 SDN 网络等。

（2）应用生态：运行在虚拟机中的系统与应用软件，包括操作系统、数据库、大数据、常用中间件、行业应用系统等。

① 操作系统，如 Windows、openEuler、Redhat、SUSE、Ubantu 等。

② 数据库，如 Oracle、SQLServer、MySQL、PG、openGauss 等。

③ 大数据，如 Hadoop、Spark 等大数据生态等。

④ 中间件，如 Kafka、RabbitMQ、Redis 等。

⑤ 行业应用系统，医疗、教育、政务、金融等行业专有业务系统。

（3）业务保护生态：主要包括对虚拟机业务的安全防护、容灾保护、备份保护等。

① 安全生态，如防虚拟机病毒感染等，业界主流的防病毒软件包括瑞星、奇安信、安恒等安全软件，国外主流如卡巴斯基。防病毒的方式又包括无代理与有代理模式，其中无代理模式是通过在主机上部署安全虚拟机检测虚拟机内存是否存在病毒感染，有代理模式是通过在虚拟机 GuestOS 上安装代理的方式进行检测；

② 容灾保护生态，如国内的英方、国外 Veritas 等主流厂商，其容灾方式是在虚拟机中安装容灾代理实现跨站点的容灾。此类生态模式主要解决的是异构平台间容灾，如生产与容灾中心虚拟化平台不同（如 VMware vSphere 与 Huawei FusionCompute）或同虚拟化平台下挂载的存储不同（生产端虚拟机使用的华为存储、容灾端使用的是 Dell EMC 存储）等。

③ 备份生态，国内包括爱数、壹进制、鼎甲等，国外包括 CommVault、NBU、Veeam 等。兼容备份生态场景通常是客户数据中心需要对虚拟化平台以及非虚拟化平台上部署的业务进行统一备份，实现备份的统一管理。

（4）自动化与运维生态：客户为防止被某一厂商绑定，选择多种类型的资源池建设方式，但为简化资源发放与运维，需要资源池能提供开放北向 API 对接上层自动化与运维系统，通常包括云管平台、资源编排自动化系统、IT 运维系统等。

① 云管平台生态，如云星、飞致云、博云等，云管对接虚拟化资源池后以统一运营与统一服务资源发放方式屏蔽资源池的差异性，为客户提供一致性的云化体验。

② 资源编排自动化系统（如业界常用的 Ansible、OpenStack、K8s 等）对虚拟化资源池进行编排，实现资源发放的自动化。

③ IT 运维系统，客户数据中心软硬件多样化，每个系统都具有独立的运维系统，运维管理员如果通过每套运维系统开展日常运维工作，工作量极大。为提升运维效率，通常客户数据中心购买第三方运维系统或自建运维系统方式实现对多样化软硬件的统一运维。因此，虚拟化平台需提供开放北向 API 被统一运维系统集成与纳管。

（5）东西向集成生态：通常包括统一域认证、SSO 认证、SMTP 邮件服务器、NTP 时钟一致性、SFTP 服务器、DNS 系统等。

10.4　云服务与运营管理

如 10.1 节数据中心云化建设模式所述,数据中心虚拟化走向数据中心云化建设模式通过叠加云服务、运营管理两个关键模块,解决了业务部门对业务敏捷响应的诉求及传统 IT 资源流程重、响应慢之间的矛盾。

云服务解决业务部门获得 IT 资源不再依赖传统 IT 管理员,可以像获取"自来水"一样方便快捷地申请与使用资源,实现按需申请资源、零等待可用、快速弹性扩展;而运营管理解决的是从 IT 管理员运营到业务部门自管理自运营的转变,实现业务部门资源使用自控制、投入成本自优化,从而大幅度提升业务敏捷响应效率,降低企业运营成本。

10.4.1　云服务

前面章节已经对云服务的产生以及分类进行了阐述。本节介绍云服务的三个层次,包括 IaaS、PaaS、SaaS。由于云服务众多,各厂商提供的云服务能力各有其特点,难以一一列举,下面重点说明典型的 IaaS、PaaS、SaaS 云服务。

1. IaaS 服务

IaaS 层通过虚拟化技术将基础设施资源(如计算、存储和网络)虚拟化后以虚拟化实例方式提供给用户,用户可以自助申请虚拟化基础设施资源,以搭建自己的业务系统。

IaaS 服务具有如下的特点与优势。

(1) 灵活性和可扩展性:IaaS 模型提供了灵活的基础设施资源,用户可以根据需求随时调整资源规模。这使得用户可以快速响应变化的业务需求,实现弹性扩展和收缩。

(2) 资源集中管理:IaaS 模型将基础设施资源集中管理,包括硬件设备、网络设备和虚拟化软件。这样,用户无须关注基础设施的维护和管理,可以将更多精力集中在应用程序开发和业务创新上。

(3) 付费模式灵活:IaaS 模型通常采用按需付费的模式,用户只需支付实际使用的资源量,避免了对不必要资源的浪费。这种灵活的付费模式使得成本管理更加精确和可控。

常见的 IaaS 服务包括计算云服务(如裸金属服务、云主机服务、镜像服务)、存储云服务(块存储服务、文件存储服务、对象存储服务)、网络云服务(如虚拟私有云、EIP、ELB、VPN、DHCP、DNS、vFW 等)、灾备云服务(如云主机备份、云主机双活、云主机主备容灾等),其服务能力分别是建立在对计算资源池、存储资源池、网络资源池、灾备资源池的基础之上,以 SLA 方式进行池化管理,以服务编排自动化方式交付与使用。本节着重围绕典型的计算、存储、网络云服务进行介绍。

1) 计算云服务:云主机

云主机服务是对虚拟化计算集群进行 SLA 池化管理、以服务编排自动化方式发放与管理虚拟机实例的一种服务能力,如图 10-30 所示。其核心是基于 SLA 的资源池化与服务编排调度。

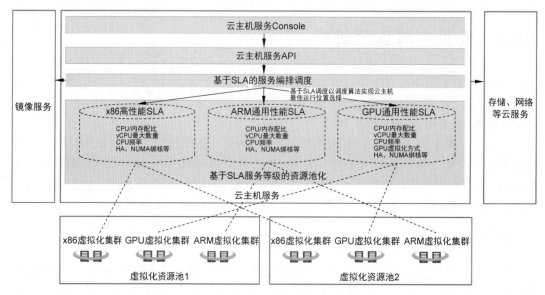

图 10-30   云主机服务架构与原理

云主机 SLA 服务等级是对云主机能力的一种抽象模型，该抽象模型标准化定义了云主机可获得的能力规格，如 CPU 规格（CPU 架构、CPU 数量、CPU 预留模式是否是独占、是否绑核、是否 NUMA 亲和等）、内存规格（内存容量等）、GPU 规格（GPU 虚拟化、GPU 直通、GPU 数量等），同时以该规格自动关联符合要求的虚拟化计算集群。在图 10-37 中，x86 高性能 SLA 自动匹配关联符合要求的虚拟化计算集群（虚拟化资源池 1 与虚拟化资源池 2 中的 x86 虚拟化计算集群），从而为使用方屏蔽了虚拟化计算集群且无须关注虚拟化计算集群的差异性，使用方也只关注云主机最终获得能力即可。通常，基于指定的云主机 SLA 服务等级发放的云主机具有同等配置规格以及能力，该能力对于最终使用方不可更改。但除 SLA 定义的默认标准能力规格外，云主机服务一般还提供可由使用方基于业务场景的服务化能力，比如云主机 HA 高可用、亲和与反亲和、云主机开机模式、密码初始化等，这些能力在使用方通过云主机申请发放时可根据自身业务诉求进行指定。

云主机 SLA 服务等级由于只是一种能力规格，因此并不能指定云主机最终运行的位置。云主机 SLA 与虚拟化计算集群间通常是多对多的关系，并是一种虚拟映射关系，意味着 SLA 能力获取可以从哪些虚拟化计算集群获得。

因此，云主机服务还具有一个关键的能力：服务编排调度。该能力建立在云主机 SLA 服务等级定义的基础之上，根据内置的调度算法（通常包括性能均衡优先、容量均衡优先、容量 & 性能均衡等），选择最符合云主机 SLA 能力要求的虚拟化计算集群。同时基于使用方自身业务诉求的自定义能力，如 HA、业务亲和、业务反亲和等规则，实现在虚拟化计算集群的最终位置的选取，并调度到该集群上创建云主机。除对云主机最佳运行位置调度外，还包括对云主机附属资源（如存储、网络）等编排调度。

2）计算云服务：镜像

镜像是一个包含了软件及必要配置的云主机模板，包含操作系统、预装的公共应用、用户的私有应用或用户的业务数据。

镜像服务提供简单方便的镜像自助管理功能，用户通过镜像服务管理镜像，通过镜像发放申请云主机/裸金属服务器等。

镜像分为公共镜像、私有镜像和共享镜像三种镜像类型。

（1）公共镜像是云平台系统提供的标准镜像，包含常见的标准操作系统和预装的公共应用，能够提供简单方便的镜像自助管理功能，对所有用户可见。用户可以便捷地使用公共镜像创建云主机或裸金属服务器。

（2）私有镜像是用户基于云服务器或外部镜像文件创建的个人镜像，仅用户自己可见，包含操作系统、预装的公共应用、用户的私有应用以及用户的业务数据。根据用户业务的不同，可以分为如下三类。

① 系统盘镜像：是用系统盘制作的镜像，包含操作系统、预装的公共应用及用户的私有应用。

② 数据盘镜像：是只包含用户业务数据的镜像。

③ 整机镜像：是同时包含操作系统、预装的公共应用及用户的私有应用和用户业务数据的镜像。

（3）共享镜像，当用户需要将自己的私有镜像共享给其他用户使用时，可以使用镜像服务的共享功能。对于多资源空间用户，共享镜像功能可以方便用户在同一个区域内的多个资源空间间使用镜像。当用户作为共享镜像的提供者时，可以共享指定镜像、取消共享镜像、添加或删除镜像的共享租户。当用户作为共享镜像的接受者时，可以选择接受或者拒绝其他用户提供的共享镜像，也可以移除已经接受的共享镜像。

图 10-31 显示了镜像服务与镜像间的关系。

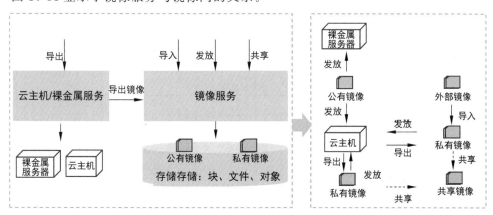

图 10-31　镜像服务与镜像间的关系

3）存储云服务：块存储

块存储为云主机和裸金属提供块存储空间，块存储卷的使用方式与传统服务器硬盘完全一致。块存储服务提供存储卷自助申请与管理功能，用户可在线创建块存储卷并挂载给云主机/裸金属实例。

块存储服务是对存储设备上的存储池进行 SLA 池化管理，以服务编排自动化方式发放与管理块存储卷的一种服务能力。如图 10-31 所示，块存储服务的核心是基于 SLA 服务等级的存储资源池化以及基于 SLA 的服务编排调度。

块存储 SLA 服务等级是对块存储能力的一种抽象模型。该抽象模型标准化定义了块存储卷可获得的能力规格，如块存储卷类型规格（Thin、Thick）、容量规格（可获得最小容量、最大容量等）、性能规格（IOPS、带宽、时延等）、QoS 规格（QoS 上限、下限、优先级等）、数据删减规格（重删、压缩等）、数据保护规格（双活、复制等），同时以该规格自动关联符合要求的存储池。如图 10-32 所示，高性能型存储自动匹配并关联符合要求的存储池（存储设备 1 与存储设备 2 中的 SSD 存储池），从而为使用方屏蔽了存储设备以及存储池，使用方无须关注存储池的差异性，只关注块存储最终获得能力即可。通常，基于指定的块存储 SLA 服务等级发放的块存储具有同等配置规格以及能力，该能力最终对使用方不可更改。但除 SLA 服务等级定义的默认标准能力规格外，块存储服务一般还提供可由使用方基于业务场景的服务化能力，例如指定容量大小、指定类型、亲和与非亲和等，使用方申请块存储卷时可根据自身业务诉求配置。

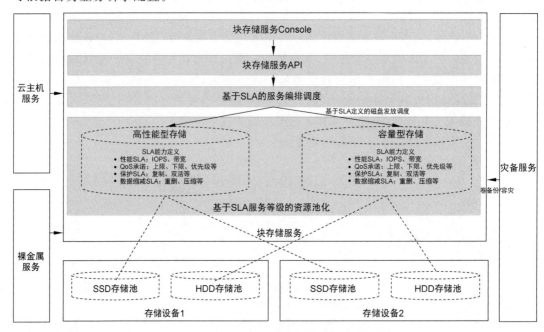

图 10-32　块存储服务

块存储服务编排调度是基于 SLA 服务等级能力以及申请块存储卷时自定义的场景化能力，根据内置的调度算法（通常包括性能均衡优先、容量均衡优先、容量与性能均衡等），选择最符合 SLA 要求的存储设备及存储池以创建存储卷。

块存储服务提供了对块存储卷发放、挂载、卸载、修改、删除等全生命周期管理能力，一般还支持卷快照、卷迁移等能力。

文件、对象存储服务为用户提供文件系统、对象桶实例,它们的方案原理及架构与块存储服务类似,这里不再赘述。

4)网络云服务:虚拟私有云

在云化数据中心中,虚拟网络存在三种模式:无 SDN、软 SDN、硬 SDN,三者的差异在数据中心虚拟化总体架构和网络虚拟化章节中已经介绍过。网络云服务是基于虚拟化网络基础设施基础之上,对虚拟网络进行服务化编排调度,从而实现虚拟网络实例的申请与管理,其逻辑架构如图 10-33 所示。

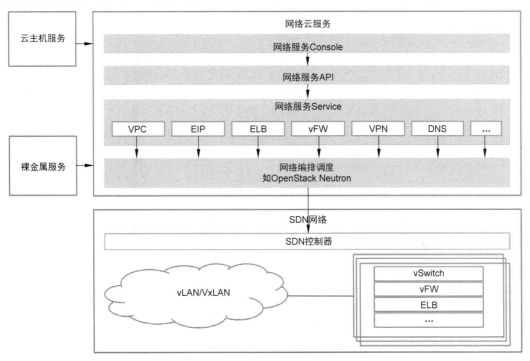

图 10-33　网络云服务逻辑架构

网络云服务对外提供网络能力包括:虚拟私有云(VPC)、弹性 IP 地址(EIP)、弹性负载均衡(ELB)、虚拟专用网络(VPN)、DNS 域名解析、虚拟防火墙(vFW)等。对于这些网络云服务特性的功能和使用场景可以参考 5.6 节。

2. PaaS 服务

PaaS 提供运行应用程序所需的环境和服务,如缓存、数据库、大数据、AI 开发平台、常用中间件等,使企业能够聚焦在业务应用程序开发上。因此,PaaS 层服务具有以下三个重要的特点和优势。

(1)简化开发过程:提供了开发所需的基础平台,包括操作系统、数据库、开发工具和运行环境等。开发人员可以更专注于应用程序的开发,无须关注底层基础设施的管理和维护。

(2)快速部署和扩展:提供了自动化的应用程序部署和扩展机制,开发人员可以通过简单的操作实现快速部署和横向扩展。这使得应用程序的交付速度更快，能够迅速响应业务需求。

（3）多租户架构：利用多租户架构，多个用户可以共享相同的平台环境，提高资源利用率。同时，用户之间相互隔离，保证了安全性和稳定性。

如图 10-34 以 MySQL 数据库服务为例，PaaS 是建立在基于 IaaS 服务基础之上，通过编排调度自动准备好 IaaS 服务资源，并完成 PaaS 应用实例部署（可选）、配置、运维、升级等全生命周期管理。用户可以通过 PaaS 云服务 Console 或 API 快速方便地自助发放、管理 PaaS 集群实例。

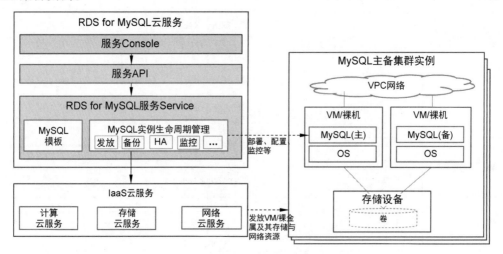

图 10-34　RDS for MySQL 数据库服务实现模型

PaaS 服务通常包括容器集群服务、数据库服务、数据集成服务、大数据服务、数据治理服务、数据交易服务、AI 训练与推理服务等。

3. SaaS 服务

与 PaaS 层不同，PaaS 层仅提供应用程序依赖的基础平台组件和运行环境（如数据库、Redis 缓存、消息中间件 RabbitMQ、Kafka 等），用户还需要购买、部署软件应用程序，而 SaaS 层提供特定的软件应用程序服务，用户无须购买和安装任何软件，即可申请使用。

SaaS 层服务具有以下的特点和优势。

（1）零部署和维护成本：在 SaaS 模型中，用户无须购买、安装和维护软件，只需通过云平台订阅和使用。这降低了用户的部署和维护成本，同时减轻了 IT 团队的负担。

（2）灵活的订阅模式：SaaS 模型通常采用按需订阅的模式，用户可以根据实际需求选择合适的订阅计划。用户可以根据业务需求进行灵活的订阅调整，避免了资源浪费。

（3）快速升级和更新：SaaS 模型使得软件的升级和更新变得简单和快速。云服务提供商可以在后台进行软件的更新和升级，用户无须手动操作，即可获得最新版本的功能和修复。

SaaS 服务与 PaaS 服务实现模型基本类似，区别在于完整的 SaaS 包含 PaaS 服务实例与应用软件实例,如图 10-35 所示。

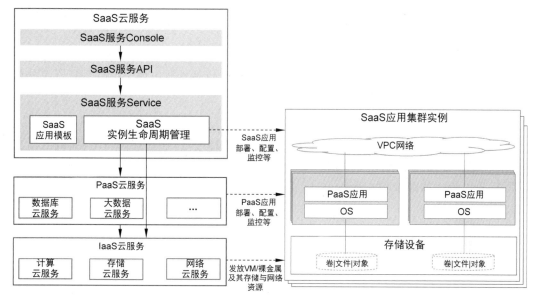

图 10-35 SaaS 云服务参考模型

虽然 SaaS 服务交付与使用极为简易,但由于应用软件生态多样化,应用厂商对不同云平台的适配复杂度较高,导致目前业界云原生的 SaaS 服务这条路发展并不好。因此,云平台厂商提供了解决此问题的两种途径。

(1) 提供通用的 SaaS 服务,比如云桌面服务、会议服务等。

(2) 通过 MarketPlace 应用商城能力简化云中部署应用,本质上是将应用打包成镜像模板,通过申请应用部署后自动基于应用镜像创建应用实例。与 SaaS 化服务不同的是,不能通过云服务 Console 管理运维应用实例,访问应用与访问云服务两个访问入口,体验不一致。

10.4.2 运营管理

云服务为 IT 业务部门人员提供了快捷方便的服务发放与交付,但企业在使用云服务过程中仍然面临着以下诸多挑战。

(1) 规划挑战:IT 支撑向 IT 服务自助交付模式转变后,权责模型从仅匹配单一 IT 部门转向企业复杂的业务组织结构,出现规划难、人员管理复杂、权限划分复杂等挑战。

(2) 使用挑战:企业复杂的业务组织结构,不同组织结构在使用 IT 服务的管理规范、要求、流程均不一致,如何有效对 IT 服务使用进行管控不导致成本增加,如何有效提供灵活的 IT 服务使用流程匹配不同业务组织的流程管控要求均成为使用云服务的挑战。

(3) 管理挑战:传统 IT 支撑模式下业务部门使用的资源由 IT 管理员进行监控与优化,在 IT 服务自助模式下,需要面向业务部门视角设计其资源统一监控与优化机制。

运营管理是在 IT 服务交付模式下,提供对 IT 服务申请、使用、优化提供匹配面向企业复杂业务组织架构、管理流程与规范等服务全生命周期治理能力。

（1）面向企业视角的业务组织架构的租户模型设计，包括组织管理、用户管理、权限管理、资源配额等。

（2）提供符合业务组织使用 IT 服务合规性管理如订单与审批、计量及计费等。

（3）面向企业业务组织的统一资源生命周期管理，包括资源申请、资源使用、资源分析、资源回收等。

1．VDC 租户模型

不同企业，其业务组织架构复杂多样，在企业经营过程中，存在部门新增、缩减的情况，应对企业组织架构的复杂性与可变性，要求运营管理提供面向企业业务组织架构的租户模型设计，参考模式如图 10-36 所示。

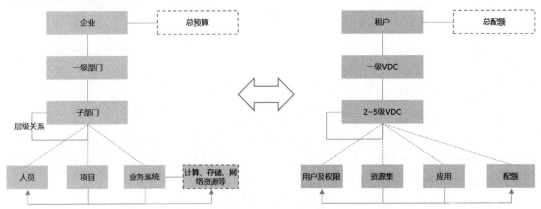

图 10-36　匹配企业业务组织架构的 VDC 租户模型参考设计

从企业业务组织架构模型看，一个企业下设 1 个或多个子部门，部门下又设立 1 个或多子部门。对于大型企业来讲，也存在多级子部门的结构，部门内又包括人员、项目以及其业务系统等，业务系统使用 IT 资源（包括计算、存储、网络）。企业经营对 IT 基础设施投资有总体预算，总体预算由各业务子部门根据自身业务发展需求制定的资源预算组成。

运营管理系统提供面向企业业务组织架构的租户模型设计，以租户模型来映射云数据中心的实际组织结构和资源分配形式。通常租户模型包括组织模型、资源集模型、用户与权限模型、配额模型，以分别匹配企业业务架构中的层级部门结构、部门项目、部门用户与用户拥有权限以及部门的资源预算等。

（1）组织模型通常采用 VDC（Virtual Data Center，虚拟数据中心）来映射企业的部门组织。因此，VDC 是由一级 VDC 作为根节点和多个下级 VDC 组成的具有层次关系的集合，整体形成一棵或多棵 VDC 树形结构。

（2）用户与权限模型包括 VDC 内用户管理以及用户使用资源的权限，通常遵从 RBAC模式（Role-Base Access Control），该模型包括用户、角色、用户组。其中用户代表具体部门内的员工；员工在部门内承担对应的工作职责，拥有规定的权限，角色就是代表员工具备的权限集合，可根据场景灵活定义其对应的权限集；用户组是具有相同自定义角色权限的一组用户。

（3）资源集模型是对 VDC 所使用资源的分组，映射一个组织部门中项目所使用的资源集合（如云主机资源、块存储资源、文件存储资源、网络资源等）。各个项目下资源集相互隔离，同一项目中资源集共享。一个 VDC 可以包含多个资源集，一个资源集只能属于一个 VDC。VDC 用户会管理资源集，关联资源集后就代表用户具备对资源集拥有角色定义的操作权限。

（4）资源配额模型作为资源管理的一种手段，控制资源的发放与使用，为租户提供资源配额申请、分配、回收的服务。配额通常以 VDC 与资源集为维度进行管理与控制，资源集的配额遵从 VDC 整体配额。

2．订单与审批

IT 支撑转向 IT 自助交付模式后，IT 支撑体系中对资源分配与管理的职责从 IT 运维部门释放给业务部门自助申请与管理。这使得业务部门需要对使用资源的成本进行严格控制，避免随意自助申请导致资源使用浪费和成本增加。同时，也可能出现人为操作不当等导致业务受损造成难以预计后果。因此，为了管控对资源使用的合规性，业务部门通常定义了资源合规使用的工作流程。

审批管理是运营管理符合企业业务组织管理流程的重要手段，以工单与流程审批组成。业务部门用户自助申请资源时，以工单形式自动提交而非实时发放资源，管理员对提交的资源申请工单进行审核，包括对操作、资源申请容量等是否符合要求，从而达到对资源申请与使用的合规控制。

不同业务部门甚至同一业务部门内针对不同项目，根据实际业务情况决定是否采取资源申请与使用的强管控，因此审批管理属于可选能力。在不同业务部门工作流程，需要具备灵活审批能力，比如具备 1 级或多级审批，每级审批具备单人或多人审批，多人审批又需要任一审批或必须所有人审批等能力。

3．计量与计价

计量计价在企业运营管理非常核心能力，通过该能力可以对使用的系统资源和费用进行管理，以助于进行合理预算，保证业务正常进行，如可以统计各部门的资源使用情况和成本开销，并核算各部门的资源使用量和成本是否超过预算，还可以对已有计量数据进行报表分析，快速掌握 VDC 资源使用情况，有效支撑资源预算、费用结算等。

计量与计价一般包括如下四方面的功能。

（1）服务定价：设置每种规格的费率或资源单价，按服务规格定价。如配置 1 个 CPU 和 2GB 内存的弹性云服务器定价为 3 元/小时，然后通过“计量数据 * 费率”的计算方式得到计费结果。

（2）账户管理：云平台上一个 VDC 对应一个账户，支持给账户充值。如果服务进行了定价，并且开启了扣费开关，那么系统会对已使用的资源进行扣费，当账户余额不足时则无法申请资源。

（3）计量报表：支持以报表方式查看各 VDC 的计量结果，并提供不同维度的统计报表包括云资源明细、云服务统计、租户统计、账户报表、自定义报表等。用户可根据实际需要，选择不同的报表查看云服务资源的计量数据。

（4）计量视图：支持以视图方式查看各 VDC 的计量结果，并能够统计单个租户下所有云服务资源的计量数据。

4. 服务管理

业界不同的云平台提供了 IaaS、PaaS、SaaS 层等上百个云服务。然而云服务的原子性导致企业及其业务部门对云服务管理与使用变得复杂。

服务管理作为运营平台一个重要特性而存在，提供服务构建、服务注册发布、服务上线、服务下线等服务全生命周期管理，帮助简化企业业务组织对云服务的使用，如图 10-37 所示。

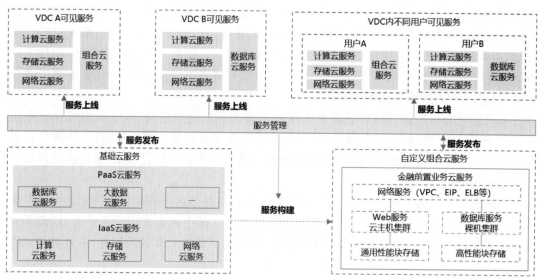

图 10-37　服务生命周期管理

（1）服务构建：为满足企业业务组织基于业务视角部署系统，将基础云服务基于业务诉求进行组合编排，对客户呈现符合其业务部署的云服务。通过服务构建，VDC 管理员可基于原子性基础云服务组合编排为金融前置业务云服务，该云服务由云主机、裸金属服务器、块存储、数据库、VPC 网络等组合而成。

（2）服务订阅与发布：系统提供的基础云服务等，需要发布注册后才能被 VDC 组织使用，以控制 VDC 组织可看到和使用的服务范围与使用期限，从而防止未订阅使用某一云服务的 VDC 组织滥用其他规划订阅云服务资源。

（3）服务上线与下线：服务发布后，VDC 可以基于其订阅云服务控制对 VDC 内不同用户访问使用的云服务范围以及使用期限等，只有上线后的云服务，VDC 用户才能访问；当 VDC 用户不再使用云服务或使用云服务到期后，手动或自动下线云服务。

服务上线后，由于服务的原子性，服务资源离散，难以从业务与应用视角进行管理。因此，统一资源管理对于运营管理来讲尤为重要，其可以简化业务部门对资源管理复杂度。

统一资源管理是从 VDC 租户视角对租户使用的服务资源从多种维度进行管理,包括基于 VDC 视角、基于应用与业务 TAG 标签视角、查看与导出所有云服务资源列表等。

10.5　多云管理

正如 10.1 节所描述,为了防止被云厂商绑定、敏捷地响应不同负载需求、业务得到连续性的保障,数据中心多云建设以及"一朵云"的多云架构未来将成为企业选择的趋势。

业界云厂商的数据中心云化方案均提供多云能力,如华为 HCS ManageOne、H3C 的 H3CloudOS 具备对第三方云的管理能力。虽是如此,但云厂商均主要聚焦在自身云的管理上,对第三方的管理能力有限、兼容范围有限,很难适应企业数据中心中裸机、虚拟化、私有云、公有云等多种 IT 堆栈共存场景。从防止厂商绑定的维度来看,仍然很难脱离对其依赖。在此背景下,"一朵云"的数据中心多云架构受到了越来越多的青睐。

"一朵云"的数据中心多云建设参考架构如图 10-38 所示。所谓"一朵云"是指从客户使用角度来看,提供统一的云服务与运营管理入口,从 IT 堆栈建设角度来看,可以灵活选择多样化资源池且能灵活替代。因此,承载"一朵云"的多云架构核心是多云云管平台,多云云管与业界云方案的服务与运营管理实现上基本一致(参考 10.4 节),其核心差异在于"多云"管理能力。

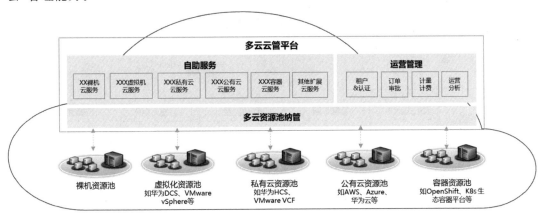

图 10-38　"一朵云"的数据中心多云建设参考架构

(1) 广泛的资源池纳管兼容能力:支持对裸机服务器、国内外主流虚拟化平台、国内外主流私有云平台、公有云、容器等资源池能力。

(2) 具备适应客户场景的定制化能力:由于历史存量、不同业务对资源池选择需求不同、新型业务敏捷创新等因素,数据中心建设需要能适应客户场景选择的多样性而提供定制开发能力。

(3) 对多云资源池一视同仁,不强化也不弱化任一云资源池能力,经抽象提供统一的云服务入口以及统一的运营管理。

因此,数据中心多云建设,从多云云管与资源池解耦的两个维度上来考虑,可更好地适应数据中心的发展演进。

（1）从多云云管平台角度，具备广泛资源池兼容能力以及较强的场景化定制能力，在未来替代以及选择新资源池时，能快速实现统一的云服务与运营管理。

（2）从资源池平台角度，要求资源池具备开放的北向 API、多云云管生态兼容对接能力，可保证未来演进过程中不构成业务孤岛。

10.6　统一运维管理

在数据中心走向虚拟化、云化、多云的建设架构过程中，IT 堆栈组成越来越复杂。从服务器、存储、交换机、防火墙等硬件向上延伸，包括虚拟化资源池、容器资源池、数据库、大数据、AI 等软件，导致数据中心 IT 运维管理越来越复杂。因此，企业 IT 部门希望将 IT 堆栈软硬件进行统一管理，以实现一站式全景监控，高效率完成日常运维工作。

随着"自动驾驶"理念的深入以及 AI 技术的成熟，ZeroTouch 闭环式运维是当前数据中心运维管理发展趋势。它的核心思想是利用 AI 的遇见式运维主动发现系统中潜在问题，对问题智能诊断给处诊断意见，最后通过人工或者系统自动修复潜在问题，从而实现对问题的闭环处理。图 10-39 所示为数据中心运维管理平台的参考架构，通过闭环式运维可以进一步提升运维效率，部分或全部替代 IT 运维管理员在问题处理上的工作量。

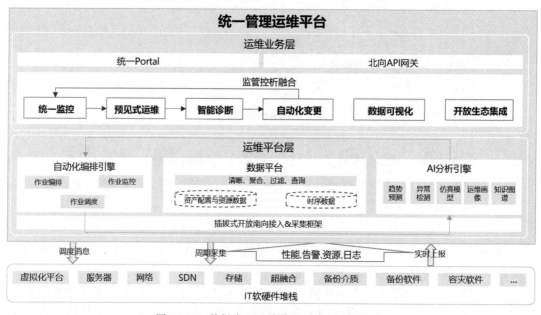

图 10-39　数据中心运维管理平台的参考架构

对于 IT 运维管理员来讲，除了日常运维对系统故障与潜在风险进行处理以保障业务正常运行外，还需要资产盘点、运营优化以及面向未来的采购规划，而这需要运维系统能提供高效的可视化服务以协助 IT 管理员做好成本优化和采购规划。

10.6.1　统一监控

统一监控对于运维系统来说是最基础的运维能力,通过纳管 IT 堆栈软硬件系统,采集其资源、告警、性能、容量等,提供一站式全景监控,以辅助 IT 运维管理员全面、实时、便捷掌控 IT 全栈软硬件运行状态,能即时监控已知故障,并快速修复以恢复业务正常运行。基于此,统一监控也为预见式运维、智能诊断、可视化运维等高阶运维能力提供数据来源与支撑。

如图 10-40 所示,统一监控基于插拔式南向采集器,采集整个 IT 堆栈中软硬件系统资源、告警、日志、性能、容量等运维数据后,面向 IT 运维管理员提供资源监控、告警监控、性能监控、容量监控、大屏监控等能力。

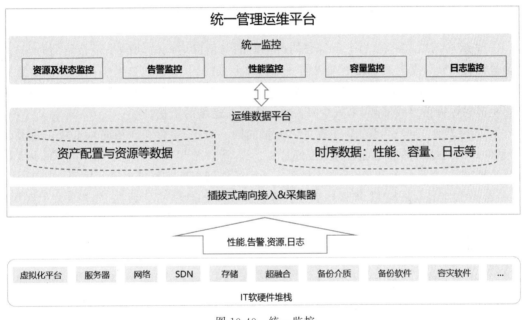

图 10-40　统一监控

(1) 资源监控:以不同的资源对象为维度进行状态和指标监控,包括服务器、存储、交换机、防火墙等物理资源监控,以及虚拟化平台、容器平台、容灾平台、备份平台、大数据平台等软件与服务资源监控。同时从数据中心、应用等维度进行综合性监控,从而帮助 IT 运维人员了解资源的全部情况。

(2) 告警监控:通过标准的 SNMP 实时接收 IT 软硬件系统的告警以实现告警集中监控,便于 IT 运维人员及时发现并处理故障,保障业务系统正常运行。为避免不重要告警、告警重复产生等状况干扰日常运维,以及高效处理告警,通常告警监控需提供以下功能。

① 告警屏蔽:系统自身或管理对象在维修或者测试期间,上报的告警/事件是可预料的,不需要被关注、处理,可以通过设置屏蔽规则使其在当前告警、历史告警或事件日志中不可见。在设置屏蔽规则时,用户可以选择将被屏蔽的告警/事件丢弃(不在告警数据库中

保存），或将被屏蔽的告警显示在被屏蔽告警中。

②告警标识：设置该规则后系统将自动给符合规则条件的告警设置状态标识。例如，当运维人员在维护设备时，可以将设备调试产生的告警设置为维护态，此时可以设置过滤条件将该类告警过滤掉从而精简告警，提升告警处理效率。

③调整告警/事件级别和类型。例如，可将重点关注的告警设置为高级别，运维人员将会对该告警优先处理，从而提供优质网络保障服务。

④告警名称重定义：有些告警/事件名称比较专业化，用户难以理解，通过名称重定义，用户可以根据自己的实际需要重新设置告警/事件名称。

⑤告警相关性：相关性规则中定义了告警之间的根源与衍生关系。根源与衍生关系指的是产生原因有关联的几个告警，其中一个告警是其他告警产生的根源。用户可根据需要自定义相关性规则或启停缺省相关性规则。在监控或查看告警时可以将衍生告警过滤掉，只关注要处理的根源告警。

⑥告警防闪断/振荡：当一条告警的产生时间与清除时间的间隔小于指定的时间，则该告警称为闪断告警。当指定周期内同一告警源上报的同一告警（告警 ID 相同）次数达到触发条件时，则启动振荡处理。通过设置闪断/振荡告警处理规则，可以将闪断告警或振荡期间生产的告警丢弃或屏蔽，以减少海量重复告警对运维的干扰。

⑦告警聚合：同一告警/事件源多次上报的同一告警/事件（ID 相同），形成了重复告警/事件。根据规则将指定周期内上报的重复告警/事件汇聚到同一个告警下，以减少大量重复告警/事件对运维的干扰，运维人员可在告警的详情页面查看被汇聚的告警。

（3）性能监控：采集 IT 堆栈中软硬件系统中资源的性能指标数据，如存储卷对象，指标为带宽、IOPS、时延等，并汇聚到运维数据平台，支撑以资源对象或多维关联为维度呈现资源性能实时情况、历史运行趋势等，以方便运维管理人员识别系统瓶颈、性能问题诊断、性能报表导出等。

（4）容量监控：采集 IT 堆栈中软硬件系统中资源的容量数据，如 CPU、内存、存储系统、存储卷、网口等分配以及使用数据，并汇聚至运维数据平台，可方便运维人员从资源维度分析容量分配以及使用趋势，从设备为维度分析整体容量分配以及使用趋势，以及从数据中心、机房等维度分析容量分配以及使用趋势等。

（5）日志监控：采集 IT 堆栈中软硬件系统中资源的运行日志，并汇聚到运维数据平台，单系统出现异常后，可以通过日志监控界面按照时间点、时间段等整合多系统日志数据进行问题定位。

（6）大屏监控：基于采集至运维数据平台中的数据，通过可视化图表方式以不同维度来呈现整个 IT 系统的运行状态，以实现一屏掌控全景运行状态。也可自定义大屏监控等能力，根据 IT 管理人员自身诉求自定义大屏呈现内容，这要求大屏监控具备丰富的图表样式，可自定义布局，可加载图标、图片等一系列灵活支持自定义大屏的特性。但不同 IT 运维人员的职责不同，其关注点也不一样，可以根据需求定义专项大屏、综合大屏等。

①专项大屏：是从某个维度全方位监控的大屏，如容量大屏、性能大屏、资产大屏等。

②　综合大屏：综合呈现资产、容量、性能、故障等多维度概览情况，如图 10-41 所示。

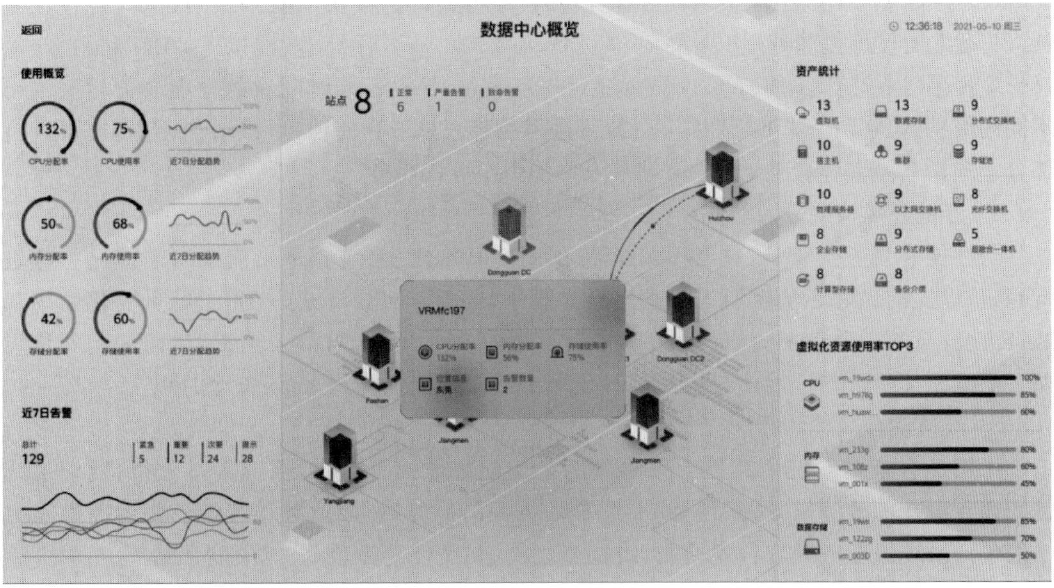

图 10-41　数据中心综合大屏示例

10.6.2　预见式运维

预见式运维是根据统一监控采集的运维数据（状态、容量、性能、配置、日志等），借助 AI 技术等，对容量、性能、故障等进行智能预测与分析，结合合规性规则，从性能、容量、可用性、资源优化等维度进行合规性检测等，以提前发现 IT 系统中潜在的风险隐患，给出修复方案建议，提前做好预案避免 IT 系统的风险导致业务系统运行异常。

1）性能合规检测

利用采集到的过去一段时间的历史性能数据，借助 AI 算法对未来性能趋势进行预测，根据预测结果以及合规性规则，判定性能是否存在瓶颈、异常等，并反馈给 IT 运维人员，从而帮助其提前进行处理。通常性能合规包括静态阈值检测、动态阈值检测、性能瓶颈检测。

（1）静态阈值检测指的是检测配置资源对象的性能指标是否超过某个阈值点或者某个阈值范围，阈值又分配上限、下限等。如果超过上限则系统可能存在性能上限瓶颈需对系统扩容或业务迁移等，低于下限系统可能存在异常或负载太低需要修复或缩容等。但静态阈值有一定的局限性，需要针对不同的业务配置不同的阈值，而 IT 运维人员通常对业务部门部署的业务运行状态不了解，常常不准确，使用不便捷。因此，产生了动态阈值检测，使得 IT 运维人员不需要了解业务运行状况，也不需要人工配置等复杂行为。

（2）动态阈值检测通过学习过去一段时间性能趋势，预测未来一个周期内（如 24 小时）的性能走势，利用该性能走势与当前实时性能进行合规性检查。如果在一定的容忍范围（走势可能存在一定偏差，因此有一定误差容忍）内则认为性能运行正常，如果超过，则可能存在性能异常等并进行预警。

（3）性能瓶颈检测：通常应用于未来某个时间点是否存在性能瓶颈的判定，若存在瓶颈，IT 运维人员可提前处理。比如存储设备、存储池、甚至存储卷、虚拟机 CPU 利用率、端口带宽使用等在未来 1 周、1 月内是否超过一定瓶颈，针对不同时间点的性能阈值检测给出不同的级别的风险提醒，IT 运维人员便可进行处理：对于存储池，可以增加硬盘，也可以将部分业务迁移至其他存储池；对于虚拟机，可以增加 CPU 等。

2）容量合规检测

与性能合规性类似，也是建立在容量预测的基础之上，对容量当前或未来演进趋势进行判定，以提前做好容量规划。相对性能合规性，有两方面的差异：①由于容量变化频率较低，因此容量不需要动态阈值检测；②由于容量存在瓶颈后，需要采购扩容，而采购到货周期一般需要 3～6 个月，因此对容量趋势预测一般要求能预测未来 3～6 个月以上。

3）可用性合规检测

可用性合规是对统一监控中采集到的全量配置数据、日志数据等进行分析，发现系统是否存在潜在的故障风险，并预警 IT 运维人员提前修复，保障业务连续性。业界提供能力一般包括系统或业务配置合规检测、维保合规检测、硬件故障预测、健康度评估等。

（1）配置合规检测基于业务场景的可靠性要求与规则检测业务系统的资源配置、实际组网等是否存在单点故障、故障扩散影响等最佳实践配置规则发起预警。例如，组网中不存在冗余路径、配置保护的虚拟机未配置 HA 等。

（2）维保合规检测是检测 IT 系统设备及其器件、License 等是否存在即将过期等进行及时预警，以便于提前做好器件变更更换、新设备采购更换、License 续期等。

（3）硬件故障预测基于硬件的运行日志、使用寿命等检测硬件（硬盘、内存、网卡、RAID 卡等）是否存在亚健康、失效等风险预警，以提前做好备件与变更计划。例如，硬件 HDD/SSD 亚健康预测，采用硬盘日志数据，对硬盘未来的健康状况进行预测，包括硬盘风险预测、硬盘寿命预测、硬盘坏道预测。

（4）健康度评估是从设备、业务、资源等视角综合容量、性能、告警、风险等维度综合分析评估，按照一定的规则进行评估，最终为 IT 人员提供各维度的健康分析，针对健康度 Bottom 项做好预案，提前修复。

4）资源优化分析

资源优化通常是基于容量、性能、配置、组网等多维度综合性判定是否存在资源闲置与过载、空间闲置等，以指导回收、扩容、迁移、硬件布局规划等，降低成本。资源优化包括闲置资源分析、过载分析、空间闲置分析等方面。

（1）闲置资源分析通过设置闲置规则，从全局视角计算并统计资源利用率长期处于低位的资源，并按照不同的维度集中发现和分析闲置资源，同时给出闲置资源回收建议，分析出资源回收后带来的经济效益（如降低多少运维成本等），支撑用户在闲置分析场景下的业务诉求。

（2）负载分析通过设置负载分析规则，从全局视角计算并统计出负载长期处于高位或低位的资源。负载长期处于低位的资源如僵尸虚拟机分析,可以给出清理建议。负载长期处于高位的资源如饥饿虚拟机,可给出扩容建议。

(3) 空间闲置分析自动识别空闲空间,包括物理空闲空间和存储空闲空间。物理空闲空间包括数据中心、机房、机柜等的空间利用率;存储空闲空间主要指空闲的、未使用的数据存储空间。

10.6.3　智能诊断

日常运维过程中,IT 部门主要面临 3 类场景的问题:①监控系统已发生故障;②预见式运维主动发现系统潜在风险;③业务部门反馈业务响应慢,需 IT 部门自证清白。为帮助 IT 运维提升闭环问题效率,智能诊断是有效的问题定界与定位手段。

智能诊断利用采集到的监控数据,通过数据钻取、发现、挖掘、关联等技术进行操作、转换和分析,从而寻找问题发生的边界或根因,以实现快速定界定位问题。主流智能诊断能力包括 E2E 拓扑、多维度综合诊断分析、问答式问题定界等。

1) E2E 拓扑可视化诊断

拓扑是高效、可视化的智能诊断能力,主要包括 I/O 路径拓扑与物理组网拓扑两大形式。

(1) I/O 路径拓扑通过分析业务 I/O 路径的资源与链路关系,以业务 I/O 路径拓扑方式服务业务读写 I/O 路径逻辑拓扑结构,作用链路、资源对象的性能、告警、风险、状态等信息,以反映 I/O 路径上的状态,IT 运维人员可直观监控 I/O 路径上的故障点,同时自动分析 I/O 路径段的时延信息,以方便快速定界定位。I/O 路径拓扑通常应用于业务负载异常后,以业务部署位置为起点,通过可视化复现整条 I/O 路径以便于 IT 运维人员快速定界异常点,如业务部署的虚拟机,其 I/O 路径为:虚拟机—虚拟磁盘—虚拟网卡—物理服务器—物理网卡—物理网口—交换机前端端口—交换机后端端口—存储前端端口—存储节点—存储卷—存储池—物理磁盘。

(2) 物理组网拓扑通过分析物理网元间的组网关系,复原数据中心内物理组网拓扑结构,作用物理网元的性能、告警、风险、状态等信息,从而反映物理设备间的组网情况和运行状态,IT 运维人员实时直观地了解和监控整个网络运行情况,辅助快速定界定位。物理拓扑通常用于客户日常大屏监控,及时通过拓扑发现故障、风险发生的网元。

2) 多维度综合诊断

多维度综合诊断是以拓扑结构发现为基础,对指定资源对象智能诊断时,自动关联其 I/O 路径链上资源对象与与之相关的邻居对象等,并辅以告警、风险、日志、性能等数据综合对比,便于问题深度定界。

例如,分析某业务为什么响应缓慢,此时可指定业务所部署的虚拟机,并指定分析其 I/O 时延情况,此时可自动关联出虚拟机 I/O 路径上虚拟磁盘、虚拟网卡、物理网卡、交换机前后端端口、存储前端端口、存储节点、存储卷等对象,以及 I/O 时延相关的指标(如 IOSize 等)等,从而以多资源对象多指标的性能数据呈现。IT 运维人员综合对比分析各对象在问题发生点时 I/O 时延以及 IOSize 表现,从而定界问题发生的边界:存储卷(IOSize 正常,但存储卷 I/O 时延增高）。

当定界出问题发生的边界为存储卷后，那么什么问题导致的时延增高呢？多维度综合诊断视图可叠加对应时间点上发生的告警、日志、风险等信息，从而可能发现该时刻，存在硬盘故障、磁盘满盘等告警，基本可判定影响业务响应缓慢的根因为磁盘问题。

3）问答式问题诊断

问答式定界是基于拓扑与多维度综合诊断后通过智能分析，定界定位问题发生根因的一种方式。效果为指定分析对象，自动分析出问题根因，无须人工参与分析过程，极大提升整体故障定界与定位效率。因此，问答式定界定位是多维度综合诊断分析能力的进阶。但由于问答式问题定界定位依赖经验与规则等，并不能解决所有场景，所以问答式定界定位与多维度综合诊断分析两者会长期并存。

10.6.4　自动化运维

IT 运维人员通过智能诊断定界定位出故障/风险发生的根因后，下一步动作便是针对问题闭环修复。但不同问题修复的方式与措施均不相同，有些场景批量执行配置变更，有些场景需要升级软件才能解决，有些场景需要硬件更换，有些场景扩容、迁移等动作以修复已知故障或消除潜在风险。在修复问题过程中，不同企业 IT 堆栈以及企业的流程规范等原因导致问题修复流程迥异，以 Step-By-Step 方式修复问题，效率极低，出错率极高，运维脚本以及经验很难积累。

因此，自动化运维是 IT 运维的重要诉求。为了满足企业 IT 堆栈、流程管理规范、问题修复步骤等方面的差异性等，灵活、便捷、可编排、可管、可控的自动化作业平台是 IT 运维有效解决故障/风险等问题的手段，其要求具备以下方面的特性。

（1）开箱即用的运维脚本库：预置常用的问题修复操作，可根据问题场景按需编排，用于直接满足日常运维的需求。预置的操作在不满足运维场景要求时，可灵活根据实际场景定制运维操作脚本。

（2）图形化运维场景编排：将单个运维操作或子编排采用图形化拖曳的方法，通过编排引擎编排成适合各种运维场景的运维流程，适应多样频繁变化的运维诉求，让操作标准化、可复用，轻松满足各种运维场景的诉求。

（3）高效任务调度执行：基于已编排好的场景化变更自动化流程，实施调度对大量设备批量执行操作/编排，提高运维工作效率。

（4）灵活、智能：将复杂的操作或编排设置为作业任务，设定触发条件和时间，满足灵活的应用场景。例如，定期的巡检任务，只需选择设备并设置执行时间，将自动执行，无须人工干预。

（5）可管、可控：提供完善的安全控制机制，做到事前可定义安全策略，事中有安全提醒，事后可审计，避免人为的操作安全风险。

自动化作业平台满足了故障/风险等问题修复对作业编排与调度执行的能力，替代了传统手工修复，问题到全自动化执行，减少了人工差错，提升了问题闭环效率。

10.6.5　智能报表

报表提供数据分析和统计图表展示能力。根据应用场景和使用方式,运维管理报表可以分为预置报表、自定义报表和周期报表。

(1)预置报表:预置典型业务场景的多维分析报表,供用户直接使用,提供表格和图表展现形式。其内置全面的数据集,配合报表自定义能力,全面覆盖各种运维场景,如图 10-42所示。

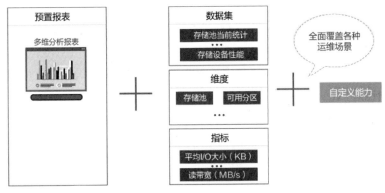

图 10-42　预置报表示意图

(2)自定义报表:基于告警、性能、容量、资源等多种数据集,将各种运维数据归类整理,统一管理,提供全面易用的运维数据货架。通过将多个维度与指标交叉组合,设置维度与指标的筛选条件,快速实现分析和计算,获取有效的数据信息,如图 10-43 所示。

图 10-43　自定义报表示意图

(3)周期报表:通过创建周期性报表任务,由系统自动周期性生成报表,并以邮件等远程通知方式发送给管理员。管理员可以随时随地接受报表信息的推送，不受时间、地点限制，不依赖管理平台本身，如图 10-44 所示。

选择报表　　　配置周期任务　　　配置邮件通知　　　邮件查看报表数据

图 10-44　周期报表示意图

通过预置报表、自定义报表或周期报表，可从海量分散的网络数据中快速分析出关键有效数据。管理员通过查看预置报表和自定义报表中的数据统计结果，通过周期性报表每小时、每天、每周、每月或每季度的相关数据的变化趋势进行分析，为决策提供强有力的裁决依据。例如，查看容量统计分析报表中的资源总量、使用量、剩余量、使用率等数据，为调整容量分配提供依据。

10.6.6　智能规划

企业 IT 人员在日常运维过程中，除了问题的监控—诊断—闭环外，还存在以下两大复杂运维任务。

（1）定期采购：新业务上线、设备维保过期替换、业务量增大扩容等，需要规划采购软硬件系统等。

（2）业务安置：新业务上线需规划业务安置位置，新软硬件系统采购后替代老系统时需规划进行业务迁移，现网某些系统承载的业务量超负载需扩容或迁移业务，等等。

传统运维模式下，存在如下问题。

（1）定期采购时需收集业务部门对资源的诉求，盘点维保过期的系统、数据中心空间布局等，全部通过人工完成效率低下，同时业务部门对资源采购预估不准确等导致采购后闲置浪费。

（2）业务上线、扩容、迁移时需保障业务能稳定运行，同时避免扰邻影响等，常常需复杂的人工评估过程，耗时长、效率低。

为了解决以上问题，智能规划基于监控采集到的运维数据，综合性能、容量、空间、故障、维保等综合分析与仿真，给出最优规划建议，有效辅助 IT 运维人员更精准、更高效率地完成运维任务。

针对定期采购和业务安置两大场景，智能规划提供软硬件智能采购规划、业务安置规划两大能力。

1）智能采购规划

智能采购规划主要是对采购的硬件类型、软硬件容量进行规划，给出精准、合理的采购建议。

硬件类型规划是基于新业务负载、维保即将过期系统承载的负载以及需扩容业务负载历史数据，预测未来负载趋势，根据业界主流软硬件系统提供的负载能力，将负载叠加至各种业界主流软硬件系统后模拟负载是否能正常运行,从而从各种主流软硬件系统最优的采购建议。

软硬件容量规划结合当前系统剩余容量、未来容量趋势等,给出未来需要采购的容量。

需要说明的是,智能采购规划不是从软硬件类型、容量等维度单方面考量,而是需要综合模拟评估,最终决策出采购的软硬件类型、软件硬件套数、每套容量大小等建议。对于数据中心 IT 运维来讲,有时还需综合数据中心内软硬件的故障率、数据中心内机架上的空间位置等数据,最后给出建议,比如对于 TOP 高频故障的软硬件,不在采购考虑范围内。

2)业务安置规划

业务安置规划主要分为新业务安置规划、业务扩容规划、业务迁移规划,通过对业务负载仿真模拟,给出业务安置最优规划。

新业务安置规划基于既有或者人工预估的业务负载模型(性能、容量等),从数据中心内部选择符合负载模型运行的资源池,通过叠加新的负载,模拟该资源池承载新老负载在未来一段时间的负载运行情况,从而给出最优安置选择建议。

扩容安置规划对当前业务负载模型(性能、容量等)进行预测,评估需要扩容的软硬件类型以及容量大小,从数据中心内部选择符合负载模型运行的资源池,通过叠加扩容分担的负载,模拟该资源池承载新老负载在未来一段时间的运行状况,从而给出最优扩容选择建议。

迁移安置规划与新业务安置规划类似,对当前负载模型(性能、容量等)进行预测,评估在未来一段时间内负载趋势,从数据中心内部选择符合负载模型运行的资源池,通过叠加待迁移的业务负载,模拟该资源池承载新老负载在未来一段时间的运行状况,从而给出最优迁移选择建议。

业务安置规划有时从数据中心内可用的资源池中并不能寻求出合适的资源池,但可对既有业务进行迁移,以释放出合适的空间实施安置。

10.6.7　生态集成

统一运维管理系统,也需开放集成能力,以便于融入客户数据中心实现运维的统一。如图 10-45 所示,统一运维管理平台通常提供北向运维监控平台,东西向的安全认证/审计、配置平台,以及南向的被管系统等生态集成能力。

统一运维管理平台,可能存在两种角色,在中小企业中作为整个数据中心顶层的运维平台,在中大型企业中仅作为其中某个 IT 堆栈的统一运维系统。在不同角色下,其生态要求不同。

在中小企业中作为顶层运维平台时,需对数据中心内的软硬件系统进行统一监控与管理,因此需具备开放的架构能力支持第三方服务器、存储、网络、以及数据库、大数据等。

在中大型企业中作为单一 IT 堆栈的统一运维系统,需要能对接上层的自动化以及运维监控平台,以确保 IT 管理员通过上层平台进行统一管理。

不管哪种场景,统一运维平台还需要具备能与客户数据中心内的安全、配置等东西向系统进行集成,以实现数据中心内管理运维的统一性。

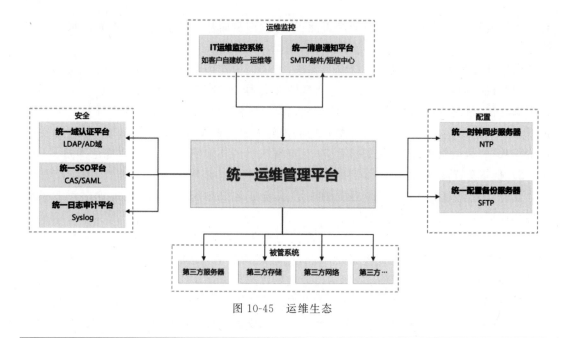

图 10-45 运维生态

10.7 数据中心管理实践

华为 DCS 数据中心解决方案面向不同企业数据中心建设需求，提供灵活的数据中心管理体系架构。如图 10-46 所示，DCS 数据中心管理体系架构包括虚拟化资源管理 VRM、eDME 运维管理平台、eDME 服务与运营管理平台，同时能以开放 API 与第三方多云云管平台无缝协同，通过组合叠加方式灵活满足企业数据中心虚拟化、云化、以及多云建设。

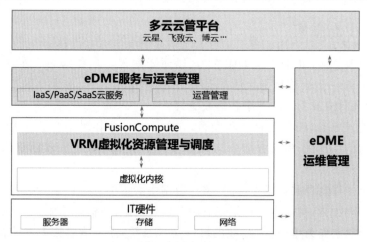

图 10-46 DCS 数据中心管理体系架构

面向数据中心虚拟化建设场景，VRM 实现对虚拟化资源统一管理与调度，同时可叠加 eDME 运维管理平台实现对软硬件堆栈的统一资源发放、统一运维闭环等。

面向数据中心云化建设场景，可叠加 eDME 服务与运营管理，以提供服务化与自运营管理。

面向数据中心多云建设，客户可以灵活采购第三方多云云管平台，如飞致云、云星、博云等，也可以对接 DCS 开放北向 API 以自建多云云管平台方式实现多云建设。

基于叠加模式、开放集成的管理体系架构，可以伴随企业的成长满足数据中心建设发展演进，而不需要担心被绑定，不能演进而成为企业发展的负担等。

DCS 数据中心管理体系中各层功能丰富、强大，是业界佼佼者，在 2022 年被权威咨询机构 Gartner 列为业界主流的虚拟化平台，其能力评为中国区第一，如图 10-47 所示。

Table 1: Representative Providers of Hypervisor-Based Server Virtualization

Vendor	Offering
Amazon Web Services (AWS)	Amazon Elastic Compute Cloud (Amazon EC2)
Google	Google Compute Engine
Huawei	FusionCompute
Microsoft	Microsoft Hyper-V and Azure Virtual Machines
Nutanix	Nutanix AHV
Oracle	Oracle VM Server
Proxmox	Proxmox Virtual Environment (VE)
Sangfor Technologies	aSV
Sunlight	NexVisor Hypervisor
Vates	Xen Orchestra
Virtuozzo	Virtuozzo Hypervisor
VMware	vSphere
Red Hat is not included due to the published life cycle dates for Red Hat Virtualization, which indicates end of life by September 2026.	

Source: Gartner (February 2022)

图 10-47　Gartner 虚拟化市场咨询报告

10.8　小结

本章首先从数据中心建设的发展历史以及未来趋势来总结不同时期及不同建设模式下对数据中心的管理诉求，并介绍了数据中心管理体系整体架构，包括虚拟化资源管理与调度、服务与运营管理、多云云管以及统一运维管理四个主要模块，且四个模块相互独立，以灵活叠加的方式适应数据中心不同的建设模式。接着分别对虚拟化资源管理与调度、服务与运营管理、多云云管以及统一运维管理的核心功能与实现方式进行简要介绍，并以 DCS 解决方案为例来说明不同数据中心建设模式下的管理特性设计与应用实施方式。

第 11 章

数据中心虚拟化应用案例

前面章节已经介绍了数据中心虚拟化的整体架构和关键技术实现原理,本章将从行业客户和应用需求的角度,分析虚拟化解决方案的典型行业应用以及如何使用虚拟化技术帮助企业降本增效,加速行业数字化转型。其中,11.1 节概要地说明传统数据中心建设模式存在的关键挑战以及虚拟化技术在各行业数字化转型中的优势。随后,11.2~11.5 节分别介绍虚拟化双活保护、虚拟化大数据、虚拟化数据库和桌面云在医疗行业、制造行业、政府行业和金融行业的应用。

11.1 虚拟化技术在数据中心的应用概述

虚拟化技术已深植于各行各业的数据中心,构筑起行业数字化转型的基石。各行业数据中心凭借虚拟化技术的广泛应用,实现了运行效率与服务质量的显著提升。以金融领域的典型客户——某银行数据中心为例,其精准布局虚拟化技术,在灾备环境、开发测试环境及办公环境三大关键领域取得了令人瞩目的成果:灾备环境中,虚拟化应用部署比例达到40%,有效增强了业务连续性保障;开发测试环境中,该比例攀升至60%,加速了产品迭代与创新步伐;而在办公环境中,更是高达90%的部署比例,极大促进了工作效率与安全性的双重提升。

数据中心作为现代信息技术的核心枢纽,不仅涵盖了计算机系统与配套的通信、存储系统,还包含冗余的数据通信连接、环境控制设备、监控设备以及各种安全装置。对于数据中心的 IT 系统管理者而言,最关注的是如何在控制总体拥有成本(TCO)的同时,确保业务的灵活性与弹性扩展能力。传统的数据中心建设模式面临如下重要挑战。

(1)资源的低利用率与低弹性:部分数据中心在基础设施建设阶段缺乏全局性的统筹规划,导致数据中心布局的分散与项目的重复建设,最终形成"七国八制"式的业务孤岛。

(2)分模块独立安装配置的冗长过程与高风险性:在数据中心业务部署与调试的精细作业中,需要针对计算资源、网络架构、存储系统、服务器集群及安全设备等多元模块进行烦琐的配置工作。以某银行为例,其业务开通流程采用邮件驱动下的三部门分段部署模式,每日需处理高达 40 份工单,这一过程不仅耗时漫长,且极易因人为失误而引发问题。

(3)管理的高复杂性:数字化转型浪潮的汹涌推进,数据中心从规划、建设、管理、使用到运维等各个环节的复杂性急剧上升。

虚拟化技术凭借其显著提升资源利用率、强化业务连续性与简化管理的能力,成为各行业数字化转型的稳定基石。在医疗领域,这一技术助力医疗机构高效运行医院信息系统,为医疗服务的连续不间断提供了坚实保障。在教育领域,学校通过虚拟化实现了硬件资源的最大化复用,仅凭少量物理设备便能支撑起数以千计学生的在线实训需求,不仅极大地提升了教学效率与质量,还有效降低了教育设施的建设与运维成本。在金融行业领域,金融机构利用虚拟化承载网上银行、移动支付等关键服务,依托其强大的弹性伸缩能力,灵活应对高峰期的交易洪峰。

此外,虚拟化技术在开发/测试、备份/容灾、数据库、人工智能和大数据等系统中也得到广泛应用。例如,在办公类信息系统中,虚拟化技术支持多用户并发在线办公,不仅促进了团队协作的无缝对接,还显著削减了实体办公空间的租赁成本;对于互联网服务类信息系统而言,虚拟化技术显著提升系统的扩展性,轻松应对海量用户同时在线的挑战,确保服务的高可用性与流畅性。

11.2　医疗行业虚拟化技术应用

11.2.1　医院信息系统简介

医院信息系统作为医疗服务的神经中枢,全面支撑着医院的各类业务高效运行,典型的医院信息子系统按照特征可分为事务型业务系统、数据分析型业务系统及协同型业务系统等。事务型业务系统如 HIS、PACS 及医院集成平台等,构成了医院日常运营管理的坚固基石。数据分析型系统则聚焦于临床、科研、服务质量及基因数据等深度分析,为医疗决策与科研创新提供数据支撑。而医院协同型业务系统,如医联体平台、区域健康平台等,则促进了医疗资源的优化配置与服务的广泛覆盖。

典型医院关键业务系统包括 HIS、PACS、医院集成平台等,它们的主要功能及对 IT 基础设施的典型需求如下。

(1) HIS 系统:作为医院运营管理的核心引擎,HIS 不仅涵盖了门诊、住院、药房、物资管理等全方位服务,还直接关联着患者体验与医疗质量。特别是门诊管理子系统,作为医院对外服务的窗口,其 IT 基础设施必须确保快速响应与无间断运行,以应对就诊高峰期的突发流量,同时提供充足的可靠性和性能冗余,保障服务的连续性与稳定性。

(2) PACS 系统:作为医学影像数字化的桥梁,PACS 系统不仅管理着核磁、CT、超声等多种影像数据,还涉及医技检查流程的顺畅执行。其 IT 基础设施需具备高带宽、大容量存储能力,以及足够的业务运行性能与可靠性,确保影像数据的即时传输、高效访问与长期保存,为临床诊断与教学研究提供坚实支撑。

(3) 医院集成平台:作为医疗系统间的信息交换枢纽,医院集成平台基于 ESB(Enterprise Service Bus,企业服务总线)技术和医疗标准消息规范,实现了异构数据的无缝共享与业务系统的低耦合运行。鉴于其承载医疗数据的敏感性与重要性,平台对 IT 基础设施提出了传输安全与存储安全的双重诉求,以防范数据泄露风险。

综上所述，医院事务型业务系统对 IT 基础设施提出了三大核心需求。

（1）业务连续性保障：构建可靠的解决方案，确保在任何软硬件故障或数据中心问题发生时，业务系统均能持续运行，医疗过程不受干扰。

（2）数据安全性强化：实施数据连续保护策略，抵御误操作、病毒攻击等威胁，确保医疗数据在任何情况下都能快速恢复，保障其完整性与可用性。

（3）基础资源高效利用：借助虚拟化技术整合与共享硬件资源，既满足业务需求，又降低投资成本，提升资源利用率，同时简化基础架构的管理与维护流程。

11.2.2　虚拟化技术在医院的应用优势

传统医院业务系统受限于烟囱式的 IT 基础设施架构，各系统孤立建设，难以适应业务增长带来的线性扩展需求。为此，医院 IT 基础设施正逐步迈向集中化、云化与智能化（如10.1 节所述）。引入虚拟化技术承载医院业务系统，带来了以下几方面的显著优势。

（1）消除系统孤岛，实现资源池化集中管理。传统模式下，各业务系统各自为政，形成了众多资源孤岛，特别是非核心业务系统的资源利用率普遍偏低，仅为 10%～20%，造成了资源的极大浪费。通过虚拟化与云计算技术的深度融合，医院能够将这些分散的资源整合成统一的资源池，实现按需分配与高效利用，显著提升资源使用效率。

（2）加速业务部署，简化运维流程。在孤岛式建设模式下，新业务上线周期长，涉及招标、采购、部署、优化等多个烦琐环节，运维复杂度高。而虚拟化技术通过动态扩展现有资源池，实现了设备的快速部署与安装，极大地缩短了业务上线时间，从以往的数月缩短至仅需 3～5 周，显著提升了业务响应速度与运维效率。

（3）构建多维度防护体系，增强整体安全性。虚拟化技术为医院业务系统提供了全面的数据保护与业务连续性解决方案，包括虚拟化高可用、双活容灾、备份、持续数据保护及虚拟机快照等多种保护机制。这些方案不仅增强了系统的抵御风险能力，还在遭遇安全风险事件时，能够迅速实现故障切换与数据恢复，有效避免了传统模式下需为各业务系统单独设计保护方案的烦琐与低效。

综上所述，应用虚拟化为医院带来管理与运营效率提升，不仅优化了资源配置，降低了运营成本，还显著提高了医疗服务的质量与安全性。

11.2.3　基于虚拟化的关键业务双活保护

医院双活数据中心解决方案通过深度整合虚拟化主机、存储系统及网络设备，设计并实施双活架构，将位于不同院区或楼宇的两个数据中心转换为互为镜像的双活中心。解决方案不仅强化了数据中心内部的冗余保护，实现了站点内应用的即时迁移与无缝衔接；在任一数据中心遭遇故障时，迅速将业务负载切换至另一数据中心，确保跨院区或跨楼宇间业务应用的连续不间断运行，极大提升了医院 IT 系统的韧性与可靠性。图 11-1 为医院双活数据中心解决方案的示例。

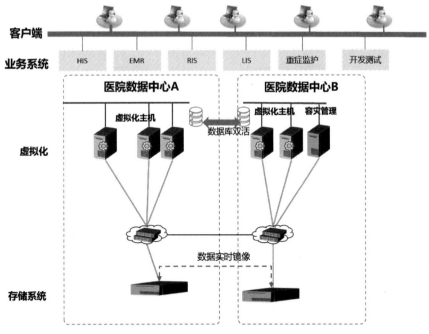

图 11-1　医院双活数据中心示例

具体而言,医院双活数据中心解决方案的实现涉及以下一些关键步骤。

（1）构建双活容灾体系。在医院同城另一院区或同一院区的不同楼宇内,建设与主数据中心类似的双活数据中心,确保在主数据中心遭遇意外时,主数据中心的业务系统与数据能够无缝迁移至容灾中心。同样地,容灾中心亦能承担起主数据中心的职责,形成双向保护机制。

（2）实现数据实时同步。采用先进的存储双活技术,确保主数据中心与双活容灾数据中心之间的数据实现实时、一致的同步；基于存储的数据同步机制,确保数据在数据中心间完整性与可靠性,结合虚拟化高可靠技术、为业务的无缝切换提供了基础。

（3）部署综合管理系统。建立双活容灾管理系统,全面监控并管理各业务系统的双活状态,包括存储设备的健康状况、应用程序的运行状态以及数据同步的进度等,为运维团队提供了直观的监控界面与强大的管理工具,便于发现潜在可靠性问题。

（4）制订业务连续性计划。制订详尽的应急响应与业务恢复预案,以应对可能的故障与灾难性事件。预案中需要明确故障识别、报告、响应及恢复的具体流程与责任分工,确保在灾难发生时,医院业务能够迅速、有序地恢复,减少损失与影响。

医院双活数据中心解决方案中,运行在虚拟机中的关键业务系统均受到双活保护,并且两个数据中心同时启用供业务使用。图 11-2 所示为一个基于华为 FusionCompute 虚拟化平台和存储系统的虚拟机双活示例,其中使用存储双活特性实现数据的实时镜像同步,配合 FusionCompute 提供的虚拟机高可用（HA）功能和动态资源调度（DRS）功能实现跨数据中心/站点的虚拟机双活。

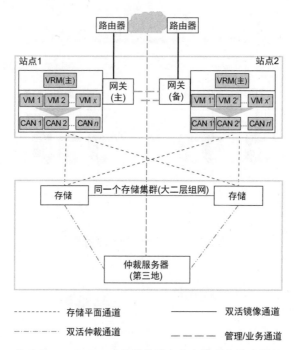

图 11-2　基于 FusionCompute 虚拟化平台和存储系统的虚拟机双活示例

11.2.4　虚拟化双活保护实践

在医院双活解决方案的构建中，典型方式为将业务系统的虚拟机分布部署于两个独立的数据中心，实现业务负载的均衡分配。医院双活解决方案通过集合虚拟机 HA、存储双活高可靠、交换机冗余、数据库集群可靠性、业务系统应用集群高可靠等能力，实现当单存储系统、单台交换机故障、单台主机发生物理故障、单个中心发生灾难时，业务系统均能保持业务零中断，保证医院业务正常开展。图 11-3 为双活数据中心业务数据流示例图。

从图 11-3 中可以看到，基于虚拟化技术打造的双活解决方案包括如下核心环节。

（1）通过存储实现两个数据中心间的数据实时同步，基于 I/O 级的数据同步能力，确保数据的一致性。

（2）配置虚拟化 HA 特性，确保单数据中心故障时，虚拟机分钟级恢复；同时，配置站点间大二层网络，确保计划性维护时，虚拟机在数据中心之间进行零中断的热迁。

（3）配置故障自动切换能力，在任一数据中心内的虚拟机遭遇单点故障时，系统会立即触发自动高可用切换流程，优先尝试在本地数据中心内进行恢复，若不可行则迅速切换至对端数据中心，整个切换过程对用户完全透明，无须人工介入。

（4）配置流量就近访问策略，两个数据中心均具备对外服务能力，支持业务流量的就近访问原则，提升业务访问速度。

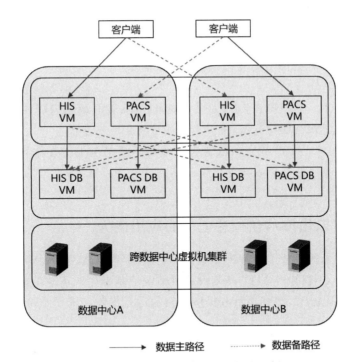

图 11-3　双活数据中心业务数据流示例

11.3　制造行业虚拟化技术应用

11.3.1　智慧工厂生产数字平台简介

智慧工厂作为工业 4.0 的重要组成部分,已赋能机械制造、3C 电子、钢铁、汽车、食品、化工等众多行业,在生产运营领域产生了广泛而重要的价值。例如,在生产制造场景,通过智能排班、设备预防性维护、物料智能预警管理、计划与生产可视化实时报告等解决方案,赋能智能化人机料法管理。在内外部协同场景,通过可视化物料供应网、数字化新产品导入管理、智能需求预测与计划,建立网络化协同能力。同时结合数字化手段优化定制产品生产交付时效与成本,实现订单交付实时进度共享。在交付场景,更好地满足客户差异化、个性化需求。

智慧工厂生产数字平台作为智慧工厂核心,涉及如下主要内容。

(1) IoT 数据集成能力:对接各类生产设备、仪器及仪表(包括 SCADA、PLC、机器人、AGV、智能仪表、工控机等),通过智能协议转换,实时捕获并处理各类关键数据,确保数据的全面性与准确性。

(2) 多系统数据融合:针对工厂内部复杂的系统生态(如文件系统、消息队列、数据库、ERP、CRM、MES 等),实现了跨系统数据的整合与互通,促进了生产流程中各环节的紧密协作。

（3）大数据驱动决策：构建大数据系统，对海量数据进行深度清洗与处理，并通过数据治理平台建立统一的数据模型与管理机制，为管理层提供了全面、实时、精准的生产洞察，助力科学决策。

（4）AI赋能质检：集成AI能力，为操作规范检测、表面缺陷识别、错漏反检测、安全生产监控等多个维度实现智能化升级，提升产品质量与生产安全水平。

综上所述，智慧工厂生产数字平台解决方案是一个集IoT数据采集、数据治理与建设以及生产网络与数据中心基础设施建设于一体的综合性方案，为工厂的全面数字化转型提供了坚实的支撑。

11.3.2　虚拟化技术在智慧工厂的应用优势

基于虚拟化技术的智慧工厂解决方案，为智慧工厂生产数字平台提供IT基础设施和虚拟化及容器智源，不仅提升了IT基础设施灵活响应基础生产需求的能力，还集成了数据接入与大数据底座，为工厂多样化负载提供坚实的运行保障。基于虚拟化的智慧工厂解决方案的关键能力包括：

（1）强化生产监控与预警能力：通过定期监控各生产车间关键运营指标，实现即时预警，显著提升工厂的生产管控力，确保生产流程的高效与稳定。

（2）构建自动化数据决策分析平台：集成了统一的数据分析框架，自动化生成报告，不仅提升了信息的时效性与准确性，还增强了决策数据的公信力，为管理层提供有力支持。

（3）可视化结果展示与问题追溯：支持直观、可视化的结果呈现，便于快速识别偏差并进行深度问题追溯，助力工厂实现精细化管理与持续改进。

（4）全面生产可视化展示：利用产线大屏、能耗管理分析大屏及详尽报表，全方位、直观地展示生产制造工厂的运营全貌，为管理层提供一目了然的决策依据。

相较于传统数据中心模式，实现了跨多个工厂数据中心与车间虚拟化资源的集中管理与优化，不仅打破了业务系统间的壁垒，促进了跨数据中心资源的高效利用，还大幅提升了企业多数据中心的IT运营效率。在此基础上，该方案进一步拓展了计算、存储、网络、安全、灾备、大数据处理及PaaS服务等全方位的基础设施软件服务能力，为企业数字化转型奠定了坚实的基础。

11.3.3　基于虚拟化的大数据建设实践

智慧工厂大数据平台的核心驱动力在于数据的无缝集成与高效利用，打破IT（Information Technology，信息技术）和OT（Operational Technology，运营技术）之间的数据壁垒，实现企业内部复杂应用系统及新旧数据体系的深度融合。在基础设施层，使用虚拟化技术为大数据平台灵活高效地提供计算、存储、网络及安全等核心资源；同时，基于虚拟化技术弹性伸缩能力，自动调整大数据集群规模，从而实现基于数据量的规律变化周期的计划性扩缩容。

基于虚拟化的大数据弹性伸缩的最佳实践涉及以下两方面的内容。

（1）设置定时弹性伸缩策略、降低使用成本。企业进行批量分析时，一般在特定时间段（例如凌晨 3 点）进行批量分析，分析过程持续一段较短的时间（如 2 小时）；通过结合虚拟化能力设置定时弹性伸缩策略，将大数据分析节点扩容到指定规模，并在分析完毕后释放虚拟化资源。

（2）共享虚拟化资源应对突发分析诉求。由于企业会经常面临临时的分析任务，如政府的临时审计要求、支撑企业决策的临时数据报表、突发热点事件等，会存在极短时间内大数据分析资源剧增的诉求；大数据平台通过与其他业务共享虚拟化资源，可以在突发大数据分析任务时及时地补充虚拟化资源。

通过合理设置基于虚拟化的弹性伸缩策略，能够有效提升大数据平台的灵活性和韧性，为智慧工厂大数据平台高效与低成本运行提供支撑。

11.4　政府行业虚拟化技术应用

11.4.1　区县智慧城市简介

智慧区县是指通过物联网、云计算、人工智能等新一代信息技术，为县域公共管理与服务提供更便捷、高效、智慧的创新运营与服务模式。区县智慧城市的建设目标是提高政府的效率、透明度和服务质量，推动社会的可持续发展和经济繁荣。典型的区县智慧城市包含以下的应用。

（1）统一政务服务门户。

互联网政务服务门户提供查阅、搜索静态信息和过程信息的服务，具备模糊检索、目录检索、全文检索等功能。可按照关键词搜索服务事项和办事指南，按照办件编号查询办事进度、信件回复情况等，对群众和企业的不同办事需求提供统一查询服务。

（2）知识梳理服务。

知识梳理是云端导办系统建设的基础支撑。通过知识库业务梳理及实施，将现阶段群众办事过程中涉及的问题进行全量梳理，并实现标准化管理，解决现有地区政务知识内容分散、答复混乱等问题，为云端导办系统建设提供标准的业务知识支撑。

（3）智能审批。

智能审批指结合事项实际的服务场景（如智能预审、全流程审批、辅助审批等）进行智能审批，提升办事效率。

（4）一件事联办审批。

通过将多个事项优化重构形成一件事，并通过联办审批实现一表申请、办件分发、并联协同审批、审批信息自动共享、统一出件等。

11.4.2　虚拟化技术在区县智慧城市的应用优势

传统区县政务数据中心虽已构建起多元化的业务应用与县域管理信息系统，为各领域奠定了坚实基础，但在资源共享、协同作业层面仍显不足。具体而言，传统区县政务数据中心存在如下诸多的问题。

（1）缺乏统一、开放的管理平台，资源难以全栈统筹支撑多样化的应用，并且出现问题后通常需要 1 天以上的时间才能解决。

（2）业务部署流程烦琐，从底层硬件安装到基础配置耗时较长，难以迅速响应辩护。

（3）管理维护难度随设备增加而上升，并依赖多样化工具与资源，推高了运营成本。

（4）采用专用的方式分配资源，利用率通常在 20% 以下，大量资源闲置浪费。

为应对上述挑战，构建基于虚拟化的县域基础设施平台成为关键路径。虚拟化数据中心解决方案不仅引入了前沿技术，还丰富了基础支撑服务，构建了标准化的云服务目录框架，促进了开放、共享、高度复用的云服务生态形成，全面提升了数据中心的基础支撑能力。

同时，本地化部署的虚拟化平台，构建了高安全性的网络隔离环境，确保各委办局在网络与资源层面实现有效隔离，为智慧城市建设提供坚实安全支撑。

11.4.3　基于虚拟化的数据库建设实践

区县智慧城市解决方案中，涉及政务服务事项库、政策法规库等众多业务信息库，以及材料库、证照库、办件库等基础信息资源库的建设，这些信息资源库的数据一般保存在关系型或非关系型数据库中。数据库虚拟化承载是智慧城市 IT 基础设施关键问题之一。由于历史积累原因，在用的数据库涉及不同厂商、多个版本的数据库软件，数据库的部署和维护成为关键挑战。

（1）物理机部署数据库需要独占 IT 设备，造成大量 IT 设备资源空耗。

（2）需要管理数据库运行的多种新老硬件设备，增加运营管理成本。

（3）为不同的数据库提供独立的安全保护方案，建设成本高、安全运维难度大。

数据库虚拟化解决方案通过将数据库系统无缝集成于虚拟机环境之中，实现了资源的高效共享与灵活动态调度。同时，通过精细化的资源隔离机制，确保了各个数据库实例之间的独立性与互不干扰，有效避免了资源冲突与瓶颈问题；在数据安全与管理方面，通过基于统一的虚拟化安全保护，实现多层次的安全防护策略和敏感数据保护；另外，借助于虚拟化监控能力，实时追踪数据流向，为数据安全事件的快速响应与调查提供了有力支持。典型的数据库虚拟化部署架构如图 11-4 所示。

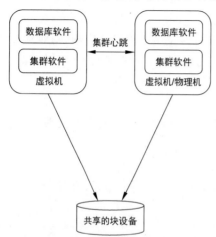

图 11-4　典型的数据库虚拟化部署架构

数据库虚拟化解决方案最佳实践建议如下:

(1) 使用虚拟化迁移能力,并及时消除数据库的计算、存储和网络资源性能瓶颈。数据库性能特点为随应用系统变化而变化,基于虚拟化能力允许数据库快速、无缝地跨服务器和存储基础架构移动,从而改善数据库的性能。例如,识别高 I/O 性能诉求的数据库数据,并通过数据迁移等方式将其移动到高性能数据存储中,或将低 I/O 性能诉求的数据移至更适合数据存储中。

(2) 通过虚拟机模版或虚拟机复制缩短数据库部署时间。在业务开发和更新过程中,要求不断设置开发及测试数据库环境,基于虚拟化和数据存储的复制功能,只需要更短的时间就能够发放新的数据库实例;同时,通过将虚拟机模板与数据存储复制结合,能够在 10 分钟内重新创建一个完整的数据库、中间件和应用程序环境。

(3) 通过整合数据库实例提高设备利用率。在物理机部署数据库时,会规划较多的资源性能冗余以应对业务峰值性能诉求,从而造成物理服务器利用率不超过 20%。在虚拟化环境中,能够将多个数据库实例运行在同一台虚拟化主机中,并基于动态资源调整避免业务峰值时数据库资源不足。典型场景下,虚拟化主机的利用率从大约 20% 提高到 80%。

同时,数据库容器化解决方案正日益成为企业数据库管理领域的新潮流。数据库容器化通过构建一个资源封装的环境,降低了虚拟化对于对主机资源消耗;容器化的隔离机制有效隔离了不同数据库实例间的干扰,保障了数据的独立性与安全性,减少了潜在的安全风险。

11.5　金融行业虚拟化技术应用

11.5.1　金融数据中心需求概述

随着金融行业的蓬勃发展,业务量的激增促使金融企业对 IT 系统的依赖程度日益加深,由此催生了数据中心新建、扩容升级、业务平滑迁移及高效整合的需求。数据中心作为支撑金融运营的核心枢纽,核心目标在于平衡成本效益与 IT 架构的灵活性,支撑金融企业数字化转型。另外,金融企业面临银保监会的严格监管要求,比如要求建设同城业务级灾备能力,同时确保异地数据级灾备的可靠性,保障金融业务连续运行。

金融数据中心解决方案通过应用虚拟化技术,建立能被整个 IT 环境共享的虚拟化资源池,动态分配业务系统资源从而降低数据中心 IT 基础设施总体拥有成本;同时,通过统一运维平台,对 IT 基础设施中的服务器、交换机、存储、虚拟化等进行运维和监控,提高数据中心的运维效率。

11.5.2　虚拟化技术在金融数据中心的应用优势

基于虚拟化技术的金融数据中心,通过深度整合现有业务系统资源,可以带来如下价值。

(1) 通过统一虚拟化资源管理,提高设备资源利用率,统一的运维管理平台减少长期维护成本。

（2）虚拟化资源池的一次性规划支持业务快速敏捷上线，其灵活的扩缩容机制确保响应业务需求的变化，加速产品上市时间。

（3）部署云化桌面系统，实现了桌面资源的弹性扩展与即时分配，移动办公体验与固定办公桌面无缝对接。

（4）虚拟化资源池采用国产自主可控的软硬件产品，支持信创与非信创系统的并行运行与平滑过渡，确保业务稳定的同时满足金融监管的严格要求。

11.5.3　基于虚拟化的金融数据中心建设实践

虚拟化技术作为核心驱动力，专注于将物理层面的硬件资源转换为灵活高效的虚拟资源，实现了计算资源、存储资源及网络资源的统一池化管理。并通过统一的接口实现了对这些虚拟资源的集中化调度，从而有效削减了业务运营成本。建设金融虚拟化资源池支撑银行业务运行，需要考虑业务应用的特征，以满足不同业务服务级别要求。

针对金融数据中心中各类应用的典型业务特征，可以参考表 11-1 中的虚拟化金融数据中心的构建建议。

表 11-1　虚拟化金融数据中心的构建建议

场景	办公管理	数据平台底座 （一般业务）	渠道业务系统 （一般业务）	核心业务系统
典型业务	虚拟桌面、办公自动化、门户网站、开发测试	数据仓库、影像内容平台、文件共享平台	柜台/手机/网络渠道接入、第三方互联系统	集中交易、行情系统、法人清算、等级过户、账户管理
关键特征	CPU、OS、虚拟化软件完全自主可控			
关键特征	① 性能要求不高 ② 低成本	① 性能要求不高 ② 大容量，多协议存储	① 性能要求一般 ② 存储容量一般，结构化，要求存储效率高	① 大并发低时延 ② 高可靠，容灾备份
技术建议	基于超融合建设的桌面云	大容量虚拟化资源池	轻量级虚拟化资源池	高性能虚拟化资源池

11.6　小结

本章深入探讨了虚拟化技术如何基于行业特性与应用需求，在多个典型领域内展现出其独特的应用优势与实现策略。首先，本章剖析了虚拟化技术在构建医疗行业双活数据中心方面的实践，并聚焦于制造行业展示了虚拟化大数据平台如何助力企业提升洞察能力；在政府领域，展示了虚拟化数据库如何强化数据安全管理。接着本章详细阐述了虚拟化资源池在金融行业的应用，介绍了其在提升业务灵活性、降低运营成本方面的成效。

通过本章内容，希望读者能够对数据中心虚拟化解决方案的行业应用有更为宏观的了解，更期望激发读者对于虚拟化技术在更多实际业务场景中的深入思考与创新实践，为虚拟化技术的落地带来更多的启发和帮助。